21世纪复旦大学研究生教学用书

广义相对论导论

Introduction to General Relativity

[意]卡西莫·斑比 著 周孟磊 译

复旦大學 出版社

作者简介

卡西莫·斑比（Cosimo Bambi），男，意大利籍，1980年生．现任教于中国复旦大学物理系，是"谢希德特聘青年教授"，曾于2018年获得"上海市白玉兰纪念奖"．主持过多项国家自然科学基金项目．主要研究领域是高能天体物理、广义相对论和宇宙学．出版学术专著5本，发表SCI论文150多篇，总被引用数超过5000次，影响因子为42.

译者简介

周孟磊，男，中国籍，1995年生．2017年于复旦大学物理学系获理学学士学位，2020年于复旦大学物理学系获理学硕士学位，现于德国图宾根大学攻读哲学博士，曾为Cosimo Bambi教授的研究生．研究领域为广义相对论与X射线天文学，已在国际期刊上发表论文16篇，总被引用数为213次.

编辑出版说明

    21世纪,随着科学技术的突飞猛进和知识经济的迅速发展,世界将发生深刻变化,国际间的竞争日趋激烈,高层次人才的教育正面临空前的发展机遇与巨大挑战.

    研究生教育是教育结构中高层次的教育,肩负着为国家现代化建设培养高素质、高层次创造性人才的重任,是我国增强综合国力、增强国际竞争力的重要支撑.为了提高研究生的培养质量和研究生教学的整体水平,必须加强研究生的教材建设,更新教学内容,把创新能力和创新精神的培养放到突出位置上,必须建立适应新的教学和科研要求的有复旦特色的研究生教学用书.

    "21世纪复旦大学研究生教学用书"正是为适应这一新形势而编辑出版的."21世纪复旦大学研究生教学用书"分文科、理科和医科三大类,主要出版硕士研究生学位基础课和学位专业课的教材,同时酌情出版一些使用面广、质量较高的选修课及博士研究生学位基础课教材.这些教材除可作为相关学科的研究生教学用书外,还可以供有关学者和研究人员参考.

    收入"21世纪复旦大学研究生教学用书"的教材,大都是作者在编写成讲义后,经过多年教学实践、反复修改后才定稿的.这些作者大都治学严谨,教学实践经验丰富,教学效果也比较显著.由于我们对编辑工作尚缺乏经验,不足之处,敬请读者指正,以便我们在将来再版时加以更正和提高.

复旦大学研究生院

前言

在 20 世纪的第一个 10 年中,对狭义相对论、广义相对论理论以及量子力学理论的确切阐述构筑了科学发展的里程碑,不仅揭露了它们在物理学中体现出的深刻涵义,而且开拓了新的研究方法论.同样地,狭义或广义相对论以及量子力学两大学科对每个物理系的学生而言,也是认识世界的一个重要的里程碑.这两门课程介绍了研究物理现象的各种方法,学生们需要花费很长时间方能了解课程中的本质要义.

在牛顿力学和麦克斯韦电磁学理论中,方法是相当自然且经验主义的.首先从观测中猜想一些基本定律(如牛顿定律),然后构造整个理论(如牛顿力学).在现代物理学中,自狭义或广义相对论及量子力学伊始,该方法也许不再万能.观测和理论的公式化可能要交换次序,这是因为我们可能无法直接找到支配某个确定物理现象的基础定律.我们只能先构想出许多理论,或者根据已有理论,并在一个确定的理论框架下引入许多假设来解释某个特别的物理现象,然后对比不同的解给出的预言,以检验哪一个解与观测相一致.

例如,牛顿运动三定律能够直接由实验猜想得到.相反,爱因斯坦方程通过强加一些"合理的"推理得到,再通过将它们的预言与实验结果对比以证实这些推理.在现代物理学中,理论学家在"猜想"(由理论论据推理,但并无任何实验支持)的基础上发展理论模型是普遍被采纳的,至于实验验证有待"下回分解".

最初,学生可能会对新方法失望,也无法理解引入的特设的假定.这在某种程度上是因为这门课程中凝聚了太多物理学家共同的努力,并未讨论大量不成功的却是十分重要的尝试,以及如何成为其最终形式的理论.不仅如此,不同的学生拥有不同的背景,面对不同学科的学生(如理论物理、实验物理、天体物理、数学物理)和不同国家的本科生,课程差异颇大.还有些教材会遵循某些学生偏爱的方法,其他学生则不然,他们反倒会更喜欢另一种教材.当我们第一次学习狭义与广义相对论理论以及量子力学理论时,这一点尤为重要,因为存在一些最初难以理解的概念,尝试不同的方法会使读者感到更易或者更难.

在现有的教材中,狭义与广义相对论的理论大都使用拉格朗日形式予以介绍.这是朗道与栗弗席兹著名的教材所使用的方法.为使本书适合于更多的学生,先对牛顿力学作简单归纳,数学计算步骤简单详尽,还挑选了一些(希望是富有启发性的)实例.这本教材有相当的篇幅涉及天体物理学的应用,根据"广义相对论导论"课程的课纲要求讨论太阳系、黑洞、宇宙学模型以及引力波.这些研究内容在过去几十年中非常活跃,并吸引了越来越多的学生投身其中.在最后一章中,学生可以快速概览爱因斯坦引力所遗留的问题,以及当下理论物理学的研究焦点.

本教材内含 13 章,在一学期的课程中(通常为 13～15 周)应花费一周的时间学习一章的内容.注意:第1至第9章在任何狭义或广义相对论课程中几乎是"必读的",而第10至第13章所包含的主题经常被本科生的导论课程所忽略.大多数章节的末尾都给出习题,并在附录I中给出部分习题解答建议.

我尤其感谢 Dimitry Ayzenberg 阅读初稿并提供有益的反馈,也感谢 Ahmadjon Abdujabbarov 与 Leonardo Modesto 有益的评论和建议.该工作由中国国家自然科学基金(项目编号:U1531117)、复旦大学基金(项目编号:IDH1512060)以及亚历山大·冯·洪堡基金会支持.

Cosimo Bambi

2018 年 4 月于中国上海

提示性解说

在本书中我们使用了一些提示,这些提示有时会令读者产生困惑,特在此说明.

在本书中,时空度规使用符号(一+++)(引力研究者常用).于是,闵可夫斯基度规为

$$\| \eta_{\mu\nu} \| = \begin{pmatrix} -1 & 0 & 0 & 0 \\ 0 & 1 & 0 & 0 \\ 0 & 0 & 1 & 0 \\ 0 & 0 & 0 & 1 \end{pmatrix}, \tag{0.1}$$

在这里以及本书余下的部分中,$\| A_{\mu\nu} \|$ 被用来表示张量 $A_{\mu\nu}$ 的矩阵.

希腊字母 $(\mu, \nu, \rho, \cdots)$ 表示时空指标,它们可取值为 $0, 1, 2, \cdots, n$,其中 n 是空间的维数.拉丁字母 $(i, j, k, \cdots)$ 表示空间指标,它们可取值为 $1, 2, \cdots, n$.时间坐标可用 t 或 x^0 表示.与时间坐标关联的指标可用 t 或 0 表示,例如 V^t 或 V^0.

定义黎曼张量为

$$R^{\mu}_{\nu\rho\sigma} = \frac{\partial \Gamma^{\mu}_{\nu\sigma}}{\partial x^{\rho}} - \frac{\partial \Gamma^{\mu}_{\nu\rho}}{\partial x^{\sigma}} + \Gamma^{\mu}_{\lambda\rho}\Gamma^{\lambda}_{\nu\sigma} - \Gamma^{\mu}_{\lambda\sigma}\Gamma^{\lambda}_{\nu\rho},$$

其中 $\Gamma^{\mu}_{\nu\rho}$ 是克里斯托费尔符号,

$$\Gamma^{\mu}_{\nu\rho} = \frac{1}{2} g^{\mu\lambda} \left(\frac{\partial g_{\lambda\rho}}{\partial x^{\nu}} + \frac{\partial g_{\nu\lambda}}{\partial x^{\rho}} - \frac{\partial g_{\nu\rho}}{\partial x^{\lambda}} \right).$$

里奇张量被定义为 $R_{\mu\nu} = R^{\lambda}_{\mu\lambda\nu}$.爱因斯坦方程显示为

$$G_{\mu\nu} = R_{\mu\nu} - \frac{1}{2} g_{\mu\nu} R = \frac{8\pi G_{\mathrm{N}}}{c^4} T_{\mu\nu}.$$

由于本书只作为狭义相对论与广义相对论的导论课程的教材,除非另有说明,我们将明示光速 c、牛顿引力常数 G_{N} 以及狄拉克常数 $\hbar$.有些章节(第 10 章与第 13 章,以及 8.2 与 8.6 节)中,我们将使用 $G_{\mathrm{N}} = c = 1$ 单位制以简化公式.

注意 ρ 有时表示能量密度,有时又会表示质量密度(此时与之关联的能量密度为 ρc^2).

考虑本书字母、符号和公式较多,在不引起读者混淆的前提下,对书中字母的黑白体未严格按照出版规范,以免弄巧成拙引起新的混乱,敬请读者和出版行家谅解.

目录

第 **1** 章

引论

　　本章简要回顾了欧几里得几何、伽利略变换、拉格朗日形式以及牛顿引力.尽管我们已假定读者熟悉这些概念,在此概述它们仍是必要和方便的,因为将在接下来的有关狭义与广义相对论的章节使用或拓展它们.本章指出如何从伽利略变换与麦克斯韦方程组之间的不一致性问题导致 19 世纪末、20 世纪初狭义相对论的建立为止.

1.1　狭义相对性原理

　　考虑一个质点在某个 n 维空间的运动.如果想要描述这样的物理系统,直觉上需要 $n+1$ 个变量,即 n 个空间坐标来描述在某个特定时间 t 粒子在该空间中的位置(见图 1.1).为了给粒子分配 n 个空间坐标,需要测量粒子与确定的具有标准杆的参考点的距离和方向.时间坐标由对于一个确定的具有标准钟的参考时的时间间隔的测量决定.参考点与参考时的选择,与标准杆和标准钟的选择一样,对应于一个确定的观察者的选择,换句话说,对应于选择一个特别的**参考系**.两个自然的问题是:

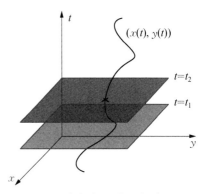

图 1.1　质点在 2 维空间中的运动. x 和 y 是空间坐标, t 是时间.粒子的轨迹由曲线 $(x(t), y(t))$ 描述.

　　(1) 应当选择一些特殊的参考系来描述质点的运动吗?换句话讲,存在优先的观测者/参考系与否,或者存在一类优先的观测者/参考系吗?又或者,物理定律与这样的选择无关吗?

　　(2) 在某一个确定的参考系中测量得到的物理量与该物理量在另一个参考系中测出的值有何关联?

　　在 17 世纪,伽利略·伽利雷是第一个讨论采用参考系来描述物理现象的.通过简单观测使我们认识到存在一类确定的参考系特别适合描述物理现象.这就是惯性观测者(或惯性参考系).

> **惯性参考系**　**惯性参考系**是不受力的物体静止或保持匀速直线运动的参考系.

　　虽然在非惯性系中描述物理现象是可行的,即:这些参考系不属于惯性系,但是描述运动过程会更加复杂.特别是物理定律常常需要引入一些同参考系有关的物理定律的修正.

注意 严格来说,自然界中并不存在惯性参考系,因为在宇宙中存在不能被屏蔽的长程力. 然而,通常可以找到近似于惯性系的参考系.

有了惯性参考系的概念,就可以介绍狭义相对性原理.

狭义相对性原理 物理定律在所有惯性系中是相同的.

作为原理,狭义相对性原理不能被理论论据证明,仅仅能被实验证实(或证伪). 现在的实验和观测数据支持该原理. 但是,现在仍有利用更高的精度或在不同的环境下检验狭义相对性原理的尝试,也存在在某种程度上违悖该原理的理论模型.

1.2 欧几里得空间

考虑使用**笛卡尔**坐标系(x, y, z)的 3 维空间. 这样的空间可看作与 $\mathbb{R}^3$ "等同",因为空间每一点都能被 3 个代表坐标值的实数表征.

点 $x_A = (x_A, y_A, z_A)$ 与点 $x_B = (x_A + \mathrm{d}x, y_A + \mathrm{d}y, z_A + \mathrm{d}z)$ 间的无限小间距是

$$\mathrm{d}l^2 = \mathrm{d}x^2 + \mathrm{d}y^2 + \mathrm{d}z^2 \tag{1.1}$$

的平方根. $\mathrm{d}l$ 被称作**线元**,且式(1.1)遵循勾股定理.

为方便 引入记号(x^1, x^2, x^3)标记空间点的坐标. 在笛卡尔坐标下,有 $x^1 = x$, $x^2 = y$, $x^3 = z$. 现在(1.1)式可写为更加紧凑的形式为

$$\mathrm{d}l^2 = \delta_{ij} \mathrm{d}x^i \mathrm{d}x^j, \tag{1.2}$$

其中,δ_{ij} 是克罗内克符号,并且已采用对重复指标求和的爱因斯坦规则,即

$$\delta_{ij} \mathrm{d}x^i \mathrm{d}x^j = \sum_{i,j=1}^{3} \delta_{ij} \mathrm{d}x^i \mathrm{d}x^j. \tag{1.3}$$

δ_{ij} 是**欧几里得度规**,可被写为矩阵

$$\| \delta_{ij} \| = \begin{pmatrix} 1 & 0 & 0 \\ 0 & 1 & 0 \\ 0 & 0 & 1 \end{pmatrix}. \tag{1.4}$$

我们的讨论容易被推广至 n-维空间. n-维**欧几里得空间**是 $\mathbb{R}^n$ 且其线元的平方为[①]

$$\mathrm{d}l^2 = \delta_{ij} \mathrm{d}x^i \mathrm{d}x^j, \tag{1.5}$$

现在 i 和 j 取值为自 1 至 n.

注意 两点间的无限小间距与坐标系无关,因此线元是一个**不变量**,即:它不会随着坐标的改变而改变. 对于一个任意的坐标系,可以写出线元的平方为

$$\mathrm{d}l^2 = g_{ij} \mathrm{d}x^i \mathrm{d}x^j, \tag{1.6}$$

其中,g_{ij} 被称为**度规张量**,一般而言它并不等于 δ_{ij},g_{ij} 必须对指标对称,即 $g_{ij} = g_{ji}$. 总而言

---

① 从数学的角度上讲,n-维欧几里得空间是配有欧几里得度规 δ_{ij} 的微分流形 $\mathbb{R}^n$(见附录 C).

之,如果从坐标系(x^1, x^2, x^3)变换至坐标系(x'^1, x'^2, x'^3),则有

$$\mathrm{d}x^i \rightarrow \mathrm{d}x'^i = \frac{\partial x'^i}{\partial x^j} \mathrm{d}x^j, \tag{1.7}$$

因此,

$$g_{ij} \mathrm{d}x^i \mathrm{d}x^j = g'_{ij} \mathrm{d}x'^i \mathrm{d}x'^j = g'_{ij} \frac{\partial x'^i}{\partial x^m} \mathrm{d}x^m \frac{\partial x'^j}{\partial x^n} \mathrm{d}x^n. \tag{1.8}$$

可以看到

$$g_{mn} = \frac{\partial x'^i}{\partial x^m} \frac{\partial x'^j}{\partial x^n} g'_{ij}. \tag{1.9}$$

在等式两边都乘以$\partial x^m / \partial x'^p$ 与$\partial x^n / \partial x'^q$,并对所有重复指标求和,

$$\frac{\partial x^m}{\partial x'^p} \frac{\partial x^n}{\partial x'^q} g_{mn} = \frac{\partial x^m}{\partial x'^p} \frac{\partial x^n}{\partial x'^q} \frac{\partial x'^i}{\partial x^m} \frac{\partial x'^j}{\partial x^n} g'_{ij} = \delta^i_p \delta^j_q g'_{ij} = g'_{pq}. \tag{1.10}$$

于是,度规张量按下式变换:

$$g_{ij} \rightarrow g'_{ij} = \frac{\partial x^m}{\partial x'^i} \frac{\partial x^n}{\partial x'^j} g_{mn}. \tag{1.11}$$

作为例子,可以考虑球坐标(r, θ, ϕ).笛卡尔坐标与球坐标的关系如下:

$$x = r\sin\theta\cos\phi, \ y = r\sin\theta\sin\phi, \ z = r\cos\theta, \tag{1.12}$$

其逆为

$$r = \sqrt{x^2 + y^2 + z^2}, \ \theta = \arccos\left(\frac{z}{\sqrt{x^2 + y^2 + z^2}}\right), \ \phi = \arctan\left(\frac{y}{x}\right). \tag{1.13}$$

直接应用(1.11)式,可以看到在球坐标下线元的平方为

$$\mathrm{d}l^2 = \mathrm{d}r^2 + r^2 \mathrm{d}\theta^2 + r^2 \sin^2\theta \mathrm{d}\phi^2, \tag{1.14}$$

因此,相对应的度规张量显示为

$$\| g_{ij} \| = \begin{pmatrix} 1 & 0 & 0 \\ 0 & r^2 & 0 \\ 0 & 0 & r^2\sin^2\theta \end{pmatrix}. \tag{1.15}$$

有了线元的概念,就可以测量曲线的长度.在使用笛卡尔坐标的 3 维空间中,曲线是一个连续函数$\Gamma: t \in [t_1, t_2] \subset \mathbb{R} \rightarrow \mathbb{R}^3$.曲线上点的坐标为

$$x(t) = \begin{pmatrix} x(t) \\ y(t) \\ z(t) \end{pmatrix}. \tag{1.16}$$

曲线的长度为

$$\ell = \int_\Gamma \mathrm{d}l = \int_{t_1}^{t_2} \sqrt{\dot{x}^2 + \dot{y}^2 + \dot{z}^2} \, \mathrm{d}t, \tag{1.17}$$

这里的点"·"表示对参数 t 的导数. 空间中两点之间的曲线长度也是一个不变量.

作为曲线长度的一个例子, 我们来考虑 $\mathbb{R}^2$ 中的圆. 圆上的点有笛卡尔坐标

$$x(t) = \begin{pmatrix} R\cos t \\ R\sin t \end{pmatrix}, \tag{1.18}$$

其中, R 是圆的半径, 而 $t \in [0, 2\pi)$. 曲线的长度为

$$\ell = \int_0^{2\pi} \sqrt{R^2 \sin^2 t + R^2 \cos^2 t}\, \mathrm{d}t = \int_0^{2\pi} R\, \mathrm{d}t = 2\pi R. \tag{1.19}$$

1.3 标量、向量和张量

标量 ϕ 是不随坐标变化而改变的数量: 在坐标变换 $x^i \to x'^i$ 下, 有

$$\phi \to \phi' = \phi. \tag{1.20}$$

例如, 线元 $\mathrm{d}l$ 是一个标量.

向量 严格来讲是向量空间中的元素, 向量空间是一类对象的集合, 可以在其中定义两种满足特定公理的运算(加法和乘法). 读者已被假定熟悉向量的概念, 但更多细节可在附录 A.2 中找到. 例如, 空间中两个相邻点的无限小位移

$$\mathrm{d}x = (\mathrm{d}x^1, \mathrm{d}x^2, \cdots, \mathrm{d}x^n) \tag{1.21}$$

是一个向量.

注意 在 1.2 节中上指标和下指标的使用并不是偶然的. 上指标使用于向量的分量, 对于坐标变换[①] $x^i \to x'^i$, 向量变换按照下式进行:

$$V^i \to V'^i = \frac{\partial x'^i}{\partial x^j} V^j. \tag{1.22}$$

下指标适用于**对偶向量**(亦称**余切向量**或**余向量**)的分量, 它们按下式变换:

$$V_i \to V'_i = \frac{\partial x^j}{\partial x'^i} V_j. \tag{1.23}$$

在本书中, 向量 $V = (V^1, V^2, \cdots, V^n)$ 的对偶向量表示为 V^*, 并被定义为其分量是

$$V_i \equiv g_{ij} V^j \tag{1.24}$$

的对象. 因此, 对偶向量可被看作一个需要输入一个向量(将它的分量写为 W^i), 并给出一个实数输出的函数,

$$V_i(W^i) = g_{ij} W^i V^j. \tag{1.25}$$

注意 像 $V_i W^i$ 的数量是标量, 即: 它是在坐标变换下的不变量

---

① 空间的坐标, $\{x^i\}$, 即使它们有上指标, 也不是一个向量的分量. 一般来讲它们确实不按照规则(1.22)进行变换. 例如, 可以轻易地检验式(1.12)与式(1.13)中笛卡尔坐标与球坐标间的变换. 将空间坐标写成上指标是因为这是普遍做法, 并且我们也确实需要将指标写于某处.

$$V_i W^i \rightarrow V_i' W'^i = \frac{\partial x^j}{\partial x'^i} V_j \frac{\partial x'^i}{\partial x^k} W^k = \delta_k^j V_j W^k = V_j W^j. \tag{1.26}$$

我们说上指标被度规张量 g_{ij} 所"降",如(1.24)式所示,同样地,下指标被度规张量的逆 g^{ij} 所"升",

$$V^i = g^{ij} V_j = g^{ij} g_{jm} V^m = \delta_m^i V^m = V^i, \tag{1.27}$$

其中,由定义有 $g^{ij} g_{jm} = \delta_m^i$. 当使用笛卡尔坐标时,有欧几里得度规 δ_{ij},它作用于向量的结果是平凡的:如果有向量 $V = (V^x, V^y, V^z)$,其对偶向量为

$$V^* = \begin{pmatrix} V_x \\ V_y \\ V_z \end{pmatrix} = \begin{pmatrix} V^x \\ V^y \\ V^z \end{pmatrix}. \tag{1.28}$$

但是,这不是普遍的情形. 如果考虑球坐标,向量 $V = (V^r, V^\theta, V^\phi)$ 的对偶向量为

$$V^* = \begin{pmatrix} V_r \\ V_\theta \\ V_\phi \end{pmatrix} = \begin{pmatrix} V^r \\ r^2 V^\theta \\ r^2 \sin^2\theta V^\phi \end{pmatrix}. \tag{1.29}$$

张量是向量与对偶向量的一般化的归纳. 它们是多指标的对象. 一个例子就是度规张量 g_{ij}. (r, s) 型张量是 $r+s$ 阶的,它拥有 r 个上指标和 s 个下指标. 一个张量的分量的变换规则为

$$T^{i_1 i_2 \cdots i_r}_{j_1 j_2 \cdots j_s} \rightarrow T'^{i_1 i_2 \cdots i_r}_{j_1 j_2 \cdots j_s} = \frac{\partial x'^{i_1}}{\partial x^{p_1}} \frac{\partial x'^{i_2}}{\partial x^{p_2}} \cdots \frac{\partial x'^{i_r}}{\partial x^{p_r}} \frac{\partial x^{q_1}}{\partial x'^{j_1}} \frac{\partial x^{q_2}}{\partial x'^{j_2}} \cdots \frac{\partial x^{q_s}}{\partial x'^{j_s}} T^{p_1 p_2 \cdots p_r}_{q_1 q_2 \cdots q_s}. \tag{1.30}$$

标量是 $(0, 0)$ 型张量,向量是 $(1, 0)$ 型张量,而对偶向量是 $(0, 1)$ 型张量. 上指标可利用 g_{ij} 降指标,下指标可利用 g^{ij} 升指标. 例如,有[①]

$$T^{ijk} = g^{il} g^{jm} g^{kn} T_{lmn}, \quad T^i_{\ jk} = g^{il} g_{jm} T_l^{\ m}_{\ k}, \quad \cdots. \tag{1.31}$$

如果升度规张量的指标,则得到克罗内克符号,$g^{ij} g_{jm} = g^i_{\ m} = \delta_m^i$.

对所有重复的上下指标求和后,张量的阶数就会被降低. 例如,如果有 $(2, 1)$ 型张量,其分量为 T^{ij}_k,对指标 i 和 k 进行"缩并",则会得到向量

$$V^j = T^{ij}_i. \tag{1.32}$$

如果考虑坐标变换 $x^i \rightarrow x'^i$,则有

$$V^j \rightarrow V'^j = T'^{ij}_i = \frac{\partial x'^i}{\partial x^l} \frac{\partial x'^j}{\partial x^m} \frac{\partial x^n}{\partial x'^i} T^{lm}_n = \delta_l^n \frac{\partial x'^j}{\partial x^m} T^{lm}_n = \frac{\partial x'^j}{\partial x^m} T^{lm}_l = \frac{\partial x'^j}{\partial x^m} V^m,$$

$$\tag{1.33}$$

---

① **注意**　一般而言,指标的顺序是很重要的. 例如,如果有张量 A^{ab},并且降指标 a,应当写为 $A_a^{\ b}$;如果降指标 b,应当写为 $A^a_{\ b}$. 指标 a 必须保持在左数第一的位置. 如果 A^{ab} 是对称张量,i. e. $A^{ab} = A^{ba}$,也有 $A_a^{\ b} = A^b_{\ a}$,这样顺序则无关紧要,所以,也可以将之简单写作 A^a_b.

并且 V^j 按向量的方式变换. 如果有 (r, s) 型的张量(显然它的阶数是 $r+s$),并将它的 $2t$ 个指标进行缩并,则新的张量是 $(r-t, s-t)$ 型的具有 $r+s-2t$ 阶的张量. 也可以缩并两个不同张量的指标. 例如,如果有分量为 V^i 的向量,并且其对偶向量为 W_i,然后缩并它们的指标,得到标量 $V^i W_i$,它是一个不随坐标变换而变化的数.

如果一个物理量在空间中的每一点都可用一个 (r, s) 型的张量来表示,则有一个 (r, s) 型的**张量场**. 因此,标量场是具有形式 $\phi=\phi(x^1, x^2, \cdots, x^n)$ 的函数. 而向量场具有形式

$$V=V(x^1, x^2, \cdots, x^n)=\begin{pmatrix} V^1(x^1, x^2, \cdots, x^n) \\ V^2(x^1, x^2, \cdots, x^n) \\ \vdots \\ V^n(x^1, x^2, \cdots, x^n) \end{pmatrix}, \quad (1.34)$$

那就是说,它的每一个分量都是空间坐标的函数.

对于向量、对偶向量以及张量更加严格的定义,可在附录 A 和 C 中找到.

1.4 伽利略变换

让我们考虑两个分别具有笛卡尔坐标 $x=(x, y, z)$, $x'=(x', y', z')$ 与时间 t, t' 的惯性参考系. 同时假定第二个参考系相对于第一个参考系以恒定速度 v 移动. 如果两个笛卡尔坐标在 $t=t'=0$ 时刻重合,连接两个参考系的变换为

$$x \rightarrow x'=x-vt, \ t \rightarrow t'=t. \quad (1.35)$$

如果 $v=(v, 0, 0)$,有

$$x \rightarrow x'=x-vt, \ y \rightarrow y'=y, \ z \rightarrow z'=z, \ t \rightarrow t'=t. \quad (1.36)$$

伽利略变换是连接两个惯性参考系间坐标的变换,而这两个参考系唯一的区别为互相以某个恒定速度运动且具有如(1.35)式的形式.

(1.35)式的逆变换为

$$x' \rightarrow x=x'+vt', \ t' \rightarrow t=t', \quad (1.37)$$

这也可以从(1.35)式以 v 代替 $-v$ 代入并交换坐标记号得到.

由(1.35)式容易推断在两个参考系下测量得到的粒子速度之间的关系. 如果 $w=\dot{x}$ 是粒子在笛卡尔坐标 (x, y, z) 下的速度,并且 $w'=\dot{x}'$ 是同一粒子在坐标 (x', y', z') 下的速度,其中点"·"表示对时间的导数,有

$$w'=w-v. \quad (1.38)$$

两个惯性参考系也可以以平移或旋转区别. 当两个惯性参考系以平移区分时,变换规则如下:

$$x \rightarrow x'=x+T, \quad (1.39)$$

其中, $T=(T^1, T^2, T^3)$. 原则上平移也可以应用于时间坐标,如此可得

$$t \rightarrow t'=t+t_0. \quad (1.40)$$

注意 在不同的参考系中测量的时间间隔是相同的,即 Δt 是一个不变量.这是牛顿力学中最重要的假设之一,对于任意观测者而言(惯性或非惯性),绝对时间都是有效的.

当两个惯性参考系以旋转区分时,变换规则为

$$x \rightarrow x' = Rx, \tag{1.41}$$

其中,R 是变换的旋转矩阵.绕 x,y 与 z 轴(或者等价于在 yz,xz 与 xy 平面的旋转)旋转 θ 角,分别有以下形式:

$$\begin{aligned} R_{yz}(\theta) &= \begin{pmatrix} 1 & 0 & 0 \\ 0 & \cos\theta & \sin\theta \\ 0 & -\sin\theta & \cos\theta \end{pmatrix}, \\ R_{xz}(\theta) &= \begin{pmatrix} \cos\theta & 0 & -\sin\theta \\ 0 & 1 & 0 \\ \sin\theta & 0 & \cos\theta \end{pmatrix}, \\ R_{xy}(\theta) &= \begin{pmatrix} \cos\theta & \sin\theta & 0 \\ -\sin\theta & \cos\theta & 0 \\ 0 & 0 & 1 \end{pmatrix}. \end{aligned} \tag{1.42}$$

一般的旋转可写成绕 x,y 与 z 轴的元变换的结合,即

$$R(\theta_{yz}, \theta_{xz}, \theta_{xy}) = R_{yz}(\theta_{yz}) \times R_{xz}(\theta_{xz}) \times R_{xy}(\theta_{xy}). \tag{1.43}$$

伽利略变换与平移、旋转一起构成一个群(见附录 A.1),称为**伽利略群**.两个或多个坐标变换的结合仍旧是一个坐标变换.群的逆元是逆变换.单位元是平凡变换,

$$x \rightarrow x' = x, \ y \rightarrow y' = y, \ z \rightarrow z' = z, \ t \rightarrow t' = t. \tag{1.44}$$

伽利略群是牛顿力学中连接两个不同惯性系所有可能变换的集合.伽利略群中的一个一般变换形式如下:

$$x \rightarrow x' = Rx - vt + T, \ t \rightarrow t' = t + t_0. \tag{1.45}$$

假设伽利略群中的变换是从一个惯性系变换到另一个惯性系的正确变换,1.1 节中的狭义相对性原理可以重新表述.

伽利略相对性原理 物理定律在伽利略群变换下保持不变.

17 至 18 世纪物理学与伽利略相对性原理相一致.在本章末尾我们将了解,19 世纪在研究电磁现象以后情况发生变化.麦克斯韦方程组在伽利略变换下不再保持不变,而最初人们以为这是存在优先参考系的迹象.后来人们意识到问题在于伽利略变换,在两个参考系相对运动速度远小于光速的情况下,伽利略变换才是正确的.

1.5 最小作用量原理

考虑一个特别的物理系统.在时间 t_1 和 t_2 之间,它的**作用量** S 由下式给出:

$$S = \int_{t_1}^{t_2} L[q(t), \dot{q}(t), t] \mathrm{d}t. \tag{1.46}$$

其中，$L[q(t), \dot{q}(t), t]$ 是系统的**拉格朗日量**，$q = (q^1, q^2, \cdots, q^n)$，$q^i$ 是拉格朗日坐标并且定义了系统的构型，$\dot{q}$ 是 q 关于时间 t 的导数. 现在我们仅说拉格朗日量是一个能够描述系统力学的确定函数，并引入最小作用量原理.

> **最小作用量原理** 系统在时间 t_1 与 t_2 之间的运动轨迹，是使得作用量取驻值的轨迹.

当系统的作用量已知时，利用最小作用量原理来推断系统运动方程是一种简洁优美的方法. 考虑系统构型的微小变化

$$q(t) \to \bar{q}(t) = q(t) + \delta q(t), \tag{1.47}$$

其边界条件为

$$\delta q(t_1) = \delta q(t_2) = 0. \tag{1.48}$$

拉格朗日坐标的变分(1.47)式产生了作用量的变分，

$$\delta S = \int_{t_1}^{t_2} \left(\frac{\partial L}{\partial q^i} \delta q^i + \frac{\partial L}{\partial \dot{q}^i} \delta \dot{q}^i \right) \mathrm{d}t, \tag{1.49}$$

其中，已使用对重复指标求和的惯例. 由于

$$\delta \dot{q}^i = \dot{\bar{q}}^i - \dot{q}^i = \frac{\mathrm{d}}{\mathrm{d}t} \delta q^i, \tag{1.50}$$

可以写出

$$\frac{\partial L}{\partial \dot{q}^i} \delta \dot{q}^i = \frac{\mathrm{d}}{\mathrm{d}t} \left(\frac{\partial L}{\partial \dot{q}^i} \delta q^i \right) - \left(\frac{\mathrm{d}}{\mathrm{d}t} \frac{\partial L}{\partial \dot{q}^i} \right) \delta q^i. \tag{1.51}$$

(1.48)式给定边界条件，当对 t 积分时，(1.51)式的右边第一项不作贡献. 因此，(1.49)式变为

$$\delta S = \int_{t_1}^{t_2} \left(\frac{\partial L}{\partial q^i} - \frac{\mathrm{d}}{\mathrm{d}t} \frac{\partial L}{\partial \dot{q}^i} \right) \delta q^i \mathrm{d}t. \tag{1.52}$$

由于作用量 S 对系统的拉格朗日坐标的微小变化稳定，故对于任何 δq^i，$\delta S = 0$，得到**欧拉-拉格朗日方程**

$$\frac{\mathrm{d}}{\mathrm{d}t} \frac{\partial L}{\partial \dot{q}^i} - \frac{\partial L}{\partial q^i} = 0. \tag{1.53}$$

这就是系统的运动方程.

直至现在我们还未指出 L 的形式. 一般而言，没有构造一个明确系统的拉格朗日量的基本技巧. 一个确定的物理系统的拉格朗日量简而言之是能够给出系统正确运动方程的某个量. 换句话说，如果想要研究一个系统，可以考虑多个拉格朗日量，每一个拉格朗日量都表征了该系统的一个确定的模型. 可以(利用实验或观测)检验其中哪个拉格朗日量能够更好地表征这个系统，并由此找到最佳的模型.

最小作用量原理是一条原理，因此，它不能被证明. 目前而言，所有已知的物理系统都可以用该形式处理.

对于特别的物理系统，可以直接找到它们的拉格朗日量. 最简单的例子是在势 V 中运动

的质点. 在这种情况下, 系统的拉格朗日量可简单地由粒子的动能 T 与势能 V 之间的差给出. 在 3 维形式下, 可以写出

$$L = T - V = \frac{1}{2} m \dot{x}^2 - V, \tag{1.54}$$

其中, $x = (x, y, z)$ 是粒子的笛卡尔坐标, $\dot{x}$ 是粒子的速度, $\dot{x}^2 = \dot{x}^2 + \dot{y}^2 + \dot{z}^2$. 欧拉-拉格朗日方程给出运动方程

$$m \ddot{x} = -\nabla V. \tag{1.55}$$

对于在势 V 中的质点, 方程(1.55)是著名的牛顿第二定律, 因此, (1.54)式中的拉格朗日量是正确的.

1.6　运动常数

现在假设一个确定的物理系统的拉格朗日量不显含时间 t, 即 $L = L[q(t), \dot{q}(t)]$. 在这种情况下,

$$\frac{\partial L}{\partial t} = 0, \tag{1.56}$$

因此,

$$\frac{\mathrm{d}L}{\mathrm{d}t} = \frac{\partial L}{\partial q^i} \dot{q}^i + \frac{\partial L}{\partial \dot{q}^i} \ddot{q}^i + \frac{\partial L}{\partial t} = \frac{\partial L}{\partial q^i} \dot{q}^i + \frac{\partial L}{\partial \dot{q}^i} \ddot{q}^i, \tag{1.57}$$

可以将之重写为

$$\frac{\partial L}{\partial q^i} \dot{q}^i + \frac{\partial L}{\partial \dot{q}^i} \ddot{q}^i - \frac{\mathrm{d}L}{\mathrm{d}t} = 0. \tag{1.58}$$

从欧拉-拉格朗日方程可知

$$\frac{\partial L}{\partial q^i} = \frac{\mathrm{d}}{\mathrm{d}t} \frac{\partial L}{\partial \dot{q}^i}, \tag{1.59}$$

并且(1.58)式可被重写为

$$\left(\frac{\mathrm{d}}{\mathrm{d}t} \frac{\partial L}{\partial \dot{q}^i} \right) \dot{q}^i + \frac{\partial L}{\partial \dot{q}^i} \ddot{q}^i - \frac{\mathrm{d}L}{\mathrm{d}t} = 0, \tag{1.60}$$

也可写为

$$\frac{\mathrm{d}}{\mathrm{d}t} \left(\frac{\partial L}{\partial \dot{q}^i} \dot{q}^i - L \right) = 0. \tag{1.61}$$

(1.61)式中括号内的表达式是一个运动常数,

$$E = \frac{\partial L}{\partial \dot{q}^i} \dot{q}^i - L. \tag{1.62}$$

对于在势 V 中运动的质点, 有

$$\frac{\partial L}{\partial \dot{q}^i}\dot{q}^i = m\dot{x}^2 = 2T, \tag{1.63}$$

且

$$E = T + V, \tag{1.64}$$

其中, E 是质点的能量.

让我们来考虑这样一种情况, 系统的拉格朗日量不依赖于某一个特定的拉格朗日坐标, 将其定义为 q^i. 由于 $\partial L / \partial q^i = 0$, 由欧拉-拉格朗日方程, 它遵循

$$\frac{\mathrm{d}}{\mathrm{d}t}p_i = 0, \tag{1.65}$$

其中, p_i 是**共轭动量**, 其定义为

$$p_i = \frac{\partial L}{\partial \dot{q}^i}, \tag{1.66}$$

p_i 是系统的运动常数.

最简单的例子是一个自由质点. 由于 $V = 0$, 系统的拉格朗日量就是粒子的动能. 在 3 维笛卡尔坐标下, 有

$$L = \frac{1}{2}m(\dot{x}^2 + \dot{y}^2 + \dot{z}^2). \tag{1.67}$$

运动常数是动量的 3 个分量,

$$p_x = m\dot{x}, \quad p_y = m\dot{y}, \quad p_z = m\dot{z}, \tag{1.68}$$

以及能量 $E = T$.

1.7 测地线方程

在牛顿力学中, 如(1.67)式所给出的那样, 自由质点的拉格朗日量就是粒子的动能. 通过最小化作用量, 就可得到运动方程

$$S = \frac{1}{2}m\int_\Gamma (\dot{x}^2 + \dot{y}^2 + \dot{z}^2)\mathrm{d}t, \tag{1.69}$$

其中, Γ 是粒子的轨迹. 欧拉-拉格朗日方程为 $\ddot{x} = \ddot{y} = \ddot{z} = 0$, 它的解是沿一条直线以恒定速度运动.

如果考虑一个非笛卡尔坐标系, 如球坐标 (r, θ, ϕ), 作用量可被写为

$$S = \frac{1}{2}m\int_\Gamma g_{ij}\dot{x}^i\dot{x}^j\mathrm{d}t, \tag{1.70}$$

其中, g_{ij} 是 1.2 节已介绍过的度规张量.

注意 线元 $\mathrm{d}l^2 = g_{ij}\mathrm{d}x^i\mathrm{d}x^j$ 是个不变量, 但是仅当不考虑参考系的相对运动时, 速度的平方 $v^2 = g_{ij}\dot{x}^i\dot{x}^j$ 才是一个不变量. 这很简单, 因为 $\mathrm{d}l^2$ 表征空间内两个特定的点 x_A 与 x_B 的

无限小间距,这两个点的存在独立于坐标系,在不同的参考系中有不同的坐标. 在 v^2 中,$\dot{x}^i = \mathrm{d}x^i/\mathrm{d}t$,其中 $\mathrm{d}x^i$ 是在一个特定的参考系中坐标值在时间 $\mathrm{d}t$ 内的变化. 但是,在两个具有相对运动速度的参考系间,空间中的点是不同的.

现在欧拉-拉格朗日方程变为

$$\frac{\mathrm{d}}{\mathrm{d}t}\frac{\partial L}{\partial \dot{x}^k} - \frac{\partial L}{\partial x^k} = 0,$$

$$\frac{\mathrm{d}}{\mathrm{d}t}(g_{ij}\delta^i_k\dot{x}^j + g_{ij}\delta^j_k\dot{x}^i) - \frac{\partial g_{ij}}{\partial x^k}\dot{x}^i\dot{x}^j = 0,$$

$$\frac{\mathrm{d}}{\mathrm{d}t}(2g_{ik}\dot{x}^i) - \frac{\partial g_{ij}}{\partial x^k}\dot{x}^i\dot{x}^j = 0,$$

$$2g_{ik}\ddot{x}^i + 2\frac{\partial g_{ik}}{\partial x^j}\dot{x}^i\dot{x}^j - \frac{\partial g_{ij}}{\partial x^k}\dot{x}^i\dot{x}^j = 0,$$

$$2g_{ik}\ddot{x}^i + \frac{\partial g_{ik}}{\partial x^j}\dot{x}^i\dot{x}^j + \frac{\partial g_{jk}}{\partial x^i}\dot{x}^i\dot{x}^j - \frac{\partial g_{ij}}{\partial x^k}\dot{x}^i\dot{x}^j = 0. \tag{1.71}$$

将 (1.71) 式中的最后一个方程两边各乘以 g^{lk}(记住 $g^{ij}g_{jk} = \delta^i_k$),

$$\delta^l_i\ddot{x}^i + \frac{1}{2}g^{lk}\left(\frac{\partial g_{ik}}{\partial x^j}\dot{x}^i\dot{x}^j + \frac{\partial g_{jk}}{\partial x^i}\dot{x}^i\dot{x}^j - \frac{\partial g_{ij}}{\partial x^k}\dot{x}^i\dot{x}^j\right) = 0. \tag{1.72}$$

最后一个方程可写为

$$\ddot{x}^i + \Gamma^i_{jk}\dot{x}^j\dot{x}^k = 0, \tag{1.73}$$

这被称为**测地线方程**. Γ^i_{jk} 是克里斯托费尔符号,

$$\Gamma^i_{jk} = \frac{1}{2}g^{il}\left(\frac{\partial g_{lk}}{\partial x^j} + \frac{\partial g_{jl}}{\partial x^k} - \frac{\partial g_{jk}}{\partial x^l}\right). \tag{1.74}$$

我们将在 5.2.1 节中看到,克里斯托费尔符号并不是某个张量的分量.

注意 如果将最小作用量原理应用于粒子的轨迹长度,也可以得到测地线方程为

$$\ell = \int_\Gamma \mathrm{d}l = \int_\Gamma \sqrt{g_{ij}\dot{x}^i\dot{x}^j}\,\mathrm{d}t. \tag{1.75}$$

确实对常数取模,新的拉格朗日量为 $L' = \sqrt{L}$,关于 L' 的欧拉-拉格朗日方程为

$$\frac{\mathrm{d}}{\mathrm{d}t}\left(\frac{1}{2\sqrt{L}}\frac{\partial L}{\partial \dot{x}^k}\right) - \frac{1}{2\sqrt{L}}\frac{\partial L}{\partial x^k} = 0,$$

$$-\frac{1}{4L^{3/2}}\frac{\mathrm{d}L}{\mathrm{d}t}\frac{\partial L}{\partial \dot{x}^k} + \frac{1}{2\sqrt{L}}\frac{\mathrm{d}}{\mathrm{d}t}\frac{\partial L}{\partial \dot{x}^k} - \frac{1}{2\sqrt{L}}\frac{\partial L}{\partial x^k} = 0. \tag{1.76}$$

由于 L 是(对常数取模的)粒子动能,且对自由粒子而言是守恒的,因此有 $\mathrm{d}L/\mathrm{d}t = 0$,而后回归关于 L 的欧拉-拉格朗日方程[①].

―――――――――――

① 如果认为 t 是参数化曲线得到的参数(而不是时间坐标),总是可以选择 t 使得 L 是一个常数,由此回归测地线方程. 当然参数化的选择不会影响方程的解. 它仅仅简化方程,使之易于求解.

如果有度规张量 g_{ij},则可以直接从定义(1.74)式出发计算克里斯托费尔符号. 不仅如此,往往直接写出自由粒子的欧拉–拉格朗日运动方程,并利用与测地线方程比照来确认不为零的克里斯托费尔符号的分量更加快捷. 例如,考虑(1.15)式中的度规张量. 自由质点的拉格朗日量为

$$L = \frac{1}{2} m (\dot{r}^2 + r^2 \dot{\theta}^2 + r^2 \sin^2 \theta \dot{\phi}^2). \tag{1.77}$$

对于 r 坐标的欧拉–拉格朗日方程为

$$\ddot{r} - r\dot{\theta}^2 - r\sin^2\theta\dot{\phi}^2 = 0. \tag{1.78}$$

对于 θ 坐标,有

$$\frac{\mathrm{d}}{\mathrm{d}t}(r^2\dot{\theta}) - r^2 \sin\theta\cos\theta\dot{\phi}^2 = 0,$$
$$2r\dot{r}\dot{\theta} + r^2\ddot{\theta} - r^2\sin\theta\cos\theta\dot{\phi}^2 = 0, \tag{1.79}$$

这可被重写为

$$\ddot{\theta} + \frac{2}{r}\dot{r}\dot{\theta} - \sin\theta\cos\theta\dot{\phi}^2 = 0. \tag{1.80}$$

最后,对于 ϕ 坐标,有

$$\frac{\mathrm{d}}{\mathrm{d}t}(r^2\sin^2\theta\dot{\phi}) = 0,$$
$$2r\dot{r}\sin^2\theta\dot{\phi} + 2r^2\sin\theta\cos\theta\dot{\theta}\dot{\phi} + r^2\sin^2\theta\ddot{\phi} = 0, \tag{1.81}$$

这可被重写为

$$\ddot{\phi} + \frac{2}{r}\dot{r}\dot{\phi} + 2\cot\theta\dot{\theta}\dot{\phi} = 0. \tag{1.82}$$

如果将(1.78)式、(1.80)式和(1.82)式与测地线方程(1.73)式比照,可以看到非零的克里斯托费尔符号为

$$\Gamma^r_{\theta\theta} = -r, \ \Gamma^r_{\phi\phi} = -r\sin^2\theta,$$
$$\Gamma^\theta_{r\theta} = \Gamma^\theta_{\theta r} = \frac{1}{r}, \ \Gamma^\theta_{\phi\phi} = -\sin\theta\cos\theta, \tag{1.83}$$
$$\Gamma^\phi_{r\phi} = \Gamma^\phi_{\phi r} = \frac{1}{r}, \ \Gamma^\phi_{\theta\phi} = \Gamma^\phi_{\phi\theta} = \cot\theta.$$

1.8 牛顿引力

考虑一个在具有质量 M 的点状物体周围的引力场中运动的质量为 m ($M \gg m$) 的点状试验粒子. 点状试验粒子的拉格朗日量为

$$L = \frac{1}{2}m\dot{x}^2 - m\Phi = \frac{1}{2}m\dot{x}^2 + \frac{G_N Mm}{r}, \tag{1.84}$$

其中$\dot{x}$是粒子的速度，Φ是引力势，而r是粒子与质量体间的距离. 在笛卡尔坐标系下，有

$$\dot{x}^2 = \delta_{ij}\dot{x}^i\dot{x}^j , \quad r = \sqrt{x^2 + y^2 + z^2} . \tag{1.85}$$

对于这样一个球对称的系统而言，笛卡尔坐标并不方便. 虽然物理本身独立于坐标的选择，但在球坐标下研究这样的系统更加容易. 在球坐标下，有

$$L = \frac{1}{2}m(\dot{r}^2 + r^2\dot{\theta}^2 + r^2\sin^2\theta\dot{\phi}^2) + \frac{G_N Mm}{r} . \tag{1.86}$$

关于θ坐标的欧拉-拉格朗日方程为

$$\frac{\mathrm{d}}{\mathrm{d}t}(mr^2\dot{\theta}) - mr^2\sin\theta\cos\theta\dot{\phi}^2 = 0 . \tag{1.87}$$

如果初始形态下粒子的运动处于赤道平面内，即$\theta(t_0)=\pi/2$并且$\dot{\theta}(t_0)=0$，其中，t_0是初始时间，它将一直保持在赤道平面内. 不失一般性，可以就研究粒子在赤道平面内运动的情形（如果事实并非如此，总可以对坐标系进行合适的旋转以满足这一条件）. 这样粒子的拉格朗日量可被简化为如下形式：

$$L = \frac{1}{2}m(\dot{r}^2 + r^2\dot{\phi}^2) + \frac{G_N Mm}{r} . \tag{1.88}$$

由于拉格朗日量不显含坐标ϕ与时间t，也就有了两个运动常数，它们分别是角动量的轴向分量L_z和能量E. 采用 1.6 节中的方法，有[①]

$$\frac{\mathrm{d}}{\mathrm{d}t}(mr^2\dot{\phi}) = 0 \Rightarrow mr^2\dot{\phi} = \mathrm{const.} = L_z , \tag{1.89}$$

以及

$$E = \frac{1}{2}m\dot{x}^2 - \frac{G_N Mm}{r} = \frac{1}{2}m(\dot{r}^2 + r^2\dot{\phi}^2) - \frac{G_N Mm}{r} = \frac{1}{2}m\dot{r}^2 + \frac{L_z^2}{2mr^2} - \frac{G_N Mm}{r} . \tag{1.90}$$

如果定义$\bar{E} \equiv E/m$以及$\bar{L}_z \equiv L_z/m$，可以写出如下的运动方程：

$$\frac{1}{2}\dot{r}^2 = \bar{E} - V_{\mathrm{eff}} , \tag{1.91}$$

其中，V_{eff}是有效势，

$$V_{\mathrm{eff}} = -\frac{G_N M}{r} + \frac{\bar{L}_z^2}{2r^2} . \tag{1.92}$$

图 1.2 展示了V_{eff}作为半径坐标r的函数.（1.92）式中的右边第一项是质量为M的点状质量体的（相互吸引的）引力势，它在粒子距离较远时占主导；第二项是（相互排斥的）离心势，它在粒子距离较近时占主导. 在牛顿引力中，离心势将阻止具有非零动量的质点落入点状质量体. 在 8.4 节中会看到，在爱因斯坦引力中这是错误的.

---

① 用记号"L_z"是因为它是角动量的轴向分量，并且我们不想称它为"L"，因为它可能会与拉格朗日量混淆.

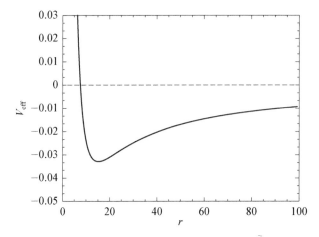

图 1.2 (1.92)式中的有效势 V_{eff},其中 $G_{\text{N}}M = 1$, $\tilde{L}_z = 3.9$.

1.9 开普勒定律

开普勒定律是约翰尼斯·开普勒于 17 世纪初利用研究太阳系中行星的天文数据经验主义发现的. 而后艾萨克·牛顿揭示了这些定律是牛顿力学与牛顿万有引力定律的直接结果. 开普勒定律内容如下:

> **开普勒第一定律** 所有行星绕太阳的轨道都是椭圆,太阳位于椭圆的一个焦点上.
> **开普勒第二定律** 行星与太阳的连线在相等的时间间隔内扫过相等的面积.
> **开普勒第三定律** 所有行星绕太阳一周的时间的平方正比于它们轨道的半长轴的立方.

描述质量为 m、围绕太阳(质量为 M,且 $m \ll M$) 运动的行星的拉格朗日量由(1.88)式给出. 开普勒第二定律是如下事实的直接推论:行星的角动量是运动常数. 行星与太阳的连线扫过的面积确实由下式给出:

$$A(\phi_1, \phi_2) = \frac{1}{2}\int_{\phi_1}^{\phi_2} r^2 \, \mathrm{d}\phi = \frac{1}{2}\int_{t_1}^{t_2} r^2 \dot{\phi} \, \mathrm{d}t = \frac{L_z}{2m}\int_{t_1}^{t_2} \mathrm{d}t = \frac{L_z}{2m}(t_2 - t_1), \tag{1.93}$$

其中,ϕ_1 与 ϕ_2 是 ϕ 坐标分别在时间 t_1 与 t_2 时的值.

开普勒第一定律可以按以下方法推导. 可以重写(1.90)式,利用

$$\dot{r} = \frac{\mathrm{d}r}{\mathrm{d}\phi}\frac{\mathrm{d}\phi}{\mathrm{d}t} = \frac{L_z}{mr^2}\frac{\mathrm{d}r}{\mathrm{d}\phi}, \tag{1.94}$$

代替 $\dot{r}$,可以发现

$$E = \frac{L_z^2}{2mr^4}\left(\frac{\mathrm{d}r}{\mathrm{d}\phi}\right)^2 + \frac{L_z^2}{2mr^2} - \frac{G_{\text{N}}Mm}{r}. \tag{1.95}$$

定义

$$r = \frac{1}{u}, \ u' = \frac{\mathrm{d}u}{\mathrm{d}\phi}, \tag{1.96}$$

然后(1.95)式变为

$$E = \frac{L_z^2}{2m} u'^2 + \frac{L_z^2}{2m} u^2 - G_N M m u, \tag{1.97}$$

而

$$u'^2 - \frac{2G_N M m^2}{L_z^2} u + u^2 = \frac{2mE}{L_z^2}. \tag{1.98}$$

将(1.98)式两边分别对 ϕ 求导,得到

$$2u'\left(u'' - \frac{G_N M m^2}{L_z^2} + u \right) = 0. \tag{1.99}$$

由此可以得到两个方程:

$$u' = 0, \tag{1.100}$$

$$u'' - \frac{G_N M m^2}{L_z^2} + u = 0. \tag{1.101}$$

微分方程(1.100)与(1.101)的解分别是圆方程和圆锥曲线方程,

$$\frac{1}{r} = u = 常数, \tag{1.102}$$

$$\frac{1}{r} = u = \frac{G_N M m^2}{L_z^2} + A\cos\phi, \tag{1.103}$$

其中,A 是一个常数. 如果 $0 < A < G_N M m^2 / L_z^2$ [见附录 D 中的(D.6)式与(D.7)式],(1.103)式描述了一个椭圆;如果 $A = G_N M m^2 / L_z^2$,则为抛物线;如果 $A > G_N M m^2 / L_z^2$,则为双曲线.

由(1.93)式,可以写出利用行星轨道描述的椭圆的面积,

$$\pi a^2 \sqrt{1 - e^2} = \frac{1}{2} \int_0^{2\pi} r^2 \mathrm{d}\phi = \frac{L_z}{2m} \int_0^T \mathrm{d}t = \frac{L_z T}{2m}, \tag{1.104}$$

其中,a 是椭圆的半长轴,e 是椭圆的离心率,而 T 是行星的轨道周期. 由附录 D 中的(D.6)式与(D.7)式,有

$$\frac{G_N M m^2}{L_z^2} = \frac{1}{a(1-e^2)} \Rightarrow L_z^2 = a(1-e^2)G_N M m^2. \tag{1.105}$$

将(1.104)式与(1.105)式合并,可以得到开普勒第三定律,

$$\frac{a^3}{T^2} = \frac{G_N M}{4\pi^2} = 常数 \Rightarrow a^3 \propto T^2. \tag{1.106}$$

1.10 麦克斯韦方程组

17 世纪至 18 世纪的物理学完美地与相对性原理一致, 没有优先的参考系, 所有惯性参考系都是等价的, 相互之间以伽利略群变换相联结. 但是, 19 世纪对电磁现象的研究改变了这种情况. 真空中的麦克斯韦方程组为(使用高斯单位制)

$$\nabla \cdot E = 0, \tag{1.107}$$

$$\nabla \cdot B = 0, \tag{1.108}$$

$$\nabla \times E = -\frac{1}{c}\frac{\partial B}{\partial t}, \tag{1.109}$$

$$\nabla \times B = \frac{1}{c}\frac{\partial E}{\partial t}, \tag{1.110}$$

它们看起来与相对性原理不一致. 这里 c 是光速. 在伽利略相对论的语境中, 如果改变惯性参考系, 这是一个按照(1.38)式变化的物理量, 这暗示了麦克斯韦方程组一定仅在一些特定的惯性系中有效, 在其余的参考系中则不然. 此外, 麦克斯韦方程组在伽利略变换下不再保持不变. 这样就带来了两种可能性:

(1) 相对性原理对电磁现象不再有效, 这要求优先的参考系的存在.

(2) 物理定律在所有的惯性参考系中一致, 但伽利略变换是错误的.

从真空中的麦克斯韦方程组容易看到, 电磁现象具有波的性质. 对于一个一般的向量 V, 有如下恒等式(见附录 B.3):

$$\nabla \times (\nabla \times V) = \nabla (\nabla \cdot V) - \nabla^2 V. \tag{1.111}$$

利用麦克斯韦第三方程(1.109), 可以写出

$$\nabla \times (\nabla \times E) = \nabla \times \left(-\frac{1}{c}\frac{\partial B}{\partial t}\right). \tag{1.112}$$

利用(1.111)式与麦克斯韦第一方程(1.107), 将这个方程的左边重写为

$$\nabla^2 E = \frac{1}{c}\frac{\partial}{\partial t}(\nabla \times B), \tag{1.113}$$

而方程的右边可以利用 $\partial/\partial t$ 与 $\nabla \times$ 对易将之重写. 接下来利用(1.110)式后得到

$$\left(\nabla^2 - \frac{1}{c^2}\frac{\partial^2}{\partial t^2}\right)E = 0. \tag{1.114}$$

利用相似的步骤, 也能写出

$$\left(\nabla^2 - \frac{1}{c^2}\frac{\partial^2}{\partial t^2}\right)B = 0. \tag{1.115}$$

(1.114)式与(1.115)式是场 E 与 B 的波动方程. 在牛顿力学中, 波动产生于对弹性介质分布的自然位置的偏离, 之后在其平衡位置附近开始振动. 机械波是弹性介质的扰动, 并以速度

$$v = \sqrt{\frac{T}{\rho}} \tag{1.116}$$

传播,其中,T 和 ρ 分别是弹性介质的张力和密度.

在 19 世纪末期,假定传播电磁现象的介质的存在是很自然的.这样的介质被称为**以太**,而电磁现象的传播速度是 c.为了描述电磁现象,以太必须作为优先的参考系.在这一点上,有必要找到以太存在的直接或间接证据.

1.11 迈克尔逊-莫雷实验

迈克尔逊-莫雷实验是一台干涉仪,用以测量两个互相垂直方向上的光速的差,作为仪器自身相对于以太可能的运动结果.仪器略如图 1.3 所示.光源 S 发射一束光,之后被分光器 B 分成两束光:其中一束光"走"路径 1,被镜子 M_1 反射,然后重新回到分光器 B;第二束光"走"路径 2,被镜子 M_2 反射,然后回到分光器 B.两束光到达探测器 D,在那里就可以观测到干涉图样,如图 1.3 所示,分别用 d_1 和 d_2 表示路径 1 和路径 2 的长度.

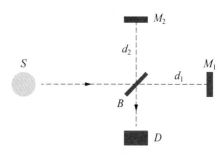

图 1.3 迈克尔逊-莫雷实验略图. S 是光源, B 是分光器, M_1 与 M_2 分别是路径 1 和 2 中的两面镜子,而 D 是能够观测干涉图样的探测器. d_1 与 d_2 分别是路径 1 和路径 2 的长度.

假设以太以速度 v 平行于路径 1 运动(形态 A).根据伽利略变换,光线于路径 1 所用的时间,即光自分光器 B 至镜子 M_1 并返回分光器 B 所用的时间,将是

$$\Delta t_1^A = \frac{d_1}{c-v} + \frac{d_1}{c+v} = \frac{2d_1 c}{c^2 - v^2} = \frac{2d_1}{c}\left[1 + \frac{v^2}{c^2} + O\left(\frac{v^4}{c^4}\right)\right], \tag{1.117}$$

其中,c 是以太参考系中的光速.在以太参考系中,光线于路径 2 的传播距离是

$$D = [4d_2^2 + v^2(\Delta t_2^A)^2]^{1/2}, \tag{1.118}$$

其中,Δt_2^A 是光线自 B 至 M_2 并返回 B 所用的时间.由于以太参考系中光速为 c,Δt_2^A 由下式给出:

$$\Delta t_2^A = \frac{D}{c}. \tag{1.119}$$

如果将(1.118)式与(1.119)式合并,得到

$$\Delta t_2^A = \frac{2d_2}{(c^2 - v^2)^{1/2}} = \frac{2d_2}{c}\left[1 + \frac{1}{2}\frac{v^2}{c^2} + O\left(\frac{v^4}{c^4}\right)\right]. \tag{1.120}$$

两个信号间的时间差为

$$\delta t^A = \Delta t_1^A - \Delta t_2^A = 2\frac{d_1 - d_2}{c} + (2d_1 - d_2)\frac{v^2}{c^3} + O\left(\frac{v^4}{c^5}\right). \tag{1.121}$$

现在将仪器旋转 $90°$（形态 B）并估计新形态下的时间差. 此时, 以太应当以速度 v 平行于路径 2 运动. 可以发现

$$\delta t^B = \Delta t_1^B - \Delta t_2^B = 2\frac{d_1 - d_2}{c} + (d_1 - 2d_2)\frac{v^2}{c^3} + O\left(\frac{v^4}{c^5}\right). \tag{1.122}$$

以太存在假说与伽利略变换一起预言了干涉条纹在形态 A 与 B 间的移动,

$$\delta n = \frac{\delta T}{\lambda} = \frac{c}{\lambda}(\delta t^A - \delta t^B) = \frac{d_1 + d_2}{\lambda}\frac{v^2}{c^2} + O\left(\frac{v^4}{c^4}\right), \tag{1.123}$$

其中, $T = \lambda/c$ 是辐射的周期, λ 是其波长.

阿尔伯特·迈克尔逊于 1881 年第一次尝试测量以太相对于地球运动的速度, 但其结果并不令人信服. 该实验于 1887 年被阿尔伯特·迈克尔逊与爱德华·莫雷重做. 在 1887 年的实验中, $d_1 = d_2 = 11\,\mathrm{m}$ 且 $\lambda \approx 600\,\mathrm{nm}$. 如果假设以太的静止参考系是太阳系, 考虑地球公转的线速度为 $30\,\mathrm{km/s}$, 则预期 $\delta n = 0.4$. 如果考虑太阳系绕银河系中心的速度大约为 $220\,\mathrm{km/s}$, 则预期 $\delta n = 3$. 1887 年实验的分辨率为 $\delta n = 0.01$, 未曾观测到仪器在两个方向上干涉条纹的差异. 该实验被其他物理学家所重复, 而所有的结果都不曾观测到干涉条纹的变化. 严格来说, 这些实验并没有排除以太存在的可能性, 如果假设空间的长度测量并非是各向同性的, 这种可能性也是物理学家用以保留以太并解释实验结果的首选方案. 但是, 类似的尝试最终都失败了.

1.12 走向狭义相对论

1887 年沃德玛·福格特写下关于一个惯性系 (x, y, z) 变换到另一个惯性系 (x', y', z') 的坐标变换, 第二个惯性系相对于第一个惯性系以恒定速度 v 沿 x 轴正向运动. 变换表示如下:

$$
\begin{aligned}
x &\to x' = x - vt, \\
y &\to y' = y\left(1 - \frac{v^2}{c^2}\right)^{1/2}, \\
z &\to z' = z\left(1 - \frac{v^2}{c^2}\right)^{1/2}, \\
t &\to t' = t - \frac{vx}{c^2}.
\end{aligned}
\tag{1.124}
$$

这个坐标变换是对 (1.36) 式给出的伽利略变换的修正. 福格特表明在 (1.124) 式给出的变换下, 一些电动力学方程是不变的. 例如, 电磁波的波动方程 (1.114) 与 (1.115) 变为

$$
\begin{aligned}
\left(1 - \frac{v^2}{c^2}\right)\left(\nabla'^2 - \frac{1}{c^2}\frac{\partial^2}{\partial t'^2}\right)E &= 0, \\
\left(1 - \frac{v^2}{c^2}\right)\left(\nabla'^2 - \frac{1}{c^2}\frac{\partial^2}{\partial t'^2}\right)B &= 0.
\end{aligned}
\tag{1.125}
$$

但是, 福格特似乎并没有认为这个坐标变换具有任何特别的物理意义.

1887 年, 迈克尔逊与莫雷宣布了他们的实验结果. 与 1881 年的结果不同, 这一次非常具有说服力. 但是, 以太存在的假说并没有被立即废弃. 1889 年乔治·菲茨杰拉德与 1892 年亨德里克·洛伦兹分别独立地表明迈克尔逊-莫雷实验可被假定物体平行于以太运动时的收缩

所解释(**菲茨杰拉德-洛伦兹收缩**),

$$L \to L \left(1 - \frac{v^2}{c^2}\right)^{1/2}. \tag{1.126}$$

1897 年,约瑟夫·拉莫尔拓展了洛伦兹的工作,写下了两个以恒定速度相对运动的惯性参考系之间的狭义相对论坐标变换,并表明菲茨杰拉德-洛伦兹收缩时该坐标变换下的推论. 1905 年,亨利·庞加莱给这些坐标变换予以现代的形式.庞加莱也表明这些变换与旋转一起构成一个群,称之为洛伦兹群.同一年,阿尔伯特·爱因斯坦演示了在相对性原理与光速不变的假设下,这些变换是能够被推导的.

习　　题

1.1　证明(1.14)式,$\mathrm{d}l^2 = \mathrm{d}r^2 + r^2\mathrm{d}\theta^2 + r^2\sin^2\theta\,\mathrm{d}\phi^2$.

1.2　球坐标(r, θ, ϕ)与柱坐标(ρ, z, ϕ')间的变换是

$$\rho = r\sin\theta, \quad z = r\cos\theta, \quad \phi' = \phi, \tag{1.127}$$

它的逆变换为

$$r = \sqrt{\rho^2 + z^2}, \quad \theta = \arctan\left(\frac{\rho}{z}\right), \quad \phi = \phi'. \tag{1.128}$$

写出在柱坐标下的度规张量 g_{ij} 和线元 $\mathrm{d}l$.

1.3　考虑(1.36)式描述的伽利略变换 $x^i \to x'^i$.试证欧几里得度规 δ_{ij} 的表达式不随之改变.

1.4　考虑(1.42)式描述的在 xy 平面的旋转变换 $R_{xy}: x^i \to x'^i$.试证欧几里得度规 δ_{ij} 的表达式不随之改变.

1.5　(1.77)式给出了自由质点在球坐标下的拉格朗日量,而球坐标(r, θ, ϕ)与柱坐标(ρ, z, ϕ')间的变换由(1.127)式与(1.128)式给出.写出在柱坐标下的拉格朗日量及其相对应的欧拉-拉格朗日方程.

1.6　利用 1.5 题中得到的欧拉-拉格朗日方程,写出在柱坐标下的克里斯托费尔符号.

1.7　一个具有质量 m 的自由质点在半径为 R 的球表面的拉格朗日量为

$$L = \frac{1}{2}mR^2(\dot{\theta}^2 + \sin^2\theta\,\dot{\phi}^2). \tag{1.129}$$

注意　这里的拉格朗日坐标是(θ, ϕ),而 R 是一个常数.写出(1.129)式表征的拉格朗日量的欧拉-拉格朗日方程.

1.8　考虑如下的拉格朗日量:

$$L = \frac{1}{2}m(\dot{x}^2 + \dot{y}^2) - \frac{1}{2}k(x^2 + y^2), \tag{1.130}$$

其中,x 与 y 是拉格朗日坐标.这是粒子在 2 维空间,服从势 $V = k(x^2 + y^2)/2$ 的粒子的拉格朗日量.找出所有运动常数并写出相对应的欧拉-拉格朗日方程.

1.9　试证麦克斯韦方程组在伽利略变换下不再保持不变.

第**2**章

狭义相对论

狭义相对论指的是以爱因斯坦相对性原理为基础的理论框架. 在牛顿力学中,将空间和时间视作两个具有明确区别的实体,并且对所有观测者而言,时间都是相同的. 这样的设定在强行施加相互作用而不能以无限大的瞬间速度传播(这是伽利略相对论中隐含的假设)的条件下彻底崩溃了. 在狭义相对论中,将时空关联视为描述物理现象的天然"舞台".

2.1 爱因斯坦相对性原理

实验支持狭义相对性原理的有效性,即:物理定律在所有惯性参考系中具有相同的形式. 在牛顿力学中,一个重要的假设是相互作用以无限大的速度传播. 例如,牛顿万有引力定律可写为

$$F_{12} = G_N \frac{M_1 M_2}{r^2} \hat{r}_{12},\tag{2.1}$$

其中,F_{12} 是物体 2 施加于物体 1 上的力,$M_1(M_2)$ 是物体 1(2) 的质量,r 是两物体间的距离,而 $\hat{r}_{12}$ 是起始于物体 1 指向物体 2 方向的单位向量. 如果物体 2 的位置发生改变,施加于物体 1 上的力立即发生改变,而没有丝毫的时间延迟. 但是,实验表明不存在以无限大的速度传播的相互作用. 光速相较于我们周围典型的物体运动速度已经非常大了,但它仍然是有限的. 牛顿力学因假设瞬时相互作用,不可避免地引入了一些近似.

超越牛顿力学的关键要素是注意到存在相互作用传播的最大速度. **爱因斯坦相对性原理**内容如下:

> **爱因斯坦相对性原理**
> (1) 狭义相对性原理成立.
> (2) 真空中的光速是相互作用的最大传播速度.

牛顿力学很明显与爱因斯坦相对性原理相矛盾. 在牛顿力学中,如果相互作用的传播速度是有限的,在不同的参考系中它的值也将发生变化. 如果在参考系 (x, y, z) 中测量得到传播速度 w,则在以恒定速度 v 相对于参考系 (x, y, z) 运动的参考系 (x', y', z') 中,相互作用的传播速度应该是 $w' = w - v$,它将会有可能超越光速.

在牛顿力学中,存在对所有参考系有效的绝对时间. 但是,对所有参考系有效的绝对时间的存在与爱因斯坦相对性原理相矛盾. 例如,考虑在参考系 (x, y, z) 原点处静止的电磁源,源

发射向所有方向以相同速度传播的闪光,电磁信号在同一时间到达与原点等距的点. 现在考虑以恒定速度 v 相对于参考系 (x, y, z) 运动的参考系 (x', y', z'). 按照参考系 (x', y', z'),源发射的电磁信号在同一时间到达与发射点等距的点,因为电磁信号在任意方向都以光速运动. 很明确,参考系 (x, y, z) 与 (x', y', z') 对"同时"有着不同的理解,在其中一个参考系中两个被认为是同时发生的事件在另一个参考系中却不再同时发生. 这个简单的例子也表明 (1.1) 式中的线元不再是一个不变量.

2.2 闵可夫斯基时空

在牛顿力学中,有空间坐标 (x, y, z),如果考虑一个使用笛卡尔坐标系的 3 维空间以及绝对时间 t,于是,"空间"与"时间"就作为两个具有明确区别的实体. 在狭义相对论中引入**时空**的概念是有益的,空间坐标与时间坐标变为时空的坐标. 时空中的每个点是一个**事件**,因为它确实代表了一个在特定空间、特定时间发生的"事件".

首先,我们期望找到与 (1.1) 式中线元 $\mathrm{d}l$ 的对应项. 确实,如果我们承认爱因斯坦相对性原理,$\mathrm{d}l$ 将不再是一个不变量:如果考虑在两个参考系中从点 A 发射至点 B 的一束光信号,这两点间的距离在两个参考系中不会相同,因为虽然光速相同,但是,传播时间一般是不同的.

考虑在 (3+1)-维时空 ("3 个空间维度＋1 个时间维度") 中的光子的轨迹. 如果轨迹被时间坐标 t 参数化,可以写[①]

$$\| x^\mu \| = \begin{pmatrix} x^0(t) \\ x^1(t) \\ x^2(t) \\ x^3(t) \end{pmatrix} = \begin{pmatrix} ct \\ x(t) \\ y(t) \\ z(t) \end{pmatrix} = \begin{pmatrix} ct \\ x(t) \end{pmatrix}. \tag{2.2}$$

注意 我们已经定义 $x^0 = ct$,其中,c 是光速,x^0 因此与空间坐标 x^1, x^2 和 x^3 一样拥有长度的量纲. 由于在所有惯性参考系中,光速都是 c,

$$\begin{aligned} \mathrm{d}s^2 &= -c^2 \mathrm{d}t^2 + \mathrm{d}x^2 + \mathrm{d}y^2 + \mathrm{d}z^2 = -c^2 \mathrm{d}t^2 + \mathrm{d}x^2 \\ &= \left[-c^2 + \left(\frac{\mathrm{d}x}{\mathrm{d}t} \right)^2 + \left(\frac{\mathrm{d}y}{\mathrm{d}t} \right)^2 + \left(\frac{\mathrm{d}z}{\mathrm{d}t} \right)^2 \right] \mathrm{d}t^2, \end{aligned} \tag{2.3}$$

沿光的轨迹这个量在所有惯性参考系中必将化为零 (非惯性参考系的情况将在稍后讨论;$\mathrm{d}s^2 = 0$ 仍然成立,但 $\mathrm{d}s^2$ 的表达式会变化). $\mathrm{d}s$ 是时空的线元.

如果在一个惯性参考系中,$\mathrm{d}s^2 = 0$,它将在所有惯性参考系中都为零. 但是,这还不足以说它是一个不变量. 确实,有

$$\mathrm{d}s^2 = k \mathrm{d}s'^2, \tag{2.4}$$

其中,$\mathrm{d}s'^2$ 是另一个惯性参考系的线元,而 k 是某个系数. 如果我们相信时空是均匀 (没有优先的点) 且各向同性 (没有优先的方向) 的,k 将不能依赖于时空坐标 x^μ,所以,它最多是两个

[①] 一些作者使用不同的惯例. 对于一个 $(n+1)$-维时空 ("n 个空间维度＋1 个时间维度"),他们将时空坐标写作 $(x^1, x^2, \cdots, x^{n+1})$,其中,$x^{n+1}$ 是时间坐标. 在这种情况下,(2.9) 式中的闵可夫斯基度规变为 $\eta_{\mu\nu} = \mathrm{diag}(1, 1, \cdots, 1, -1)$.

参考系间相对速度的函数. 但是,情况并非如此. 考虑参考系 0, 1, 2, 令 v_{01} 与 v_{02} 分别为坐标系 1 与 2 相对于坐标系 0 的速度. 可以写

$$\mathrm{d}s_0^2 = k(v_{01})\mathrm{d}s_1^2, \quad \mathrm{d}s_0^2 = k(v_{02})\mathrm{d}s_2^2, \tag{2.5}$$

其中,v_{01} 和 v_{02} 是 v_{01} 和 v_{02} 的速度的绝对值,因为时空的各向同性,使得 k 不能依赖于它们的方向. 令 v_{12} 为参考系 2 相对于参考系 1 的速度,有

$$\mathrm{d}s_1^2 = k(v_{12})\mathrm{d}s_2^2. \tag{2.6}$$

将(2.5)式与(2.6)式合并,有

$$k(v_{12}) = \frac{\mathrm{d}s_1^2}{\mathrm{d}s_2^2} = \frac{k(v_{02})}{k(v_{01})}. \tag{2.7}$$

但是,v_{12} 依赖于 v_{01} 与 v_{02} 的方向,(2.7)式的右边则与之无关. (2.7)式于是表明 k 是一个常数,由于与参考系无关,它必须为 1. 现在可以确定 $\mathrm{d}s^2$ 是一个不变量.

线元(2.3)可被重写为

$$\mathrm{d}s^2 = \eta_{\mu\nu}\mathrm{d}x^{\mu}\mathrm{d}x^{\nu}, \tag{2.8}$$

其中,$\eta_{\mu\nu}$ 是**闵可夫斯基度规**,显示为[①]

$$\|\eta_{\mu\nu}\| = \begin{pmatrix} -1 & 0 & 0 & 0 \\ 0 & 1 & 0 & 0 \\ 0 & 0 & 1 & 0 \\ 0 & 0 & 0 & 1 \end{pmatrix}. \tag{2.9}$$

n **维闵可夫斯基时空**可视为等价于配有度规 $\eta_{\mu\nu}$ 的 $\mathbb{R}^n$[②]. 它是 1.2 节中配有度规 δ_{ij} 的 n 维欧几里得空间的对应项. 如同欧几里得空间是牛顿力学使用的空间一样,闵可夫斯基时空是相对论力学使用的空间. 一般而言,可以将时空的度规写作 $g_{\mu\nu}$. 例如,在球坐标中有

$$\|g_{\mu\nu}\| = \begin{pmatrix} -1 & 0 & 0 & 0 \\ 0 & 1 & 0 & 0 \\ 0 & 0 & r^2 & 0 \\ 0 & 0 & 0 & r^2\sin^2\theta \end{pmatrix}. \tag{2.12}$$

如果只考虑空间坐标的变换,例如,从笛卡尔坐标向球坐标或柱坐标变换,有 $g_{0i} = 0$. 但是,在某些情况下,将时间和空间坐标混合起来是有益的,此时 g_{0i} 可能具有非零值.

1.3 节的结果依然成立,但空间指标被时空指标所代替. 在坐标变换 $x^{\mu} \rightarrow x'^{\mu}$ 下,向量和对偶向量按下式变换:

---

① 对于引力学研究者而言,普遍使用符号$(-+++)$的度规. 而粒子物理学研究者更加偏向使用符号$(+---)$的度规.

② 贯穿全书,我们使用拉丁字母 $i, j, k, \cdots$ 表示空间指标$(1, 2, \cdots, n)$,其中,n 是空间维数,希腊字母 $\mu, \nu, \rho, \cdots$ 表示时空指标$(0, 1, 2, \cdots, n)$. 当我们对重复指标求和时,也使用该惯例. 例如,对 $n = 3$,有

$$\mathrm{d}s^2 = \eta_{\mu\nu}\mathrm{d}x^{\mu}\mathrm{d}x^{\nu} \equiv -(\mathrm{d}x^0)^2 + (\mathrm{d}x^1)^2 + (\mathrm{d}x^2)^2 + (\mathrm{d}x^3)^2. \tag{2.10}$$

如果写作 $\eta_{ij}\mathrm{d}x^j\mathrm{d}x^i$,则表示

$$\eta_{ij}\mathrm{d}x^i\mathrm{d}x^j \equiv (\mathrm{d}x^1)^2 + (\mathrm{d}x^2)^2 + (\mathrm{d}x^3)^2, \tag{2.11}$$

因为 i 和 j 取值为自 1 至 n.

$$V^{\mu} \rightarrow V'^{\mu} = \frac{\partial x'^{\mu}}{\partial x^{\nu}} V^{\nu}, \quad V_{\mu} \rightarrow V'_{\mu} = \frac{\partial x^{\nu}}{\partial x'^{\mu}} V_{\nu}. \tag{2.13}$$

现在可使用 $g_{\mu\nu}$ 降上指标,使用 $g^{\mu\nu}$ 升下指标,例如,

$$V_{\mu} = g_{\mu\nu} V^{\nu}, \quad V^{\mu} = g^{\mu\nu} V_{\nu}. \tag{2.14}$$

对任意型和阶的张量的推广是直接的.

时空中质点的轨迹是一条被称为**世界线**的曲线. 按照定义,以光速运动的粒子的轨迹满足 $\mathrm{d}s^2 = 0$,对于以更慢(或更快)速度运动的粒子,沿着它们轨迹的线元将满足 $\mathrm{d}s^2 < 0 (\mathrm{d}s^2 > 0)$. $\mathrm{d}s^2 < 0$ 的曲线被称为**类时曲线**, $\mathrm{d}s^2 = 0$ 的曲线被称为**类光曲线**或**零曲线**,而 $\mathrm{d}s^2 > 0$ 的曲线被称为**类空曲线**[①]. 根据爱因斯坦相对性原理,没有粒子能以类空轨迹运动,但在某些语境下有必要考虑类空曲线.

图 2.1 展示了闵可夫斯基时空的一张示意图. 为了简化作图,考虑 1+1 维的时空,因此,仅有 t 与 x 作为坐标. 这里线元是 $\mathrm{d}s^2 = -c^2 \mathrm{d}t^2 + \mathrm{d}x^2$. P 是一个事件,即时空中的一个点. 不失一般性,可以将 P 置于坐标系的原点处. 时空中与 P 被类光轨迹连接的点的集合被称为**光锥**. 如果考虑 (2+1)-维时空 (ct, x, y),光锥确实是一个对顶圆锥的表面. 在 1+1 维中,如图 2.1 所示,光锥由 $ct = \pm x$ 定义,有两条直线. 在 $(n+1)$-维时空的情形下 $(n \geqslant 3)$,光锥是一个超曲面. 我们也可以区分**未来光锥** $(t > 0$ 时光锥的点集)与**过去光锥** $(t < 0$ 时光锥的点集).

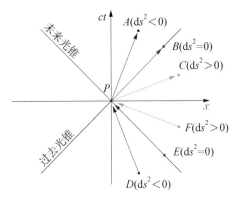

图 2.1　闵可夫斯基时空示意图. 事件 P 处于坐标系 (ct, x) 的原点. 未来光锥由两条射线 $ct = \pm x$, $t > 0$ 组成. 事件 B 位于未来光锥上,与 P 被一条类光轨迹连接. 事件 A 位于未来光锥之内:它与 P 被一条类时轨迹连接. 位于未来光锥以内的事件与点 P 因果相连,它们可以被 P 点发生的事件所影响. 事件 C 在未来光锥之外:它与 P 被一条类空轨迹连接. 位于未来光锥以外的事件与点 P 因果隔离,它们不能被 P 点发生的事件所影响. 过去光锥由两条射线 $ct = \pm x$, $t < 0$ 组成. 事件 D 与 P 被类时轨迹连接,事件 E 与 P 被类光轨迹连接,事件 F 与 P 被类空轨迹连接. D 与 E 能够影响 P,而 F 则不能. 详情见正文.

根据爱因斯坦相对性原理,不存在以比真空中的光速更快的速度传播的相互作用. 由此光锥决定了对于某个特定的点的因果相连或隔离的区域. 参考图 2.1,于 P 点的事件可以影响 A

[①] 如果使用粒子物理学中普遍使用的度规 $\eta_{\mu\nu} = \mathrm{diag}(1, -1, -1, -1)$,如果粒子以慢于(或快于)光速 c 运动,则沿粒子轨迹的线元 $\mathrm{d}s^2 > 0 (\mathrm{d}s^2 < 0)$. 在那种语境下,类时曲线满足 $\mathrm{d}s^2 > 0$,而类空曲线满足 $\mathrm{d}s^2 < 0$.

点和 B 点的事件,但无法影响 C 点的事件. 于 D 点或 E 点的事件能够影响 P 点的事件,但位于 F 的事件则不能影响 P 点的事件.

2.3 洛伦兹变换

现在我们期望找到伽利略变换相对论性的对应项,换句话说,那些连接两个彼此仅以恒定速度相对运动的惯性参考系的变换,并要求与爱因斯坦相对性原理保持一致. 令 $\Lambda^{\mu}{}_{\nu}$ 为连接两个惯性参考系的矩阵,即

$$\mathrm{d}x^{\mu} \rightarrow \mathrm{d}x'^{\mu} = \Lambda^{\mu}{}_{\nu}\mathrm{d}x^{\nu}. \tag{2.15}$$

有

$$\mathrm{d}s^2 = \eta_{\mu\nu}\mathrm{d}x^{\mu}\mathrm{d}x^{\nu} \rightarrow \mathrm{d}s'^2 = \eta_{\mu\nu}\mathrm{d}x'^{\mu}\mathrm{d}x'^{\nu}, \tag{2.16}$$

由于度规张量的形式不能变化,我们找到变换 $\Lambda^{\mu}{}_{\nu}$ 必须满足的条件:

$$\eta_{\mu\nu} = \Lambda^{\rho}{}_{\mu}\Lambda^{\sigma}{}_{\nu}\eta_{\rho\sigma}. \tag{2.17}$$

有几种方法得到变换 $\Lambda^{\mu}{}_{\nu}$ 的表达式. 首先,考虑变换

$$t \rightarrow \bar{t} = \mathrm{i}ct, \tag{2.18}$$

其中,i 是虚数单位,$\mathrm{i}^2 = -1$. 现在线元表示为

$$\mathrm{d}s^2 = \mathrm{d}\bar{t}^2 + \mathrm{d}x^2 + \mathrm{d}y^2 + \mathrm{d}z^2, \tag{2.19}$$

这是 4 维欧几里得空间 $\mathbb{R}^4$ 中的线元. 保持线元不变的变换是旋转和平移. 如 1.4 节所述,在 $\mathbb{R}^3$ 中任何旋转操作都可以写作在 yz, xz, xy 平面的初等旋转的结合. 如今在 $\mathbb{R}^4$ 中有 6 种"初等"旋转,因为在平面 $\bar{t}x$, $\bar{t}y$, $\bar{t}z$ 也存在旋转. 旋转 yz, xz, xy 是明确的标准空间旋转,与参考系的相互运动没有关联. 因此,伽利略变换的推广应当从平面 $\bar{t}x$, $\bar{t}y$ 与 $\bar{t}z$ 的旋转中得到.

考虑在平面 $\bar{t}x$ 中的旋转. 旋转矩阵为

$$R_{\bar{t}x}(\varphi) = \begin{pmatrix} \cos\varphi & \sin\varphi & 0 & 0 \\ -\sin\varphi & \cos\varphi & 0 & 0 \\ 0 & 0 & 1 & 0 \\ 0 & 0 & 0 & 1 \end{pmatrix}, \tag{2.20}$$

其中,φ 是旋转角. 有

$$\begin{pmatrix} \mathrm{d}\bar{t} \\ \mathrm{d}x \\ \mathrm{d}y \\ \mathrm{d}z \end{pmatrix} \rightarrow \begin{pmatrix} \mathrm{d}\bar{t}' \\ \mathrm{d}x' \\ \mathrm{d}y' \\ \mathrm{d}z' \end{pmatrix} = \begin{pmatrix} \cos\varphi\,\mathrm{d}\bar{t} + \sin\varphi\,\mathrm{d}x \\ -\sin\varphi\,\mathrm{d}\bar{t} + \cos\varphi\,\mathrm{d}x \\ \mathrm{d}y \\ \mathrm{d}z \end{pmatrix}. \tag{2.21}$$

如果考虑在参考系 $(\bar{t}, x, y, z)$ 下一个不改变空间坐标的事件,则有 $\mathrm{d}x = 0$,因此,

$$\frac{\mathrm{d}x'}{\mathrm{d}\bar{t}'} = -\frac{\sin\varphi\,\mathrm{d}\bar{t}}{\cos\varphi\,\mathrm{d}\bar{t}} = -\tan\varphi. \tag{2.22}$$

如果重新引入 t 与 t',有

$$\frac{\mathrm{d}x'}{\mathrm{d}t'} = -\mathrm{i}c\tan\varphi. \tag{2.23}$$

注意到 $\mathrm{d}x'/\mathrm{d}t' = -v$,其中,$-v$ 是参考系 (ct, x, y, z) 相对于参考系 (ct', x', y', z') 的速度,因此,

$$\tan\varphi = -\mathrm{i}\beta, \tag{2.24}$$

我们已经定义了 $\beta = v/c$. 由于

$$\cos\varphi = \frac{1}{\sqrt{1+\tan^2\varphi}} = \frac{1}{\sqrt{1-\beta^2}}, \tag{2.25}$$

$$\sin\varphi = \tan\varphi\cos\varphi = -\frac{\mathrm{i}\beta}{\sqrt{1-\beta^2}},$$

(2.21)式变为

$$\begin{pmatrix} c\,\mathrm{d}t \\ \mathrm{d}x \\ \mathrm{d}y \\ \mathrm{d}z \end{pmatrix} \rightarrow \begin{pmatrix} c\,\mathrm{d}t' \\ \mathrm{d}x' \\ \mathrm{d}y' \\ \mathrm{d}z' \end{pmatrix} = \begin{pmatrix} \gamma c\,\mathrm{d}t - \gamma\beta\,\mathrm{d}x \\ -\gamma\beta c\,\mathrm{d}t + \gamma\,\mathrm{d}x \\ \mathrm{d}y \\ \mathrm{d}z \end{pmatrix}, \tag{2.26}$$

其中已定义**洛伦兹因子**

$$\gamma = \frac{1}{\sqrt{1-\beta^2}}. \tag{2.27}$$

于是,$\Lambda^\mu{}_\nu$ 的表达式为

$$\| \Lambda_x{}^\mu{}_\nu \| = \begin{pmatrix} \gamma & -\gamma\beta & 0 & 0 \\ -\gamma\beta & \gamma & 0 & 0 \\ 0 & 0 & 1 & 0 \\ 0 & 0 & 0 & 1 \end{pmatrix}, \tag{2.28}$$

这里引入了脚标 x 标示两个参考系间的相对运动是沿 x 轴. 如果两个参考系间的相对运动是沿 y 轴或 z 轴,也有类似的表达式:

$$\| \Lambda_y{}^\mu{}_\nu \| = \begin{pmatrix} \gamma & 0 & -\gamma\beta & 0 \\ 0 & 1 & 0 & 0 \\ -\gamma\beta & 0 & \gamma & 0 \\ 0 & 0 & 0 & 1 \end{pmatrix}, \quad \| \Lambda_z{}^\mu{}_\nu \| = \begin{pmatrix} \gamma & 0 & 0 & -\gamma\beta \\ 0 & 1 & 0 & 0 \\ 0 & 0 & 1 & 0 \\ -\gamma\beta & 0 & 0 & \gamma \end{pmatrix}. \tag{2.29}$$

逆变换可由 $v \to -v$ 的替换轻易得到. 例如,(2.28)式的逆变换是

$$\| \Lambda_x^{-1\mu}{}_\nu \| = \begin{pmatrix} \gamma & \gamma\beta & 0 & 0 \\ \gamma\beta & \gamma & 0 & 0 \\ 0 & 0 & 1 & 0 \\ 0 & 0 & 0 & 1 \end{pmatrix}, \tag{2.30}$$

并且易证得 $\Lambda_x{}^\mu{}_\nu\Lambda_x{}^{-1}{}^\nu{}_\rho=\delta^\mu_\rho$.

　　连接两个以恒定速度相对运动的惯性参考系间的变换被称为**洛伦兹变换**或**洛伦兹助推**. 它们是伽利略变换的相对论性推广. 洛伦兹变换与空间旋转一起构成一个群, 称为**洛伦兹群**. 如果在洛伦兹群中加入平移变换, 则有**庞加莱群**, 它是狭义相对论里伽利略群的牛顿力学的对应项. 如果希望显式表达光速 c, 洛伦兹因子则为

$$\gamma=\frac{1}{\sqrt{1-\dfrac{v^2}{c^2}}}.\tag{2.31}$$

当 $c\to\infty$ 时, $\gamma\to1$, 洛伦兹变换将还原至伽利略变换.

　　注意

$$\Lambda^\mu{}_\nu=\frac{\partial x'^\mu}{\partial x^\nu},\tag{2.32}$$

因此, 向量、对偶向量等按下式变换[①]:

$$V^\mu\to V'^\mu=\Lambda^\mu{}_\nu V^\nu,\ V_\mu\to V'_\mu=\Lambda_\mu{}^\nu V_\nu,\tag{2.34}$$

等等. 与 $V^\mu W_\mu$ 类似的一个向量及其对偶向量的合并是一个标量,

$$V^\mu W_\mu\to V'^\mu W'_\mu=(\Lambda^\mu{}_\nu V^\nu)[\Lambda_\mu{}^\rho W_\rho]=\delta^\rho_\nu V^\nu W_\rho=V^\nu W_\nu.\tag{2.35}$$

2.4　固有时

　　我们来考虑惯性参考系 (ct,x,y,z). 在 4 维坐标系下, 以类时曲线运动的粒子的轨迹由 (2.2) 式中的 4 个坐标描述. 沿曲线的线元为

$$\begin{aligned}\mathrm{d}s^2&=-c^2\mathrm{d}t^2+\mathrm{d}x^2+\mathrm{d}y^2+\mathrm{d}z^2\\&=-\left[c^2-\left(\frac{\mathrm{d}x}{\mathrm{d}t}\right)^2-\left(\frac{\mathrm{d}y}{\mathrm{d}t}\right)^2-\left(\frac{\mathrm{d}z}{\mathrm{d}t}\right)^2\right]\mathrm{d}t^2\\&=-\left(1-\frac{\dot{x}^2}{c^2}\right)c^2\mathrm{d}t^2=-\frac{c^2\mathrm{d}t^2}{\gamma^2},\end{aligned}\tag{2.36}$$

其中, $\dot{x}^2$ 是粒子速度的平方.

　　注意　我们并没有假设粒子在直线上以恒定速度运动.

　　现在考虑参考系 $(c\tau,X,Y,Z)$, 粒子在该参考系下保持静止. 这里 τ 称为粒子的**固有时**, 因为它是与粒子一同运动的钟测量的时间. 在这样的一个参考系中, 粒子的运动是简单的,

---

① 注意指标 μ 和 ν 在 $\Lambda^\mu{}_\nu$ 与 $\Lambda_\mu{}^\nu$ 中的不同位置. 确实

$$\Lambda^\mu{}_\nu=\frac{\partial x'^\mu}{\partial x^\nu},\ \Lambda_\mu{}^\nu=\frac{\partial x^\nu}{\partial x'^\mu}.\tag{2.33}$$

　　但是, 由于洛伦兹变换的矩阵是对称的, 当初始坐标系和最终坐标系明确后, 有时也使用记号 Λ^μ_ν 与 Λ^ν_μ.

$$\| x'^{\mu} \| = \begin{bmatrix} c\tau \\ 0 \\ 0 \\ 0 \end{bmatrix}, \tag{2.37}$$

因为粒子在原点处保持静止,所以,线元为 $ds^2 = -c^2 d\tau^2$,并且由于它是一个不变量,它一定等于(2.36)式. 由此可以得到

$$dt = \gamma d\tau. \tag{2.38}$$

为简单起见,假设 γ 是一个常量,对有限的时间积分,则有

$$\Delta t = \gamma \Delta \tau. \tag{2.39}$$

因为 $\gamma > 1$,我们发现参考系 (ct, x, y, z) 中的钟比运动粒子的钟更快. 这个现象被称为**钟慢效应**. 当 $c \to \infty$,$\gamma \to 1$ 时,我们重新回到牛顿的结果,即所有钟测量一样的时间.

若粒子是另一个观测者,我们就拥有两个参考系,即 (ct, x, y, z) 与 (ct', x', y', z'). 如果它们都是惯性参考系,在坐标系 (ct, x, y, z) 下的观测者将会看到另一个坐标系 (ct', x', y', z') 中的观测者的钟更慢,因为 $\Delta t = \gamma \Delta t'$. 与此同时,在坐标系 (ct', x', y', z') 下的观测者也将会看到另一个坐标系 (ct, x, y, z) 中的观测者的钟更慢,$\Delta t' = \gamma \Delta t$. 这两者并不矛盾,因为钟处于不同的位置.

与此相反,如果考虑这样一种情景,两个观测者在初始时位于同一个点,稍后他们在同一个点再次相遇,其中一个观测者无法处于惯性参考系中. 在这样的情况下,ds^2 仍然是一个不变量,而我们在(2.39)式中找到了结果,但我们无法反向论证具有固有时 τ 的观测者持有的在非惯性系中的钟确实更慢. 这是所谓的**双生子佯谬**的情形. 我们可以考虑两个双生子于时刻 t_1 位于地表,作为双生子,他们有着相同的年龄. 其中一个双生子驾驶宇宙飞船穿梭于太空之中,并于旅途最后回到地球. 在宇宙飞船中的双生子将比留在地球的那个更加年轻. 但是,在宇宙飞船中的双生子眼中,另一个双生子也是运动的. 这样一来,每个双生子都将自相矛盾地期望另一个比自己更加年轻. 对该佯谬的解释为两个双生子之间并不存在对称性. 留在地球上的双生子处于(准)惯性参考系 (ct, x, y, z) 中,因此,可以使用(2.36)式来描述宇宙飞船上的双生子的轨迹. 在宇宙飞船中的双生子并不处于惯性参考系中,否则他就不可能回到地球. 在这种情况下,他不能使用(2.36)式描述留在地球的双生子. 稍后我们将在广义相对论的语境中看到,线元 ds 在任何一个(惯性的或非惯性的)参考系中都是一个不变量,但 $g_{\mu\nu}$ 的表达式并非如此,这就是为什么在宇宙飞船中的双生子无法使用(2.36)式的原因.

注意到当 $v \to c$,$\gamma \to \infty$ 时,$\Delta \tau \to 0$. 以光速运动的粒子不具有固有时,好像它们的钟被完全冻结了.

2.5 变换法则

现在希望解决以下问题:一些在某个参考系中测量得到的物理量在另一个参考系中是如何变化的. 时间间隔的问题已经在之前的章节中阐述了.

2.5.1 变换法则

首先,希望寻找到笛卡尔坐标的变换法则,即(1.35)式中伽利略变换的相对论性的推

广. 令 $\{x^\mu\}$ 为第一个惯性参考系的笛卡尔坐标,令 $\{x'^\mu\}$ 为以恒定速度 $v=(v,0,0)$ 相对于第一个参考系运动的第二个惯性参考系的笛卡尔坐标. 如果在时刻 $t=t'=0$ 时两个笛卡尔坐标系重合,有

$$x^\mu \to x'^\mu = \Lambda_x{}^\mu{}_\nu x^\nu, \tag{2.40}$$

它是(2.15)式的简单积分,其中 $\Lambda_x{}^\mu{}_\nu$ 由(2.28)式给出. 在两个以不同的速度相对运动的参考系的情况下,其推广是直接的.

现在来考虑长度测量的情况. 我们再次拥有两个惯性参考系,第一个配有笛卡尔坐标 (ct,x,y,z),第二个以恒定速度 $v=(v,0,0)$ 相对于前者运动,它的笛卡尔坐标为 (ct',x',y',z'). 在参考系 (ct',x',y',z') 中,有一根静止的杆与 x' 轴平行. 如果杆的两个端点的坐标分别为 x'_1 与 x'_2,杆的**固有长度**是在与杆相对静止的参考系中的长度, $l_0 = x'_2 - x'_1$. 而由(2.40)式给出的坐标变换,可以发现杆的两个端点的坐标 x'_1 与 x'_2 应有

$$x'_1 = -\gamma v t + \gamma x_1, \quad x'_2 = -\gamma v t + \gamma x_2. \tag{2.41}$$

由于笛卡尔坐标系 (ct,x,y,z) 下的观测者必然通过在相同的时刻 t 测量杆的两个端点以测量杆的长度,有

$$l_0 = x'_2 - x'_1 = \gamma(x_2 - x_1) = \gamma l, \tag{2.42}$$

其中, l 是在参考系 (ct,x,y,z) 中测量得到的长度. 由此可以看到固有长度比在其他参考系中测得的长度更长,

$$l = \frac{l_0}{\gamma}. \tag{2.43}$$

这个现象被称为**洛伦兹收缩**. 如果考虑体积以及 $y=y'$, $z=z'$ 的事实,可以找到固有体积与其在另一个参考系下的关系,

$$V = \frac{V_0}{\gamma}. \tag{2.44}$$

现在我们来考虑粒子的轨迹. 在第一个惯性参考系中,粒子的笛卡尔坐标为 (ct,x,y,z). 在第二个惯性参考系中,粒子的笛卡尔坐标为 (ct',x',y',z'). 粒子的无限小位移与两个坐标系间的关系由以下等式给出:

$$\mathrm{d}t' = \gamma\,\mathrm{d}t - \frac{\gamma v\,\mathrm{d}x}{c^2}, \quad \mathrm{d}x' = -\gamma v\,\mathrm{d}t + \gamma\,\mathrm{d}x, \quad \mathrm{d}y' = \mathrm{d}y, \quad \mathrm{d}z' = \mathrm{d}z, \tag{2.45}$$

粒子在参考系 (ct,x,y,z) 与 (ct',x',y',z') 中的速度分别是

$$v = (\mathrm{d}x/\mathrm{d}t, \mathrm{d}y/\mathrm{d}t, \mathrm{d}z/\mathrm{d}t), \quad v' = (\mathrm{d}x'/\mathrm{d}t', \mathrm{d}y'/\mathrm{d}t', \mathrm{d}z'/\mathrm{d}t'). \tag{2.46}$$

于是,有

$$\begin{aligned}
\dot{x}' &= \frac{\mathrm{d}x'}{\mathrm{d}t'} = \frac{-\gamma v\,\mathrm{d}t + \gamma\,\mathrm{d}x}{\gamma\,\mathrm{d}t - \gamma v\,\mathrm{d}x/c^2} = \frac{-v + \dot{x}}{1 - v\dot{x}/c^2}, \\
\dot{y}' &= \frac{\mathrm{d}y'}{\mathrm{d}t'} = \frac{\mathrm{d}y}{\gamma\,\mathrm{d}t - \gamma v\,\mathrm{d}x/c^2} = \frac{\dot{y}}{\gamma(1 - v\dot{x}/c^2)}, \\
\dot{z}' &= \frac{\mathrm{d}z'}{\mathrm{d}t'} = \frac{\mathrm{d}z}{\gamma\,\mathrm{d}t - \gamma v\,\mathrm{d}x/c^2} = \frac{\dot{z}}{\gamma(1 - v\dot{x}/c^2)}.
\end{aligned} \tag{2.47}$$

让我们考虑在惯性参考系 (ct, x, y, z) 中一个以光速运动的粒子. 不失一般性, 总可以旋转参考系使粒子的运动沿 x 轴. 于是, 有 $\dot{x} = c$, 以及 $\dot{y} = \dot{z} = 0$. 在以恒定速度 $v = (v, 0, 0)$ 相对于参考系 (ct, x, y, z) 运动的惯性参考系 (ct', x', y', z') 中, 有

$$\dot{x}' = \frac{-v+c}{1-v/c} = c, \quad \dot{y}' = 0, \quad \dot{z}' = 0. \tag{2.48}$$

如果 $\dot{x} = -c$ 且 $\dot{y} = \dot{z} = 0$, 那么, $\dot{x}' = -c$. 与预期一致, 粒子在两个参考系中都以光速运动, 因为 $\mathrm{d}s^2$ 是一个不变量. 如果 $|\dot{x}| < c$, 那么, $|\dot{x}'| < c$, 没有粒子能够仅因为改变参考系而达到光速.

在参考系 (ct, x, y, z) 中, 有一个在 xy 平面内运动的粒子. 它的速度为 $\dot{x} = w\cos\Theta$ 与 $\dot{y} = w\sin\Theta$, 于是, 其绝对速度为 w, 而 Θ 是 x 轴与粒子速度间的夹角. 在以恒定速度 $v = (v, 0, 0)$ 相对于 (ct, x, y, z) 运动的参考系 (ct', x', y', z') 中, 粒子拥有速度 $\dot{x}' = w'\cos\Theta'$, $\dot{y}' = w'\sin\Theta'$, 其中, w' 和 Θ' 分别是其在以 (ct', x', y', z') 为坐标的参考系中的绝对速度和夹角. Θ 与 Θ' 的关系可由 (2.47) 式计算 $\dot{y}'$ 与 $\dot{x}'$ 的比例获得,

$$\frac{\dot{y}'}{\dot{x}'} = \tan\Theta' = \frac{\dot{y}}{\gamma(\dot{x}-v)} = \frac{w\sin\Theta}{\gamma(w\cos\Theta-v)}. \tag{2.49}$$

在粒子以光速运动的情形下 $(w = c)$, 有

$$\tan\Theta' = \frac{\sin\Theta}{\gamma(\cos\Theta-v/c)}. \tag{2.50}$$

$\Theta \neq \Theta'$ 的事实是人们所知的**光行差**现象.

2.5.2 超光速运动

超光速运动是指一些观测到被特定的星系核喷射出的物质运动速度显然比光速快的现象. 实际上它们并没有违背爱因斯坦相对性原理.

如图 2.2 所示, 在距离星系路程为 D 处有一个观测者. 在时间 $t = 0$ 时相对论性物质被星系核以速度 v 喷射出, 而 φ 是喷射物质的轨迹与观测者视线的夹角. 在时间 t 时, 喷射物质在距离星系核路程为 $R = vt$ 的位置并进行辐射. 辐射穿越距离 L, 并在时刻 t' 到达远处的观测者处.

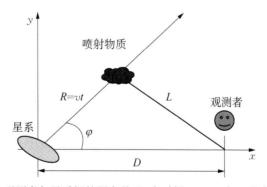

图 2.2 观测者与星系间的距离是 D. 在时间 $t = 0$ 时, 一些物质被星系以速度 v 喷射出, 于是在时刻 t, 被喷出的物质与星系中心的距离为 $R = vt$. 于 t 时刻由喷射物质发出的辐射于时刻 t' 到达观测者处, 其传播距离为 L. φ 为对于远处观测者而言的喷射物质的轨迹与星系的视线所交的夹角.

考虑到 $R \ll D$，可以计算 t 时刻喷射物质与观测者的位置间的距离 L 为

$$L = \sqrt{(D - vt\cos\varphi)^2 + v^2t^2\sin^2\varphi} = \sqrt{D^2 - 2Dvt\cos\varphi + v^2t^2}$$
$$= D - vt\cos\varphi + O\left(\frac{v^2t^2}{D^2}\right). \tag{2.51}$$

由于喷射物质的辐射以光速 c 运动，也有

$$L = c(t' - t). \tag{2.52}$$

将(2.51)式与(2.52)式合并，可以有

$$t' = \frac{D}{c} + t(1 - \beta\cos\varphi), \tag{2.53}$$

其中，$\beta = v/c$. 被远处观测者测量得到的喷射物质沿 y 轴的表观速度为

$$v'_y = \frac{dy}{dt'} = \frac{dy}{dt}\frac{dt}{dt'} = \frac{v\sin\varphi}{1 - \beta\cos\varphi}. \tag{2.54}$$

角 φ_{max} 是使得表观速度 v'_y 达到最高的角度，由下式给出：

$$\frac{\partial v'_y}{\partial\varphi} = 0,$$
$$v\cos\varphi_{max}(1 - \beta\cos\varphi_{max}) - v\beta\sin^2\varphi_{max} = 0,$$
$$v\cos\varphi_{max} - v\beta = 0,$$
$$\cos\varphi_{max} = \beta. \tag{2.55}$$

由于

$$\sin\varphi_{max} = \sqrt{1 - \beta^2} = \frac{1}{\gamma}, \tag{2.56}$$

如果将 $\cos\varphi_{max}$ 和 $\sin\varphi_{max}$ 代入(2.54)式，可以发现

$$v'_y = v\gamma, \tag{2.57}$$

于是，可以看到对于相对论性物质而言，v'_y 能轻易地达到光速 c，即使这样爱因斯坦相对性原理也没有被违反.

2.6   实例：宇宙射线中的 μ 子

初级宇宙射线是大气层外(主要是太阳系外)产生的高能粒子(大部分是质子与氦-4核). 当进入大气层后，它们与空气中的分子碰撞，产生大量的粒子. 后者称为次级宇宙射线，因为它们产生于地球的大气中. 一些宇宙射线可以到达地球表面.

μ 子(μ^-)与反 μ 子(μ^+)是次级产物，主要由距离地表大约 15 km 的 π 子衰变产生. μ 子(μ^-)与反 μ 子是能够到达地表的高穿透粒子. 但是，它们不稳定，容易衰变为电子/正电子(e^-/e^+)、反电子中微子/电子中微子($\bar{\nu}_e/\nu_e$)，以及 μ 子中微子/反 μ 子中微子($\nu_\mu/\bar{\nu}_\mu$)：

$$\mu^- \rightarrow e^- + \bar{\nu}_e + \nu_\mu, \quad \mu^+ \rightarrow e^+ + \nu_e + \bar{\nu}_\mu. \tag{2.58}$$

μ 子或反 μ 子的平均寿命是 $\tau_\mu \approx 2.2\ \mu s$.

我们来考虑行进到近地球表面的宇宙射线中的 μ 子. 大体上它们的平均速度 $v_\mu = 0.995c$, 在 15 km 高度的通量 $\Phi_0 \sim 0.1$ muons/s/sr/cm^2. 为简单起见, 可以假设 μ 子通量仅当 μ 子衰变时减小 (忽略产生其他粒子的碰撞的可能性). 在牛顿力学中, 海平面的 μ 子通量应为

$$\Phi = \Phi_0 e^{-\Delta t/\tau_\mu} \sim 10^{-11}\ \text{muons/s/sr/cm}^2, \tag{2.59}$$

其中, $\Delta t = 15\ \text{km}/v_\mu \approx 50\ \mu s$ 是地球上的观测者测量得到的 μ 子到达地表所花费的时间, $\Delta t/\tau_\mu \approx 23$, $e^{-\Delta t/\tau_\mu} \sim 10^{-10}$. 但这不是我们所观察到的情况. 行进到近地球表面的 μ 子通量在海平面的值为 $\Phi \sim 0.01$ muons/s/sr/cm^2, 与狭义相对论的预言相一致.

对于 $v_\mu = 0.995c$, 洛伦兹因子 $\gamma = 10$. 在 μ 子静止的参考系下, 粒子到达地表所花费的时间 $\Delta t' = \Delta t/\gamma \approx 5\ \mu s$. 现在 $e^{-\Delta t'/\tau_\mu} \sim 0.1$, 于是, 我们回归了测得的通量 $\Phi \sim 0.01$ muons/s/sr/cm^2.

或者我们可以利用行进距离的洛伦兹收缩来解释这个现象. 在 μ 子静止的参考系下, 地球以 $v = 0.995c$ 的速度运动, 并且其洛伦兹因子 $\gamma = 10$. 15 km 的距离变成 $L = 15\ \text{km}/\gamma = 1.5$ km. μ 子花费约 5 μs 的时间就能穿越这段距离, 于是, 我们再一次地发现 μ 子的通量仅仅减小了一个数量级.

习　　题

2.1　以静止流体为参考系, 在笛卡尔坐标下, 理想流体的能量-动量张量具有如下的形式:

$$\| T^{\mu\nu} \| = \begin{pmatrix} \varepsilon & 0 & 0 & 0 \\ 0 & P & 0 & 0 \\ 0 & 0 & P & 0 \\ 0 & 0 & 0 & P \end{pmatrix}, \tag{2.60}$$

其中, ε 和 P 分别是能量密度和流体压强. 写出在球坐标系下的 $T^{\mu\nu}$, T^μ_ν, $T_{\mu\nu}$.

2.2　考虑 (2.28) 式中的坐标变换 $x^\mu \to x'^\mu$. 在沿 x 轴以速度 v 运动的新的参考系下, 写出 (2.60) 式中理想流体的能量-动量张量.

2.3　考虑 3 个惯性参考系, 分别配有笛卡尔坐标系 (ct, x, y, z), (ct', x', y', z'), 以及 (ct'', x'', y'', z''). 参考系 (ct', x', y', z') 以速度 $v = (v, 0, 0)$ 相对于参考系 (ct, x, y, z) 运动, 而参考系 (ct'', x'', y'', z'') 以速度 $v' = (v', 0, 0)$ 相对于参考系 (ct', x', y', z') 运动. 当 $t = t' = t'' = 0$ 时 3 个参考系重合. 写出参考系 (ct, x, y, z) 与 (ct'', x'', y'', z'') 之间的洛伦兹助推.

2.4　试证一般情况下洛伦兹变换并不对易.

2.5　GPS 导航系统由围绕地球的高轨道卫星网络组成. 每个卫星的轨道速度约是 14 000 km/hour. 由于卫星的轨道运动, 在其中一个卫星上的钟测量的时间与在地表测量的时间之间有什么关系[1]?

_____

[1] 在 6.6 节将会看到, 由于两点间引力场的差异, 还会存在一个符号为负的引力效应的贡献.

第3章

相对论力学

相对论力学是以爱因斯坦相对性原理为基础的力学. 它将在极限 $c \to \infty$ 下还原为牛顿力学.

3.1 自由粒子的作用量

如我们在 1.7 节中所见, 在牛顿力学中一个自由质点的运动方程可由令其拉格朗日量为粒子的动能获得, 如 (1.70) 式,

$$L = \frac{1}{2} m g_{ij} \dot{x}^i \dot{x}^j , \tag{3.1}$$

或者强施粒子的轨迹是使其长度为最小值的条件, 如 (1.75) 式,

$$\ell = \int_\Gamma \mathrm{d} l . \tag{3.2}$$

在本节中我们希望找到对有质量粒子情形的相对论性推广. 无质量粒子将在 3.3 节中讨论.

我们在 1.5 节中已经指出, 在无法写出一个物理系统的拉格朗日量的基本法则或标准技巧下, 可以以系统的对称性或其他物理要求为基础构造拉格朗日量, 但观测者永远是最终的裁决者. 最后, 必须将理论模型与实验数据相比较.

(3.1) 式的自然的相对论性推广为

$$L = \frac{1}{2} m g_{\mu\nu} \dot{x}^\mu \dot{x}^\nu , \tag{3.3}$$

一般而言, 以时间坐标 t 为参数来表述粒子轨迹并不方便, $x^\mu = x^\mu(t)$. 在有质量粒子的情形下, 总是可以选择固有时 τ, 于是, $x^\mu = x^\mu(\tau)$. 由固有时的定义,

$$c^2 \mathrm{d} \tau^2 = - g_{\mu\nu} \mathrm{d} x^\mu \mathrm{d} x^\nu , \tag{3.4}$$

那么,

$$g_{\mu\nu} \dot{x}^\mu \dot{x}^\nu = - c^2 . \tag{3.5}$$

$\dot{x}^\mu = u^\mu = \mathrm{d} x^\mu / \mathrm{d} \tau$ 是粒子的 **4 维速度**. 如果写下 (3.3) 式给出的拉格朗日量的欧拉-拉格朗日方程, 可以得到测地线方程

$$\ddot{x}^\mu + \Gamma^\mu_{\nu\rho} \dot{x}^\nu \dot{x}^\rho = 0 , \tag{3.6}$$

其中，$\Gamma^\mu_{\nu\rho}$ 是克里斯托费尔符号，

$$\Gamma^\mu_{\nu\rho} = \frac{1}{2} g^{\mu\sigma} \left(\frac{\partial g_{\sigma\rho}}{\partial x^\nu} + \frac{\partial g_{\nu\sigma}}{\partial x^\rho} - \frac{\partial g_{\nu\rho}}{\partial x^\sigma} \right). \tag{3.7}$$

注意 这些测地线方程与 1.7 节中那些方程的唯一区别是现在的时空指标 $(\mu, \nu, \rho, \cdots)$ 取值自 0 至 n，而不是取值自 1 至 n 的空间指标 $(i, j, k, \cdots)$.

现在来寻找 (3.2) 式的对应项. 它的自然推广为[①]

$$\ell = \int_\Gamma \sqrt{-\mathrm{d}s^2}. \tag{3.9}$$

现在 Γ 是 $(n+1)$-维时空中的曲线，起点与终点是两个时空事件，而 $\mathrm{d}s$ 是时空的线元. 当应用最小作用量原理时，可以得到 (1.76) 式的对应项. 由于使用固有时 τ 参数化粒子的轨迹，$L = -mc^2/2$ 是一个常量，$\mathrm{d}L/\mathrm{d}\tau = 0$，可以重新得到标准形式的测地线方程.

现在利用时间坐标 t 参数化粒子轨迹. 从 (3.9) 式可知，自由粒子的作用量应具有如下形式：

$$S = K \int_\Gamma \sqrt{-g_{\mu\nu}\dot{x}^\mu \dot{x}^\nu}\,\mathrm{d}t, \tag{3.10}$$

其中，K 是某个常数，$\dot{x}^\mu = \mathrm{d}x^\mu/\mathrm{d}t$，而 t 是时间. 容易看到为了回归正确的牛顿极限，$K = -mc$，其中，m 是粒子的质量，c 是光速. 利用 $K = -mc$，拉格朗日量为

$$L = -mc\sqrt{-g_{\mu\nu}\dot{x}^\mu\dot{x}^\nu} = -mc\sqrt{c^2 - \dot{x}^2} = -mc^2\sqrt{1 - \frac{\dot{x}^2}{c^2}}$$

$$= -mc^2 \left[1 - \frac{1}{2}\frac{\dot{x}^2}{c^2} + O\left(\frac{\dot{x}^4}{c^4}\right) \right] = -mc^2 + \frac{1}{2}m\dot{x}^2. \tag{3.11}$$

记住 $x^0 = ct$，如 (2.2) 式所示，因此，$\dot{x}^0 = c$. $-mc^2$ 项是一个常量，因此，在运动方程中不起作用. 第二项是牛顿动能，还有 $\dot{x}^2/c^2$ 的高阶项.

在本章 3.1 节以后各节中，将从这些拉格朗日量中推导出一系列的预言，其结果将与实验一致，由此支持这些拉格朗日量作为正确的模型.

3.2 动量与能量

现在我们希望从 (3.3) 式与 (3.10) 式中的拉格朗日量推导一些基本的物理性质. 为简单起见，假设有 3 个空间维数，但是，所有的结果可被轻易推广至 n 个空间维数中. 可以利用两种略有不同的方法写出拉格朗日量与作用量，如同在牛顿力学中一样，其中，时间与空间是两个不同的实体 (3 维形式). 在这种情形下，我们使用牛顿力学中的有效拉格朗日量，或者我们以同样的方式对待时空坐标，而利用固有时作为"时间" (4 维形式).

[①] $\mathrm{d}s^2$ 前的负号是因为我们使用符号 $(-+++)$ 的度规，因此，类时轨迹有 $\mathrm{d}s^2 < 0$. 当使用度规 $(+---)$ 时，作为粒子物理学研究者习惯的做法，可以将 (3.9) 式写作

$$\ell = \int_\Gamma \mathrm{d}s. \tag{3.8}$$

很明确，度规符号通常不会改变粒子轨迹的解.

3.2.1　3维形式

我们使用笛卡尔坐标,并有闵可夫斯基度规 $\eta_{\mu\nu}$. (3.10)式中的拉格朗日量变为

$$L = -mc\sqrt{c^2 - \dot{x}^2 - \dot{y}^2 - \dot{z}^2} = -mc\sqrt{c^2 - \dot{x}^2}. \tag{3.12}$$

这里点"·"代表对时间 t 的导数.粒子的 3 维动量是[①]

$$p = \frac{\partial L}{\partial \dot{x}} = \frac{mc\dot{x}}{\sqrt{c^2 - \dot{x}^2}}, \tag{3.15}$$

可以被重写为更紧凑的形式,

$$p = m\gamma\dot{x}, \tag{3.16}$$

其中, γ 是粒子的洛伦兹因子.我们可以在(3.16)式中看到,3 维动量是牛顿力学中动量向量乘以 γ.我们将在(3.32)式中看到,粒子的 3 维动量是 4 维动量的空间部分.

动力学方程由 3 维的欧拉-拉格朗日方程给出,其中, t 并不是某个拉格朗日坐标,而是系统的时间坐标,

$$\frac{\mathrm{d}}{\mathrm{d}t}\frac{\partial L}{\partial \dot{x}} - \frac{\partial L}{\partial x} = 0. \tag{3.17}$$

运动方程为

$$\frac{\mathrm{d}p}{\mathrm{d}t} = 0. \tag{3.18}$$

利用分量记号,(3.17)式与(3.18)式分别为

$$\frac{\mathrm{d}}{\mathrm{d}t}\frac{\partial L}{\partial \dot{x}^i} - \frac{\partial L}{\partial x^i} = 0, \quad \frac{\mathrm{d}p_i}{\mathrm{d}t} = 0. \tag{3.19}$$

其解为粒子沿直线以恒速度运动,与牛顿力学中相同.

粒子的能量(哈密顿量)由拉格朗日量的勒让德变换给出:

$$E = \frac{\partial L}{\partial \dot{x}} \cdot \dot{x} - L = \frac{mc^3}{\sqrt{c^2 - \dot{x}^2}}. \tag{3.20}$$

在同样情况下,也可以使用粒子的洛伦兹因子写出

$$E = m\gamma c^2. \tag{3.21}$$

于是,我们看到粒子的能量在其速度接近光速时发散.有质量的粒子永远不能达到光速,因为

[①] 注意到我们在使用笛卡尔坐标.在非笛卡尔坐标中,需要更为小心.共轭动量为

$$p^* = \frac{\partial L}{\partial \dot{x}}, \tag{3.13}$$

或者利用分量记号,

$$p_i = \frac{\partial L}{\partial \dot{x}^i}. \tag{3.14}$$

3 维动量为 $p^i = g^{ij}p_j$. 在笛卡尔坐标中, $g^{ij} = \delta^{ij}$,因此, $p^* = p$.

这会要求给它们提供无限的能量.

3.2.2 4 维形式

现在考虑(3.3)式中的拉格朗日量. 拉格朗日坐标为 $\{x^{\mu}(\tau)\}$, 时间坐标也是一个拉格朗日坐标, 并且粒子轨迹被粒子的固有时 τ 参数化. 此时作用量为

$$S = \frac{1}{2}m \int_{\Gamma} g_{\mu\nu}\dot{x}^{\mu}\dot{x}^{\nu} \, \mathrm{d}\tau, \tag{3.22}$$

其中, $\dot{x}^{\mu} = \mathrm{d}x^{\mu}/\mathrm{d}\tau$.

粒子的共轭动量为

$$p_{\mu} = \frac{\partial L}{\partial \dot{x}^{\mu}} = m g_{\mu\nu}\dot{x}^{\nu} = m\dot{x}_{\mu}. \tag{3.23}$$

4 维动量是 $p^{\mu} = g^{\mu\nu}p_{\nu}$. 由(3.5)式有粒子的质量守恒,

$$p^{\mu}p_{\mu} = -m^2 c^2. \tag{3.24}$$

如果使用笛卡尔坐标, $g_{\mu\nu} = \eta_{\mu\nu}$, 那么, 有质量的粒子的欧拉-拉格朗日方程为

$$\frac{\mathrm{d}p_{\mu}}{\mathrm{d}\tau} = 0. \tag{3.25}$$

注意到 4 维速度的范数

$$\eta_{\mu\nu}\dot{x}^{\mu}\dot{x}^{\nu} = -c^2\dot{t}^2 + \dot{x}^2 + \dot{y}^2 + \dot{z}^2 = -c^2, \tag{3.26}$$

可被重写为

$$\dot{t}^2\left[c^2 - \left(\frac{\mathrm{d}x}{\mathrm{d}t}\right)^2 - \left(\frac{\mathrm{d}y}{\mathrm{d}t}\right)^2 - \left(\frac{\mathrm{d}z}{\mathrm{d}t}\right)^2\right] = c^2, \tag{3.27}$$

因此,

$$\dot{t} = \frac{c}{\sqrt{c^2 - v^2}} = \gamma, \tag{3.28}$$

其中, $v = \mathrm{d}x/\mathrm{d}t$ 是粒子的 3 维速度. 4 维速度的 x 分量为

$$\dot{x} = \frac{\mathrm{d}x}{\mathrm{d}\tau} = \frac{\mathrm{d}x}{\mathrm{d}t}\frac{\mathrm{d}t}{\mathrm{d}\tau} = \gamma v_x, \tag{3.29}$$

其中, v_x 是粒子的 3 维速度的 x 分量, 并且对 y 和 z 分量有相似的表达, 即: $\dot{y} = \gamma v_y$, $\dot{z} = \gamma v_z$. 于是, 4 维速度的空间分量是牛顿力学中的速度向量乘以 γ. 粒子的 4 维速度由下式给出(记住 $x^0 = ct$):

$$\dot{x}^{\mu} = (\gamma c, \gamma v). \tag{3.30}$$

共轭动量的分量为

$$p_t = -m\gamma c, \quad p_x = m\gamma v_x, \quad p_y = m\gamma v_y, \quad p_z = m\gamma v_z. \tag{3.31}$$

注意到 p_t 是负值,是因为 $p_t = m\dot{x}_t = m\eta_{t\mu}\dot{x}^\mu = -mc\dot{t}$.

将(3.31)式与(3.16)式和(3.21)式对比,可以看到 $p^t c$ 是粒子的能量,而 p^x,p^y,p^z 分别是粒子的 3 维动量的 x,y,z 分量. 于是,可以写

$$p^\mu = \left(\frac{E}{c},\ p\right) = (m\gamma c,\ m\gamma v). \tag{3.32}$$

如果利用下指标写出 4 维动量,则有 $p_\mu = (-E/c,\ p)$. (3.24)式中的质量守恒变为

$$E^2 = m^2 c^4 + p^2 c^2. \tag{3.33}$$

如果粒子处于静止状态,$p = 0$,可以得到著名的公式

$$E = mc^2. \tag{3.34}$$

由(3.25)式可以看到系统拥有 4 个运动常数,即 p_μ 的 4 个分量.

3.3 无质量的粒子

一般而言,3.1 节与 3.2 节中的结果可利用考虑极限 $m/E \to 0$ 推广至无质量的粒子. 甚至当粒子的质量远小于其能量时,有

$$\frac{E}{m} = \gamma c^2 \to \infty, \tag{3.35}$$

这就是说,无质量的粒子以光速运动,因此,我们不能定义它们的洛伦兹因子. $m\gamma c^2$ 被明确定义为等于能量,因此,我们可以在之前章节的表达式中将 E 替换为该数量. 粒子的质量守恒(3.24)式变为

$$p^\mu p_\mu = 0, \tag{3.36}$$

或者等价为

$$E^2 = p^2 c^2. \tag{3.37}$$

由以上的考虑,欧拉-拉格朗日方程也明确地给出无质量粒子的测地线方程,因为质量 m 只在拉格朗日量前作为常数出现. 如果利用(3.3)式中的拉格朗日量,粒子的轨迹不能被粒子的固有时参数化,因为对于无质量的粒子而言,其固有时并没有被定义(见 2.4 节). 但是,无论轨迹的参数是什么,我们总可以写出欧拉-拉格朗日方程并得到测地线方程.

如果希望通过极小化/极大化粒子轨迹的长度求得运动方程,拉格朗日量为

$$L = -mc\sqrt{-g_{\mu\nu}\dot{x}^\mu \dot{x}^\nu}, \tag{3.38}$$

其中,m 必须被解释为具有质量量纲的常数. 一般而言,我们不利用(3.6)式中的形式获得测地线方程,如(1.76)式. 为获得(3.6)式中的测地线方程,轨迹由一个**仿射参数** λ 参数化,$x^\mu = x^\mu(\lambda)$. 如果考虑一个不同的参数化,如 $\lambda \to \lambda' = \lambda'(\lambda)$,测地线方程变为

$$(\ddot{x}^\mu + \Gamma_{\nu\rho}^\mu \dot{x}^\nu \dot{x}^\rho)\left(\frac{\mathrm{d}\lambda'}{\mathrm{d}\lambda}\right)^2 = -\dot{x}^\mu \frac{\mathrm{d}^2\lambda'}{\mathrm{d}\lambda^2}. \tag{3.39}$$

这些方程的物理解是相同的,因为它们与参数化的方法无关,但方程的形式会有细微的差异,因为在(3.39)式的右边有一个额外项.这样的额外项总可以被一个合适的再参数化消去,这就是当我们使用仿射参数的情形.仿射参数间的关系具有形式

$$\lambda' = a\lambda + b, \tag{3.40}$$

其中,a 与 b 是常数.在这种情况下,$\mathrm{d}^2\lambda'/\mathrm{d}\lambda^2 = 0$.

3.4　粒子碰撞

在 3.2 节与 3.3 节中已经对相对论性的自由质点,推导出一些拉格朗日量的基本预言.现在我们希望研究那些结果可能的应用.

粒子间碰撞的研究是一个重要的例子,如质子、电子等,它们的速度确实可以达到很高,此时牛顿力学将不再适用.例如,粒子物理学中的一个典型问题是找到某个特定反应的**阈能**.有一个质量为 m_A 的靶粒子 A,并且我们射出一个质量为 m_B 的粒子 B.我们希望知道粒子 B 能够产生粒子 C 与 D(质量分别为 m_C,m_D)所需的最小能量.反应为

$$A + B \rightarrow C + D. \tag{3.41}$$

在笛卡尔坐标下[1],反应前的 4 维动量一定等于反应后的 4 维动量,或者换句话说,初始状态下总的 4 维动量与最终状态下总的 4 维动量相等,

$$p_i^\mu = p_f^\mu, \tag{3.42}$$

其中,$p_i^\mu = p_A^\mu + p_B^\mu$,$p_f^\mu = p_C^\mu + p_D^\mu$,而 p_X^μ 是粒子 $X = A, B, C, D$ 的 4 维动量.注意到 (3.42)式中在相同的参考系中对 p_i^μ 和 p_f^μ 求值.

现在来考虑实验室参考系,其中,粒子 A 静止.为简单起见并不失一般性,假设粒子 B 沿 x 轴运动,有

$$\| p_A^\mu \| = (m_A c, 0, 0, 0), \quad \| p_B^\mu \| = (m_B \gamma c, m_B \gamma v, 0, 0), \tag{3.43}$$

其中,v 是粒子 B 在实验室参考系下的速度.

现在考虑使系统总的 3 维动量为零的参考系,即 $p_i = p_f = 0$.粒子 C 与 D 的 4 维动量为

$$\| p_C^\mu \| = (\sqrt{m_C^2 c^2 + p_C^2}, \, p_C), \quad \| p_D^\mu \| = (\sqrt{m_D^2 c^2 + p_C^2}, \, -p_C), \tag{3.44}$$

其中,p_C 是粒子 C 的 3 维动量,因此,$-p_C$ 是粒子 D 的 3 维动量,因为我们处于系统静止的参考系中.当 $p_C = 0$ 为零时,系统能量达到最小,并且粒子 C 和 D 被静止地产生,

$$\| p_C^\mu \| = (m_C c, 0, 0, 0), \quad \| p_D^\mu \| = (m_D c, 0, 0, 0). \tag{3.45}$$

(3.43)式中的 4 维动量在实验室静止系下求得,(3.45)式中的结果则在系统静止的参考系中求得.它们不能够被直接比较.

具有总的 4 维动量 p_{tot}^μ 的粒子系统的**不变质量** M 被定义为

$$-M^2 c^2 = p_{\text{tot}}^\mu p_\mu^{\text{tot}}, \tag{3.46}$$

---

[1] 在不同的坐标系下,总的 4 维动量可能不是一个守恒量.例如,对球坐标系下的自由粒子,p^μ 与 p_μ 并非都是运动常数.

根据构造,它是一个标量,不依赖于参考系的选择.对于(3.41)式中的反应,可以写

$$p_\mu^i p^{i\mu} = -M^2 c^2 = p_\mu^f p^{f\mu}, \tag{3.47}$$

在实验室参考系下对上式左边求值,在系统静止参考系下对右边求值.(3.47)式变为

$$(m_A c + m_B \gamma c)^2 - m_B^2 \gamma^2 v^2 = (m_C c + m_D c)^2,$$

$$m_A^2 c^2 + m_B^2 \gamma^2 c^2 + 2 m_A m_B \gamma c^2 - m_B^2 \gamma^2 v^2 = m_C^2 c^2 + m_D^2 c^2 + 2 m_C m_D c^2. \tag{3.48}$$

由于 $m_B^2 \gamma^2 c^2 - m_B^2 \gamma^2 v^2 = m_B^2 c^2$,有

$$2 m_A m_B \gamma = m_C^2 + m_D^2 + 2 m_C m_D - m_A^2 - m_B^2. \tag{3.49}$$

粒子 B 的阈能为

$$E_{th}^B = m_B \gamma c^2 = \frac{(m_C^2 + m_D^2 + 2 m_C m_D - m_A^2 - m_B^2) c^2}{2 m_A}. \tag{3.50}$$

3.5   实例:对撞机与固定靶加速器

我们来考虑正负电子对相碰撞以产生 Z^0 -玻色子,

$$e^+ + e^- \rightarrow Z^0. \tag{3.51}$$

Z^0 -玻色子的质量为 $m_Z c^2 = 91\,\text{GeV}$,而正电子与电子的质量为 $m_{e^+} c^2 = m_{e^-} c^2 = 0.5\,\text{MeV}$.

在粒子对撞机中,可以使正电子与电子"头对头"碰撞,所以,它们的 4 维动量(假设它们沿 x 轴运动)是

$$\| p_{e^+}^\mu \| = (E/c,\ p,\ 0,\ 0),\ \ \| p_{e^-}^\mu \| = (E/c,\ -p,\ 0,\ 0), \tag{3.52}$$

其中,$E = \sqrt{m_e^2 c^4 + p^2 c^2}$ 是它们的能量.该反应的阈能为

$$-(p_{e^+}^\mu + p_{e^-}^\mu)(p_\mu^{e^+} + p_\mu^{e^-}) = \frac{4 E_{th}^2}{c^2} = m_Z^2 c^2, \tag{3.53}$$

因此,$E_{th} = 45.5\,\text{GeV}$.

现在假设我们希望在固定靶加速器中进行相同的反应,换句话说,我们加速正电子并将它朝向一个在实验室参考系中静止的电子射出.现在两个粒子的 4 维动量(假设正电子沿 x 轴运动)为

$$\| p_{e^+}^\mu \| = (E/c,\ p,\ 0,\ 0),\ \ \| p_{e^-}^\mu \| = (m_e c,\ 0,\ 0,\ 0), \tag{3.54}$$

其中,$E = \sqrt{m_e^2 c^4 + p^2 c^2}$ 仅仅是正电子的能量.质量不变量为

$$\frac{E^2}{c^2} + 2 m_e E + m_e^2 c^2 - p^2 = 2 m_e^2 c^2 + 2 m_e E \approx 2 m_e E, \tag{3.55}$$

而现在的阈能为

$$2 m_e E_{th} = m_Z^2 c^2 \Rightarrow E_{th} = \frac{m_Z^2 c^2}{2 m_e} = 8\,000\,(\text{TeV}). \tag{3.56}$$

于是,可以看到粒子对撞机远比固定靶加速器高效. 在先前的情况下,需要将两个粒子加速至 45.5 GeV 以产生 Z^0 -玻色子. 利用固定靶进行实验,应将其中一个粒子加速至 8 000 TeV 以进行相同的反应. 大的粒子物理加速器确实是对撞机,而不是固定靶加速器.

3.6　实例: GZK 截断

极高能的宇宙射线不能行进非常长的距离,因为它们与宇宙微波背景辐射(CMB)的光子相互作用并损失能量. CMB 是原初等离子体的电磁辐射的剩余物. 在复合(电子与质子最初结合形成氢原子的时期,约在大爆炸 400 000 年后)发生后,光子从物质中退耦(光子与中性氢原子的散射截面远小于与自由电子的汤姆逊散射截面)出来,开始在宇宙中自由地行进,不与物质相互作用. 这些就是今天观测得到的围绕我们的 CMB 光子,其密度大约为 400 photons/cm^3.

质子代表了约 90% 的宇宙射线. 对于它们,当能量允许以下反应发生时,宇宙可视作变为不透明,

$$\mathrm{p} + \gamma_{\mathrm{CMB}} \rightarrow \Delta^+ \rightarrow N + \pi, \tag{3.57}$$

其中, γ_{CMB} 是一个 CMB 光子, Δ^+ 是共振中间态,而最终产物是质子与中性 π 介子 $(\mathrm{p} + \pi^0)$,或者是中子与带电的 π 介子 $(\mathrm{n} + \pi^+)$.

我们来考虑宇宙参考系,其中,CMB 是各向同性的,且与我们的参考系差异不大(地球以大约 370 km/s 的速度相对于宇宙参考系运动). 不失一般性,可以假定 CMB 光子沿 x 轴运动,而高能质子在 xy 平面内运动. 它们的 4 维动量是

$$\| p_{\mathrm{p}}^\mu \| = (\sqrt{m_{\mathrm{p}}^2 c^2 + p^2}, \ p\cos\theta, \ p\sin\theta, \ 0), \ \| p_\gamma^\mu \| = (q, q, 0, 0), \tag{3.58}$$

其中, θ 是质子传播方向与 x 轴的夹角. 总的 4 维动量为

$$p_i^\mu = p_{\mathrm{p}}^\mu + p_\gamma^\mu, \tag{3.59}$$

而当不变质量不低于最终态的最小不变质量时,能量允许反应(3.57)发生,即:最后的两个粒子被静止地产生,拥有为零的 3 维动量,

$$-p_i^\mu p_\mu^i \geqslant (m_N c + m_\pi c)^2. \tag{3.60}$$

将(3.58)式中 p_{p}^μ 与 p_γ^μ 的表达式代入,可以发现

$$m_{\mathrm{p}}^2 c^2 + p^2 + q^2 + 2q\sqrt{m_{\mathrm{p}}^2 c^2 + p^2} - p^2\cos^2\theta - q^2 - 2qp\cos\theta - p^2\sin^2\theta$$
$$\geqslant m_N^2 c^2 + m_\pi^2 c^2 + 2m_N m_\pi c^2,$$
$$m_{\mathrm{p}}^2 c^2 + 2q(\sqrt{m_{\mathrm{p}}^2 c^2 + p^2} - p\cos\theta) \geqslant m_N^2 c^2 + m_\pi^2 c^2 + 2m_N m_\pi c^2. \tag{3.61}$$

$E_{\mathrm{p}}/c = \sqrt{m_{\mathrm{p}}^2 c^2 + p^2}$,其中, E_{p} 是质子能量,于是,可以写

$$E_{\mathrm{p}} - pc\cos\theta \geqslant \frac{m_N^2 c^3 + m_\pi^2 c^3 + 2m_N m_\pi c^3 - m_{\mathrm{p}}^2 c^3}{2q} \approx \frac{m_{\mathrm{p}} m_\pi c^3}{q}. \tag{3.62}$$

在最后一步推演中,已经忽略了 π 介子的质量,因为它远小于质子/中子的质量,并且忽略了质子与中子的质量差异($m_{\mathrm{p}} c^2 = 938$ MeV, $m_{\mathrm{n}} c^2 = 940$ MeV, $m_{\pi^0} c^2 = 135$ MeV, $m_{\pi^+} c^2 =$

140 MeV).

CMB 光子的平均能量为 $\langle qc \rangle = 2 \times 10^{-4}$ eV. 忽略(3.62)式中的 $pc \cos\theta$ 项,可以发现

$$E_p \sim 10^{20} \text{ eV}. \tag{3.63}$$

能量达到 10^{20} eV 的质子与 CMB 光子相互作用并损失能量,因此,它们无法在宇宙中远距离地行进. 这被称为 GZK 截断.

(3.57)式的反应截面为 $\sigma \sim 10^{-28}$ cm^{-2},而今宇宙中 CMB 光子的数密度为 $n_{\text{CMB}} \sim 400$ photons/cm^3. 高能质子的平均自由程,即一个高能质子在反应(3.57)发生前行进的平均路程是

$$l = \frac{1}{\sigma n_{\text{CMB}}} \sim 10 \text{ Mpc}, \tag{3.64}$$

其中,已经使用关系式 1 Mpc $\approx 3 \times 10^{24}$ cm. 假定一个质子在每次碰撞中损失自身约 20% 的能量,则可以估计在约 100 Mpc 的距离内几乎所有能量都将损失. 所以,能量达到 GZK 极限的质子无法行进超过 100 Mpc 的距离.

3.7 多体系统

在 3.2 节中,我们看到粒子的能量为 $E = m\gamma c^2$,这是一个定义明确的正的数值. 这与牛顿力学不同,其中能量的绝对值并没有物理意义,因为它不能够被测量,仅有能量间的差是相关的.

本章前几节中得到的结果是从自由质点中获得的,但我们从未要求粒子必须是"基本"的. 那些结果甚至可以被应用到束缚态,如由若干质子和中子构成的原子核. 在这样的情况下,我们看到静止系统的能量为 $E = mc^2$,其中,m 是束缚态的质量,而不是其组成部分的质量的和.

如果考虑束缚态的单个组成部分,总的作用量应有如下形式:

$$S = \sum_i -mc \int_{\Gamma_i} \sqrt{-g_{\mu\nu} \dot{x}_i^\mu \dot{x}_i^\nu} \, dt + S_{\text{int}}, \tag{3.65}$$

其中,S_{int} 是粒子间相互作用的贡献[①],

$$S_{\text{int}} = \sum_{i,j} \Phi(x_i, x_j). \tag{3.66}$$

如果可以关停相互作用,我们将拥有自由粒子,而总的作用量将是自由粒子作用量之和. 将粒子相互作用考虑在内,再加入相互作用项.

可看作一个单体的系统的总能量应与若干更加基本的部分组成的束缚态的总能量相等. 束缚态的总能量包括单个组分的静止能量、它们的动能以及所有相互作用能. **结合能**被定义为所有单个组分的静止能量之和再减去复合体的静止能量之差,

---

① 在(3.66)式中假设仅存在两体相互作用,即:相互作用仅发生于两个粒子之间. 从原则上讲,可能存在三体,甚至更一般的多体相互作用项.

$$E_B = \sum_i m_i - E. \tag{3.67}$$

例如,如果考虑一个 α 粒子,即由两个质子与两个中子构成的氦-4 的原子核,它的质量为 $m_\alpha c^2 = 3.727 \, \text{GeV}$. 质子与中子的质量分别为 $m_p c^2 = 0.938 \, \text{GeV}$ 和 $m_n c^2 = 0.940 \, \text{GeV}$. 于是,一个氦-4 核的结合能为

$$E_B = (2 \times 0.938 + 2 \times 0.940 - 3.727)\text{GeV} = 29 \, \text{MeV}. \tag{3.68}$$

如果有两个质子与两个中子,使之结合得到氦-4 的核,将从反应中得到 29 MeV 的能量. 例如,对于恒星核聚变就有类似的反应,轻核能够绑在一起以形成更重的核,该过程释放出能量. 如果有一个氦-4 的核,希望产生两个自由质子和两个自由中子,则必须提供 29 MeV 的能量.

3.8 场的拉格朗日形式

迄今为止,我们已经考虑了作用量与拉格朗日量具有形式

$$S = \int_{t_1}^{t_2} L \, dt, \ L = L[q, \dot{q}, t] \tag{3.69}$$

的系统,并且定义系统构型的拉格朗日坐标具有形式

$$q = [q^1(t), q^2(t), \cdots, q^n(t)], \tag{3.70}$$

其中,t 是时间坐标. 例如,在牛顿力学中一个在 3 维空间运动的自由质点情况下,拉格朗日量是粒子的动能,拉格朗日坐标可以是粒子的笛卡尔坐标,

$$q = [x(t), y(t), z(t)]. \tag{3.71}$$

拉格朗日形式与最小作用量原理可被推广至场的描述中(如标量场、电磁场、引力场等). 现在描述场的形态的变量是一个数值(标量、向量或者张量),它在时空中每一个点都具有某个值. 例如,如果系统由 r 个标量场描述,则拉格朗日坐标会是

$$\Phi = [\Phi^1(x), \Phi^2(x), \cdots, \Phi^r(x)], \tag{3.72}$$

其中,$x = (x^0, x^1, x^2, x^3)$,于是,一般而言,每个拉格朗日坐标都是时空中的点的函数,而不仅仅是时间的函数. 在向量场或张量场的情形下,拉格朗日坐标也带有时空指标.

(3.69)式中作用量 S 的自然推广是[①]

$$S = \frac{1}{c} \int \mathscr{L} d^4\Omega, \tag{3.73}$$

其中,积分覆盖整个 4 维体积. 如果不将时间与空间坐标混合,在狭义相对论中有 $g_{0i} = 0$(见 2.2 节中的讨论),因此,$d^4\Omega = c \, dt \, d^3 V$,其中,$d^3 V$ 是 3 维体积. 在笛卡尔坐标系下,$d^3 V = dx \, dy \, dz$. 如果从笛卡尔坐标变换至非笛卡尔坐标,必须计算雅可比矩阵的行列式 J,且有 $d^3 V = |J| d^3 x$.

在(3.73)式中,$\mathscr{L}$ 是系统的**拉格朗日密度**,它依赖于拉格朗日坐标与它们的一阶导数,即

---

① 引入积分前的因子 $1/c$ 是因为我们定义 $d^4\Omega = c \, dt \, d^3 V$,而不是 $d^4\Omega = dt \, d^3 V$.

$$\mathscr{L} = \mathscr{L}\left(\Phi^i, \frac{\partial \Phi^i}{\partial x^\mu} \right). \tag{3.74}$$

(3.73)式也可以被重写为

$$S = \int L \, \mathrm{d}t \quad \text{和} \quad L = \int \mathscr{L} \mathrm{d}^3 V. \tag{3.75}$$

利用最小作用量原理,运动方程(现在应称作**场方程**)应由作用量 S 对 Φ 的变分获得,

$$\Phi(x) \rightarrow \tilde{\Phi}(x) = \Phi(x) + \delta\Phi(x), \tag{3.76}$$

其中, $\delta\Phi$ 在积分区域的边界必须为零. 有

$$\delta S = \frac{1}{c} \int \left(\frac{\partial \mathscr{L}}{\partial \Phi^i} \delta\Phi^i + \frac{\partial \mathscr{L}}{\partial \frac{\partial \Phi^i}{\partial x^\mu}} \delta \frac{\partial \Phi^i}{\partial x^\mu} \right) \mathrm{d}^4 \Omega. \tag{3.77}$$

我们将在 6.7 节中看到, $\mathrm{d}^4\Omega = \sqrt{-g}\, \mathrm{d}^4 x$,其中, g 是度规张量的行列式,而右边的第二项可写为

$$\frac{1}{c} \int \frac{\partial \mathscr{L}}{\partial \frac{\partial \Phi^i}{\partial x^\mu}} \delta \frac{\partial \Phi^i}{\partial x^\mu} \sqrt{-g}\, \mathrm{d}^4 x = \frac{1}{c} \int \left\{ \frac{\partial}{\partial x^\mu} \left(\sqrt{-g}\, \frac{\partial \mathscr{L}}{\partial \frac{\partial \Phi^i}{\partial x^\mu}} \delta\Phi^i \right) - \left[\frac{\partial}{\partial x^\mu} \left(\sqrt{-g}\, \frac{\partial \mathscr{L}}{\partial \frac{\partial \Phi^i}{\partial x^\mu}} \right) \right] \delta\Phi^i \right\} \mathrm{d}^4 x. \tag{3.78}$$

由于 $\delta\Phi$ 在积分区域边界为零,上式右边第一项对 δS 没有任何贡献,因此,可以写

$$\delta S = \frac{1}{c} \int \left[\frac{\partial \mathscr{L}}{\partial \Phi^i} - \frac{1}{\sqrt{-g}} \frac{\partial}{\partial x^\mu} \left(\sqrt{-g}\, \frac{\partial \mathscr{L}}{\partial \frac{\partial \Phi^i}{\partial x^\mu}} \right) \right] \delta\Phi^i \, \mathrm{d}^4 \Omega. \tag{3.79}$$

由于对任意的变分 $\delta\Phi$,都有 $\delta S = 0$,有

$$\frac{1}{\sqrt{-g}} \frac{\partial}{\partial x^\mu} \left(\sqrt{-g}\, \frac{\partial \mathscr{L}}{\partial \frac{\partial \Phi^i}{\partial x^\mu}} \right) - \frac{\partial \mathscr{L}}{\partial \Phi^i} = 0, \tag{3.80}$$

这些都是场方程. 有时定义拉格朗日密度为 $\mathscr{L}' = \sqrt{-g}\, \mathscr{L}$ 更加方便,在此情形下,场方程为

$$\frac{\partial}{\partial x^\mu} \frac{\partial \mathscr{L}'}{\partial \frac{\partial \Phi^i}{\partial x^\mu}} - \frac{\partial \mathscr{L}'}{\partial \Phi^i} = 0. \tag{3.81}$$

如果使用狭义相对论有关章节经常使用的笛卡尔坐标, $\sqrt{-g} = 1$,两种情况都给出了相同的拉格朗日密度.

以(3.69)式中的作用量为例,不能保证每个场都具有这样一个作用量,以使我们利用最小作用量原理推导它的场方程. 但是,对于已知的场,情况就是这样. 同样地,并不存在一个明确的程序找到一个场的作用量和它的拉格朗日密度. 每个拉格朗日密度都相当一个理论,并且能作出一些推论. 对于一个确定的系统,如果推论能很好地与观测一致,那么,这个理论就能很好地适用于该系统.

3.9　能量-动量张量

在 1.6 节中,我们看到,如果一个拉格朗日量不显式地依赖于时间,那么,就存在一个运动常数,即系统的能量.如果拉格朗日量不依赖于某一个拉格朗日坐标,就有其对应的共轭动量守恒.现在我们希望推广那些结果.在本节与 3.10 节中,我们将使用笛卡尔坐标;推广到任意坐标系的情况将在本书第 6、第 7 章中再讨论.

考虑一个由拉格朗日密度 $\mathscr{L}$ 描述的系统,拉格朗日密度不显式地依赖于时空坐标 x^{μ},有[①]

$$\frac{\partial \mathscr{L}}{\partial x^{\mu}} = \frac{\partial \mathscr{L}}{\partial \Phi^{i}} \frac{\partial \Phi^{i}}{\partial x^{\mu}} + \frac{\partial \mathscr{L}}{\partial \frac{\partial \Phi^{i}}{\partial x^{\nu}}} \frac{\partial^{2} \Phi^{i}}{\partial x^{\mu} \partial x^{\nu}} + \left(\frac{\partial \mathscr{L}}{\partial x^{\mu}}\right)_{\Phi, \partial \Phi} = \frac{\partial \mathscr{L}}{\partial \Phi^{i}} \frac{\partial \Phi^{i}}{\partial x^{\mu}} + \frac{\partial \mathscr{L}}{\partial \frac{\partial \Phi^{i}}{\partial x^{\nu}}} \frac{\partial^{2} \Phi^{i}}{\partial x^{\mu} \partial x^{\nu}}. \tag{3.84}$$

利用运动方程(3.80)(记住在笛卡尔坐标下 $\sqrt{-g}=1$),有

$$\frac{\partial \mathscr{L}}{\partial x^{\mu}} = \left(\frac{\partial}{\partial x^{\nu}} \frac{\partial \mathscr{L}}{\partial \frac{\partial \Phi^{i}}{\partial x^{\nu}}}\right) \frac{\partial \Phi^{i}}{\partial x^{\mu}} + \frac{\partial \mathscr{L}}{\partial \frac{\partial \Phi^{i}}{\partial x^{\nu}}} \frac{\partial^{2} \Phi^{i}}{\partial x^{\mu} \partial x^{\nu}}, \tag{3.85}$$

可被重写为

$$\frac{\partial}{\partial x^{\nu}} \left(\frac{\partial \mathscr{L}}{\partial \frac{\partial \Phi^{i}}{\partial x^{\nu}}} \frac{\partial \Phi^{i}}{\partial x^{\mu}} - \delta_{\mu}^{\nu} \mathscr{L}\right) = 0. \tag{3.86}$$

如果定义**能量-动量张量** T_{μ}^{ν} 为[②]

[①] 注意到记号的区别.在 1.6 节中,对 t 的导数为

$$\frac{\mathrm{d}L}{\mathrm{d}t} = \frac{\partial L}{\partial q^{i}} \frac{\mathrm{d}q^{i}}{\mathrm{d}t} + \frac{\partial L}{\partial \frac{\mathrm{d}q^{i}}{\mathrm{d}t}} \frac{\mathrm{d}^{2} q^{i}}{\mathrm{d}t^{2}} + \frac{\partial L}{\partial t}. \tag{3.82}$$

这里其对应项为

$$\frac{\partial \mathscr{L}}{\partial x^{\mu}} = \frac{\partial \mathscr{L}}{\partial \Phi^{i}} \frac{\partial \Phi^{i}}{\partial x^{\mu}} + \frac{\partial \mathscr{L}}{\partial \frac{\partial \Phi^{i}}{\partial x^{\nu}}} \frac{\partial^{2} \Phi^{i}}{\partial x^{\mu} \partial x^{\nu}} + \left(\frac{\partial \mathscr{L}}{\partial x^{\mu}}\right)_{\Phi, \partial \Phi}, \tag{3.83}$$

其中,最后一项 $\left(\frac{\partial \mathscr{L}}{\partial x^{\mu}}\right)_{\Phi, \partial \Phi}$ 是 $\mathscr{L}$ 显式地依赖于 x^{μ} 给出的可能的贡献[在(3.84)式中假设它为零].在本节中使用偏导数,因为 $x = (x^{0}, x^{1}, x^{2}, x^{3})$,而 $\frac{\partial \mathscr{L}}{\partial x^{\mu}}$ 不是 $\partial L / \partial t$ 的对应项.现在 $\partial L / \partial t$ 的等价物是 $\left(\frac{\partial \mathscr{L}}{\partial x^{\mu}}\right)_{\Phi, \partial \Phi}$.

[②] 在文本中有不同的解说.如果改变(3.88)式的符号,那么,T^{tt} 是系统能量密度的相反数[稍后见(3.97)式].如果度规使用符号(+－－－),定义

$$T_{\mu}^{\nu} = \frac{\partial \mathscr{L}}{\partial \frac{\partial \Phi^{i}}{\partial x^{\nu}}} \frac{\partial \Phi^{i}}{\partial x^{\mu}} - \delta_{\mu}^{\nu} \mathscr{L}, \tag{3.87}$$

于是,T^{tt} 是系统的能量密度.

$$T^{\nu}_{\ \mu} = -\frac{\partial \mathscr{L}}{\partial \frac{\partial \Phi^i}{\partial x^{\nu}}} \frac{\partial \Phi^i}{\partial x^{\mu}} + \delta^{\nu}_{\mu} \mathscr{L}, \qquad (3.88)$$

(3.86)式可写为

$$\partial_{\nu} T^{\nu}_{\ \mu} = 0. \qquad (3.89)$$

注意到 $T^{\mu\nu} = \eta^{\mu\sigma} T^{\nu}_{\ \sigma}$ 并不独特. 如果 $T^{\mu\nu}$ 由(3.88)式给出,即使被定义为

$$T'^{\mu\nu} = T^{\mu\nu} + \frac{\partial t^{\mu\nu\rho}}{\partial x^{\rho}}, \qquad (3.90)$$

而 $t^{\mu\nu\rho} = -t^{\mu\rho\nu}$ 的 $T'^{\mu\nu}$ 也满足方程(3.89)

$$\partial_{\nu} T'^{\nu}_{\ \mu} = 0, \qquad (3.91)$$

因为

$$\frac{\partial^2 t^{\mu\nu\rho}}{\partial x^{\nu} \partial x^{\rho}} = 0. \qquad (3.92)$$

假定能量-动量张量是对称的.(3.89)式具有守恒方程的形式. 对 $\mu = t$,可以写

$$\frac{1}{c} \frac{\partial T^{tt}}{\partial t} = -\frac{\partial T^{ti}}{\partial x^i}. \qquad (3.93)$$

如果对 3 维空间积分,并利用高斯定理,可以发现

$$\frac{1}{c} \frac{\partial}{\partial t} \int_V T^{tt} \mathrm{d}^3 V = -\int_V \frac{\partial T^{ti}}{\partial x^i} \mathrm{d}^3 V = -\int_{\Sigma} T^{ti} \mathrm{d}^2 \sigma_i = 0, \qquad (3.94)$$

其中,Σ 是 3 维体积 V 的 2 维边界,并假设在远距离时 $T^{\mu\nu} = 0$. 通过相同的步骤,从(3.89)式出发,考虑 $\mu = i$,得到

$$\frac{1}{c} \frac{\partial}{\partial t} \int_V T^{ti} \mathrm{d}^3 V = -\int_V \frac{\partial T^{ij}}{\partial x^j} \mathrm{d}^3 V = -\int_{\Sigma} T^{ij} \mathrm{d}^2 \sigma_j = 0. \qquad (3.95)$$

可以将数量

$$P^{\mu} = \frac{1}{c} \int_V T^{t\mu} \mathrm{d}^3 V \qquad (3.96)$$

定义为系统的 4 维动量. 注意到 T^{tt} 也由下式给出:

$$T^{tt} = \dot{\Phi}^i \frac{\partial \mathscr{L}}{\partial \dot{\Phi}^i} - \mathscr{L}, \qquad (3.97)$$

于是,它可以自然地联系到系统的能量密度. T^{0i} 可以自然地联系到(以因子 $1/c$ 为模的)系统的动量密度. 于是,T^{0i} 是能量通量密度的 3 个分量. T^{ij}s 可被理解为动量通量密度的分量.

我们将在 7.4 节中看到,毫无疑议,使指标对称化的方式定义能量-动量张量是可以的.

3.10 实例:能量-动量张量

3.10.1 自由质点的能量-动量张量

在本章先前各节中我们已经看到 $T^{0\mu}$ 可被理解为系统的 4 维动量密度的分量. 对于一个自由质点, 其 4 维动量是 $p^\mu = mu^\mu$, 其中, m 是粒子质量, 而 u^μ 是粒子的 4 维速度. 对于质点, 其质量密度为

$$\rho = m\delta^3[x - \tilde{x}(\tau)], \tag{3.98}$$

其中, δ^3 是 3 维狄拉克(delta)函数, $\tilde{x}(\tau) = (x(\tau), y(\tau), z(\tau))$ 是粒子的空间坐标, 并且假定为笛卡尔坐标. 那么, 可以写

$$T^{0\mu} = m\delta^3[x - \tilde{x}(\tau)]cu^\mu. \tag{3.99}$$

T^{ij} 与动量通量密度的分量成正比, 因此, 应当加入一项额外的速度. 由于 $u^0 = \gamma c$, (3.99)式可被重写为

$$T^{0\mu} = m\delta^3[x - \tilde{x}(\tau)]\frac{u^0 u^\mu}{\gamma}. \tag{3.100}$$

最终, 有自由质点在笛卡尔坐标下的能量-动量张量, 其形式如下:

$$T^{\mu\nu} = m\delta^3[x - \tilde{x}(\tau)]\frac{u^\mu u^\nu}{\gamma}. \tag{3.101}$$

我们将在 7.4 节中看到, (3.101)式可以直接由拉格朗日密度推导得到.

3.10.2 理想流体的能量-动量张量

理想流体可由准自由质点构成的气体描述, 流体压强来源于粒子碰撞. 为简单起见, 假定所有粒子具有相同的质量 m, 能量-动量张量可写为

$$T^{\mu\nu} = \sum_{k=1}^{N} m\delta^3[x_k - \tilde{x}_k(\tau)]\frac{u_k^\mu u_k^\nu}{\gamma}, \tag{3.102}$$

其中, $k = 1, \cdots, N$ 是粒子的标号. 在流体静止的参考系中, $T^{00} = \varepsilon$, 其中, ε 是流体的能量密度(而不是质量密度). $T^{0i} = 0$, 因为 $\langle u_k^\mu \rangle = 0$, 其中, $\langle \cdot \rangle$ 表示样本的平均值, 并且假定 $N \to \infty$. 对于 $i \neq j$, $T^{ij} = 0$, 因为 $\langle u_k^i u_k^j \rangle = 0$. 对于 $i = j$, $T^{ij} = P$, 其中, P 是压强. 最后, 在笛卡尔坐标中理想流体在其静止的参考系中, 能量-动量张量应为

$$\| T^{\mu\nu} \| = \| T_{\mu\nu} \| = \begin{pmatrix} \varepsilon & 0 & 0 & 0 \\ 0 & P & 0 & 0 \\ 0 & 0 & P & 0 \\ 0 & 0 & 0 & P \end{pmatrix}. \tag{3.103}$$

在这一点上我们必须按照向量/张量的形式将 $T^{\mu\nu}$ 写出, 这样, 在流体静止的参考系中回到(3.103)式, 其正确的形式是

$$T^{\mu\nu} = (\varepsilon + P)\frac{U^\mu U^\nu}{c^2} + P\eta^{\mu\nu}. \tag{3.104}$$

其中,U^μ 是流体的 4 维速度(u_i^μ 是粒子 i 的 4 维速度),在流体静止的参考系中,

$$U^\mu = (c, 0, 0, 0).$$

习　题

3.1　写出一个自由质点在球坐标下的 4 维动量 p^μ 与 p_μ.

3.2　求一个自由质点在球坐标下的运动常数.

3.3　在柱坐标下重复习题 3.1 与 3.2.

3.4　对于宇宙射线光子而言,反应(3.57)的对应项为

$$\gamma + \gamma_{CMB} \longrightarrow e^+ + e^- \tag{3.105}$$

即:一个高能光子(γ)与一个 CMB 光子(γ_{CMB})相碰撞,产生一对电子-正电子对(e^+e^-). 计算使反应允许发生时该高能光子的阈能. $m_{e^+}c^2 = m_{e^-}c^2 = 0.5$ MeV.

3.5　铁-56 是铁元素最普遍的同位素,其内核由 26 个质子与 30 个中子构成. 计算每个核子的结合能,即结合能除以质子与中子数和的商. 铁-56 的内核的质量为 $M_{\mathrm{C}}^2 = 52.103$ GeV. 质子质量与中子质量分别为 $m_{\mathrm{p}}c^2 = 0.938$ GeV 和 $m_{\mathrm{n}}c^2 = 0.940$ GeV.

3.6　写出具有以下拉格朗日密度的场方程:

$$\mathscr{L}(\phi, \partial_\mu\phi) = -\frac{\hbar}{2}g^{\mu\nu}(\partial_\mu\phi)(\partial_\nu\phi) - \frac{1}{2}\frac{m^2c^2}{\hbar}\phi^2. \tag{3.106}$$

3.7　在笛卡尔坐标和球坐标下写出习题 3.6 中的场方程.

3.8　我们来考虑一个笛卡尔坐标系. 写出与习题 3.6 中的拉格朗日量相关联的能量-动量张量.

3.9　(3.103)式与(3.104)式是笛卡尔坐标下的表达式. 求其在球坐标下的表达式,并将其与习题 2.1 求出的结果相比较.

第 **4** 章

电磁学

本章将复习电磁学现象的前相对论理论,即在阐述狭义相对论出现以前,读者应已知电磁学的理论,并且将写出一套完全相对论性的、显然协变的理论.对于**显然协变**(或者等价地**显然洛伦兹不变**)的方程组,意指该理论用张量写出;这就是说,物理定律被写为两张量间的等式,或者某张量为零的等式.由于已知在从一个笛卡尔惯性参考系变换到另一个笛卡尔惯性参考系时张量应如何变化,我们直截了当地意识到这些等式在洛伦兹变换下不变.在本章与接下来的章节中,将一直使用高斯单位制来描述电磁现象.在本章中除非另有说明,将使用笛卡尔坐标;向任意坐标系的推广将在 6.7 节中讨论.

支配电磁现象的基本方程是洛伦兹力定律与麦克斯韦方程组.一个质量为 m、电荷为 e 的粒子在电磁场中的运动方程为

$$m\ddot{x} = eE + \frac{e}{c}\dot{x} \times B,\tag{4.1}$$

其中,c 是光速,E 与 B 分别是电场强度与磁感应强度.(4.1)式就是牛顿第二定律,$m\ddot{x} = F$,此时 F 是洛伦兹力.电场和磁场的运动方程(场方程)是麦克斯韦方程组,

$$\nabla \cdot E = 4\pi\rho,\tag{4.2}$$

$$\nabla \cdot B = 0,\tag{4.3}$$

$$\nabla \times E = -\frac{1}{c}\frac{\partial B}{\partial t},\tag{4.4}$$

$$\nabla \times B = \frac{4\pi}{c}J + \frac{1}{c}\frac{\partial E}{\partial t},\tag{4.5}$$

其中,ρ 是电荷密度,J 是电流密度.

由(4.3)式可以引入**矢量势** A,其定义为

$$B = \nabla \times A.\tag{4.6}$$

确实任意向量场的旋度的散度为零(见附录 B.3).如果将(4.6)式代入方程(4.4),可以发现

$$\nabla \times \left(E + \frac{1}{c}\frac{\partial A}{\partial t}\right) = 0.\tag{4.7}$$

于是,可以引入**标量势** ϕ 为

$$E + \frac{1}{c}\frac{\partial A}{\partial t} = -\nabla \phi, \tag{4.8}$$

因为 $\nabla \times (\nabla \phi) = 0$(见附录 B.3). 于是,电场强度可用标量势 ϕ 与矢量势 A 写为

$$E = -\nabla \phi - \frac{1}{c}\frac{\partial A}{\partial t}. \tag{4.9}$$

4.1 作用量

现在希望写出由质量为 m、电荷为 e 的质点与一个电磁场组成的系统的作用量. 作用量应由 3 个部分组成:自由质点的作用量 S_m,电磁场的作用量 S_{em},以及描述质点与电磁场之间相互作用的作用量 S_{int}. 那么,总的作用量应具有如下形式:

$$S = S_m + S_{int} + S_{em}. \tag{4.10}$$

当粒子不在时,应当留下 S_{em}. 当电磁场不在时,应当留下 S_m. 如果使粒子的电荷值为零,则消去 S_{int},即粒子与电磁场不发生相互作用,所以,粒子的运动方程独立于电磁场. 反之亦然,电磁场的运动方程不依赖于粒子.

一旦将最小作用量原理应用于(4.10)式,必须回归麦克斯韦方程组,以及相对论版本的洛伦兹力定律(4.1). 我们将在接下来的章节中看到,当 S_m,S_{int} 以及 S_{em} 分别由下式给出时,这是可以实现的.

$$\begin{aligned} S_m &= -mc\int_\Gamma \sqrt{-ds^2}, \\ S_{int} &= \frac{e}{c}\int_\Gamma A_\mu dx^\mu, \\ S_{em} &= -\frac{1}{16\pi c}\int_\Omega F^{\mu\nu}F_{\mu\nu} d^4\Omega. \end{aligned} \tag{4.11}$$

$F_{\mu\nu}$ 是**法拉第张量**,其定义为[1]

$$F_{\mu\nu} = \partial_\mu A_\nu - \partial_\nu A_\mu, \tag{4.13}$$

而 A_μ 是电磁场的 **4 维矢量势**. 后者是一个 4 维向量,其时间分量是标量势 ϕ,空间分量是 3 维矢量势 A 的 3 个分量,

$$A^\mu = (\phi, A). \tag{4.14}$$

由(4.6)式、(4.9)式、(4.13)式以及(4.14)式,可以利用电场强度与磁感应强度写出法拉第张量. 在笛卡尔坐标 (ct, x, y, z) 下,有

---

[1] 稍后我们将更清楚地看到(见 6.7 节),定义(4.13)对任何坐标系都成立,即笛卡尔坐标系和非笛卡尔坐标系.

如果时空度规具有符号(+−−−),法拉第张量仍然按(4.13)式定义,但现在 $F_{\mu\nu}$ 在笛卡尔坐标下的表达式为

$$\|F_{\mu\nu}\| = \begin{pmatrix} 0 & E_x & E_y & E_z \\ -E_x & 0 & -B_z & B_y \\ -E_y & B_z & 0 & -B_x \\ -E_z & -B_y & B_x & 0 \end{pmatrix}. \tag{4.12}$$

$$\| F_{\mu\nu} \| = \begin{pmatrix} 0 & -E_x & -E_y & -E_z \\ E_x & 0 & B_z & -B_y \\ E_y & -B_z & 0 & B_x \\ E_z & B_y & -B_x & 0 \end{pmatrix}, \quad \| F^{\mu\nu} \| = \begin{pmatrix} 0 & E_x & E_y & E_z \\ -E_x & 0 & B_z & -B_y \\ -E_y & -B_z & 0 & B_x \\ -E_z & B_y & -B_x & 0 \end{pmatrix},$$

$$\text{(4.15)}$$

其中，E_i 与 B_i 分别是电场与磁场的第 i 个分量. 可以使用下指标将它们写出，但它们不是一个对偶向量的空间分量.

注意　$F^{\mu\nu} = \eta^{\mu\rho} \eta^{\nu\sigma} F_{\rho\sigma}$，并且当我们由 $F_{\mu\nu}$ 变换至 $F^{\mu\nu}$ 时，注意到 ti 与 it 的分量变换符号，而 ij 分量保持不变.

电场与磁场可利用法拉第张量写出，

$$E_i = F_{it}, \ B_i = \frac{1}{2} \varepsilon_{ijk} F^{jk}, \tag{4.16}$$

其中，ε_{ijk} 是列维-奇维塔符号（见附录 B.2）. 法拉第张量的空间-空间分量可利用磁场写出，

$$F^{ij} = \varepsilon^{ijk} B_k. \tag{4.17}$$

确实

$$\varepsilon^{ijk} B_k = \varepsilon^{kij} B_k = \frac{1}{2} \varepsilon^{kij} \varepsilon_{klm} F^{lm} = \frac{1}{2} (\delta_l^i \delta_m^j - \delta_m^i \delta_l^j) F^{lm} = \frac{1}{2} (F^{ij} - F^{ji}) = F^{ij}. \tag{4.18}$$

如果将电荷 e 写作电荷密度对 3 维体积的积分，可以写出作用量中的相互作用项 S_{int} 如下（注意 $\mathrm{d}^4 \Omega = c \, \mathrm{d} t \, \mathrm{d}^3 V$）：

$$S_{\text{int}} = \frac{1}{c} \int_V \rho \, \mathrm{d}^3 V \int_\Gamma A_\mu \, \mathrm{d} x^\mu = \frac{1}{c} \int_V \rho \, \mathrm{d}^3 V \int_{t_1}^{t_2} \frac{\mathrm{d} x^\mu}{\mathrm{d} t} A_\mu \, \mathrm{d} t = \frac{1}{c^2} \int_\Omega J^\mu A_\mu \, \mathrm{d}^4 \Omega, \tag{4.19}$$

其中，J^μ 是 **4 维电流矢量**[①]，

$$J^\mu = (\rho c, \ \rho v). \tag{4.21}$$

在含有多个带电粒子的系统中，总的作用量可写为

$$S = -\sum_i m_i c \int_{\Gamma_i} \sqrt{-\mathrm{d}s^2} - \int_\Omega \left(\frac{1}{16\pi c} F^{\mu\nu} F_{\mu\nu} - \frac{1}{c^2} J^\mu A_\mu \right) \mathrm{d}^4 \Omega. \tag{4.22}$$

在接下来的章节中，将看到含有由（4.11）式给出的 S_{m}，S_{int}，S_{em}，以及由（4.14）式给出的 A^μ 在（4.10）式中的作用量，给出相对论版本的洛伦兹力定律（4.1）以及正确的麦克斯韦方程组. 我们已在前几章中强调，不存在获得某个特定物理系统的作用量的基本技巧. 一个特定的作用量表征了一个特定的理论. 如果理论性的预言与观测良好地相符合，就拥有了合适的理

[①] 注意到电荷密度 ρ 可写作 $\rho = \delta Q / \delta V$，其中，$\delta Q$ 是无限小体积 δV 内的电荷. 后者依赖于参考系，并可以利用固有无限小体积 $\delta V = \delta V_0 / \gamma$ 写出，见（2.44）式. 现在 $\delta Q / \delta V_0$ 是一个不变量，而 4 维电流矢量可写为

$$J^\mu = \frac{\delta Q}{\delta V_0} (\gamma c, \ \gamma v) = \frac{\delta Q}{\delta V_0} u^\mu, \tag{4.20}$$

其中，u^μ 是 4 维速度. 所以，$J^\mu \propto u^\mu$，显然它是一个 4 维向量.

论,直到发现我们的模型无法解释的现象为止. 从目前而言,上述作用量确实是当前用以描述带电粒子在电磁场中运动的理论.

4.2 带电粒子的运动

如同我们在 3.2 节所做的那样,可以利用牛顿力学中标准的拉格朗日形式,即:带有一个时间坐标与空间的力学形式,或者利用相同的方式处理所有时空坐标的完全的 4 维方法,此时可以利用一些参数(如粒子的固有时)来参数化粒子的轨迹.

4.2.1 3 维形式

粒子在一个(预先决定的)电磁场中的运动由自由粒子和相互作用项的作用量描述. 如果粒子的轨迹由时间坐标 t 参数化,有

$$S = \int_\Gamma (L_m + L_{int}) dt,\tag{4.23}$$

其中,自由粒子的拉格朗日量和粒子与电磁场间相互作用项的拉格朗日量分别为

$$L_m = -mc\sqrt{1 - \frac{\dot{x}^2}{c^2}},\ L_{int} = -e\phi + \frac{e}{c} A \cdot \dot{x}.\tag{4.24}$$

这里点"$\cdot$"表示对坐标 t 的导数,因此,$\dot{x} = dx/dt$,而 $x = (x, y, z)$.

3 维动量为[①]

$$P = \frac{\partial L}{\partial \dot{x}} = \frac{m\dot{x}}{\sqrt{1 - \dot{x}^2/c^2}} + \frac{e}{c} A,\tag{4.26}$$

它也可以写作

$$P = p + \frac{e}{c} A,\tag{4.27}$$

其中,$p = m\gamma\dot{x}$ 是自由粒子的 3 维动量(见 3.2 节). 粒子的能量为

$$E = \frac{\partial L}{\partial \dot{x}} \dot{x} - L = \frac{mc^2}{\sqrt{1 - \dot{x}^2/c^2}} + e\phi.\tag{4.28}$$

现在来推导运动方程. 欧拉-拉格朗日方程的第一项为

$$\frac{d}{dt} \frac{\partial L}{\partial \dot{x}} = \frac{d}{dt}\left(p + \frac{e}{c} A\right) = \frac{dp}{dt} + \frac{e}{c} \frac{\partial A}{\partial t} + \frac{e}{c} (\dot{x} \cdot \nabla) A.\tag{4.29}$$

欧拉-拉格朗日方程的第二项为

———————————————————

① 如 3.2 节中所指出的,其 3 维共轭动量为

$$P^* = \frac{\partial L}{\partial \dot{x}}.\tag{4.25}$$

在笛卡尔坐标下,度规张量是 δ_{ij} 因此,$P^* = P$,其中 P 是 3 维动量.

$$\frac{\partial L}{\partial x} = -e \, \nabla \phi + \frac{e}{c} \, \nabla (A \cdot \dot{x}). \tag{4.30}$$

由恒等式

$$\nabla (V \cdot W) = (W \cdot \nabla)V + (V \cdot \nabla)W + W \times (\nabla \times V) + V \times (\nabla \times W), \tag{4.31}$$

可以将(4.30)式重写为

$$\frac{\partial L}{\partial x} = -e \, \nabla \phi + \frac{e}{c} (\dot{x} \cdot \nabla)A + \frac{e}{c} \dot{x} \times (\nabla \times A), \tag{4.32}$$

因为对 x 的求导在 $\dot{x}$ 为常数的条件下进行. 最终,可以得到以下的运动方程:

$$\frac{\mathrm{d}p}{\mathrm{d}t} = -\frac{e}{c} \frac{\partial A}{\partial t} - e \, \nabla \phi + \frac{e}{c} \dot{x} \times (\nabla \times A). \tag{4.33}$$

使用电场强度与磁感应强度,有

$$\frac{\mathrm{d}p}{\mathrm{d}t} = eE + \frac{e}{c} \dot{x} \times B, \tag{4.34}$$

在非相对论极限下,$p = m\dot{x}$,可以回归(4.1)式.

4.2.2 4 维形式

现在利用粒子的固有时 τ 参数化粒子轨迹. 作用量为

$$S = \int_{\Gamma} (L_{\mathrm{m}} + L_{\mathrm{int}}) \mathrm{d}\tau, \tag{4.35}$$

其中,τ 是粒子的固有时,而拉格朗日量的项为

$$L_{\mathrm{m}} = \frac{1}{2} m \eta_{\mu\nu} \dot{x}^{\mu} \dot{x}^{\nu}, \quad L_{\mathrm{int}} = \frac{e}{c} A_{\mu} \dot{x}^{\mu}, \tag{4.36}$$

现在点"$\dot{}$"表示对 τ 的导数,$\dot{x}^{\mu} = \mathrm{d}x^{\mu}/\mathrm{d}\tau$. 由欧拉-拉格朗日方程,可以发现

$$\frac{\mathrm{d}}{\mathrm{d}\tau} \frac{\partial L_{\mathrm{m}}}{\partial \dot{x}^{\mu}} + \frac{\mathrm{d}}{\mathrm{d}\tau} \frac{\partial L_{\mathrm{int}}}{\partial \dot{x}^{\mu}} - \frac{\partial L_{\mathrm{int}}}{\partial x^{\mu}} = 0,$$

$$\frac{\mathrm{d}}{\mathrm{d}\tau} (m \eta_{\mu\nu} \dot{x}^{\nu}) + \frac{\mathrm{d}}{\mathrm{d}\tau} \left(\frac{e}{c} A_{\mu} \right) - \frac{e}{c} \frac{\partial A_{\nu}}{\partial x^{\mu}} \dot{x}^{\nu} = 0,$$

$$m \ddot{x}_{\mu} + \frac{e}{c} \frac{\partial A_{\mu}}{\partial x^{\nu}} \dot{x}^{\nu} - \frac{e}{c} \frac{\partial A_{\nu}}{\partial x^{\mu}} \dot{x}^{\nu} = 0,$$

$$m \ddot{x}_{\mu} - \frac{e}{c} F_{\mu\nu} \dot{x}^{\nu} = 0. \tag{4.37}$$

粒子的运动方程为

$$\ddot{x}^{\mu} = \frac{e}{mc} F^{\mu\nu} \dot{x}_{\nu}. \tag{4.38}$$

如果不使用笛卡尔坐标,在(4.36)式中将用 $g_{\mu\nu}$ 替代 $\eta_{\mu\nu}$,L_{m} 给出测地线方程,(4.38)式

将表示为

$$\ddot{x}^\mu + \Gamma^\mu_{\nu\rho}\dot{x}^\nu\dot{x}^\rho = \frac{e}{mc}F^{\mu\nu}\dot{x}_\nu. \tag{4.39}$$

4.3　协变形式下的麦克斯韦方程组

4.3.1　均匀介质中的麦克斯韦方程组

均匀介质中的麦克斯韦方程(4.3)和(4.4)的协变形式为

$$\partial_\mu F_{\nu\rho} + \partial_\nu F_{\rho\mu} + \partial_\rho F_{\mu\nu} = 0. \tag{4.40}$$

(4.40)式直接根据 $F_{\mu\nu}$ 的定义得出. 如果将(4.13)式代入等式(4.40),可以发现

$$\partial_\mu(\partial_\nu A_\rho - \partial_\rho A_\nu) + \partial_\nu(\partial_\rho A_\mu - \partial_\mu A_\rho) + \partial_\rho(\partial_\mu A_\nu - \partial_\nu A_\mu) = 0. \tag{4.41}$$

现在来验证(4.40)式与方程(4.3)和(4.4)等价. 仅当没有重复指标时,(4.40)式非平凡. 所以,有 4 个独立方程分别对应于 (μ, ν, ρ) 为 (t, x, y),(t, x, z),(t, y, z) 及 (x, y, z) 的情况. 对这些指标的置换给出相同的方程.

对 $(\mu, \nu, \rho) = (t, x, y)$,有

$$\frac{1}{c}\frac{\partial F_{xy}}{\partial t} + \frac{\partial F_{yt}}{\partial x} + \frac{\partial F_{tx}}{\partial y} = 0. \tag{4.42}$$

应用(4.16)式的关系,利用电场和磁场的分量替换法拉第张量的分量,

$$\frac{1}{c}\frac{\partial B_z}{\partial t} + \frac{\partial E_y}{\partial x} - \frac{\partial E_x}{\partial y} = 0. \tag{4.43}$$

(4.43)式可利用列维-奇维塔符号 ε_{ijk} 重写为

$$\frac{1}{c}\frac{\partial B_z}{\partial t} + \varepsilon_{zjk}\frac{\partial E_k}{\partial x^j} = 0. \tag{4.44}$$

这是方程(4.4)的 z 方向分量. 对于 $(\mu, \nu, \rho) = (t, x, z)$,回归至方程(4.4)的 y 分量,以及对于 $(\mu, \nu, \rho) = (t, y, z)$,可以得到 x 分量.

对于 $(\mu, \nu, \rho) = (x, y, z)$(不含 t 分量),有

$$\frac{\partial F_{yz}}{\partial x} + \frac{\partial F_{zx}}{\partial y} + \frac{\partial F_{xy}}{\partial z} = 0. \tag{4.45}$$

利用(4.16)式,可以发现

$$\frac{\partial B_x}{\partial x} + \frac{\partial B_y}{\partial y} + \frac{\partial B_z}{\partial z} = \frac{\partial B_i}{\partial x^i} = 0, \tag{4.46}$$

回归至方程(4.3).

4.3.2　非均匀介质中的麦克斯韦方程组

非均匀介质中的麦克斯韦方程(4.2)和(4.5)的协变形式为[①]

$$\partial_\mu F^{\mu\nu} = -\frac{4\pi}{c} J^\nu. \tag{4.48}$$

(4.48)式是由最小作用量原理得到的场方程,因此,它遵循

$$\frac{\partial}{\partial x^\mu} \frac{\partial \mathscr{L}}{\partial(\partial_\mu A_\nu)} - \frac{\partial \mathscr{L}}{\partial A_\nu} = 0. \tag{4.49}$$

S_m 不提供任何贡献,所以,仅需考虑

$$S_{em} + S_{int} = \frac{1}{c}\int_\Omega (\mathscr{L}_{em} + \mathscr{L}_{in})\mathrm{d}^4\Omega, \tag{4.50}$$

其中,

$$\mathscr{L}_{em} = -\frac{1}{16\pi} F^{\mu\nu} F_{\mu\nu}, \quad \mathscr{L}_{int} = \frac{1}{c} J^\mu A_\mu. \tag{4.51}$$

$\mathscr{L}_{em}$ 仅依赖于 $\partial_\mu A_\nu$,所以,有

$$\begin{aligned}
\frac{\partial \mathscr{L}_{em}}{\partial(\partial_\mu A_\nu)} &= -\frac{\partial}{\partial(\partial_\mu A_\nu)} \frac{1}{16\pi}\big[(\partial_\rho A_\sigma - \partial_\sigma A_\rho)(\partial_\tau A_\nu - \partial_\nu A_\tau)\eta^{\rho\tau}\eta^{\sigma\upsilon}\big] \\
&= -\frac{1}{16\pi}\big[(\delta^\mu_\rho \delta^\nu_\sigma - \delta^\mu_\sigma \delta^\nu_\rho)F^{\rho\sigma} + F^{\tau\upsilon}(\delta^\mu_\tau \delta^\nu_\upsilon - \delta^\mu_\upsilon \delta^\nu_\tau)\big] \\
&= -\frac{1}{16\pi}(F^{\mu\nu} - F^{\nu\mu} + F^{\mu\nu} - F^{\nu\mu}).
\end{aligned} \tag{4.52}$$

由于法拉第张量是反对称的, $F^{\mu\nu} = -F^{\nu\mu}$,有

$$\frac{\partial \mathscr{L}_{em}}{\partial(\partial_\mu A_\nu)} = -\frac{1}{4\pi} F^{\mu\nu}. \tag{4.53}$$

$\mathscr{L}_{int}$ 依赖于 A_ν,并与 $\partial_\mu A_\nu$ 无关.有

$$\frac{\partial \mathscr{L}_{int}}{\partial A_\nu} = \frac{1}{c} J^\nu. \tag{4.54}$$

当合并(4.53)式与(4.54)式后,可以得到方程(4.48).

现在来验证回归非均匀介质中的麦克斯韦方程(4.2)与(4.5).对 $\nu=t$,有

$$\partial_\mu F^{\mu t} = \partial_i F^{it} = -\partial_i E_i = -\frac{4\pi}{c} J^t, \tag{4.55}$$

它就是方程(4.2),因为 $J^t = \rho c$.

———————————

[①] 由于 $F^{\mu\nu}$ 是反对称的,也可以写为

$$\partial_\nu F^{\mu\nu} = \frac{4\pi}{c} J^\mu. \tag{4.47}$$

对 $\nu = i$，有

$$\partial_\mu F^{\mu i} = \frac{1}{c}\, \partial_t F^{ti} + \partial_j F^{ji} = -\frac{4\pi}{c} J^i. \tag{4.56}$$

利用电场和磁场的分量替换法拉第张量的分量，发现

$$\frac{1}{c}\,\frac{\partial E_i}{\partial t} - \varepsilon^{ijk}\,\frac{\partial B_k}{\partial x^j} = -\frac{4\pi}{c} J^i. \tag{4.57}$$

对于一个 3 维向量 V，有

$$(\nabla \times V)^i = \varepsilon^{ijk}\,\partial_j V_k, \tag{4.58}$$

因此，对 $i = x, y, z$，回归方程(4.5).

我们指出，(4.48)式意味着电流守恒. 如果对等式两边都使用微分算符∂_ν，可以发现

$$\partial_\nu \partial_\mu F^{\mu\nu} = -\frac{4\pi}{c}\,\partial_\nu J^\nu. \tag{4.59}$$

由于 $F^{\mu\nu}$ 是一个反对称的张量，$\partial_\nu \partial_\mu F^{\mu\nu} = 0$，由此可以发现电流守恒，

$$\partial_\mu J^\mu = 0. \tag{4.60}$$

(4.60)式是一个连续性方程，如果将之重写为

$$\frac{1}{c}\,\frac{\partial J^t}{\partial t} = -\frac{\partial J^i}{\partial x^i}, \tag{4.61}$$

可以轻易看到它的连续性. 将等式两边对 3 维空间体积积分，

$$\frac{1}{c}\,\frac{\mathrm{d}}{\mathrm{d}t}\int_V J^t \mathrm{d}^3 V = -\int_V (\partial_i J^i)\mathrm{d}^3 V = -\int_\Sigma J^i \mathrm{d}^2 \sigma_i, \tag{4.62}$$

在最后一步推演中应用了高斯定理. 体积 V 中总的电荷量为

$$Q = \int_V J^t \mathrm{d}^3 V. \tag{4.63}$$

于是，(4.62)式告诉我们，总电荷的任何变化都可以从区域边界上电流的流出/流入计算得到. 如果没有电流流出/流入，在该区域内必有电荷的守恒，

$$\frac{\mathrm{d}}{\mathrm{d}t} Q = 0. \tag{4.64}$$

4.4 规范不变性

如果将(4.13)式代入(4.48)式，可以发现

$$\Box A^\mu - \partial^\mu(\partial_\nu A^\nu) = -\frac{4\pi}{c} J^\mu, \tag{4.65}$$

其中，$\Box = \partial_\mu \partial^\mu$ 是达朗贝尔算符. (4.65)式在下述的变换下保持不变，

$$A_\mu \to A'_\mu = A_\mu + \partial_\mu \Lambda, \tag{4.66}$$

其中，$\Lambda = \Lambda(x)$ 是一个一般的函数. 确实有

$$\Box A'^\mu - \Box \partial^\mu \Lambda - \partial^\mu(\partial_\nu A'^\nu - \Box \Lambda) = -\frac{4\pi}{c} J^\mu,$$

$$\Box A'^\mu - \partial^\mu(\partial_\nu A'^\nu) = -\frac{4\pi}{c} J^\mu, \tag{4.67}$$

将 A'_μ 用 A_μ 替换，则它与 (4.65) 式完全相同. 于是，总是可以选择 A_μ 使它满足如下的条件：

$$\partial_\mu A^\mu = 0. \tag{4.68}$$

如果初始的 A_μ 不满足该条件，可以执行变换 (4.66)，使得

$$\Box \Lambda = \partial_\mu A^\mu, \tag{4.69}$$

而新方程为

$$\Box A^\mu = -\frac{4\pi}{c} J^\mu. \tag{4.70}$$

条件 (4.68) 称为 **洛伦兹规范**，它是一个十分普遍的选择，因为有时它会简化计算. 方程 (4.70) 的形式解为

$$A^\mu = \frac{1}{c} \int \mathrm{d}^3 x' \frac{J^\mu(t - |x - x'|/c, x')}{|x - x'|}. \tag{4.71}$$

4.5 电磁场的能量-动量张量

利用 (3.88) 式，可以计算电磁场的能量-动量张量，

$$T^\nu_\mu = -\frac{\partial \mathscr{L}_{\mathrm{em}}}{\partial(\partial_\nu A_\rho)}(\partial_\mu A_\rho) + \delta^\nu_\mu \mathscr{L}_{\mathrm{em}} = \frac{1}{4\pi} F^{\nu\rho}(\partial_\mu A_\rho) - \frac{1}{16\pi} \delta^\nu_\mu F^{\rho\sigma} F_{\rho\sigma}, \tag{4.72}$$

可将之重写为

$$T^{\mu\nu} = \frac{1}{4\pi} F^{\nu\rho}(\partial^\mu A_\rho) - \frac{1}{16\pi} \eta^{\mu\nu} F^{\rho\sigma} F_{\rho\sigma}, \tag{4.73}$$

这个张量并不对称. 如 3.9 节所示，它可被对称化为

$$T^{\mu\nu} \to T^{\mu\nu} - \frac{1}{4\pi} \frac{\partial}{\partial x^\rho}(A^\mu F^{\nu\rho}), \tag{4.74}$$

其中，$A^\mu F^{\nu\rho} = -A^\mu F^{\rho\nu}$. 我们指出

$$\frac{1}{4\pi} \frac{\partial}{\partial x^\rho}(A^\mu F^{\nu\rho}) = \frac{1}{4\pi} F^{\nu\rho}(\partial_\rho A^\mu), \tag{4.75}$$

因为在无电流时 $\partial_\rho F^{\nu\rho} = 0$. 于是，电磁场的能量-动量张量变为

$$T^{\mu\nu} = \frac{1}{4\pi} F^{\nu\rho} F^\mu_{~\rho} - \frac{1}{16\pi} \eta^{\mu\nu} F^{\rho\sigma} F_{\rho\sigma}, \tag{4.76}$$

并且它是对称的,所以,也可写为

$$T^{\mu\nu} = \frac{1}{4\pi} F^{\mu\rho} F^{\nu}{}_{\rho} - \frac{1}{16\pi} \eta^{\mu\nu} F^{\rho\sigma} F_{\rho\sigma}. \tag{4.77}$$

至今为止,(4.74)式可看作一个特殊的技巧. 我们将在 7.4 节中看到,无歧义地定义能量-动量张量是可行的.

最后,值得指出,电磁场的能量-动量张量是无迹的,

$$T^{\mu}{}_{\mu} = \frac{1}{4\pi} F^{\mu\rho} F_{\mu\rho} - \frac{1}{16\pi} \delta^{\mu}{}_{\mu} F^{\rho\sigma} F_{\rho\sigma} = \frac{1}{4\pi} F^{\mu\rho} F_{\mu\rho} - \frac{1}{4\pi} F^{\rho\sigma} F_{\rho\sigma} = 0. \tag{4.78}$$

4.6   实例:带电粒子的运动及生成的电磁场

4.6.1   带电粒子在均匀恒定电场中的运动

考虑一个具有质量 m、电荷 e 的粒子处在均匀恒定电场 $E = (E, 0, 0)$ 中. 在时刻 $t = 0$ 时,粒子的位置为 $x = (x_0, y_0, z_0)$,并且其速度为 $\dot{x} = (\dot{x}_0, \dot{y}_0, 0)$.

在非相对论理论中,运动方程由(4.1)式给出. 对于 x 分量,有

$$m\ddot{x} = eE \rightarrow \dot{x}(t) = \dot{x}_0 + \frac{eE}{m} t, \ x(t) = x_0 + \dot{x}_0 t + \frac{eE}{2m} t^2. \tag{4.79}$$

对于 y 分量,有

$$m\ddot{y} = 0 \rightarrow \dot{y}(t) = \dot{y}_0, \ y(t) = y_0 + \dot{y}_0 t. \tag{4.80}$$

由(4.80)式,可以用 y,y_0 以及 $\dot{y}_0$ 写出 t. 将该表达式代入(4.79)式,得到

$$x(y) = \left(\frac{eE}{2m\dot{y}_0^2} \right) y^2 + \left(\frac{\dot{x}_0}{\dot{y}_0} - \frac{eEy_0}{m\dot{y}_0^2} \right) y + \left(x_0 - \frac{\dot{x}_0 y_0}{\dot{y}_0} + \frac{eEy_0^2}{2m\dot{y}_0^2} \right). \tag{4.81}$$

这是抛物线方程.

在相对论理论中,支配粒子运动的方程是(4.34). 假设在时刻 $t = 0$ 时粒子的位置为 $x = (x_0, y_0, z_0)$,并且其 3 维动量为 $p = (q_x, q_y, 0)$. 由(4.34)式,有

$$\dot{p}_x = eE \rightarrow p_x = q_x + eEt, \ \dot{p}_y = 0 \rightarrow p_y = q_y. \tag{4.82}$$

那么,粒子能量为

$$\varepsilon = \sqrt{m^2 c^4 + p_x^2 c^2 + p_y^2 c^2}, \tag{4.83}$$

这里利用 ε 表示粒子能量,因为 E 是电场强度,与 3.2 节的结果一致 . 3 维速度 $\dot{x} = pc^2/\varepsilon$. 对于 x 分量,有

$$\dot{x} = \frac{p_x c^2}{\varepsilon} = \frac{q_x c + eEct}{\sqrt{m^2 c^2 + (q_x + eEt)^2 + q_y^2}}$$

$$\rightarrow x(t) = x_0 + \frac{\sqrt{m^2 c^4 + (q_x + eEt)^2 c^2 + q_y^2 c^2}}{eE} - \frac{\sqrt{m^2 c^4 + q_x^2 c^2 + q_y^2 c^2}}{eE}. \tag{4.84}$$

对于 y 分量,有

$$\dot{y}=\frac{p_y c^2}{\varepsilon}=\frac{q_y c}{\sqrt{m^2 c^2+(q_x+eEt)^2+q_y^2}} \to y(t)$$

$$=y_0+\frac{q_y c}{eE}\ln\left[q_x+eEt+\sqrt{m^2 c^2+(q_x+eEt)^2+q_y^2}\right]-\frac{q_y c}{eE}\ln(q_x+\sqrt{m^2 c^2+q_x^2+q_y^2}).$$

$$(4.85)$$

我们来指出非相对论理论与相对论理论之间的区别. 在非相对论理论中,速度发散,

$$\lim_{t\to\infty}\dot{x}(t)=\infty, \ \lim_{t\to\infty}\dot{y}(t)=\dot{y}_0. \quad (4.86)$$

在相对论理论中,带电粒子的速度渐近地趋向于光速,

$$\lim_{t\to\infty}\dot{x}(t)=c, \ \lim_{t\to\infty}\dot{y}(t)=0, \quad (4.87)$$

但它永远不会达到光速,

$$\dot{x}^2+\dot{y}^2=c^2\left[\frac{(q_x+eEt)^2+q_y^2}{m^2 c^2+(q_x+eEt)^2+q_y^2}\right]<1. \quad (4.88)$$

4.6.2　由带电粒子生成的电磁场

我们来考虑一个电荷为 e 的粒子. 在配有笛卡尔坐标的参考系(x, y, z)中,粒子具有 3 维速度 $\dot{x}=(v, 0, 0)$,希望计算点 $x=(0, h, 0)$ 处的电场与磁场. 系统的示意图见图 4.1.

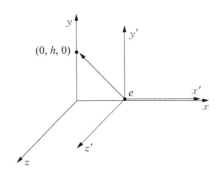

图 4.1　电荷为 e 的粒子正相对于配有笛卡尔坐标(x, y, z)的参考系以 $\dot{x}=(v, 0, 0)$ 的 3 维速度运动. 在配有笛卡尔坐标(x', y', z')的参考系中,粒子在点 $x'=(0, 0, 0)$ 处静止. 我们希望计算由具有笛卡尔坐标(x, y, z)的观测者测量得到的点 $x=(0, h, 0)$ 处的电场和磁场.

在笛卡尔坐标为(x', y', z')的系统中,该粒子在点 $x'=(0, 0, 0)$ 处静止. 在这个坐标系中,能够直接地写出电场与磁场的强度. 因为没有电流,磁场为零. 而每一点的电场都是静电荷的电场,所以,有

$$E'=\frac{e}{r'^3}r'=\frac{e}{(h^2+v^2 t'^2)^{3/2}}\begin{pmatrix}-vt'\\h\\0\end{pmatrix}, \ B'=\begin{pmatrix}0\\0\\0\end{pmatrix}, \quad (4.89)$$

其中，$r' = \sqrt{h^2 + v^2 t'^2}$ 是粒子与我们期望求其电场与磁场的点之间的距离. 于是，参考系 (x', y', z') 中的法拉第张量为

$$\| F'^{\mu\nu} \| = \begin{pmatrix} 0 & E'_x & E'_y & 0 \\ -E'_x & 0 & 0 & 0 \\ -E'_y & 0 & 0 & 0 \\ 0 & 0 & 0 & 0 \end{pmatrix}. \tag{4.90}$$

在参考系 (x, y, z) 中的法拉第张量可通过下式的坐标变换得到：

$$F^{\mu\nu} = \Lambda^\mu_{\ \rho} \Lambda^\nu_{\ \sigma} F'^{\rho\sigma}, \tag{4.91}$$

其中，$\Lambda^\mu_{\ \rho}$ 是洛伦兹助推，

$$\| \Lambda^\mu_{\ \nu} \| = \begin{pmatrix} \gamma & \gamma\beta & 0 & 0 \\ \gamma\beta & \gamma & 0 & 0 \\ 0 & 0 & 1 & 0 \\ 0 & 0 & 0 & 1 \end{pmatrix}. \tag{4.92}$$

因为 $F^{\mu\nu}$ 是反对称的，其对角元为零，于是，仅有 6 个独立分量. 从 F^{tx} 开始，有

$$F^{tx} = \Lambda^t_{\ \rho} \Lambda^x_{\ \sigma} F'^{\rho\sigma} = \Lambda^t_{\ t} \Lambda^x_{\ x} F'^{tx} + \Lambda^t_{\ x} \Lambda^x_{\ t} F'^{xt} = \gamma^2 E'_x - \gamma^2 \beta^2 E'_x = E'_x, \tag{4.93}$$

因为 $1 - \beta^2 = 1/\gamma^2$. 对于 F^{ty}，有

$$F^{ty} = \Lambda^t_{\ \rho} \Lambda^y_{\ \sigma} F'^{\rho\sigma} = \Lambda^t_{\ \rho} \Lambda^y_{\ y} F'^{\rho y} = \Lambda^t_{\ t} \Lambda^y_{\ y} F'^{ty} = \gamma E'_y. \tag{4.94}$$

因为 $\Lambda^y_{\ \rho}$ 中唯一的非零元是 $\Lambda^y_{\ y} = 1$，于是，$F'^{\rho y}$ 中唯一的非零元是 F'^{ty}. 对于 F^{xy}，有

$$F^{xy} = \Lambda^x_{\ \rho} \Lambda^y_{\ \sigma} F'^{\rho\sigma} = \Lambda^x_{\ \rho} \Lambda^y_{\ y} F'^{\rho y} = \Lambda^x_{\ t} \Lambda^y_{\ y} F'^{ty} = \gamma\beta E'_y. \tag{4.95}$$

同样地，$\Lambda^y_{\ \rho}$ 中唯一的非零元是 $\Lambda^y_{\ y} = 1$，于是，$F'^{\rho y}$ 中唯一的非零元是 F'^{ty}. 最后，所有的 $F^{\mu z}$ 都为零，因为 $F^{\mu z} = \Lambda^\mu_{\ \rho} \Lambda^z_{\ \sigma} F'^{\rho\sigma}$，$\Lambda^z_{\ \sigma}$ 中唯一的非零元是 $\Lambda^z_{\ z} = 1$，但是，$F'^{\rho z} = 0$.

最终，有

$$\| F^{\mu\nu} \| = \begin{pmatrix} 0 & E'_x & \gamma E'_y & 0 \\ -E'_x & 0 & \gamma\beta E'_y & 0 \\ -\gamma E'_y & -\gamma\beta E'_y & 0 & 0 \\ 0 & 0 & 0 & 0 \end{pmatrix}. \tag{4.96}$$

由于点 $x = (0, h, 0)$，$t' = \gamma t$（因为 $x = 0$），于是，在参考系 (x, y, z) 中测量得到的电场与磁场可写为

$$E = \frac{e\gamma}{(h^2 + v^2 \gamma^2 t^2)^{3/2}} \begin{pmatrix} -vt \\ h \\ 0 \end{pmatrix}, \quad B = \frac{e\gamma\beta h}{(h^2 + v^2 \gamma^2 t^2)^{3/2}} \begin{pmatrix} 0 \\ 0 \\ 1 \end{pmatrix}. \tag{4.97}$$

在参考系 (x, y, z) 中，点 $x = (0, h, 0)$ 处电场的 x 分量作为时间 t 的函数如图 4.2 所示. E_x 的最大值为

$$(E_x)_{\max} = \frac{2}{3\sqrt{3}} \frac{e}{h^2}, \qquad (4.98)$$

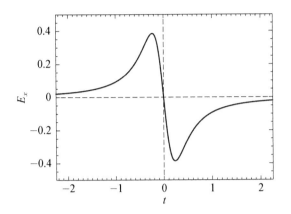

图 4.2 点 $(0, h, 0)$ 处的 E_x 作为时间的函数,其中, $\beta = 0.95$. 使用单位制 $e = h = 1$. 详情请参阅文本.

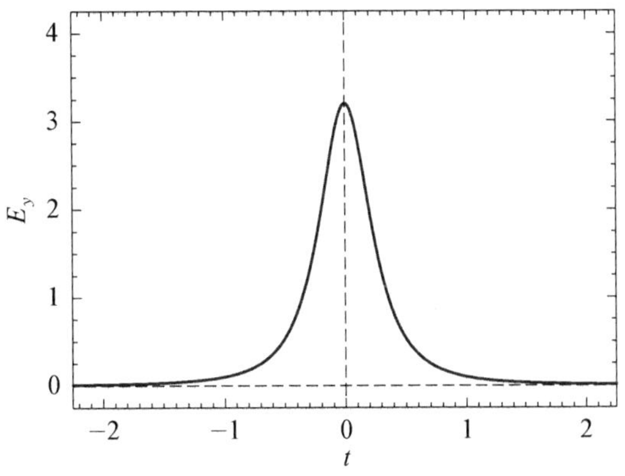

图 4.3 点 $(0, h, 0)$ 处的 E_y 看起来像一个脉冲.

它在时刻 $t = h/(\sqrt{2}\, v\gamma)$ 达到最大. 如图 4.3 所示,电场的 y 分量看起来像一个脉冲. 脉冲的最大强度与时间宽度分别为

$$(E_y)_{\max} = \frac{e\gamma}{h^2}, \quad (\Delta t)_{\text{half-max}} = 2\sqrt{4^{1/3} - 1}\, \frac{h}{\gamma v}. \qquad (4.99)$$

习　题

4.1　利用电场强度与磁感应强度计算不变量 $F^{\mu\nu}F_{\mu\nu}$ 与 $\varepsilon^{\mu\nu\rho\sigma}F_{\mu\nu}F_{\rho\sigma}$.

4.2　证明 (4.31) 式中的向量恒等式.

4.3　考虑一个配有笛卡尔坐标系的惯性参考系,在其中测量一个均匀的恒定电场 $E = (E, 0, 0)$. 计算以恒定速度 $v = (v, 0, 0)$ 相对于前者运动的惯性参考系中测量得到的电场强度.

4.4　考虑一个均匀的恒定电场 $E = (E, 0, 0)$. 计算与之相关的能量-动量张量.

第5章

黎曼几何

在之前的章节中研究了惯性参考系中的非引力现象,并且经常会将讨论局限于笛卡尔坐标系.现在我们期望包括引力、非惯性参考系以及各种坐标系.本章旨在介绍一些为达到该目标的必要的数学工具.我们将采用十分具有启发性的方法.当应对配有度规张量的微分流形时,会使用术语**黎曼几何**(微分流形概念的定义见附录 C).

5.1 动机

在第 6 章中我们可以更清楚地知道,引力具有非常奇特的性质:对于相同的初始条件,在外部引力场中的任何探测粒子[①]遵循相同的轨迹,而与它内部的结构和构成成分无关.更明确地讲,可以考虑牛顿力学的情形.牛顿第二定律内容为 $m_i\ddot{x} = F$,其中,m_i 是粒子的**惯性质量**.如果 F 是由质量为 M 的质点生成的引力,施加于粒子上,有

$$F = G_N \frac{M m_g}{r^2}\hat{r},\tag{5.1}$$

其中,m_g 是粒子的**引力质量**(并且假设 $m_g \ll M$).从原则上讲,m_i 与 m_g 可能不同,因为前者完全与引力无关(甚至在没有引力的情况下它也被充分定义了),而第二项是粒子的"引力荷".例如,在静电场的情况中,该力由库仑力给出,它与两物体的电荷的乘积成正比.电荷完全独立于物体的惯性质量.与此相反,惯性质量与引力质量间的比值 m_i/m_g,是一个独立于粒子的常数.这是实验结果!于是,可以选择单位 $m_i = m_g = m$,其中,m 就是粒子的质量.此时,牛顿第二定律的内容为

$$\ddot{x} = G_N \frac{M}{r^2}\hat{r},\tag{5.2}$$

而其解独立于 m,同时也与粒子内部的结构和构成成分无关:任何具有相同初始条件的探测粒子都遵循相同的轨迹.

粒子的轨迹可由极小化时空中两个事件的路径长度得到.于是,可以想到写出一个等效的度规,这样粒子的运动方程就能包括引力场的影响.下面的实例能够更好地说明这一点.

在牛顿力学中,在引力场中粒子的拉格朗日量为 $L = T - V$,其中,T 是粒子的动能,$V = m\Phi$ 是引力势能,而 Φ 是引力势,参见 1.8 节.在狭义相对论中,对小的速度,T 被(3.11)式所

[①] 探测粒子必须具有足够小的质量、体积等,这样它的质量不足以改变背景引力场,可忽略潮汐力等的影响.

代替. 于是, 一个非相对论性粒子在牛顿引力场中的拉格朗日量为

$$L = -mc^2 + \frac{1}{2}mv^2 - m\Phi. \tag{5.3}$$

由于

$$mc^2 \gg \frac{1}{2}mv^2, \, -m\Phi, \tag{5.4}$$

可以将(5.3)式重写为

$$L = -mc\sqrt{c^2 - v^2 + 2\Phi}, \tag{5.5}$$

而与之相对应的作用量为

$$
\begin{aligned}
S &= -mc\int\sqrt{\left(1 + \frac{2\Phi}{c^2}\right)c^2 - \dot{x}^2 - \dot{y} - \dot{z}^2}\,\mathrm{d}t \\
&= -mc\int\sqrt{-g_{\mu\nu}\dot{x}^\mu\dot{x}^\nu}\,\mathrm{d}t,
\end{aligned}
\tag{5.6}
$$

其中, 已经引入度规张量 $g_{\mu\nu}$, 其定义为

$$
\|g_{\mu\nu}\| =
\begin{pmatrix}
-\left(1 + \dfrac{2\Phi}{c^2}\right) & 0 & 0 & 0 \\
0 & 1 & 0 & 0 \\
0 & 0 & 1 & 0 \\
0 & 0 & 0 & 1
\end{pmatrix}. \tag{5.7}
$$

如果将最小作用量原理应用至(5.6)式中, 可以得到度规 $g_{\mu\nu}$ 下的测地线方程. 它们与(5.3)式中的拉格朗日量构造出的欧拉-拉格朗日方程等价. 所以, 能够以时空的几何性质描述引力场.

利用这个简单的例子, 可以看到如何将引力场"吸收"进度规张量 $g_{\mu\nu}$. 对度规 $g_{\mu\nu}$ 的测地线方程所给出的粒子轨迹并不是直线, 因为 $g_{\mu\nu}$ 考虑了引力.

注意 $g_{\mu\nu}$ 不能利用坐标变换使整个时空约化至闵可夫斯基度规, 于是, 我们说时空是**弯曲的**. 与此相反, 如果可以利用某个坐标变换, 使得整个时空回归至闵可夫斯基度规 $\eta_{\mu\nu}$, 那么, 该时空是**平坦的**. 在第二种情形下, 若有度规并非是 $\eta_{\mu\nu}$ 的参考系, 或者该度规使用了非笛卡尔坐标, 或者这个参考系是一个非惯性参考系(或者两者皆有).

5.2 协变导数

对一个标量的偏导数是一个对偶向量, 并且很容易看到, 它在坐标变换下以对偶向量的方式进行变换,

$$\frac{\partial\phi}{\partial x^\mu} \rightarrow \frac{\partial\phi}{\partial x'^\mu} = \frac{\partial x^\nu}{\partial x'^\mu}\frac{\partial\phi}{\partial x^\nu}. \tag{5.8}$$

对一个向量场的分量求得的偏导数不是一个张量场. 令 V^μ 为一个向量, 而 $x^\mu \rightarrow x'^\mu$ 为一个坐标变换, 有

$$\frac{\partial V^\mu}{\partial x^\nu} \rightarrow \frac{\partial V'^\mu}{\partial x'^\nu} = \frac{\partial x^\rho}{\partial x'^\nu}\frac{\partial}{\partial x^\rho}\left(\frac{\partial x'^\mu}{\partial x^\sigma}V^\sigma\right)$$

$$= \frac{\partial x^\rho}{\partial x'^\nu}\frac{\partial x'^\mu}{\partial x^\sigma}\frac{\partial V^\sigma}{\partial x^\rho} + \frac{\partial x^\rho}{\partial x'^\nu}\frac{\partial^2 x'^\mu}{\partial x^\rho \partial x^\sigma}V^\sigma. \tag{5.9}$$

如果两个坐标系间的关系并不是线性的,就有右边的第二项,并且可以看到$\partial V^\mu/\partial x^\nu$不能作为一个向量. 其理由是$\mathrm{d}V^\mu$是两向量在不同点之间的差. 利用附录 C 中的术语,在不同点处的向量属于不同的切空间. $\mathrm{d}V^\mu$按下式变换:

$$\mathrm{d}V^\mu \rightarrow \mathrm{d}V'^\mu = V'^\mu(x+\mathrm{d}x) - V'^\mu(x)$$

$$= \left(\frac{\partial x'^\mu}{\partial x^\alpha}\right)_{x+\mathrm{d}x} V^\alpha(x+\mathrm{d}x) - \left(\frac{\partial x'^\mu}{\partial x^\alpha}\right)_x V^\alpha(x). \tag{5.10}$$

如果在$V^\alpha(x+\mathrm{d}x)$之前的$\partial x'^\mu/\partial x^\alpha$与$V^\alpha(x)$之前的相同,那么,有

$$\mathrm{d}V'^\mu = \frac{\partial x'^\mu}{\partial x^\alpha}[V^\alpha(x+\mathrm{d}x) - V^\alpha(x)] = \frac{\partial x'^\mu}{\partial x^\alpha}\mathrm{d}V^\alpha. \tag{5.11}$$

一般而言,情况并不是这样:$V^\alpha(x+\mathrm{d}x)$之前的$\partial x'^\mu/\partial x^\alpha$在$x+\mathrm{d}x$处求得,而在$V^\alpha(x)$之前的偏导数在$x$处求得. 在本节中我们希望介绍协变导数的概念,它是偏导数在任意坐标下的自然推广.

5.2.1　协变导数的定义

我们知道$\mathrm{d}x^\mu$是一个 4 维向量,而粒子的 4 维速度$u^\mu = \mathrm{d}x^\mu/\mathrm{d}\tau$也是一个 4 维向量,因为$\mathrm{d}\tau$是一个标量. 但是,由(5.10)式可知,$\mathrm{d}u^\mu$不是一个 4 维向量.

在 1.7 节中介绍了测地线方程. 由于$u^\mu = \mathrm{d}x^\mu/\mathrm{d}\tau$,可以将测地线方程重写为

$$\frac{\mathrm{d}u^\mu}{\mathrm{d}\tau} + \Gamma^\mu_{\nu\rho}u^\rho\frac{\mathrm{d}x^\nu}{\mathrm{d}\tau} = 0, \tag{5.12}$$

也可以将之写为

$$\frac{Du^\mu}{\mathrm{d}\tau} = 0, \tag{5.13}$$

其中,已经定义Du^μ为

$$Du^\mu = \mathrm{d}u^\mu + \Gamma^\mu_{\nu\rho}u^\rho \mathrm{d}x^\nu = \left(\frac{\partial u^\mu}{\partial x^\nu} + \Gamma^\mu_{\nu\rho}u^\rho\right)\mathrm{d}x^\nu. \tag{5.14}$$

现在将表明Du^μ是对$\mathrm{d}u^\mu$在广义坐标系下的自然推广,而偏导数∂_μ推广为**协变导数**∇_μ. 在类似于u^μ的 4 维向量的情形下,有$Du^\mu = (\nabla_\nu u^\mu)\mathrm{d}x^\nu$,其中,$\nabla_\nu$被定义为

$$\nabla_\nu u^\mu = \frac{\partial u^\mu}{\partial x^\nu} + \Gamma^\mu_{\nu\rho}u^\rho. \tag{5.15}$$

首先,验证$\nabla_\nu u^\mu$的分量按张量的方式变换.(5.15)式的右边第一项变换如下:

$$\frac{\partial u^{\mu}}{\partial x^{\nu}} \rightarrow \frac{\partial u'^{\mu}}{\partial x'^{\nu}} = \frac{\partial x^{\alpha}}{\partial x'^{\nu}} \frac{\partial}{\partial x^{\alpha}} \left(\frac{\partial x'^{\mu}}{\partial x^{\beta}} u^{\beta} \right)$$

$$= \frac{\partial x^{\alpha}}{\partial x'^{\nu}} \frac{\partial x'^{\mu}}{\partial x^{\beta}} \frac{\partial u^{\beta}}{\partial x^{\alpha}} + \frac{\partial x^{\alpha}}{\partial x'^{\nu}} \frac{\partial^2 x'^{\mu}}{\partial x^{\alpha} \partial x^{\beta}} u^{\beta}. \tag{5.16}$$

克里斯托费尔符号变换如下:

$$\Gamma^{\mu}_{\nu\rho} \rightarrow \Gamma'^{\mu}_{\nu\rho} = \frac{1}{2} g'^{\mu\sigma} \left(\frac{\partial g'_{\sigma\rho}}{\partial x'^{\nu}} + \frac{\partial g'_{\nu\sigma}}{\partial x'^{\rho}} - \frac{\partial g'_{\nu\rho}}{\partial x'^{\sigma}} \right)$$

$$= \frac{1}{2} \frac{\partial x'^{\mu}}{\partial x^{\alpha}} \frac{\partial x'^{\sigma}}{\partial x^{\beta}} g^{\alpha\beta} \frac{\partial x^{\gamma}}{\partial x'^{\nu}} \frac{\partial}{\partial x^{\gamma}} \left(\frac{\partial x^{\delta}}{\partial x'^{\sigma}} \frac{\partial x^{\varepsilon}}{\partial x'^{\rho}} g_{\delta\varepsilon} \right)$$

$$+ \frac{1}{2} \frac{\partial x'^{\mu}}{\partial x^{\alpha}} \frac{\partial x'^{\sigma}}{\partial x^{\beta}} g^{\alpha\beta} \frac{\partial x^{\gamma}}{\partial x'^{\rho}} \frac{\partial}{\partial x^{\gamma}} \left(\frac{\partial x^{\delta}}{\partial x'^{\nu}} \frac{\partial x^{\varepsilon}}{\partial x'^{\sigma}} g_{\delta\varepsilon} \right)$$

$$- \frac{1}{2} \frac{\partial x'^{\mu}}{\partial x^{\alpha}} \frac{\partial x'^{\sigma}}{\partial x^{\beta}} g^{\alpha\beta} \frac{\partial x^{\gamma}}{\partial x'^{\sigma}} \frac{\partial}{\partial x^{\gamma}} \left(\frac{\partial x^{\delta}}{\partial x'^{\nu}} \frac{\partial x^{\varepsilon}}{\partial x'^{\rho}} g_{\delta\varepsilon} \right). \tag{5.17}$$

由于计算过程变长, 我们分别独立地考虑(5.17)式右边的 3 项. 第一项为

$$\frac{1}{2} \frac{\partial x'^{\mu}}{\partial x^{\alpha}} \frac{\partial x'^{\sigma}}{\partial x^{\beta}} g^{\alpha\beta} \frac{\partial x^{\gamma}}{\partial x'^{\nu}} \frac{\partial}{\partial x^{\gamma}} \left(\frac{\partial x^{\delta}}{\partial x'^{\sigma}} \frac{\partial x^{\varepsilon}}{\partial x'^{\rho}} g_{\delta\varepsilon} \right)$$

$$= \frac{1}{2} \frac{\partial x'^{\mu}}{\partial x^{\alpha}} \frac{\partial x'^{\sigma}}{\partial x^{\beta}} g^{\alpha\beta} \frac{\partial x^{\gamma}}{\partial x'^{\nu}} \frac{\partial^2 x^{\delta}}{\partial x'^{\tau} \partial x'^{\sigma}} \frac{\partial x'^{\tau}}{\partial x^{\gamma}} \frac{\partial x^{\varepsilon}}{\partial x'^{\rho}} g_{\delta\varepsilon}$$

$$+ \frac{1}{2} \frac{\partial x'^{\mu}}{\partial x^{\alpha}} \frac{\partial x'^{\sigma}}{\partial x^{\beta}} g^{\alpha\beta} \frac{\partial x^{\gamma}}{\partial x'^{\nu}} \frac{\partial x^{\delta}}{\partial x'^{\sigma}} \frac{\partial^2 x^{\varepsilon}}{\partial x'^{\tau} \partial x'^{\rho}} \frac{\partial x'^{\tau}}{\partial x^{\gamma}} g_{\delta\varepsilon}$$

$$+ \frac{1}{2} \frac{\partial x'^{\mu}}{\partial x^{\alpha}} \frac{\partial x'^{\sigma}}{\partial x^{\beta}} g^{\alpha\beta} \frac{\partial x^{\gamma}}{\partial x'^{\nu}} \frac{\partial x^{\delta}}{\partial x'^{\sigma}} \frac{\partial x^{\varepsilon}}{\partial x'^{\rho}} \frac{\partial g_{\delta\varepsilon}}{\partial x^{\gamma}}$$

$$= \frac{1}{2} \frac{\partial x'^{\mu}}{\partial x^{\alpha}} \frac{\partial x'^{\sigma}}{\partial x^{\beta}} g^{\alpha\beta} \frac{\partial^2 x^{\delta}}{\partial x'^{\nu} \partial x'^{\sigma}} \frac{\partial x^{\varepsilon}}{\partial x'^{\rho}} g_{\delta\varepsilon} + \frac{1}{2} \frac{\partial x'^{\mu}}{\partial x^{\alpha}} g^{\alpha\beta} \frac{\partial^2 x^{\varepsilon}}{\partial x'^{\nu} \partial x'^{\rho}} g_{\beta\varepsilon}$$

$$+ \frac{1}{2} \frac{\partial x'^{\mu}}{\partial x^{\alpha}} g^{\alpha\beta} \frac{\partial x^{\gamma}}{\partial x'^{\nu}} \frac{\partial x^{\varepsilon}}{\partial x'^{\rho}} \frac{\partial g_{\beta\varepsilon}}{\partial x^{\gamma}}. \tag{5.18}$$

对于第二项, 有

$$\frac{1}{2} \frac{\partial x'^{\mu}}{\partial x^{\alpha}} \frac{\partial x'^{\sigma}}{\partial x^{\beta}} g^{\alpha\beta} \frac{\partial x^{\gamma}}{\partial x'^{\rho}} \frac{\partial}{\partial x^{\gamma}} \left(\frac{\partial x^{\delta}}{\partial x'^{\nu}} \frac{\partial x^{\varepsilon}}{\partial x'^{\sigma}} g_{\delta\varepsilon} \right)$$

$$= \frac{1}{2} \frac{\partial x'^{\mu}}{\partial x^{\alpha}} g^{\alpha\beta} \frac{\partial^2 x^{\delta}}{\partial x'^{\nu} \partial x'^{\rho}} g_{\delta\beta} + \frac{1}{2} \frac{\partial x'^{\mu}}{\partial x^{\alpha}} \frac{\partial x'^{\sigma}}{\partial x^{\beta}} g^{\alpha\beta} \frac{\partial x^{\delta}}{\partial x'^{\nu}} \frac{\partial^2 x^{\varepsilon}}{\partial x'^{\rho} \partial x'^{\sigma}} g_{\delta\varepsilon}$$

$$+ \frac{1}{2} \frac{\partial x'^{\mu}}{\partial x^{\alpha}} g^{\alpha\beta} \frac{\partial x^{\gamma}}{\partial x'^{\rho}} \frac{\partial x^{\delta}}{\partial x'^{\nu}} \frac{\partial g_{\delta\beta}}{\partial x^{\gamma}}. \tag{5.19}$$

最后, 第三项变为

$$- \frac{1}{2} \frac{\partial x'^{\mu}}{\partial x^{\alpha}} \frac{\partial x'^{\sigma}}{\partial x^{\beta}} g^{\alpha\beta} \frac{\partial x^{\gamma}}{\partial x'^{\sigma}} \frac{\partial}{\partial x^{\gamma}} \left(\frac{\partial x^{\delta}}{\partial x'^{\nu}} \frac{\partial x^{\varepsilon}}{\partial x'^{\rho}} g_{\delta\varepsilon} \right)$$

$$= - \frac{1}{2} \frac{\partial x'^{\mu}}{\partial x^{\alpha}} \frac{\partial x'^{\sigma}}{\partial x^{\beta}} g^{\alpha\beta} \frac{\partial^2 x^{\delta}}{\partial x'^{\nu} \partial x'^{\sigma}} \frac{\partial x^{\varepsilon}}{\partial x'^{\rho}} g_{\delta\varepsilon} - \frac{1}{2} \frac{\partial x'^{\mu}}{\partial x^{\alpha}} \frac{\partial x'^{\sigma}}{\partial x^{\beta}} g^{\alpha\beta} \frac{\partial x^{\delta}}{\partial x'^{\nu}} \frac{\partial^2 x^{\varepsilon}}{\partial x'^{\rho} \partial x'^{\sigma}} g_{\delta\varepsilon}$$

$$-\frac{1}{2}\frac{\partial x'^{\mu}}{\partial x^{\alpha}}g^{\alpha\beta}\frac{\partial x^{\delta}}{\partial x'^{\nu}}\frac{\partial x^{\varepsilon}}{\partial x'^{\rho}}\frac{\partial g_{\delta\varepsilon}}{\partial x^{\beta}}. \tag{5.20}$$

如果将(5.18)式、(5.19)式、(5.20)式中的结果合并,则找到了克里斯托费尔符号的变换法则,

$$\Gamma^{\mu}_{\nu\rho}\rightarrow\Gamma'^{\mu}_{\nu\rho}=\frac{\partial x'^{\mu}}{\partial x^{\alpha}}\frac{\partial x^{\delta}}{\partial x'^{\nu}}\frac{\partial x^{\varepsilon}}{\partial x'^{\rho}}\frac{1}{2}g^{\alpha\beta}\left(\frac{\partial g_{\beta\varepsilon}}{\partial x^{\delta}}+\frac{\partial g_{\delta\beta}}{\partial x^{\varepsilon}}-\frac{\partial g_{\delta\varepsilon}}{\partial x^{\beta}}\right)+\frac{\partial x'^{\mu}}{\partial x^{\alpha}}\frac{\partial^{2}x^{\delta}}{\partial x'^{\nu}\partial x'^{\rho}}g^{\alpha\beta}g_{\delta\beta}$$

$$=\frac{\partial x'^{\mu}}{\partial x^{\alpha}}\frac{\partial x^{\delta}}{\partial x'^{\nu}}\frac{\partial x^{\varepsilon}}{\partial x'^{\rho}}\Gamma^{\alpha}_{\delta\varepsilon}+\frac{\partial x^{\alpha}}{\partial x'^{\nu}}\frac{\partial x^{\delta}}{\partial x'^{\rho}}\frac{\partial x'^{\mu}}{\partial x^{\alpha}}. \tag{5.21}$$

这里看到克里斯托费尔符号并不按照张量分量的方式变换,所以,它们不可能是张量的分量.

现在将(5.16)式与(5.21)式中的结果合并,可以发现

$$\frac{\partial u^{\mu}}{\partial x^{\nu}}+\Gamma^{\mu}_{\nu\rho}u^{\rho}\rightarrow\frac{\partial u'^{\mu}}{\partial x'^{\nu}}+\Gamma'^{\mu}_{\nu\rho}u'^{\rho}=\frac{\partial x^{\alpha}}{\partial x'^{\nu}}\frac{\partial x'^{\mu}}{\partial x^{\beta}}\frac{\partial u^{\beta}}{\partial x^{\alpha}}+\frac{\partial x^{\alpha}}{\partial x'^{\nu}}\frac{\partial^{2}x'^{\mu}}{\partial x^{\alpha}\partial x^{\beta}}u^{\beta}$$

$$+\frac{\partial x'^{\mu}}{\partial x^{\alpha}}\frac{\partial x^{\beta}}{\partial x'^{\nu}}\frac{\partial x^{\gamma}}{\partial x'^{\rho}}\Gamma^{\alpha}_{\beta\gamma}\frac{\partial x'^{\rho}}{\partial x^{\delta}}u^{\delta}+\frac{\partial^{2}x^{\alpha}}{\partial x'^{\nu}\partial x'^{\rho}}\frac{\partial x'^{\mu}}{\partial x^{\alpha}}\frac{\partial x'^{\rho}}{\partial x^{\beta}}u^{\beta}$$

$$=\frac{\partial x^{\alpha}}{\partial x'^{\nu}}\frac{\partial x'^{\mu}}{\partial x^{\beta}}\frac{\partial u^{\beta}}{\partial x^{\alpha}}+\frac{\partial x^{\alpha}}{\partial x'^{\nu}}\frac{\partial^{2}x'^{\mu}}{\partial x^{\alpha}\partial x^{\beta}}u^{\beta}$$

$$+\frac{\partial x'^{\mu}}{\partial x^{\alpha}}\frac{\partial x^{\beta}}{\partial x'^{\nu}}\Gamma^{\alpha}_{\beta\gamma}u^{\gamma}+\frac{\partial^{2}x^{\alpha}}{\partial x'^{\nu}\partial x'^{\rho}}\frac{\partial x'^{\mu}}{\partial x^{\alpha}}\frac{\partial x'^{\rho}}{\partial x^{\beta}}u^{\beta} \tag{5.22}$$

注意到

$$\frac{\partial x^{\alpha}}{\partial x'^{\nu}}\frac{\partial x'^{\mu}}{\partial x^{\alpha}}=\delta^{\mu}_{\nu},$$

$$\frac{\partial}{\partial x^{\beta}}\left(\frac{\partial x^{\alpha}}{\partial x'^{\nu}}\frac{\partial x'^{\mu}}{\partial x^{\alpha}}\right)=\frac{\partial}{\partial x^{\beta}}\delta^{\mu}_{\nu},$$

$$\frac{\partial^{2}x^{\alpha}}{\partial x'^{\nu}\partial x'^{\rho}}\frac{\partial x'^{\rho}}{\partial x^{\beta}}\frac{\partial x'^{\mu}}{\partial x^{\alpha}}+\frac{\partial x^{\alpha}}{\partial x'^{\nu}}\frac{\partial^{2}x'^{\mu}}{\partial x^{\beta}\partial x^{\alpha}}=0, \tag{5.23}$$

因此,

$$\frac{\partial^{2}x^{\alpha}}{\partial x'^{\nu}\partial x'^{\rho}}\frac{\partial x'^{\rho}}{\partial x^{\beta}}\frac{\partial x'^{\mu}}{\partial x^{\alpha}}=-\frac{\partial x^{\alpha}}{\partial x'^{\nu}}\frac{\partial^{2}x'^{\mu}}{\partial x^{\beta}\partial x^{\alpha}}. \tag{5.24}$$

将(5.24)式应用于(5.22)式的右边最后一项,可以看到第二项与最后一项互相消去. 于是,(5.22)式可写为

$$\frac{\partial u'^{\mu}}{\partial x'^{\nu}}+\Gamma'^{\mu}_{\nu\rho}u'^{\rho}=\frac{\partial x^{\alpha}}{\partial x'^{\nu}}\frac{\partial x'^{\mu}}{\partial x^{\beta}}\left(\frac{\partial u^{\beta}}{\partial x^{\alpha}}+\Gamma^{\beta}_{\alpha\gamma}u^{\gamma}\right), \tag{5.25}$$

并且可以看到 $\nabla_{\nu}u^{\mu}$ s 按照$(1,1)$型张量的分量变换.

5.2.2 平行移动

如同在本节开始时所指出的那样,向量的偏导数计算了两个属于不同点的向量间的差,因此,新的对象不是一个张量. 如果两个向量属于同一个向量空间,那么,这两个向量的和或差是

另一个向量,但这里情况并非如此.直观地,我们应"移动"其中一个向量至另一个向量所在的点,并在那里计算两者的差.这就是协变导数确实在做的,并且它包含了**平行移动**的概念.

我们来考虑图 5.1 所说明的例子.有一个 2 维欧几里得空间,同时考虑笛卡尔坐标 (x, y) 与极坐标 (r, θ). 向量 V 位于点 $A = x_A = \{x^\mu\}$. 在笛卡尔坐标下,它的分量是 (V^x, V^y),而其在极坐标下为 (V^r, V^θ). 如果考虑将向量 V"僵硬地"从点 A 平移至点 $B = x_B = \{x^\mu + \mathrm{d}x^\mu\}$,如图 5.1 所示,笛卡尔坐标不发生变化,

$$(V^x, V^y) \rightarrow (V^x, V^y). \tag{5.26}$$

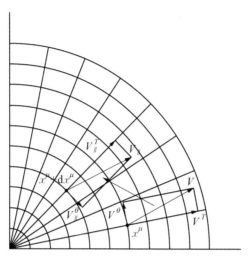

图 5.1　x^μ 处的向量 V 被平行移动至点 $x^\mu +$ $\mathrm{d}x^\mu$. 尽管向量 V 在平行移动下保持不变,但一般而言它的分量会变化.

但是,极坐标发生了变化.该操作被称为平行移动,并且我们将在下文中表明,平行移动得到的向量的分量由下式给出:

$$V^\mu_{A \to B} = V^\mu_A - \Gamma^\mu_{\nu\rho}(x_A) V^\nu_A \mathrm{d}x^\rho. \tag{5.27}$$

首先,笛卡尔坐标与极坐标间的关系为

$$x = r\cos\theta, \quad y = r\sin\theta, \tag{5.28}$$

$$r = \sqrt{x^2 + y^2}, \quad \theta = \arctan\frac{y}{x}. \tag{5.29}$$

如果向量 V 有笛卡尔坐标 (V^x, V^y),那么,它的极坐标 (V^r, V^θ) 为

$$\begin{aligned}
V^r &= \frac{\partial r}{\partial x}V^x + \frac{\partial r}{\partial y}V^y = \cos\theta V^x + \sin\theta V^y, \\
V^\theta &= \frac{\partial \theta}{\partial x}V^x + \frac{\partial \theta}{\partial y}V^y = -\frac{\sin\theta}{r}V^x + \frac{\cos\theta}{r}V^y.
\end{aligned} \tag{5.30}$$

如果将向量 V 从点 (r, θ) 平行移动至点 $(r + \mathrm{d}r, \theta + \mathrm{d}\theta)$,如图 5.1 所示,有向量 $V_{/\!/}$. 其径向坐标 $V^r_{/\!/}$ 为

$$V'^r_{/\!/} = \cos(\theta + \mathrm{d}\theta)V^x + \sin(\theta + \mathrm{d}\theta)V^y$$
$$= (\cos\theta - \sin\theta\,\mathrm{d}\theta)V^x + (\sin\theta + \cos\theta\,\mathrm{d}\theta)V^y, \tag{5.31}$$

其中,已经忽略了 $O(\mathrm{d}\theta^2)$ 项,

$$\cos(\theta + \mathrm{d}\theta) = \cos\theta\cos\mathrm{d}\theta - \sin\theta\sin\mathrm{d}\theta = \cos\theta - \sin\theta\,\mathrm{d}\theta + O(\mathrm{d}\theta^2),$$
$$\sin(\theta + \mathrm{d}\theta) = \sin\theta\cos\mathrm{d}\theta + \cos\theta\sin\mathrm{d}\theta = \sin\theta + \cos\theta\,\mathrm{d}\theta + O(\mathrm{d}\theta^2). \tag{5.32}$$

对于极角 $V^\theta_{/\!/}$,有

$$V^\theta_{/\!/} = -\frac{\sin(\theta + \mathrm{d}\theta)}{(r + \mathrm{d}r)}V^x + \frac{\cos(\theta + \mathrm{d}\theta)}{(r + \mathrm{d}r)}V^y. \tag{5.33}$$

由于

$$\frac{\sin(\theta + \mathrm{d}\theta)}{(r + \mathrm{d}r)} = \frac{\sin\theta}{r} + \frac{\cos\theta}{r}\mathrm{d}\theta - \frac{\sin\theta}{r^2}\mathrm{d}r + O(\mathrm{d}r^2, \mathrm{d}r\mathrm{d}\theta, \mathrm{d}\theta^2),$$
$$\frac{\cos(\theta + \mathrm{d}\theta)}{(r + \mathrm{d}r)} = \frac{\cos\theta}{r} - \frac{\sin\theta}{r}\mathrm{d}\theta - \frac{\cos\theta}{r^2}\mathrm{d}r + O(\mathrm{d}r^2, \mathrm{d}r\mathrm{d}\theta, \mathrm{d}\theta^2), \tag{5.34}$$

(5.33)式变为

$$V^\theta_{/\!/} = \left(-\frac{\sin\theta}{r} - \frac{\cos\theta}{r}\mathrm{d}\theta + \frac{\sin\theta}{r^2}\mathrm{d}r\right)V^x + \left(\frac{\cos\theta}{r} - \frac{\sin\theta}{r}\mathrm{d}\theta - \frac{\cos\theta}{r^2}\mathrm{d}r\right)V^y. \tag{5.35}$$

在极坐标中,线元为

$$\mathrm{d}l^2 = \mathrm{d}r^2 + r^2\mathrm{d}\theta^2. \tag{5.36}$$

如在 1.7 节中所见,克里斯托费尔符号可以更快地由将一个自由粒子的欧拉-拉格朗日方程对照测地线方程写出.所用的拉格朗日量为

$$L = \frac{1}{2}(\dot{r}^2 + r^2\dot{\theta}^2). \tag{5.37}$$

对拉格朗日坐标 r 的欧拉-拉格朗日方程为

$$\frac{\mathrm{d}\dot{r}}{\mathrm{d}t} - r\dot{\theta}^2 = 0, \text{即 } \ddot{r} - r\dot{\theta}^2 = 0. \tag{5.38}$$

对拉格朗日坐标 θ,有

$$\frac{\mathrm{d}}{\mathrm{d}t}(r^2\dot{\theta}) = 0, \text{即 } \ddot{\theta} + \frac{2}{r}\dot{r}\dot{\theta} = 0. \tag{5.39}$$

如果将(5.38)式和(5.39)式与测地线方程相比对,可以看到,非零的克里斯托费尔符号有

$$\Gamma^r_{\theta\theta} = -r, \; \Gamma^\theta_{r\theta} = \Gamma^\theta_{\theta r} = \frac{1}{r}. \tag{5.40}$$

现在我们希望看到,如果将向量 V 从点 A 平行移动至点 B,向量在点 B 的坐标由下式给出:

$$V^\mu_{A \to B} = V^\mu_A - \Gamma^\mu_{\nu\rho}(x_A)V^\nu_A \mathrm{d}x^\rho. \tag{5.41}$$

对于径向坐标,有

$$
\begin{aligned}
V^r_{A \to B} &= V^r_A + r V^\theta_A \, \mathrm{d}\theta \\
&= \cos\theta V^x + \sin\theta V^y + r\left(-\frac{\sin\theta}{r} V^x + \frac{\cos\theta}{r} V^y \right) \mathrm{d}\theta \\
&= (\cos\theta - \sin\theta \, \mathrm{d}\theta) V^x + (\sin\theta + \cos\theta \, \mathrm{d}\theta) V^y.
\end{aligned} \tag{5.42}
$$

对于极角,有

$$
\begin{aligned}
V^\theta_{A \to B} &= V^\theta_A - \frac{1}{r} V^r_A \, \mathrm{d}\theta - \frac{1}{r} V^\theta_A \, \mathrm{d}r \\
&= -\frac{\sin\theta}{r} V^x + \frac{\cos\theta}{r} V^y - \frac{1}{r}(\cos\theta V^x + \sin\theta V^y)\mathrm{d}\theta - \frac{1}{r}\left(-\frac{\sin\theta}{r} V^x + \frac{\cos\theta}{r} V^y \right) \mathrm{d}r \\
&= \left(-\frac{\sin\theta}{r} - \frac{\cos\theta}{r}\mathrm{d}\theta + \frac{\sin\theta}{r^2}\mathrm{d}r \right) V^x + \left(\frac{\cos\theta}{r} - \frac{\sin\theta}{r}\mathrm{d}\theta - \frac{\cos\theta}{r^2}\mathrm{d}r \right) V^y.
\end{aligned}
$$

$$\tag{5.43}$$

于是,可以看到回归至(5.31)式与(5.35)式中的结果.

当计算向量 V^μ 的协变导数时,是在计算

$$
\begin{aligned}
\nabla_\nu V^\mu &= \frac{\partial V^\mu}{\partial x^\nu} + \Gamma^\mu_{\nu\rho} V^\rho \\
&= \lim_{\mathrm{d}x^\nu \to 0} \frac{V^\mu(x + \mathrm{d}x) - V^\mu(x) + \Gamma^\mu_{\nu\rho} V^\rho \, \mathrm{d}x^\nu}{\mathrm{d}x^\nu} \\
&= \lim_{\mathrm{d}x^\nu \to 0} \frac{V^\mu_{x+\mathrm{d}x \to x}(x) - V^\mu(x)}{\mathrm{d}x^\nu},
\end{aligned} \tag{5.44}
$$

这就是说,在计算向量 $V^\mu(x + \mathrm{d}x)$ 平行移动至 x 后和向量 $V^\mu(x)$ 间的差.

注意 现在克里斯托费尔符号前的符号是正号,因为我们将一个向量从 $x + \mathrm{d}x$ 移动至 x,而在(5.41)式中情形恰好相反.

5.2.3 协变导数的性质

由上面的讨论,一个标量的协变导数很明晰地回归至其平庸的偏导数,

$$
\nabla_\mu \phi = \frac{\partial \phi}{\partial x^\mu}. \tag{5.45}
$$

确实标量就是一个数,而平行移动是平凡的: $\phi_{A \to B} = \phi_A$.

一个对偶向量的协变导数由下式给出:

$$
\nabla_\mu V_\nu = \frac{\partial V_\nu}{\partial x^\mu} - \Gamma^\rho_{\mu\nu} V_\rho. \tag{5.46}
$$

确实,如果考虑任意的向量 V^μ 和对偶向量 W_μ,$V_\mu W_\mu$ 是一个标量. 对协变导数施加莱布尼茨规则,有

$$
\nabla_\mu (V^\nu W_\nu) = (\nabla_\mu V^\nu) W_\nu + V^\nu (\nabla_\mu W_\nu) = \frac{\partial V^\nu}{\partial x^\mu} W_\nu + \Gamma^\nu_{\mu\rho} V^\rho W_\nu + V^\nu (\nabla_\mu W_\nu). \tag{5.47}
$$

对标量函数,由于∇_μ变为∂_μ,

$$\nabla_\mu(V^\nu W_\nu) = \frac{\partial V^\nu}{\partial x^\mu} W_\nu + V^\nu \frac{\partial W_\nu}{\partial x^\mu}, \tag{5.48}$$

因此,为了使(5.47)式与(5.48)式相等,必须有

$$\nabla_\mu W_\nu = \frac{\partial W_\nu}{\partial x^\mu} - \Gamma_{\mu\nu}^\rho W_\rho. \tag{5.49}$$

对任意型张量的推广是直接的,有

$$\nabla_\lambda T_{\nu_1\nu_2\cdots\nu_s}^{\mu_1\mu_2\cdots\mu_r} = \frac{\partial}{\partial x^\lambda} T_{\nu_1\nu_2\cdots\nu_s}^{\mu_1\mu_2\cdots\mu_r}$$

$$\underbrace{+ \Gamma_{\lambda\sigma}^{\mu_1} T_{\nu_1\nu_2\cdots\nu_s}^{\sigma\mu_2\cdots\mu_r} + \Gamma_{\lambda\sigma}^{\mu_2} T_{\nu_1\nu_2\cdots\nu_s}^{\mu_1\sigma\cdots\mu_r} + \cdots + \Gamma_{\lambda\sigma}^{\mu_r} T_{\nu_1\nu_2\cdots\nu_s}^{\mu_1\mu_2\cdots\sigma}}_{r\text{项}}$$

$$\underbrace{- \Gamma_{\lambda\nu_1}^\sigma T_{\sigma\nu_2\cdots\nu_s}^{\mu_1\mu_2\cdots\mu_r} - \Gamma_{\lambda\nu_2}^\sigma T_{\nu_1\sigma\cdots\nu_s}^{\mu_1\mu_2\cdots\mu_r} - \cdots - \Gamma_{\lambda\nu_s}^\sigma T_{\nu_1\nu_2\cdots\sigma}^{\mu_1\mu_2\cdots\mu_r}}_{s\text{项}}. \tag{5.50}$$

值得指出,度规张量的协变导数为零.如果计算$\nabla_\mu g_{\nu\rho}$,可以发现

$$\nabla_\mu g_{\nu\rho} = \frac{\partial g_{\nu\rho}}{\partial x^\mu} - \Gamma_{\mu\nu}^\kappa g_{\kappa\rho} - \Gamma_{\mu\rho}^\kappa g_{\nu\kappa}$$

$$= \frac{\partial g_{\nu\rho}}{\partial x^\mu} - \frac{1}{2} g^{\kappa\lambda}\left(\frac{\partial g_{\lambda\nu}}{\partial x^\mu} + \frac{\partial g_{\mu\lambda}}{\partial x^\nu} - \frac{\partial g_{\mu\nu}}{\partial x^\lambda}\right) g_{\kappa\rho} - \frac{1}{2} g^{\kappa\lambda}\left(\frac{\partial g_{\lambda\rho}}{\partial x^\mu} + \frac{\partial g_{\mu\lambda}}{\partial x^\rho} - \frac{\partial g_{\mu\rho}}{\partial x^\lambda}\right) g_{\nu\kappa}$$

$$\tag{5.51}$$

由于$g^{\kappa\lambda} g_{\kappa\rho} = \delta_\rho^\lambda$以及$g^{\kappa\lambda} g_{\nu\kappa} = \delta_\nu^\lambda$,可以得到

$$\nabla_\mu g_{\nu\rho} = \frac{\partial g_{\nu\rho}}{\partial x^\mu} - \frac{1}{2}\frac{\partial g_{\rho\nu}}{\partial x^\mu} - \frac{1}{2}\frac{\partial g_{\mu\rho}}{\partial x^\nu} + \frac{1}{2}\frac{\partial g_{\mu\nu}}{\partial x^\rho} - \frac{1}{2}\frac{\partial g_{\nu\rho}}{\partial x^\mu} - \frac{1}{2}\frac{\partial g_{\mu\nu}}{\partial x^\rho} + \frac{1}{2}\frac{\partial g_{\mu\rho}}{\partial x^\nu} = 0. \tag{5.52}$$

5.3 常用表达式

本节将推导一系列有关度规张量的常用表达式、恒等式、克里斯托费尔符号以及协变导数.利用g表示度规张量$g_{\mu\nu}$的行列式,利用$\tilde{g}_{\mu\nu}$表示余子式(μ, ν).行列式g被定义为

$$g = \sum_\nu g_{\mu\nu} \tilde{g}_{\mu\nu} \quad (\text{并非对}\mu\text{求和}). \tag{5.53}$$

余子式$\tilde{g}_{\mu\nu}$可利用行列式g和度规张量的逆写为

$$\tilde{g}_{\mu\nu} = g g^{\mu\nu}. \tag{5.54}$$

确实,如果有一个可逆方阵A,其逆矩阵由下式给出:

$$A^{-1} = \frac{1}{\det(A)} C^\mathrm{T}, \tag{5.55}$$

其中,C是余子式矩阵,而C^T是C的转置(该公式的证明可见于线性代数的教材).如果将

(5.55)式应用于度规张量,可以回归(5.54)式. 如果将(5.54)式代入(5.53)式,会发现 $g = g$,这确保了(5.54)式的正确性.

利用(5.54)式的帮助,可以有

$$\frac{\partial g}{\partial g_{\mu\nu}} = \tilde{g}_{\mu\nu} = g g^{\mu\nu}. \tag{5.56}$$

不仅如此,

$$\frac{\partial g}{\partial x^\sigma} = \frac{\partial g}{\partial g_{\mu\nu}} \frac{\partial g_{\mu\nu}}{\partial x^\sigma} = g g^{\mu\nu} \frac{\partial g_{\mu\nu}}{\partial x^\sigma}. \tag{5.57}$$

这个表达式稍后将会用到.

再来写出克里斯托费尔符号的公式,

$$\Gamma^\kappa_{\nu\sigma} = \frac{1}{2} g^{\kappa\lambda} \left(\frac{\partial g_{\lambda\sigma}}{\partial x^\nu} + \frac{\partial g_{\nu\lambda}}{\partial x^\sigma} - \frac{\partial g_{\nu\sigma}}{\partial x^\lambda} \right). \tag{5.58}$$

将等式(5.58)两边都乘以 $g_{\kappa\mu}$,可以得到

$$g_{\kappa\mu} \Gamma^\kappa_{\nu\sigma} = \frac{1}{2} \left(\frac{\partial g_{\mu\sigma}}{\partial x^\nu} + \frac{\partial g_{\nu\mu}}{\partial x^\sigma} - \frac{\partial g_{\nu\sigma}}{\partial x^\mu} \right). \tag{5.59}$$

交换指标 μ 与 ν,将(5.59)式重写为

$$g_{\kappa\nu} \Gamma^\kappa_{\mu\sigma} = \frac{1}{2} \left(\frac{\partial g_{\nu\sigma}}{\partial x^\mu} + \frac{\partial g_{\mu\nu}}{\partial x^\sigma} - \frac{\partial g_{\mu\sigma}}{\partial x^\nu} \right). \tag{5.60}$$

将(5.59)式与(5.60)式求和,得到

$$\frac{\partial g_{\mu\nu}}{\partial x^\sigma} = g_{\kappa\mu} \Gamma^\kappa_{\nu\sigma} + g_{\kappa\nu} \Gamma^\kappa_{\mu\sigma}. \tag{5.61}$$

现在可以将等式(5.61)两边都乘以 $g g^{\mu\nu}$,并利用(5.57)式,有

$$\frac{\partial g}{\partial x^\sigma} = g g^{\mu\nu} (g_{\kappa\mu} \Gamma^\kappa_{\nu\sigma} + g_{\kappa\nu} \Gamma^\kappa_{\mu\sigma}) = g(\Gamma^\nu_{\sigma\nu} + \Gamma^\mu_{\sigma\mu}) = 2g \Gamma^\mu_{\sigma\mu}. \tag{5.62}$$

将(5.62)式重写为

$$\frac{\partial}{\partial x^\sigma} \ln\sqrt{-g} = \frac{1}{2g} \frac{\partial g}{\partial x^\sigma} = \Gamma^\mu_{\sigma\mu}. \tag{5.63}$$

利用(5.63)式的帮助,一个一般向量 A^μ 的协变导数可写为

$$\nabla_\mu A^\mu = \frac{\partial A^\mu}{\partial x^\mu} + \Gamma^\mu_{\sigma\mu} A^\sigma = \frac{\partial A^\mu}{\partial x^\mu} + A^\sigma \frac{\partial}{\partial x^\sigma} \ln\sqrt{-g} = \frac{1}{\sqrt{-g}} \frac{\partial}{\partial x^\mu} (A^\mu \sqrt{-g}). \tag{5.64}$$

对于一个一般的 $(2,0)$ 型张量 $A^{\mu\nu}$ 的情形,有

$$\nabla_\mu A^{\mu\nu} = \frac{\partial A^{\mu\nu}}{\partial x^\mu} + \Gamma^\mu_{\sigma\mu} A^{\sigma\nu} + \Gamma^\nu_{\sigma\mu} A^{\mu\sigma} = \frac{1}{\sqrt{-g}} \frac{\partial}{\partial x^\mu} (A^{\mu\nu} \sqrt{-g}) + \Gamma^\nu_{\sigma\mu} A^{\mu\sigma}. \tag{5.65}$$

注意　如果 $A^{\mu\nu}$ 是反对称的,即 $A^{\mu\nu} = -A^{\nu\mu}$, $\Gamma^\nu_{\sigma\mu} A^{\mu\sigma} = 0$,(5.65)式可以简化为

$$\nabla_\mu A^{\mu\nu} = \frac{1}{\sqrt{-g}} \frac{\partial}{\partial x^\mu} (A^{\mu\nu} \sqrt{-g}).$$ (5.66)

5.4 黎曼张量

5.4.1 黎曼张量的定义

我们知道,如果一阶偏导数可微,那么,其偏导数对易,即 $\partial_\mu \partial_\nu = \partial_\nu \partial_\mu$. 一般而言,协变导数并非如此. 可以引入 $(1,3)$ 型张量——**黎曼张量** $R^\lambda{}_{\rho\nu\mu}$,其定义为

$$\nabla_\mu \nabla_\nu A_\rho - \nabla_\nu \nabla_\mu A_\rho = R^\lambda{}_{\rho\nu\mu} A_\lambda,$$ (5.67)

其中, A_μ 是一个一般的对偶向量. $R^\lambda{}_{\rho\nu\mu}$ 是一个张量,因为 $\nabla_\mu \nabla_\nu A_\rho$ 和 $\nabla_\nu \nabla_\mu A_\rho$ 都是张量.

为了找到黎曼张量确切的表达式,首先计算 $\nabla_\mu \nabla_\nu A_\rho$,

$$\begin{aligned}
\nabla_\mu \nabla_\nu A_\rho &= \nabla_\mu \left(\frac{\partial A_\rho}{\partial x^\nu} - \Gamma^\lambda_{\nu\rho} A_\lambda \right) \\
&= \frac{\partial}{\partial x^\mu} \left(\frac{\partial A_\rho}{\partial x^\nu} - \Gamma^\lambda_{\nu\rho} A_\lambda \right) - \Gamma^\kappa_{\mu\rho} \left(\frac{\partial A_\kappa}{\partial x^\nu} - \Gamma^\lambda_{\kappa\nu} A_\lambda \right) - \Gamma^\kappa_{\mu\nu} \left(\frac{\partial A_\rho}{\partial x^\kappa} - \Gamma^\lambda_{\kappa\rho} A_\lambda \right) \\
&= \frac{\partial^2 A_\rho}{\partial x^\mu \partial x^\nu} - \frac{\partial \Gamma^\lambda_{\nu\rho}}{\partial x^\mu} A_\lambda - \Gamma^\lambda_{\nu\rho} \frac{\partial A_\lambda}{\partial x^\mu} - \Gamma^\kappa_{\mu\rho} \frac{\partial A_\kappa}{\partial x^\nu} + \Gamma^\kappa_{\mu\rho} \Gamma^\lambda_{\kappa\nu} A_\lambda - \Gamma^\kappa_{\mu\nu} \frac{\partial A_\rho}{\partial x^\kappa} + \Gamma^\kappa_{\mu\nu} \Gamma^\lambda_{\kappa\rho} A_\lambda.
\end{aligned}$$ (5.68)

$\nabla_\nu \nabla_\mu A_\rho$ 的表达式为

$$\nabla_\nu \nabla_\mu A_\rho = \frac{\partial^2 A_\rho}{\partial x^\nu \partial x^\mu} - \frac{\partial \Gamma^\lambda_{\mu\rho}}{\partial x^\nu} A_\lambda - \Gamma^\lambda_{\mu\rho} \frac{\partial A_\lambda}{\partial x^\nu} - \Gamma^\kappa_{\nu\rho} \frac{\partial A_\kappa}{\partial x^\mu} + \Gamma^\kappa_{\nu\rho} \Gamma^\lambda_{\kappa\mu} A_\lambda - \Gamma^\kappa_{\nu\mu} \frac{\partial A_\rho}{\partial x^\kappa} + \Gamma^\kappa_{\nu\mu} \Gamma^\lambda_{\kappa\rho} A_\lambda.$$ (5.69)

将(5.68)式与(5.69)式合并,可以发现

$$\nabla_\mu \nabla_\nu A_\rho - \nabla_\nu \nabla_\mu A_\rho = \left(\frac{\partial \Gamma^\lambda_{\mu\rho}}{\partial x^\nu} - \frac{\partial \Gamma^\lambda_{\nu\rho}}{\partial x^\mu} + \Gamma^\kappa_{\mu\rho} \Gamma^\lambda_{\kappa\nu} - \Gamma^\kappa_{\nu\rho} \Gamma^\lambda_{\kappa\mu} \right) A_\lambda.$$ (5.70)

现在可以利用克里斯托费尔符号将黎曼张量 $R^\lambda{}_{\rho\nu\mu}$ 写为

$$R^\mu{}_{\nu\rho\sigma} = \frac{\partial \Gamma^\mu_{\nu\sigma}}{\partial x^\rho} - \frac{\partial \Gamma^\mu_{\nu\rho}}{\partial x^\sigma} + \Gamma^\lambda_{\nu\sigma} \Gamma^\mu_{\rho\lambda} - \Gamma^\lambda_{\nu\rho} \Gamma^\mu_{\sigma\lambda}.$$ (5.71)

$R_{\mu\nu\rho\sigma}$ 的确切的表达式也是有用的. 由(5.71)式,可以利用度规张量降其上指标,

$$R_{\mu\nu\rho\sigma} = g_{\mu\lambda} R^\lambda{}_{\nu\rho\sigma} = g_{\mu\lambda} \left(\frac{\partial \Gamma^\lambda_{\nu\sigma}}{\partial x^\rho} - \frac{\partial \Gamma^\lambda_{\nu\rho}}{\partial x^\sigma} + \Gamma^\kappa_{\nu\sigma} \Gamma^\lambda_{\rho\kappa} - \Gamma^\kappa_{\nu\rho} \Gamma^\lambda_{\sigma\kappa} \right),$$ (5.72)

(5.72)式右边第一项可写为

$$g_{\mu\lambda}\frac{\partial\Gamma^{\lambda}_{\nu\sigma}}{\partial x^{\rho}}=g_{\mu\lambda}\frac{\partial}{\partial x^{\rho}}\left[\frac{1}{2}g^{\lambda\kappa}\left(\frac{\partial g_{\kappa\sigma}}{\partial x^{\nu}}+\frac{\partial g_{\nu\kappa}}{\partial x^{\sigma}}-\frac{\partial g_{\nu\sigma}}{\partial x^{\kappa}}\right)\right]$$

$$=\frac{1}{2}g_{\mu\lambda}\frac{\partial g^{\lambda\kappa}}{\partial x^{\rho}}\left(\frac{\partial g_{\kappa\sigma}}{\partial x^{\nu}}+\frac{\partial g_{\nu\kappa}}{\partial x^{\sigma}}-\frac{\partial g_{\nu\sigma}}{\partial x^{\kappa}}\right)+\frac{1}{2}g^{\kappa}_{\mu}\left(\frac{\partial^{2}g_{\kappa\sigma}}{\partial x^{\rho}\partial x^{\nu}}+\frac{\partial^{2}g_{\nu\kappa}}{\partial x^{\rho}\partial x^{\sigma}}-\frac{\partial^{2}g_{\nu\sigma}}{\partial x^{\rho}\partial x^{\kappa}}\right)$$

$$=-\frac{1}{2}\frac{\partial g_{\mu\lambda}}{\partial x^{\rho}}g^{\lambda\kappa}\left(\frac{\partial g_{\kappa\sigma}}{\partial x^{\nu}}+\frac{\partial g_{\nu\kappa}}{\partial x^{\sigma}}-\frac{\partial g_{\nu\sigma}}{\partial x^{\kappa}}\right)+\frac{1}{2}\left(\frac{\partial^{2}g_{\mu\sigma}}{\partial x^{\rho}\partial x^{\nu}}+\frac{\partial^{2}g_{\nu\mu}}{\partial x^{\rho}\partial x^{\sigma}}-\frac{\partial^{2}g_{\nu\sigma}}{\partial x^{\rho}\partial x^{\mu}}\right)$$

$$=-\Gamma^{\lambda}_{\nu\sigma}\frac{\partial g_{\mu\lambda}}{\partial x^{\rho}}+\frac{1}{2}\left(\frac{\partial^{2}g_{\mu\sigma}}{\partial x^{\rho}\partial x^{\nu}}+\frac{\partial^{2}g_{\nu\mu}}{\partial x^{\rho}\partial x^{\sigma}}-\frac{\partial^{2}g_{\nu\sigma}}{\partial x^{\rho}\partial x^{\mu}}\right).$$

$$(5.73)$$

用(5.61)式重写$\partial g_{\mu\lambda}/\partial x^{\rho}$,所以,(5.73)式变为

$$g_{\mu\lambda}\frac{\partial\Gamma^{\lambda}_{\nu\sigma}}{\partial x^{\rho}}=\frac{1}{2}\left(\frac{\partial^{2}g_{\mu\sigma}}{\partial x^{\rho}\partial x^{\nu}}+\frac{\partial^{2}g_{\nu\mu}}{\partial x^{\rho}\partial x^{\sigma}}-\frac{\partial^{2}g_{\nu\sigma}}{\partial x^{\mu}\partial x^{\rho}}\right)-g_{\mu\kappa}\Gamma^{\lambda}_{\nu\sigma}\Gamma^{\kappa}_{\lambda\rho}-g_{\kappa\lambda}\Gamma^{\lambda}_{\nu\sigma}\Gamma^{\kappa}_{\mu\rho}. \quad (5.74)$$

同样地,可以重写(5.72)式右边的第二项,

$$g_{\mu\lambda}\frac{\partial\Gamma^{\lambda}_{\nu\rho}}{\partial x^{\sigma}}=\frac{1}{2}\left(\frac{\partial^{2}g_{\mu\rho}}{\partial x^{\sigma}\partial x^{\nu}}+\frac{\partial^{2}g_{\nu\mu}}{\partial x^{\sigma}\partial x^{\rho}}-\frac{\partial^{2}g_{\nu\rho}}{\partial x^{\mu}\partial x^{\sigma}}\right)-g_{\mu\kappa}\Gamma^{\lambda}_{\nu\rho}\Gamma^{\kappa}_{\lambda\sigma}-g_{\kappa\lambda}\Gamma^{\lambda}_{\nu\rho}\Gamma^{\kappa}_{\mu\sigma}. \quad (5.75)$$

利用(5.74)式与(5.75)式,可以将$R_{\mu\nu\rho\sigma}$重写为

$$R_{\mu\nu\rho\sigma}=\frac{1}{2}\left(\frac{\partial^{2}g_{\mu\sigma}}{\partial x^{\nu}\partial x^{\rho}}+\frac{\partial^{2}g_{\nu\rho}}{\partial x^{\mu}\partial x^{\sigma}}-\frac{\partial^{2}g_{\mu\rho}}{\partial x^{\nu}\partial x^{\sigma}}-\frac{\partial^{2}g_{\nu\sigma}}{\partial x^{\mu}\partial x^{\rho}}\right)+g_{\kappa\lambda}\left(\Gamma^{\lambda}_{\nu\rho}\Gamma^{\kappa}_{\mu\sigma}-\Gamma^{\lambda}_{\nu\sigma}\Gamma^{\kappa}_{\mu\rho}\right).$$

$$(5.76)$$

黎曼张量$R_{\mu\nu\rho\sigma}$对于第一个指标与第二个指标是反对称的,同样,第三个指标与第四个指标也是反对称的.当分别将第一个指标与第三个指标,以及第二个指标与第四个指标交换时,它是对称的:

$$R_{\mu\nu\rho\sigma}=-R_{\nu\mu\rho\sigma}=-R_{\mu\nu\sigma\rho}=R_{\rho\sigma\mu\nu}. \quad (5.77)$$

注意 如果在一个特定的坐标系下,$R^{\mu}{}_{\nu\rho\sigma}=0$,那么,它在任意坐标系下都将为零.它遵循张量的变换规则

$$R^{\mu}{}_{\nu\rho\sigma}\rightarrow R'^{\mu}{}_{\nu\rho\sigma}=\frac{\partial x'^{\mu}}{\partial x^{\alpha}}\frac{\partial x^{\beta}}{\partial x'^{\nu}}\frac{\partial x^{\gamma}}{\partial x'^{\rho}}\frac{\partial x^{\delta}}{\partial x'^{\sigma}}R^{\alpha}{}_{\beta\gamma\delta}. \quad (5.78)$$

特别是,由于在笛卡尔坐标系下的平直时空中黎曼张量为零,那么,即使是克里斯托费尔符号可能不为零的情况下,黎曼张量在任何一个坐标系下都为零.所以,在平直时空中,黎曼张量的所有分量都同样地等于零.

注意 对于克里斯托费尔符号,这样的陈述并不准确,因为它们按(5.21)式中的规则变换,其中,最后一项在某个特定的坐标变换下可能非零.

5.4.2 几何学解释

我们希望在这里表明,对向量的平行移动的结果依赖于其路径.参考图5.2,在点$A=x_{A}=\{x^{\mu}\}$处有向量V.向量的分量为

$$V_A^\mu = V^\mu. \tag{5.79}$$

现在将向量平行移动至点 $B = x_B = \{x^\mu + p^\mu\}$，其中，$p^\mu$ 是一个无限小位移. 在平行移动后，向量的分量为

$$V_{A\to B}^\mu = V^\mu - \Gamma_{\nu\rho}^\mu(x_A)V^\nu p^\rho. \tag{5.80}$$

最后，将向量平行移动至点 $D = x_D = \{x^\mu + p^\mu + q^\mu\}$，其中，$q^\mu$ 也是一个无限小位移. 在点 D 处向量的分量为

$$\begin{aligned}
V_{A\to B\to D}^\mu &= V_{A\to B}^\mu - \Gamma_{\nu\rho}^\mu(x_B)V_{A\to B}^\nu q^\rho \\
&= V^\mu - \Gamma_{\nu\rho}^\mu(x_A)V^\nu p^\rho - \left[\Gamma_{\nu\rho}^\mu(x_A) + \frac{\partial\Gamma_{\nu\rho}^\mu}{\partial x^\sigma}(x_A)p^\sigma\right]\left[V^\nu - \Gamma_{\tau\upsilon}^\nu(x_A)V^\tau p^\upsilon\right]q^\rho \\
&= V^\mu - \Gamma_{\nu\rho}^\mu(x_A)V^\nu p^\rho - \Gamma_{\nu\rho}^\mu(x_A)V^\nu q^\rho - \frac{\partial\Gamma_{\nu\rho}^\mu}{\partial x^\sigma}(x_A)p^\sigma V^\nu q^\rho + \Gamma_{\nu\rho}^\mu(x_A)\Gamma_{\tau\upsilon}^\nu(x_A)V^\tau p^\upsilon q^\rho,
\end{aligned} \tag{5.81}$$

其中，已经忽略了比无限小位移 p^μ 和 q^μ 的二阶小量更高阶的项.

现在来改变路径做同样的操作. 从点 A 处的向量 V 开始，然后将之平行移动至点 $C = x_C = \{x^\mu + q^\mu\}$，如图 5.2 所示. 其结果为向量 $V_{A\to C}$. 继续将向量平行移动至点 D，该向量的分量为

$$\begin{aligned}
V_{A\to C\to D}^\mu &= V^\mu - \Gamma_{\nu\rho}^\mu(x_A)V^\nu q^\rho - \Gamma_{\nu\rho}^\mu(x_A)V^\nu p^\rho - \frac{\partial\Gamma_{\nu\rho}^\mu}{\partial x^\sigma}(x_A)q^\sigma V^\nu p^\rho \\
&\quad + \Gamma_{\nu\rho}^\mu(x_A)\Gamma_{\tau\upsilon}^\nu(x_A)V^\tau q^\upsilon p^\rho. \tag{5.82}
\end{aligned}$$

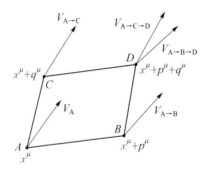

图 5.2 如果位于 $A = \{x^\mu\}$ 的向量 V_A 被平行移动至点 $B = \{x^\mu + p^\mu\}$ 而后至 $D = \{x^\mu + p^\mu + q^\mu\}$，我们得到向量 $V_{A\to B\to D}$. 如果 V_A 被平行移动至点 $C = \{x^\mu + q^\mu\}$ 而后至 $D = \{x^\mu + p^\mu + q^\mu\}$，我们得到向量 $V_{A\to C\to D}$. 一般而言，$V_{A\to B\to D}$ 与 $V_{A\to C\to D}$ 并不是相同的向量.

如果将(5.81)式与(5.82)式对比，可以发现

$$V_{A\to B\to D}^\mu - V_{A\to C\to D}^\mu = \left(\frac{\partial\Gamma_{\tau\rho}^\mu}{\partial x^\upsilon} - \frac{\partial\Gamma_{\tau\upsilon}^\mu}{\partial x^\rho} + \Gamma_{\nu\upsilon}^\mu\Gamma_{\tau\rho}^\nu - \Gamma_{\nu\rho}^\mu\Gamma_{\tau\upsilon}^\nu\right)_{x=x_A}V^\tau q^\upsilon p^\rho = R^\mu{}_{\tau\upsilon\rho}V^\tau q^\upsilon p^\rho. \tag{5.83}$$

按两条路径平行移动的差由黎曼张量调节. 在平直时空中，黎曼张量化为零. 如果将一个向量从一个点平行移动至另一个点，其结果确实独立于路径的选择.

5.4.3 里奇张量与曲率标量

利用黎曼张量,可以通过缩并它的指标来定义里奇张量与曲率标量. **里奇张量**是一个二阶张量,其定义为

$$R_{\mu\nu}=R^\lambda{}_{\mu\lambda\nu}=\frac{\partial \Gamma^\lambda_{\mu\nu}}{\partial x^\lambda}-\frac{\partial \Gamma^\lambda_{\mu\lambda}}{\partial x^\nu}+\Gamma^\kappa_{\mu\nu}\Gamma^\lambda_{\kappa\lambda}-\Gamma^\kappa_{\mu\lambda}\Gamma^\lambda_{\nu\kappa}. \tag{5.84}$$

里奇张量是对称的,

$$R_{\mu\nu}=R_{\nu\mu}. \tag{5.85}$$

缩并里奇张量的指标,可以得到**曲率标量**

$$R=R^\mu{}_\mu=g^{\mu\nu}R_{\mu\nu}. \tag{5.86}$$

利用里奇张量与曲率标量,可以定义**爱因斯坦张量**为

$$G_{\mu\nu}=R_{\mu\nu}-\frac{1}{2}g_{\mu\nu}R. \tag{5.87}$$

由于 $R_{\mu\nu}$ 和 $g_{\mu\nu}$ 都是二阶对称张量,爱因斯坦张量也是一个二阶对称张量.

5.4.4 比安基恒等式

比安基恒等式是关于黎曼张量的两个重要恒等式. **比安基第一恒等式**显示为

$$R^\mu{}_{\nu\rho\sigma}+R^\mu{}_{\rho\sigma\nu}+R^\mu{}_{\sigma\nu\rho}=0, \tag{5.88}$$

容易利用(5.71)式中黎曼张量的确切表达式验证. 确实有

$$R^\mu{}_{\nu\rho\sigma}+R^\mu{}_{\rho\sigma\nu}+R^\mu{}_{\sigma\nu\rho}$$
$$=\frac{\partial \Gamma^\mu_{\nu\sigma}}{\partial x^\rho}-\frac{\partial \Gamma^\mu_{\nu\rho}}{\partial x^\sigma}+\Gamma^\lambda_{\nu\sigma}\Gamma^\mu_{\rho\lambda}-\Gamma^\lambda_{\nu\rho}\Gamma^\mu_{\sigma\lambda}+\frac{\partial \Gamma^\mu_{\rho\nu}}{\partial x^\sigma}-\frac{\partial \Gamma^\mu_{\rho\sigma}}{\partial x^\nu}+\Gamma^\lambda_{\rho\nu}\Gamma^\mu_{\sigma\lambda}$$
$$-\Gamma^\lambda_{\rho\sigma}\Gamma^\mu_{\nu\lambda}+\frac{\partial \Gamma^\mu_{\sigma\rho}}{\partial x^\nu}-\frac{\partial \Gamma^\mu_{\sigma\nu}}{\partial x^\rho}+\Gamma^\lambda_{\sigma\rho}\Gamma^\mu_{\nu\lambda}-\Gamma^\lambda_{\sigma\nu}\Gamma^\mu_{\rho\lambda}=0. \tag{5.89}$$

比安基第二恒等式显示为

$$\nabla_\mu R^\kappa{}_{\lambda\nu\rho}+\nabla_\nu R^\kappa{}_{\lambda\rho\mu}+\nabla_\rho R^\kappa{}_{\lambda\mu\nu}=0. \tag{5.90}$$

(5.90)式左边第一项可写为

$$\nabla_\mu R^\kappa{}_{\lambda\nu\rho}=\nabla_\mu\left(\frac{\partial \Gamma^\kappa_{\lambda\rho}}{\partial x^\nu}-\frac{\partial \Gamma^\kappa_{\lambda\nu}}{\partial x^\rho}+\Gamma^\sigma_{\lambda\rho}\Gamma^\kappa_{\nu\sigma}-\Gamma^\sigma_{\lambda\nu}\Gamma^\kappa_{\rho\sigma}\right). \tag{5.91}$$

如果选择一个坐标系,在该坐标系中确定的一点,克里斯托费尔符号化为零(见 6.4.2 节,这总是可行的),那么,在这一点上(5.91)式变为

$$\nabla_\mu R^\kappa{}_{\lambda\nu\rho}=\frac{\partial^2 \Gamma^\kappa_{\lambda\rho}}{\partial x^\mu\partial x^\nu}-\frac{\partial^2 \Gamma^\kappa_{\lambda\nu}}{\partial x^\mu\partial x^\rho}, \tag{5.92}$$

因为在为零的克里斯托费尔符号的情形下,协变导数简化为偏导数. 等式(5.90)左边第二项与第三项分别为

$$\nabla_\nu R^\kappa_{\ \lambda\rho\mu} = \frac{\partial^2 \Gamma^\kappa_{\lambda\mu}}{\partial x^\nu \partial x^\rho} - \frac{\partial \Gamma^\kappa_{\lambda\rho}}{\partial x^\nu \partial x^\mu}, \tag{5.93}$$

$$\nabla_\rho R^\kappa_{\ \lambda\mu\nu} = \frac{\partial \Gamma^\kappa_{\lambda\nu}}{\partial x^\rho \partial x^\mu} - \frac{\partial \Gamma^\kappa_{\lambda\mu}}{\partial x^\rho \partial x^\nu}. \tag{5.94}$$

于是，比安基第二恒等式可写为

$$\nabla_\mu R^\kappa_{\ \lambda\nu\rho} + \nabla_\nu R^\kappa_{\ \lambda\rho\mu} + \nabla_\rho R^\kappa_{\ \lambda\mu\nu}$$
$$= \frac{\partial^2 \Gamma^\kappa_{\lambda\rho}}{\partial x^\mu \partial x^\nu} - \frac{\partial^2 \Gamma^\kappa_{\lambda\nu}}{\partial x^\mu \partial x^\rho} + \frac{\partial^2 \Gamma^\kappa_{\lambda\mu}}{\partial x^\nu \partial x^\rho} - \frac{\partial \Gamma^\kappa_{\lambda\rho}}{\partial x^\nu \partial x^\mu} + \frac{\partial \Gamma^\kappa_{\lambda\nu}}{\partial x^\rho \partial x^\mu} - \frac{\partial \Gamma^\kappa_{\lambda\mu}}{\partial x^\rho \partial x^\nu} = 0. \tag{5.95}$$

由于左边是一个张量,如果在某个特定的坐标系下,它的所有分量都化为零,那么,它们在任何一个坐标系下都为零,这样就结束了恒等式的证明.

由比安基第二恒等式可以发现,爱因斯坦张量的协变散度为零. 我们将在 7.1 节中看到,这是爱因斯坦引力理论中最根本的重要性. 如果将比安基第二恒等式(5.90)两边乘以 g^ν_κ,并对指标 κ 与 ν 求和,可以发现

$$g^\nu_\kappa (\nabla_\mu R^\kappa_{\ \lambda\nu\rho} + \nabla_\nu R^\kappa_{\ \lambda\rho\mu} + \nabla_\rho R^\kappa_{\ \lambda\mu\nu}) = 0,$$
$$\nabla_\mu (g^\nu_\kappa R^\kappa_{\ \lambda\nu\rho}) + g^\nu_\kappa \nabla_\nu R^\kappa_{\ \lambda\rho\mu} - \nabla_\rho (g^\nu_\kappa R^\kappa_{\ \lambda\nu\mu}) = 0,$$
$$\nabla_\mu R_{\lambda\rho} + \nabla_\kappa R^\kappa_{\ \lambda\rho\mu} - \nabla_\rho R_{\lambda\mu} = 0. \tag{5.96}$$

将等式两边乘以 $g^{\lambda\rho}$,并对指标 λ 与 ρ 求和,

$$g^{\lambda\rho} (\nabla_\mu R_{\lambda\rho} + \nabla_\kappa R^\kappa_{\ \lambda\rho\mu} - \nabla_\rho R_{\lambda\mu}) = 0,$$
$$\nabla_\mu (g^{\lambda\rho} R_{\lambda\rho}) - \nabla_\kappa (g^{\lambda\rho} g^{\kappa\sigma} R_{\lambda\sigma\rho\mu}) - \nabla_\rho (g^{\lambda\rho} R_{\lambda\mu}) = 0,$$
$$\nabla_\mu R - \nabla_\kappa R^\kappa_{\ \mu} - \nabla_\rho R^\rho_{\ \mu} = 0,$$
$$\nabla_\kappa (g^\kappa_\mu R - 2R^\kappa_{\ \mu}) = 0. \tag{5.97}$$

这等价于

$$\nabla_\mu G^{\mu\nu} = 0. \tag{5.98}$$

习   题

5.1   写出下列张量的分量:

$$\nabla_\mu A_{\alpha\beta}, \quad \nabla_\mu A^{\alpha\beta}, \quad \nabla_\mu A^\alpha_{\ \beta}, \quad \nabla_\mu A^{\ \beta}_{\alpha}. \tag{5.99}$$

5.2   在球坐标下的闵可夫斯基时空中,写出黎曼张量与里奇张量的非零分量以及曲率标量.

5.3   验证里奇张量是对称的.

参 考 文 献

[1] M. H. Protter and C. B. Morrey. *A First Course in Real Analysis* (Springer-Verlag New York, New York, 1991).

第6章

广义相对论

本书第 2 至第 4 章中讨论的狭义相对论理论以爱因斯坦相对性原理为基础,只涉及平直时空与惯性参考系.本章旨在讨论该理论框架如何推广到包含引力与非惯性参考系.

出于简单的考虑,我们很清楚牛顿引力需要进行一定意义的修正.如 2.1 节中所指出的,牛顿万有引力定律与相互作用的传播具有速度上限的假定并不相容.但这还不是全部.在牛顿万有引力定律中,需要定义两体间的距离,这个距离依赖于参考系.我们在狭义相对论中了解到,可以将质量转化为能量,反之亦然.于是,我们必须期望无质量粒子也能感受到并生成引力场,并且需要一个包含它们的框架.如果引力耦合于能量,那么,它应耦合于自身的引力能.因此,我们期望理论是非线性的,但是在牛顿引力中情况并非如此,其中,多体系统的引力场就是单体的引力场的简单求和.

6.1 广义协变性

广义相对论的理论以**广义相对性原理**为基础.

广义相对性原理 物理定律在所有参考系中等同.

该思想的可替代表述如下:物理定律独立于参考系的选择,这就是**广义协变性原理**.

广义协变性原理 物理定律的形式在任意可微的坐标变换下不变.

广义相对性原理与广义协变性原理都是原理:它们不能被理论论据证明,仅仅能被实验验证.如果后者确保了这些原理的有效性,那么,可以将其作为我们的假定,并系统地阐述与这些假设相容的物理理论.

广义协变变换是两个任意的参考系间的变换(即不需要是惯性的)[①].一个方程是**显然协变的**,如果它仅由张量写成.我们确实知道张量在坐标变换下如何变化,因此,如果一个方程由显然协变的形式写出,那么,也容易在任意坐标系下写出.

注意 在本书中我们区别了广义相对论理论与爱因斯坦引力.如我们已指出的,这里将以广义相对性原理(或等价为广义协变性原理)为基础的理论框架称为广义相对论理论.而**爱因斯坦引力**指的是以爱因斯坦-希尔伯特作用量为基础的引力的广义协变性理论(这将在第 7 章

[①] 注意到在狭义相对论中我们谈论"协变性"或者"显然洛伦兹不变"."广义协变性"是它们对任意参考系的拓展.

中讨论). 但要注意的是, 不同的作者/教材可能会使用不同的术语. 例如, 将以爱因斯坦-希尔伯特作用量为基础的引力理论称为广义相对论.

利用广义相对论理论, 可以在引力场中处理非惯性参考系与非惯性的现象. 例如, 在第 5 章开始, 在引力场中物体的运动独立于它的内部结构和构成成分这一事实, 允许我们将引力场吸收进时空的度规张量中. 对于一个非惯性参考系, 同样的操作也是可行的. 如果是在一个惯性参考系中, 所有的自由粒子沿直线以恒定速度运动. 如果考虑一个非惯性参考系, 自由粒子将不再以恒定速度沿直线运动, 但它们仍以独立于其内部结构与构成成分的方式运动. 于是, 我们可以想到将关联于非惯性系的影响吸收进时空度规中.

一个例子可以说明这一点. 在一个含有两个物体的电梯中, 如图 6.1 所示. 在图 (a) 所示的情形 A 中, 电梯不在运动, 但它位于一个具有加速度 g 的外部引力场中. 两个物体感受到加速度 g. 在图 (b) 所示的情形 B 中, 没有引力场, 但电梯具有加速度 $a = -g$. 现在电梯中的两个物体感受到加速度 $-a = g$. 如果在电梯中不能分辨情形 A 与 B, 也没有实验能够做到这一点, 这暗示我们应该能够找到一个共有的框架来描述在引力场中和在非惯性参考系中的物理现象.

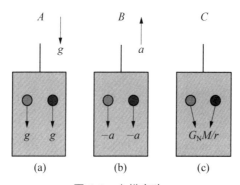

图 6.1 电梯实验.

但是, 这样的类比仅在局域有效. 如果可以将实验进行 "足够" 长的时间, 其中, "足够" 依赖于测量的精确度, 我们能够分辨引力场与非惯性参考系的情况. 这由图 (c) 所示的情形 C 说明. 由质量体生成的引力场并非是完全均匀的. 如果引力场由一个有限大小的物体生成, 在足够远离该物体时, 时空应确实趋向于闵可夫斯基时空. 从数学上讲, 这关系到以下事实: 从一个非惯性参考系变换到一个惯性参考系, 并在所有的时空中回归狭义相对论的物理总是可行的, 但永远不可能通过简单地改变坐标系将所有时空的引力场消去. 否则, 引力场将不再是真实的! 我们最多只能考虑变换到一个局域的惯性系的坐标变换 (见 6.4 节).

与第 5 章开始介绍的例子相类似的案例可以更好地解释这一点. 我们考虑平直时空. 在配有笛卡尔坐标 (ct, x, y, z) 的惯性参考系中, 线元为

$$ds^2 = -c^2 dt^2 + dx^2 + dy^2 + dz^2. \tag{6.1}$$

然后, 考虑一个旋转的笛卡尔坐标系 (ct', x', y', z'), 它与 (ct, x, y, z) 的关系为

$$\begin{aligned} x' &= x\cos\Omega t + y\sin\Omega t, \\ y' &= -x\sin\Omega t + y\cos\Omega t, \\ z' &= z, \end{aligned} \tag{6.2}$$

其中，Ω 是旋转系统的角速度.其线元变为

$$ds^2 = -(c^2 - \Omega^2 x'^2 - \Omega^2 y'^2)dt^2 - 2\Omega y' dt\, dx' + 2\Omega x' dt\, dy' + dx'^2 + dy'^2 + dz'^2. \quad (6.3)$$

无论时间坐标如何变换，我们看到线元将不会是闵可夫斯基空间中的线元了.

我们已经知道任意类型的张量在坐标变换 $x^\mu \rightarrow x'^\mu$ 下将如何变化，这种变化由(1.30)式给出.区别在于现在我们可以考虑任意的坐标变换 $x'^\mu = x'^\mu(x)$，甚至是非惯性参考系的变换.这也表明时空坐标不可能是一个向量的分量；它们仅在线性坐标变换下按向量分量的方式变换.

6.2 爱因斯坦等效性原理

惯性质量与引力质量之比 m_i/m_g 是一个独立于物体本身的常数，这一观测事实隐含于弱等效性原理中.

> **弱等效性原理** 一个自由下落的探测粒子的轨迹独立于它的内部结构与构成成分.

在这里"自由下落"的意思是粒子处于引力场中，但没有其他的力作用于其上."探测粒子"意指粒子太小以至于不能被潮汐引力所影响，也不能通过其存在改变引力场（即可忽略"逆反应"）.

爱因斯坦等效性原理是广义相对论理论的基础支柱.

> **爱因斯坦等效性原理**
> （1）弱等效性原理成立.
> （2）任何局域的非引力实验的结果独立于在其中进行实验的自由下落的参考系的速度（**局域洛伦兹不变性**）.
> （3）任何局域的非引力实验的结果独立于进行实验的地点与时刻（**局域位置不变性**）.

局域洛伦兹不变性与局域位置不变性替代了非惯性参考系中的爱因斯坦相对性原理.局域洛伦兹不变性暗示我们，总是能够找到一个局域的准惯性参考系，我们将在本章接下来的几节中展示它将如何进行.局域位置不变性要求非引力的物理定律在时空中的所有点上等同.例如，它禁止基本常数的变化.

满足爱因斯坦等效性原理的引力理论就是**引力度规理论**，其定义如下：

> **引力度规理论**
> （1）时空配有一个对称的度规.
> （2）自由下落的探测粒子的轨迹是度规的测地线.
> （3）在局域的自由下落的参考系中，非引力的物理定律与狭义相对论中的物理定律等同.

6.3 与牛顿引力势的联系

我们已经在 5.1 节中看到，如何将牛顿引力的引力场 Φ 与时空度规 $g_{\mu\nu}$ 相联系.在本节我

们提出一个可替代的推导过程.

使用笛卡尔坐标,并且为了回归牛顿引力,要求以下条件:①引力场是"弱场",因此,可将 $g_{\mu\nu}$ 写作闵可夫斯基度规加上一个小的修正项;②引力场是恒定的,即独立于时间;③粒子的运动是非相对论性的,即粒子的速度远小于光速.这 3 项条件可写为

$$g_{\mu\nu} = \eta_{\mu\nu} + h_{\mu\nu}\,,\quad |h_{\mu\nu}| \ll 1\,, \tag{6.4}$$

$$\frac{\partial g_{\mu\nu}}{\partial t} = 0\,, \tag{6.5}$$

$$\frac{\mathrm{d}x^i}{\mathrm{d}t} \ll c\,. \tag{6.6}$$

由(6.6)式中的条件,测地线方程变为

$$\ddot{x}^\mu + \Gamma^\mu_{tt} c^2 \dot{t}^2 = 0\,, \tag{6.7}$$

因为 $\dot{x}^i = (\mathrm{d}x^i/\mathrm{d}t)\dot{t} \ll c\dot{t}$. 注意到这里的点"$\cdot$"表示对固有时 τ 的导数. 在克里斯托费尔符号 Γ^μ_{tt} 中,只考虑与 h 呈线性的项,并忽略更高阶的项,

$$\begin{aligned}
\Gamma^t_{tt} &= \frac{1}{2}g^{t\nu}\left(\frac{1}{c}\frac{\partial g_{\nu t}}{\partial t} + \frac{1}{c}\frac{\partial g_{t\nu}}{\partial t} - \frac{\partial g_{tt}}{\partial x^\nu}\right) = O(h^2)\,, \\
\Gamma^i_{tt} &= \frac{1}{2}g^{i\nu}\left(\frac{1}{c}\frac{\partial g_{\nu t}}{\partial t} + \frac{1}{c}\frac{\partial g_{t\nu}}{\partial t} - \frac{\partial g_{tt}}{\partial x^\nu}\right) = -\frac{1}{2}\eta^{ij}\frac{\partial h_{tt}}{\partial x^j} + O(h^2)\,.
\end{aligned} \tag{6.8}$$

测地线方程约化为

$$\ddot{t} = 0\,, \tag{6.9}$$

$$\ddot{x}^i = \frac{1}{2}\frac{\partial h_{tt}}{\partial x^i}c^2\dot{t}^2\,. \tag{6.10}$$

$\dot{x}^i = (\mathrm{d}x^i/\mathrm{d}t)\dot{t}$,并且由(6.9)式, $\ddot{x}^i = (\mathrm{d}^2x^i/\mathrm{d}t^2)\dot{t}^2$. 方程(6.10)变为

$$\frac{\mathrm{d}^2x^i}{\mathrm{d}t^2} = \frac{c^2}{2}\frac{\partial h_{tt}}{\partial x^i}\,. \tag{6.11}$$

在笛卡尔坐标下的牛顿引力中,牛顿第二定律内容为

$$\frac{\mathrm{d}^2x^i}{\mathrm{d}t^2} = -\frac{\partial \Phi}{\partial x^i}\,. \tag{6.12}$$

通过(6.11)式与(6.12)式的对比,可以看到

$$h_{tt} = -\frac{2\Phi}{c^2} + C\,, \tag{6.13}$$

其中, C 是一个应当为零的常数,因为为了在远径下回归到闵可夫斯基度规, $h_{tt} \to 0$. 那么,可以重新得到结果为

$$g_{tt} = -\left(1 + \frac{2\Phi}{c^2}\right)\,. \tag{6.14}$$

表 6.1 给出在太阳、地球以及质子表面的 $|2\Phi/c^2|$ 的值. 这个数值始终很小,从**经验**上证明了我们的假设(6.4).

表 6.1　对于太阳、地球、质子,它们的质量、半径以及在半径处 $|2\Phi/c^2|$ 的值. 可以看到, $|2\Phi/c^2| \ll 1$.

物体	质量(g)	半径(km)	$|2\Phi/c^2|$
太阳	1.99×10^{33}	6.96×10^5	4.24×10^{-6}
地球	5.97×10^{27}	6.38×10^3	1.39×10^{-9}
质子	1.67×10^{-24}	0.8	3×10^{-39}

6.4　局域惯性系

6.4.1　局域闵可夫斯基参考系

由于度规是一个对称的张量,在 n 维时空中, $g_{\mu\nu}$ 具有 $n(n+1)/2$ 个独立分量. 如果 $n=4$,就有 10 个独立分量. 在弯曲时空中,不可能利用某个坐标变换,使 $g_{\mu\nu}$ 在整个时空中约化为闵可夫斯基度规 $\eta_{\mu\nu}$. 如果这是可能的,根据定义,时空就会是平直的,而不是弯曲的. 从数学的观点来看,事实上一般而言不可能有这样的变换,因为需要解出对应 4 个函数 $x'^\mu = x'^\mu(x)$ 的度规张量的 6 个非对角元的微分方程,

$$g_{\mu\nu} \to g'_{\mu\nu} = \frac{\partial x^\alpha}{\partial x'^\mu} \frac{\partial x^\beta}{\partial x'^\nu} g_{\alpha\beta} = 0, \ \mu \neq \nu. \tag{6.15}$$

与之相反,在时空中的一点找到一个使度规张量约化为 $\eta_{\mu\nu}$ 的坐标变换总是可行的. 在这样的情况下,需要将一个常系数对称矩阵(在一个特定的参考系中,对时空中一个特定的点求其度规张量)对角化,然后,重新标度坐标以使对角元约化至 ± 1. 在形式上,可以进行如下的坐标变换:

$$\mathrm{d}x^\mu \to \mathrm{d}\hat{x}^{(\alpha)} = E_\mu^{(\alpha)} \mathrm{d}x^\mu, \tag{6.16}$$

这样新的度规张量由闵可夫斯基度规 $\mathrm{diag}(-1,1,1,1)$ 给出,

$$g_{\mu\nu} \to \eta_{(\alpha)(\beta)} = E_{(\alpha)}^\mu E_{(\beta)}^\nu g_{\mu\nu}. \tag{6.17}$$

相类似的坐标系称为**局域闵可夫斯基参考系**.

$E_{(\alpha)}^\mu$ 是 $E_\mu^{(\alpha)}$ 的逆,于是可以写为

$$E_\mu^{(\alpha)} E_{(\alpha)}^\nu = \delta_\mu^\nu, \ E_{(\alpha)}^\mu E_\mu^{(\beta)} = \delta_{(\beta)}^{(\alpha)}. \tag{6.18}$$

如果时空具有维数 $n=4$,系数 $E_{(\alpha)}^\mu$ 称为"vierbein"(四元组),对于任意的 n,则称为"vielbein"(多元组).

如果一个向量(对偶向量)在坐标系 $\{x^\mu\}$ 中具有分量 $V^\mu (V_\mu)$,在局域闵可夫斯基参考系中,该向量或该对偶向量的分量为

$$V^{(\alpha)} = E_\mu^{(\alpha)} V^\mu, \ V_{(\alpha)} = E_{(\alpha)}^\mu V_\mu. \tag{6.19}$$

按 vierbein 的定义,容易看到

$$V^\mu = E_{(\alpha)}^\mu V^{(\alpha)}, \ V_\mu = E_\mu^{(\alpha)} V_{(\alpha)}. \tag{6.20}$$

6.4.2 局域惯性参考系

局域惯性参考系表示在一般的弯曲时空中,总是可以找到对闵可夫斯基时空的某个最佳局域近似. 在局域闵可夫斯基时空的情形下,在一点的度规由闵可夫斯基度规给出,但尚未局域地消去引力场.

考虑一个任意的坐标系$\{x^\mu\}$. 在原点附近展开度规,

$$g_{\mu\nu}(x) = g_{\mu\nu}(0) + \frac{\partial g_{\mu\nu}}{\partial x^\rho}\bigg|_0 x^\rho + \frac{1}{2}\frac{\partial^2 g_{\mu\nu}}{\partial x^\rho \partial x^\sigma}\bigg|_0 x^\rho x^\sigma + \cdots. \tag{6.21}$$

考虑坐标变换$x^\mu \to x'^\mu$:

$$x^\mu \to x'^\mu = x^\mu + \frac{1}{2}\Gamma^\mu_{\rho\sigma}(0)x^\rho x^\sigma + \cdots, \tag{6.22}$$

其逆为

$$x^\mu = x'^\mu - \frac{1}{2}\Gamma^\mu_{\rho\sigma}(0)x'^\rho x'^\sigma + \cdots. \tag{6.23}$$

由于

$$\frac{\partial x^\alpha}{\partial x'^\mu} = \delta^\alpha_\mu - \Gamma^\alpha_{\mu\nu}(0)x'^\nu + \cdots, \tag{6.24}$$

在新坐标系$\{x'^\mu\}$下的度规张量$g'_{\mu\nu}$为

$$\begin{aligned} g'_{\mu\nu} &= g_{\alpha\beta}\frac{\partial x^\alpha}{\partial x'^\mu}\frac{\partial x^\beta}{\partial x'^\nu} \\ &= g_{\alpha\beta}(\delta^\alpha_\mu - \Gamma^\alpha_{\mu\rho}(0)x'^\rho + \cdots)(\delta^\beta_\nu - \Gamma^\beta_{\nu\sigma}(0)x'^\sigma + \cdots) \\ &= g_{\mu\nu} - g_{\mu\beta}\Gamma^\beta_{\nu\sigma}(0)x'^\sigma - g_{\alpha\nu}\Gamma^\alpha_{\mu\rho}(0)x'^\rho + \cdots. \end{aligned} \tag{6.25}$$

为简单起见,在下文中省略在表达式末尾的"$\cdots$",以表示我们只对含主导阶的项感兴趣.

在原点处求得度规张量的偏导数为

$$\frac{\partial g'_{\mu\nu}}{\partial x'^\rho}\bigg|_0 = \frac{\partial g_{\mu\nu}}{\partial x^\rho}\bigg|_0 - g_{\mu\beta}(0)\Gamma^\beta_{\nu\rho}(0) - g_{\alpha\nu}(0)\Gamma^\alpha_{\mu\rho}(0). \tag{6.26}$$

(6.26)式的右边第二项为

$$\Gamma^\beta_{\nu\rho} = \frac{1}{2}g^{\beta\gamma}\left(\frac{\partial g_{\gamma\rho}}{\partial x^\nu} + \frac{\partial g_{\nu\gamma}}{\partial x^\rho} - \frac{\partial g_{\nu\rho}}{\partial x^\gamma}\right),$$

$$g_{\mu\beta}\Gamma^\beta_{\nu\rho} = \frac{1}{2}\left(\frac{\partial g_{\mu\rho}}{\partial x^\nu} + \frac{\partial g_{\nu\mu}}{\partial x^\rho} - \frac{\partial g_{\nu\rho}}{\partial x^\mu}\right). \tag{6.27}$$

(6.26)式的右边第三项为

$$g_{\alpha\nu}\Gamma^\alpha_{\mu\rho} = \frac{1}{2}\left(\frac{\partial g_{\nu\rho}}{\partial x^\mu} + \frac{\partial g_{\mu\nu}}{\partial x^\rho} - \frac{\partial g_{\mu\rho}}{\partial x^\nu}\right). \tag{6.28}$$

对表达式(6.27)与(6.28)求和,

$$g_{\mu\beta}\Gamma^{\beta}_{\nu\rho} + g_{\alpha\nu}\Gamma^{\alpha}_{\mu\rho} = \frac{\partial g_{\mu\nu}}{\partial x^{\rho}}, \tag{6.29}$$

于是表达式(6.26)化为零. 原点附近的度规张量 $g'_{\mu\nu}$ 为

$$g'_{\mu\nu}(x') = g'_{\mu\nu}(0) + \frac{1}{2}\frac{\partial^2 g'_{\mu\nu}}{\partial x'^{\rho}\partial x'^{\sigma}}\bigg|_0 x'^{\rho} x'^{\sigma}, \tag{6.30}$$

因为它所有的一阶偏导数为零. 原点附近的测地线方程为

$$\frac{\mathrm{d}^2 x'^{\mu}}{\mathrm{d}\lambda^2} = 0. \tag{6.31}$$

在这个参考系中, 在原点附近的探测粒子的运动与狭义相对论中笛卡尔坐标系下的运动相同, 于是, 可以说我们已经局域地消去了引力场.

6.5 时间间隔的测量

在广义相对论中, 坐标系的选择是任意的, 并且能够利用坐标变换从一个参考系换到另外一个参考系. 一般而言, 一个特定的参考系中的坐标值没有物理意义; 坐标系就是描述时空内点的工具. 当想要将理论预言与观测相比对时, 需要考虑关联于观测者进行实验的参考系, 并在该参考系计算物理现象的理论预言.

在2.4节中讨论了利用不同参考系中钟测量的时间间隔的关系. 在这里我们希望在存在引力场的情况下拓展该讨论.

考虑位于由度规张量 $g_{\mu\nu}$ 描述的引力场中的一个观测者. 观测者配有一个局域闵可夫斯基参考系. 它的固有时是由它的局域闵可夫斯基参考系中位于原点的钟测量得到的时间, 并由下式给出:

$$-c^2\mathrm{d}\tau^2 = \mathrm{d}s^2 = g_{\mu\nu}\mathrm{d}x^{\mu}\mathrm{d}x^{\nu}, \tag{6.32}$$

其中, $\mathrm{d}s$ 是轨迹的线元(这是一个不变量), 而 $\{x^{\mu}\}$ 是关联于度规 $g_{\mu\nu}$ 的坐标系.

在坐标系 $\{x^{\mu}\}$ 中静止的观测者代表了一类特殊情况. 这就是说, 观测者的空间坐标相对于时间是一个常量: (6.32)式中 $\mathrm{d}x^i = 0$. 在这样的情况下, 我们有观测者的固有时 τ 和坐标系的时间坐标 t 之间的关系式如下:

$$\mathrm{d}\tau^2 = -g_{tt}\mathrm{d}t^2. \tag{6.33}$$

在弱引力场的情况下, g_{tt} 由(6.14)式给出, 可以发现

$$\mathrm{d}\tau^2 = \left(1 + \frac{2\Phi}{c^2}\right)\mathrm{d}t^2. \tag{6.34}$$

如果引力场由一个具有质量为 M 的球对称的源, $\Phi = -G_N M/r$, 那么,

$$\mathrm{d}\tau = \sqrt{1 - \frac{2G_N M}{c^2 r}}\,\mathrm{d}t < \mathrm{d}t. \tag{6.35}$$

在这个特别的例子中, 时间坐标 t 与固有时 τ 在 $r \to \infty$ 时重合, 这意味着参考系与观测者所在

的坐标系在无穷远处相契合. 一般而言, $\Delta\tau < \Delta t$, 位于引力场中的观测者的钟要比位于无穷远处的观测者的钟慢.

6.6 实例: GPS 卫星

全球定位系统(GPS)是最著名的全球导航卫星系统. 它由一系列在海拔约为 20 200 km 的轨道上、轨道速度约为 14 000 km/hour 运动的人造卫星构成. 利用一个典型的 GPS 接收器, 可以迅速地确定某人在地球上的位置, 其精度可至 5∼10 m.

GPS 卫星携带有非常稳定的原子钟, 并持续地发送包含它们当前时间与位置的广播信号. 利用至少 4 颗卫星的信号, 一个 GPS 接收器就能够确定它在地球上的位置. 即使地球的引力场很弱, 而卫星的速度较于光速而言也相对很慢, 狭义和广义的相对论效应也是重要的, 不可被忽略.

地球上的 GPS 接收器是一个准惯性观测者, 而 GPS 卫星并不是, 它们以相对于地表约 14 000 km/hour的速度运动, 所以, 有

$$\frac{v}{c} = 1.3 \times 10^{-5}, \quad \gamma \approx 1 + \frac{1}{2}\frac{v^2}{c^2} = 1 + 8.4 \times 10^{-11}. \tag{6.36}$$

如果 $\Delta\tau$ 是由 GPS 接收器测量得到的一个特定的时间间隔, $\Delta\tau'$是由 GPS 卫星测量得到的相同的时间间隔, 有 $\Delta\tau = \gamma\Delta\tau'$. 经过 24 小时, 由于卫星的轨道运动, GPS 卫星上的钟会有 7 μs 的延迟.

假设地球是具有质量为 M 的球对称天体, 其牛顿引力势为

$$\Phi = -\frac{G_{\mathrm{N}}M}{r}, \tag{6.37}$$

其中, r 是至地心的距离. GPS 接收器位于地表, 所以, $r = 6\,400$ km. 对于 GPS 卫星而言, 至地心的距离 $r = 26\,600$ km. 由(6.35)式可以写出 GPS 接收器的固有时间间隔 $\Delta\tau$ 与 GPS 卫星的固有时间间隔 $\Delta\tau'$之间的关系式:

$$\frac{\Delta\tau}{\sqrt{1 + 2\Phi_{\mathrm{rec}}/c^2}} = \frac{\Delta\tau'}{\sqrt{1 + 2\Phi_{\mathrm{sat}}/c^2}}, \tag{6.38}$$

其中, Φ_{rec} 与 Φ_{sat} 分别是位于地表的 GPS 接收器和位于海拔约 20 200 km 处 GPS 卫星的牛顿引力势. 有

$$\Delta\tau = \sqrt{\frac{1 + 2\Phi_{\mathrm{rec}}/c^2}{1 + 2\Phi_{\mathrm{sat}}/c^2}}\Delta\tau' \approx \left(1 + \frac{\Phi_{\mathrm{rec}}}{c^2} - \frac{\Phi_{\mathrm{sat}}}{c^2}\right)\Delta\tau'. \tag{6.39}$$

$\Phi_{\mathrm{rec}}/c^2 = -6.9 \times 10^{-10}$, $\Phi_{\mathrm{sat}}/c^2 = -1.7 \times 10^{-10}$, 那么, 经过 24 小时, 由于地球的引力场, GPS 接收器上的钟相较于 GPS 卫星会有 45 μs 的延迟.

如果结合 GPS 卫星轨道运动所带来的效应与地球引力场所带来的效应, 可以发现, 经过 24 小时, GPS 接收器上的钟所示的时间与 GPS 卫星上的钟所示的时间之差为

$$\delta t = \Delta\tau - \Delta\tau' \approx \left(\frac{\Phi_{\mathrm{rec}}}{c^2} - \frac{\Phi_{\mathrm{sat}}}{c^2} + \frac{1}{2}\frac{v^2}{c^2}\right)\Delta\tau' = -45 + 7 = -38(\mu\mathrm{s}). \tag{6.40}$$

由于 GPS 卫星与 GPS 接收器之间的通讯通过以光速运动的电磁信号传播，$38\,\mu s$ 的误差等价于 $c\delta t \approx 10\,\mathrm{km}$ 的空间位置的误差，这个误差将使汽车和智能手机中的 GPS 导航系统完全失效.

现在希望解决如何在存在引力场的情形下写出物理定律. 换句话说，想要找到应用广义协变性原理的"技巧"：在闵可夫斯基时空中能够利用笛卡尔坐标描述一个特定的非引力现象的数学表达式，现在想要在引力场存在的情况下利用任意坐标系写出相同的物理定律. 平直时空中的非惯性参考系的情形也自动地被包含在内.

下面的例子将会更清晰地表明，当我们希望将物理定律从平直时空转化到弯曲时空中时会存在一些歧义. 这意味着纯粹的理论论证还不足以实现该推广，需要利用实验来证实新方程是对或者错.

作为解决该问题的第一步，可以从考虑如何在平直时空中利用非笛卡尔坐标写出那些在平直时空中笛卡尔坐标下有效的物理定律开始. 这已经在先前的章节中讨论过部分内容. 我们从显然洛伦兹不变的表达式开始，并作如下的替换：

(1) 将笛卡尔坐标下的闵可夫斯基度规替换为新的坐标下的度规：$\eta_{\mu\nu} \rightarrow g_{\mu\nu}$；

(2) 偏导数变为协变导数：$\partial_\mu \rightarrow \nabla_\mu$；

(3) 如果有一个对整个时空的积分（如某个作用量），需要对正确的体积元 $\mathrm{d}^4\Omega$：$\mathrm{d}^4 x \rightarrow |J|\,\mathrm{d}^4 x$ 积分，其中，J 是雅可比行列式. 我们将在下文中看到 $J = \sqrt{-g}$，其中，g 是度规张量的行列式.

新的方程将由张量写出，因此，它们是显然协变的. 可以应用相同的技巧写出在弯曲时空中的物理定律. 目前实验证实我们获得了正确的方程.

对于以上 3 点，我们知道，如果从一个配有闵可夫斯基度规 $\eta_{\mu\nu}$ 和笛卡尔坐标 $\{x^\mu\}$ 的惯性参考系变换到配有坐标 $\{x'^\mu\}$ 的另一个参考系，新的度规为

$$g'_{\mu\nu} = \frac{\partial x^\alpha}{\partial x'^\mu}\frac{\partial x^\beta}{\partial x'^\nu}\eta_{\alpha\beta}, \tag{6.41}$$

于是其行列式为

$$\det|g'_{\mu\nu}| = \det\left|\frac{\partial x^\alpha}{\partial x'^\mu}\frac{\partial x^\beta}{\partial x'^\nu}\eta_{\alpha\beta}\right| = \det\left|\frac{\partial x^\alpha}{\partial x'^\mu}\right|\det\left|\frac{\partial x^\beta}{\partial x'^\nu}\right|\det|\eta_{\alpha\beta}|. \tag{6.42}$$

注意到[①]

$$\det|g'_{\mu\nu}| = -g, \quad \det\left|\frac{\partial x^\alpha}{\partial x'^\mu}\right| = J, \quad \det|\eta_{\alpha\beta}| = 1, \tag{6.43}$$

其中，J 是坐标变换 $x'^\mu \rightarrow x^\mu$ 的雅可比行列式. 由 (6.42) 式，可以看到 $J = \sqrt{-g}$，于是发现一个积分转换到任意的参考系时，需要进行如下的替换：

———————————————

① 利用 g 表示度规 $g'_{\mu\nu}$ 的行列式. 由于在 (3+1)-维时空中 $g < 0$，$g'_{\mu\nu}$ 的行列式的绝对值为 $\det|g'_{\mu\nu}| = -g$.

$$\int \mathrm{d}^4 x \rightarrow \int \sqrt{-g}\, \mathrm{d}^4 x. \tag{6.44}$$

我们来考虑电磁场. 其基本变量是 4 维矢量势 A_μ. 在法拉第张量 $F_{\mu\nu}$ 中,将偏导数替换为协变导数,但它们之间没有差别,

$$F_{\mu\nu} = \nabla_\mu A_\nu - \nabla_\nu A_\mu = \partial_\mu A_\nu - \Gamma^\sigma_{\mu\nu} A_\sigma - \partial_\nu A_\mu + \Gamma^\sigma_{\nu\mu} A_\sigma = \partial_\mu A_\nu - \partial_\nu A_\mu. \tag{6.45}$$

在平直时空中,使用笛卡尔坐标的麦克斯韦方程组的显然洛伦兹不变形式由(4.40)式与(4.48)式给出. 将偏导数替换为协变导数,有

$$\nabla_\mu F_{\nu\rho} + \nabla_\nu F_{\rho\mu} + \nabla_\rho F_{\mu\nu} = 0, \tag{6.46}$$

$$\nabla_\mu F^{\mu\nu} = -\frac{4\pi}{c} J^\nu. \tag{6.47}$$

下面来说明该技巧可能存在的歧义. 首先,需要将偏导数替换为协变导数. 但是,偏导数是对易的,协变导数不是. 这可能是个问题,但在应用实例中并非如此,寻找一种得到正确顺序的方法是可能的.

其次,一般而言我们会期望在平直时空中为零的张量将在引力存在的情况下影响物理现象. 例如,闵可夫斯基时空中笛卡尔坐标下一个实标量场的拉格朗日密度为

$$\mathscr{L} = -\frac{\hbar}{2} \eta^{\mu\nu} (\partial_\mu \phi)(\partial_\nu \phi) - \frac{1}{2} \frac{m^2 c^2}{\hbar} \phi^2, \tag{6.48}$$

其作用量为

$$S = \frac{1}{c} \int \mathscr{L} \mathrm{d}^4 x. \tag{6.49}$$

如果应用我们的技巧,在弯曲时空中描述实标量场的拉格朗日密度应为(我们提醒:对于标量,∇_ν 简化为 ∂_ν)

$$\mathscr{L} = -\frac{\hbar}{2} g^{\mu\nu} (\partial_\mu \phi)(\partial_\nu \phi) - \frac{1}{2} \frac{m^2 c^2}{\hbar} \phi^2. \tag{6.50}$$

其作用量为

$$S = \frac{1}{c} \int \mathscr{L} \sqrt{-g}\, \mathrm{d}^4 x. \tag{6.51}$$

我们说这样的一个标量场是**最小限度耦合的**,因为已经应用了在非惯性参考系与引力场中都成立的技巧. 但是,我们无法排除弯曲时空中拉格朗日密度为下式的情形:

$$\mathscr{L} = -\frac{\hbar}{2} g^{\mu\nu} (\partial_\mu \phi)(\partial_\nu \phi) - \frac{1}{2} \frac{m^2 c^2}{\hbar} \phi^2 + \xi R \phi^2, \tag{6.52}$$

其中,ξ 是耦合常数. 在此情况下,该标量场是**非最小限度耦合的**,因为有一个耦合了标量场与引力场的项. (6.52)式中的拉格朗日密度在引力被关停时化归至(6.48)式. 并不存在理论上的原因(如与一些基本原理相悖)来排除表达式(6.52)的可能性,而这与(6.50)式中的拉格朗日密度比较更为一般,因此,在理论物理中也更"自然",遵循非禁止即允许的原则是普遍的. 直至目前,还没有实验能够检验是否存在 $\xi R \phi^2$ 项,在此种意义上仅可能将参数 ξ 约束于某些不自

然的极大值以下.

迄今为止,当我们从平直时空变换到弯曲时空时,还没有实验需要一些涉及非最小限度耦合的物理定律.但是,我们必须考虑到,与非引力的相互作用相比较,经过非最小限度耦合的引力场效应是极弱的.这是因为与粒子物理学的能量尺度相比较,普朗克质量 $M_{Pl} = \sqrt{\hbar c / G_N} = 1.2 \times 10^{19}$ GeV 是极大的,并且在今天的宇宙中不存在引力"强"至普朗克质量的环境.

习　题

6.1　在史瓦西度规中,线元显示为

$$ds^2 = -f(r)c^2 dt^2 + \frac{dr^2}{f(r)} + r^2 d\theta^2 + r^2 \sin^2\theta d\phi^2, \tag{6.53}$$

其中,

$$f(r) = 1 - \frac{r_{Sch}}{r}, \tag{6.54}$$

并且 $r_{Sch} = 2G_N M/c^2$.史瓦西度规描述了一个具有质量为 M 的静止的球对称物体周围的时空.写出将其变换到一个局域闵可夫斯基参考系的 vierbein.

6.2　在克尔度规中,线元显示为

$$ds^2 = -\left(1 - \frac{r_{Sch} r}{\Sigma}\right)c^2 dt^2 + \frac{\Sigma}{\Delta} dr^2 + \Sigma d\theta^2$$
$$+ \left(r^2 + a^2 + \frac{r_{Sch} r a^2 \sin^2\theta}{\Sigma}\right)\sin^2\theta d\phi^2 - \frac{2r_{Sch} r a \sin^2\theta}{\Sigma} c dt d\phi, \tag{6.55}$$

其中,

$$\Sigma = r^2 + a^2 \cos^2\theta, \quad \Delta = r^2 - r_{Sch} r + a^2, \tag{6.56}$$

$r_{Sch} = 2G_N M/c^2$,$a = J/(Mc)$.克尔度规描述了一个具有质量为 M、自旋角动量为 J 的稳定的轴对称黑洞周围的时空.写出空间坐标恒定的观测者的固有时与时间坐标 t 间的关系式.

6.3　在 4.3 节中已经接触到平直时空中笛卡尔坐标下的电流守恒方程:$\partial_\mu J^\mu = 0$.在以下情形中重新写出该方程:①一个一般的参考系;②在平直时空中球坐标下.

6.4　在笛卡尔坐标下,由(6.48)式中的拉格朗日密度得到对于标量场 ϕ 的场方程是克莱因-戈尔登方程

$$\left(\partial_\mu \partial^\mu - \frac{m^2 c^2}{\hbar^2}\right)\phi = 0. \tag{6.57}$$

写出弯曲时空中的克莱因-戈尔登方程,先假设最小限度耦合,然后假设非最小限度耦合.

6.5　利用符号为(＋－－－)的度规,写出(6.52)式中的拉格朗日量和与之相关联的克莱因-戈尔登方程.

6.6　(3.104)式给出了平直时空中笛卡尔坐标下理想流体的能量-动量张量.在一个一般的参考系中写出它的表达式.

第**7**章

爱因斯坦引力

在第 6 章中,讨论了对于一般的引力度规理论在弯曲时空中的非引力现象. 广义协变性是基础的原理:一旦有了时空的度规,就可以描述非引力现象. 问题的另一种提法是计算时空的度规. 广义协变性原理还不足以确定度规. 需要一个具体的引力理论给出场方程. 爱因斯坦引力指的是由爱因斯坦-希尔伯特作用量,或者等价地由爱因斯坦方程描述的引力理论.

7.1 爱因斯坦方程

与构造某个物理系统的拉格朗日量类似,没有任何直接的方法能够推导出我们正在寻找的引力理论的场方程. 于是,需要从列出一些我们的理论与它的场方程应满足的"合理的"必要条件开始,然后利用观测验证其预言.

(1) 引力场应完全地由时空的度规张量描述. 如我们在第 5 和第 6 章中所见,如果爱因斯坦等效性原理成立,那么,时空度规有潜在可能能够描述在引力场中的非引力现象. 虽然无法排除额外的自由度,但引力场仅由度规张量描述这一条件是**最小图景**,因此,最优先去探索.

(2) 场方程必须是张量方程,即:为了使它们明确地独立于坐标系的选择,场方程应写为广义协变的显然形式.

(3) 与已知物理系统的场方程类比,引力的场方程应是最多为二阶的偏微分方程. 如条件(1)所言,这是最小图景.

(4) 场方程必须有正确的牛顿极限,因此,必须回归泊松方程 $\Delta \Phi = 4\pi G_{\mathrm{N}}\rho$,其中,$\rho$ 是质量密度.

(5) 由于在牛顿引力中,引力场的源是质量密度,现在其源必须以某种形式与能量密度关联. 因为我们希望得到一个张量方程,所以,最佳备选似乎就是物质的能量-动量张量 $T^{\mu\nu}$.

(6) 在物质不存在的情况下,必须回归闵可夫斯基时空.

由条件(2)和(5),场方程可被写为

$$G^{\mu\nu} = \kappa T^{\mu\nu}, \tag{7.1}$$

其中,$G^{\mu\nu}$ 是需要确定的张量,而 κ 是一个以某种形式与 G_{N} 关联的比例常数. 由于物质的能量-动量张量是协变守恒的,也是对称的,

$$\nabla_\mu T^{\mu\nu} = 0, \quad T^{\mu\nu} = T^{\nu\mu}, \tag{7.2}$$

需要

$$\nabla_\mu G^{\mu\nu} = 0, \ G^{\mu\nu} = G^{\nu\mu}. \tag{7.3}$$

条件(1)、(3)和(6)与以下的选择相容:

$$G_{\mu\nu} = R_{\mu\nu} - \frac{1}{2} g_{\mu\nu} R. \tag{7.4}$$

在 7.2 节中,将表明该选择也满足条件(4)中正确的牛顿极限.

如果放宽条件(4)和(6),也可以写为

$$G_{\mu\nu} = R_{\mu\nu} - \frac{1}{2} g_{\mu\nu} R + \Lambda g_{\mu\nu}, \tag{7.5}$$

其中,Λ 被称为**宇宙学常数**.如果它的值足够小,选择(7.5)式也能与观测相一致.假设 $\Lambda = 0$,非零的宇宙学常数的值将对宇宙学模型起到重要的作用(见第 11 章).

爱因斯坦引力中的场方程是**爱因斯坦方程**,显示为

$$R_{\mu\nu} - \frac{1}{2} g_{\mu\nu} R = \kappa T_{\mu\nu}, \tag{7.6}$$

其中,κ 是爱因斯坦引力常数(我们将在 7.2 节中找到它与牛顿引力常数 G_N 之间的关系).如果希望考虑一个非零的宇宙学常数的可能性,有①

$$R_{\mu\nu} - \frac{1}{2} g_{\mu\nu} R + \Lambda g_{\mu\nu} = \kappa T_{\mu\nu}. \tag{7.8}$$

在本节中,已经通过施加条件(1)至(6)获得了这些方程,但是,并没有获得正确求解场方程的技巧.每个理论都有其自己的场方程.在爱因斯坦引力中,场方程是(7.6)式或(7.8)式中的爱因斯坦方程.它的预言与现有的观测数据符合得很好.但是,在发现带有不同场方程的替代引力理论过程中也有具有重要意义的成就.为了被认为是切实可行的替代理论中的备选理论,后者应该能够解释实验数据.一旦我们发现一个不能由其中某个理论(包含爱因斯坦引力)解释的观测,那么,该理论的可能性将被排除.

由爱因斯坦方程,可以写出曲率标量如下:

$$g^{\mu\nu}\left(R_{\mu\nu} - \frac{1}{2} g_{\mu\nu} R\right) = \kappa g^{\mu\nu} T_{\mu\nu},$$
$$R - 2R = \kappa T,$$
$$R = -\kappa T, \tag{7.9}$$

其中,$T = T^\mu_\mu$ 是物质的能量-动量张量的迹.于是,在爱因斯坦引力中,曲率标量或者在真空中,或者在 $T = 0$(如电磁场的能量-动量张量,见 4.5 节)时化为零.在其他引力理论中,这不一定是正确的.爱因斯坦方程可重新写为

$$R_{\mu\nu} = \kappa\left(T_{\mu\nu} - \frac{1}{2} g_{\mu\nu} T\right). \tag{7.10}$$

---

① 如果使用符号为($+---$)的度规惯例,方程(7.8)显示为

$$R_{\mu\nu} - \frac{1}{2} g_{\mu\nu} R - \Lambda g_{\mu\nu} = \kappa T_{\mu\nu}, \tag{7.7}$$

Λ 前的符号由"+"变为"-"(使用 Λ 一般的正/负惯例).

注意 $R_{\mu\nu}=0$ 并不意味着没有引力场,仅仅是在时空中该点处没有物质. 例如,如果考虑有限扩张的质量分布,在物质区域 $R_{\mu\nu}\neq 0$,在外部区域 $R_{\mu\nu}=0$.

在 4 维情形下,爱因斯坦方程是 10 个微分方程,以确定度规张量 $g_{\mu\nu}$ 的 10 个分量($G_{\mu\nu}$ 与 $g_{\mu\nu}$ 共拥有 16 个分量,它们是对称的张量). 即使固定初始条件,仍然不存在唯一解,因为永远可以进行坐标变换:虽然在经过坐标变换后,其解看起来不同,但它是物理等价的. 特别地,它意味着并没有 10 个物理自由度.

最后,注意到爱因斯坦方程将时空的几何(在方程左边)与物质内容(在方程右边)联系在一起. 如果知道物质内容,就能够确定时空度规. 原则上选择一个合适的物质的能量 -动量张量,就可以得到任何类型的时空. 例如,对于一个非物理的物质的能量-动量张量,带有闭合类时空曲线的非物理的时空(即:使有质量的粒子可以回到过去的轨迹,如同在时间机器中)甚至也是可能的. 换句话说,仅当我们明确指定物质内容后,爱因斯坦方程才能够作出清晰的预言;如果情况并非如此,任意的度规都是被允许的.

7.2 牛顿极限

为了与观测相一致,爱因斯坦方程必须能够回归正确的牛顿极限. 这也应给出(7.6)式中出现的爱因斯坦引力常数 κ 与牛顿万有引力定律中出现的牛顿引力常数 G_{N} 之间的关系.

在 6.3 节中,施加引力场是弱且稳定的条件,即

$$g_{\mu\nu}=\eta_{\mu\nu}+h_{\mu\nu}, \quad |h_{\mu\nu}|\ll 1, \tag{7.11}$$

$$\frac{\partial g_{\mu\nu}}{\partial t}=0. \tag{7.12}$$

我们也选择这样一个坐标系,使得在物质的能量-动量张量中,除了 tt 分量之外其余分量都为零,而 tt 分量描述能量密度,并在牛顿极限中约化为质量密度 ρ 乘以光速的平方 c^2,

$$T_{tt}=\rho c^2. \tag{7.13}$$

这个假定被牛顿引力中引力场的源仅为质量这一事实证明是合理的. 利用这样的选择,物质的能量-动量张量的迹为 $T=-\rho c^2$,而(7.10)式中 tt 分量的结果是

$$R_{tt}=\kappa\left(\rho c^2+\frac{1}{2}\eta_{tt}\rho c^2\right)=\frac{\kappa c^2}{2}\rho. \tag{7.14}$$

忽略 $h_{\mu\nu}$ 的二阶项,并使用(6.8)式,有

$$R_{tt}=\frac{\partial \Gamma_{tt}^i}{\partial x^i}+O(h^2)=-\frac{1}{2}\frac{\partial}{\partial x^i}\left(\eta^{ij}\frac{\partial h_{tt}}{\partial x^j}\right)+O(h^2)=-\frac{1}{2}\Delta h_{tt}+O(h^2), \tag{7.15}$$

其中,$\Delta=\partial_x^2+\partial_y^2+\partial_z^2$ 是拉普拉斯算符. 如 6.3 节中所见,$h_{tt}=-2\Phi/c^2$,因此,

$$R_{tt}=\frac{\Delta\Phi}{c^2}. \tag{7.16}$$

在将(7.14)式中的 R_{tt} 替换为 $\Delta\Phi/c^2$ 后,有

$$\Delta\Phi=\frac{\kappa c^4}{2}\rho, \tag{7.17}$$

其形式解为

$$\Phi(x) = -\frac{\kappa c^4}{8\pi} \int \frac{\rho(\tilde{x})}{|x - \tilde{x}|} \mathrm{d}^3\tilde{x}. \tag{7.18}$$

如果将方程(7.17)与在牛顿理论中成立的泊松方程 $\Delta\Phi = 4\pi G_N \rho$ 对比,可以找到 κ 与 G_N 间的关系式:

$$\kappa = \frac{8\pi G_N}{c^4}. \tag{7.19}$$

注意到当存在非零的宇宙学常数时,方程(7.17)将是

$$\frac{\Delta\Phi}{c^2} = \frac{\kappa c^2}{2}\rho - \Lambda, \tag{7.20}$$

将不能回归泊松方程.

7.3 爱因斯坦-希尔伯特作用量

有时拥有某个确定的理论的作用量,并可以利用最小作用量原理推导出支配系统力学的方程是方便的. 虽然不能够保证这样的作用量确实存在,但对于已知的物理系统,总有这样的作用量. 爱因斯坦引力也并不例外. 因此,在本节中我们希望讨论这样的作用量,当施加最小作用量原理时,它将给出爱因斯坦方程.

总的作用量将是引力部分的作用量(如 S_g)与物质部分的作用量(如 S_m)求和,即

$$S = S_g + S_m. \tag{7.21}$$

对于拉格朗日坐标,引力场的作用量的自然备选是度规系数以及它们的一阶导数(即 $g_{\mu\nu}$ 与 $\partial_\rho g_{\mu\nu}$). 物质部分将有自己的拉格朗日坐标. 一个耦合常数将联结引力与物质部分,并确定其相互作用的强度. 通过考虑以下变分以获得爱因斯坦方程,

$$g_{\mu\nu} \rightarrow g'_{\mu\nu} = g_{\mu\nu} + \delta g_{\mu\nu}, \tag{7.22}$$

在积分区域的边界上有 $\delta g_{\mu\nu} = 0$,

$$\delta S_g + \delta S_m = 0 \Rightarrow G^{\mu\nu} - \kappa T^{\mu\nu} = 0. \tag{7.23}$$

然而,在引力场中的物质部分的场方程应通过考虑对于物质部分的拉格朗日坐标的变分得到.

爱因斯坦方程可以通过对**爱因斯坦-希尔伯特作用量**应用最小作用量原理得到,爱因斯坦-希尔伯特作用量为

$$S_{EH} = \frac{1}{2\kappa c} \int R\sqrt{-g}\, \mathrm{d}^4 x, \tag{7.24}$$

或者利用牛顿引力常数 G_N 代替 κ,

$$S_{EH} = \frac{c^3}{16\pi G_N} \int R\sqrt{-g}\, \mathrm{d}^4 x. \tag{7.25}$$

S_{EH} 描述了引力部分的作用量,即(7.21)式中的 S_g. 爱因斯坦方程也要求物质部分的作用量

S_{m}. 下面将验证利用最小作用量原理,爱因斯坦-希尔伯特作用量可以给出爱因斯坦方程的左边.

现在来计算形如(7.22)式的度规系数的变分对 $g_{\rho\sigma}g^{\sigma\nu}$ 的影响. 可以发现

$$0 = \delta g_\rho^{\ \nu} = \delta(g_{\rho\sigma}g^{\sigma\nu}) = (\delta g_{\rho\sigma})g^{\sigma\nu} + g_{\rho\sigma}(\delta g^{\sigma\nu}), \tag{7.26}$$

因此,

$$g_{\rho\sigma}\delta g^{\sigma\nu} = -g^{\sigma\nu}\delta g_{\rho\sigma}. \tag{7.27}$$

则

$$\delta g^{\mu\nu} = g^{\mu\rho}g_{\rho\sigma}\delta g^{\sigma\nu} = -g^{\mu\rho}g^{\nu\sigma}\delta g_{\rho\sigma}. \tag{7.28}$$

现在来考虑度规系数的变分对 $\sqrt{-g}$ 的影响. 使用(5.56)式,有

$$\delta\sqrt{-g} = \frac{\partial\sqrt{-g}}{\partial g_{\mu\nu}}\delta g_{\mu\nu} = -\frac{1}{2}\frac{1}{\sqrt{-g}}\frac{\partial g}{\partial g_{\mu\nu}}\delta g_{\mu\nu} = -\frac{1}{2}\frac{1}{\sqrt{-g}}gg^{\mu\nu}\delta g_{\mu\nu} = \frac{1}{2}\sqrt{-g}\,g^{\mu\nu}\delta g_{\mu\nu}, \tag{7.29}$$

最后,需要计算度规系数的变分对里奇张量的影响,

$$\delta R_{\mu\nu} = \delta(\partial_\rho\Gamma^\rho_{\mu\nu} - \partial_\nu\Gamma^\rho_{\mu\rho} + \Gamma^\rho_{\mu\nu}\Gamma^\sigma_{\sigma\rho} - \Gamma^\sigma_{\mu\rho}\Gamma^\rho_{\nu\sigma})$$
$$= \partial_\rho(\delta\Gamma^\rho_{\mu\nu}) - \partial_\nu(\delta\Gamma^\rho_{\mu\rho}) + (\delta\Gamma^\rho_{\mu\nu})\Gamma^\sigma_{\sigma\rho} + \Gamma^\rho_{\mu\nu}(\delta\Gamma^\sigma_{\sigma\rho}) - (\delta\Gamma^\sigma_{\mu\rho})\Gamma^\rho_{\nu\sigma} - \Gamma^\sigma_{\mu\rho}(\delta\Gamma^\rho_{\nu\sigma}). \tag{7.30}$$

如果在先前的表达式中加、减 $\Gamma^\sigma_{\rho\nu}(\delta\Gamma^\rho_{\mu\sigma})$,有

$$\delta R_{\mu\nu} = \delta R_{\mu\nu} - \Gamma^\sigma_{\nu\rho}(\delta\Gamma^\rho_{\mu\sigma}) + \Gamma^\sigma_{\rho\nu}(\delta\Gamma^\rho_{\mu\sigma})$$
$$= [\partial_\rho(\delta\Gamma^\rho_{\mu\nu}) + \Gamma^\rho_{\sigma\rho}(\delta\Gamma^\sigma_{\mu\nu}) - \Gamma^\sigma_{\mu\rho}(\delta\Gamma^\rho_{\nu\sigma}) - \Gamma^\sigma_{\nu\rho}(\delta\Gamma^\rho_{\mu\sigma})]$$
$$- [\partial_\nu(\delta\Gamma^\rho_{\mu\rho}) + \Gamma^\rho_{\nu\sigma}(\delta\Gamma^\sigma_{\mu\rho}) - \Gamma^\sigma_{\mu\nu}(\delta\Gamma^\rho_{\sigma\rho}) - \Gamma^\sigma_{\rho\nu}(\delta\Gamma^\rho_{\mu\sigma})]. \tag{7.31}$$

注意到量

$$\delta\Gamma^\rho_{\mu\nu} = \Gamma'^\rho_{\mu\nu} - \Gamma^\rho_{\mu\nu} \tag{7.32}$$

是一个 (1, 2)型张量. 我们确实知道克里斯托费尔符号按(5.21)式的规则变换. 在一次坐标变换 $x^\mu \to \tilde{x}^\mu$ 下,$\delta\Gamma^\rho_{\mu\nu}$ 按下式变换[①]:

$$\delta\Gamma^\rho_{\mu\nu} \to \tilde\delta\Gamma^\rho_{\mu\nu} = \frac{\partial\tilde{x}^\rho}{\partial x^\alpha}\frac{\partial x^\beta}{\partial\tilde{x}^\mu}\frac{\partial x^\gamma}{\partial\tilde{x}^\nu}(\Gamma'^\alpha_{\beta\gamma} - \Gamma^\alpha_{\beta\gamma}). \tag{7.33}$$

不仅如此,$\delta\Gamma^\rho_{\mu\nu}$ 由在同一点求得的对象构成(利用附录 C 中的术语,属于同一个切空间的对象),因此,它是一个张量. 一个 (1, 2)型张量的协变导数为

$$\nabla_\mu A^\nu_{\ \rho\sigma} = \partial_\mu A^\nu_{\ \rho\sigma} + \Gamma^\nu_{\lambda\mu}A^\lambda_{\ \rho\sigma} - \Gamma^\lambda_{\rho\mu}A^\nu_{\ \lambda\sigma} - \Gamma^\lambda_{\sigma\mu}A^\nu_{\ \rho\lambda}, \tag{7.34}$$

因此,(7.31)式约化为

$$\delta R_{\mu\nu} = \nabla_\rho(\delta\Gamma^\rho_{\mu\nu}) - \nabla_\nu(\delta\Gamma^\rho_{\mu\rho}). \tag{7.35}$$

[①] 注意到 $\Gamma^\rho_{\mu\nu}$ 与 $\Gamma'^\rho_{\mu\nu}$ 是分别关联于度规张量 $g_{\mu\nu}$ 与 $g_{\mu\nu} + \delta g_{\mu\nu}$ 的克里斯托费尔符号,它们都在坐标系 x^μ 下.

(7.35)式被称为**帕拉蒂尼恒等式**.

使用(7.28)式、(7.29)式及(7.35)式,可以写出变分(7.22)对 $\sqrt{-g}R$ 的影响,

$$
\begin{aligned}
\delta(\sqrt{-g}R) &= (\delta\sqrt{-g})R + \sqrt{-g}(\delta g^{\rho\sigma})R_{\rho\sigma} + \sqrt{-g}\,g^{\mu\nu}(\delta R_{\mu\nu}) \\
&= \frac{1}{2}\sqrt{-g}\,g^{\mu\nu}(\delta g_{\mu\nu})R - \sqrt{-g}\,g^{\rho\mu}g^{\sigma\nu}(\delta g_{\mu\nu})R_{\rho\sigma} + \sqrt{-g}\,g^{\mu\nu}\left[\nabla_\rho(\delta\Gamma^\rho_{\mu\nu}) - \nabla_\nu(\delta\Gamma^\rho_{\mu\rho})\right] \\
&= \left(\frac{1}{2}g^{\mu\nu}R - R^{\mu\nu}\right)\sqrt{-g}(\delta g_{\mu\nu}) + \sqrt{-g}\left\{\nabla_\rho[g^{\mu\nu}(\delta\Gamma^\rho_{\mu\nu})] - \nabla_\nu[g^{\mu\nu}(\delta\Gamma^\rho_{\mu\rho})]\right\} \\
&= \left(\frac{1}{2}g^{\mu\nu}R - R^{\mu\nu}\right)\sqrt{-g}(\delta g_{\mu\nu}) + \sqrt{-g}\left\{\nabla_\rho[g^{\mu\nu}(\delta\Gamma^\rho_{\mu\nu})] - \nabla_\rho[g^{\mu\rho}(\delta\Gamma^\nu_{\mu\nu})]\right\}.
\end{aligned}
\tag{7.36}
$$

如果定义

$$
H^\rho = g^{\mu\nu}(\delta\Gamma^\rho_{\mu\nu}) - g^{\mu\rho}(\delta\Gamma^\nu_{\mu\nu}),
\tag{7.37}
$$

可以将爱因斯坦-希尔伯特作用量的变分重新写为

$$
\delta S_{EH} = \frac{1}{2\kappa c}\int\left(\frac{1}{2}g^{\mu\nu}R - R^{\mu\nu}\right)\sqrt{-g}(\delta g_{\mu\nu})\mathrm{d}^4x + \frac{1}{2\kappa c}\int\nabla_\rho H^\rho\sqrt{-g}\,\mathrm{d}^4x.
\tag{7.38}
$$

注意到上式最后一项是一个散度[见(5.64)式],

$$
\sqrt{-g}\,\nabla_\rho H^\rho = \sqrt{-g}\,\frac{1}{\sqrt{-g}}\frac{\partial}{\partial x^\rho}(\sqrt{-g}H^\rho) = \frac{\partial}{\partial x^\rho}(\sqrt{-g}H^\rho),
\tag{7.39}
$$

因此,可以应用高斯定理将(7.38)式右边的第二个积分约化为面积分.最小作用量原理要求拉格朗日坐标的变分在积分区域的边界为零,于是,任何面积分也化为零.就此有以下表达式:

$$
\delta S = \frac{1}{2\kappa c}\int\left(\frac{1}{2}g^{\mu\nu}R - R^{\mu\nu}\right)\sqrt{-g}(\delta g_{\mu\nu})\mathrm{d}^4x + \delta S_m.
\tag{7.40}
$$

在接下来的 7.4 节和 7.5 节将表明,当包含了 δS_m 的贡献后,可以回归爱因斯坦方程.

7.4 物质的能量-动量张量

7.4.1 物质的能量-动量张量定义

现在来考虑度规系数的变分对物质部分的作用量的影响,

$$
S_m = \frac{1}{c}\int\mathscr{L}_m\sqrt{-g}\,\mathrm{d}^4x.
\tag{7.41}
$$

就此可以定义出现于爱因斯坦方程中的张量 $T^{\mu\nu}$ 为**物质的能量-动量张量**,它由下式给出:

$$
\delta S_m = \frac{1}{2c}\int T^{\mu\nu}\sqrt{-g}(\delta g_{\mu\nu})\mathrm{d}^4x.
\tag{7.42}
$$

这样的一个张量是结构上对称的,因为 $g_{\mu\nu}$ 是对称的.也可以经验地验证对 $T^{\mu\nu}$ 的定义(7.42),给出与我们从狭义相对论开始(3.9 节)并继续在 6.7 节中讨论得到的相同的物质的

能量-动量张量.

最终,总的作用量(引力与物质部分)的变分给出

$$\delta S = \frac{1}{2\kappa c} \int \left(\frac{1}{2} g^{\mu\nu} R - R^{\mu\nu} + \kappa T^{\mu\nu} \right) \sqrt{-g} \, (\delta g_{\mu\nu}) \mathrm{d}^4 x. \tag{7.43}$$

仅当爱因斯坦方程成立时,对任意 $\delta g_{\mu\nu}$ 的选择,都有 $\delta S = 0$.

7.4.2 实例:物质的能量-动量张量

作为第一个例子,考虑弯曲时空中电磁场的作用量,

$$S = -\frac{1}{16\pi c} \int F_{\mu\nu} F^{\mu\nu} \sqrt{-g} \, \mathrm{d}^4 x. \tag{7.44}$$

当考虑对 $g_{\mu\nu}$ 的变分时,有[①]

$$
\begin{aligned}
\delta(F_{\mu\nu} F_{\rho\sigma} g^{\mu\rho} g^{\nu\sigma} \sqrt{-g}) = {} & F_{\mu\nu} F_{\rho\sigma} (\delta g^{\mu\rho}) g^{\nu\sigma} \sqrt{-g} + F_{\mu\nu} F_{\rho\sigma} g^{\mu\rho} (\delta g^{\nu\sigma}) \sqrt{-g} \\
& + F_{\mu\nu} F_{\rho\sigma} g^{\mu\rho} g^{\nu\sigma} (\delta \sqrt{-g}) \\
= {} & -F_{\mu\nu} F_{\rho\sigma} g^{\mu\alpha} g^{\rho\beta} (\delta g_{\alpha\beta}) g^{\nu\sigma} \sqrt{-g} - F_{\mu\nu} F_{\rho\sigma} g^{\mu\rho} g^{\nu\alpha} g^{\sigma\beta} (\delta g_{\alpha\beta}) \sqrt{-g} \\
& + \frac{1}{2} F_{\mu\nu} F_{\rho\sigma} g^{\mu\rho} g^{\nu\sigma} \sqrt{-g} \, g^{\alpha\beta} (\delta g_{\alpha\beta}).
\end{aligned}
\tag{7.47}
$$

通过改变指标,可以将最后的表达式重写为

$$\delta(F_{\mu\nu} F^{\mu\nu} \sqrt{-g}) = \left(-F^{\mu\rho} F^{\nu}{}_{\rho} - F^{\rho\mu} F^{\nu}{}_{\rho} + \frac{1}{2} F_{\rho\sigma} F^{\rho\sigma} g^{\mu\nu} \right) \sqrt{-g} \, (\delta g_{\mu\nu}). \tag{7.48}$$

于是,作用量的变分为

$$\delta S = \frac{1}{2c} \int \left(\frac{1}{4\pi} F^{\mu\rho} F^{\nu}{}_{\rho} - \frac{1}{16\pi} F_{\rho\sigma} F^{\rho\sigma} g^{\mu\nu} \right) \sqrt{-g} \, (\delta g_{\mu\nu}) \mathrm{d}^4 x, \tag{7.49}$$

而电磁场的能量-动量张量为

$$T^{\mu\nu} = \frac{1}{4\pi} F^{\mu\rho} F^{\nu}{}_{\rho} - \frac{1}{16\pi} F_{\rho\sigma} F^{\rho\sigma} g^{\mu\nu}, \tag{7.50}$$

当时空度规为 $\eta_{\mu\nu}$ 时,它与 4.5 节中求得的表达式相一致.

自由质点的作用量是〔见(3.22)式〕

$$S = \frac{1}{2} \int m g_{\mu\nu} \dot{x}^{\mu} \dot{x}^{\nu} \mathrm{d}\tau. \tag{7.51}$$

---

① 记住对于电磁部分,其基本变量是 A_{μ} 与 $\partial_{\nu} A_{\mu}$,而 A^{μ} 与 $\partial^{\nu} A^{\mu}$ 内已经含有度规张量. 为此,在(7.47)式中可以考虑

$$F_{\mu\nu} F_{\rho\sigma} g^{\mu\rho} g^{\nu\sigma} \sqrt{-g} \tag{7.45}$$

的变分,而不是

$$F^{\mu\nu} F^{\rho\sigma} g_{\mu\rho} g_{\nu\sigma} \sqrt{-g} \tag{7.46}$$

的变分. 对(7.46)式的变分将给出一个不同的(并且错误的)结果.

能量-动量张量的定义需要像(7.41)式一样的作用量. 于是,必须将具有质量为 m 的粒子重写为质量密度 ρ 对时空的 4 维体积的积分. 由于粒子是点状的,其质量密度为

$$\rho = m\delta^4[x^\sigma - \tilde{x}^\sigma(\tau)] = \frac{m}{\sqrt{-g}}\delta[x^0 - \tilde{x}^0(\tau)]\delta[x^1 - \tilde{x}^1(\tau)]\delta[x^2 - \tilde{x}^2(\tau)]\delta[x^3 - \tilde{x}^3(\tau)]$$

$$= \frac{m}{\sqrt{-g}}\prod_\sigma \delta[x^\sigma - \tilde{x}^\sigma(\tau)]. \tag{7.52}$$

其中,$\{\tilde{x}^\mu(\tau)\}$ 是粒子轨迹的坐标. 自由质点的作用量变为

$$S = \frac{1}{2c}\int m\delta^4[x^\sigma - \tilde{x}^\sigma(\tau)]g_{\mu\nu}\dot{x}^\mu\dot{x}^\nu\sqrt{-g}\,\mathrm{d}^4x\,\mathrm{d}\tau$$

$$= \frac{1}{2c}\int m\left[\prod_\sigma \delta[x^\sigma - \tilde{x}^\sigma(\tau)]\right]g_{\mu\nu}\dot{x}^\mu\dot{x}^\nu\mathrm{d}^4x\,\mathrm{d}\tau. \tag{7.53}$$

当考虑对度规张量的变分时,可以发现

$$\delta S = \frac{1}{2c}\int m\left[\prod_\sigma \delta[x^\sigma - \tilde{x}^\sigma(\tau)]\right]\dot{x}^\mu\dot{x}^\nu(\delta g_{\mu\nu})\mathrm{d}^4x\,\mathrm{d}\tau$$

$$= \frac{1}{2c}\int\left\{\int \frac{m}{\sqrt{-g}}\left[\prod_\sigma \delta[x^\sigma - \tilde{x}^\sigma(\tau)]\right]\dot{x}^\mu\dot{x}^\nu\mathrm{d}\tau\right\}\sqrt{-g}\,(\delta g_{\mu\nu})\mathrm{d}^4x, \tag{7.54}$$

因此,自由质点的能量-动量张量为

$$T^{\mu\nu} = \int \frac{m}{\sqrt{-g}}\left[\prod_\sigma \delta[x^\sigma - \tilde{x}^\sigma(\tau)]\right]\dot{x}^\mu\dot{x}^\nu\mathrm{d}\tau. \tag{7.55}$$

下面考虑闵可夫斯基时空中惯性参考系这一特殊情况. 对于笛卡尔坐标有 $\sqrt{-g}=1$,可以将 $\mathrm{d}\tau$ 写为

$$\mathrm{d}\tau = \frac{\mathrm{d}\tau}{\mathrm{d}t}\mathrm{d}t = \frac{\mathrm{d}t}{\gamma}, \tag{7.56}$$

其中,γ 是粒子的洛伦兹因子. 对 $\mathrm{d}t$ 积分,(7.55)式变为

$$T^{\mu\nu} = m\delta^3(x - \tilde{x}(\tau(t)))\frac{\dot{x}^\mu\dot{x}^\nu}{\gamma}, \tag{7.57}$$

重新回到(3.101)式的结果.

在弯曲时空中,一个实标量场的作用量为

$$S = -\frac{\hbar}{2c}\int\left[g^{\mu\nu}(\partial_\mu\phi)(\partial_\nu\phi) + \frac{m^2c^2}{\hbar^2}\phi^2\right]\sqrt{-g}\,\mathrm{d}^4x. \tag{7.58}$$

当考虑对度规系数的变分时,可以发现

$$\delta S = -\frac{\hbar}{2c}\int\left\{(\delta g^{\mu\nu})(\partial_\mu\phi)(\partial_\nu\phi)\sqrt{-g} + \left[g^{\mu\nu}(\partial_\mu\phi)(\partial_\nu\phi) + \frac{m^2c^2}{\hbar^2}\phi^2\right](\delta\sqrt{-g})\right\}\mathrm{d}^4x$$

$$= \frac{1}{2c}\int\hbar\left\{g^{\mu\rho}g^{\nu\sigma}(\partial_\mu\phi)(\partial_\nu\phi) - \frac{1}{2}g^{\rho\sigma}\left[g^{\mu\nu}(\partial_\mu\phi)(\partial_\nu\phi) + \frac{m^2c^2}{\hbar^2}\phi^2\right]\right\}\sqrt{-g}\,(\delta g_{\rho\sigma})\mathrm{d}^4x. \tag{7.59}$$

作为结果的能量-动量张量为

$$T^{\mu\nu} = \hbar(\partial^{\mu}\phi)(\partial_{\nu}\phi) - \frac{\hbar}{2} g^{\mu\nu}\left[g^{\rho\sigma}(\partial_{\rho}\phi)(\partial_{\sigma}\phi) + \frac{m^2 c^2}{\hbar^2}\phi^2\right]. \qquad (7.60)$$

7.4.3 物质的能量-动量张量的协变守恒

如 3.9 节已讨论过的情形,在闵可夫斯基时空中笛卡尔坐标下,方程 $\partial_{\mu}T^{\mu\nu}=0$ 与系统的 4 维动量守恒相关联.在弯曲时空中,守恒方程 $\partial_{\mu}T^{\mu\nu}=0$ 变为

$$\nabla_{\mu}T^{\mu\nu}=0, \qquad (7.61)$$

爱因斯坦方程也遵循于此.但要注意(7.61)式并不意味着 4 维动量的守恒.利用(5.65)式,(7.61)式可被写为

$$\frac{1}{\sqrt{-g}}\frac{\partial}{\partial x^{\mu}}(T^{\mu\nu}\sqrt{-g}) + \Gamma^{\nu}_{\sigma\mu}T^{\mu\sigma} = 0. \qquad (7.62)$$

这不是一条守恒定律,因为它不能够被写为偏导数的形式,因此,无法同 3.9 节中一样应用高斯定理继续计算.其物理解释如下:当引力场存在时,并没有物质的 4 维动量守恒,而是有整个系统的 4 维动量守恒,系统包含了物质与引力场.

7.5 朗道-栗弗席兹赝张量

如 7.4 节所述,物质的能量-动量张量的协变守恒,$\nabla_{\mu}T^{\mu\nu}=0$,并不是一个守恒方程.由于经常需要对物理过程求其能量平衡,找到一个该理论的非协变的阐述方式是有益的,这样就可以写出类似于

$$\partial_{\mu}\mathscr{T}^{\mu\nu}=0 \qquad (7.63)$$

的方程,其中,$\mathscr{T}^{\mu\nu}$ 是一个联结整个系统的 4 维动量的数值,并与物理守恒量相联系.这个问题自广义相对论出现以后就被研究,并以不同的方式解决.在本节中,将遵循朗道与栗弗席兹提出的方法[1].

考虑在点 x_0 处的局域惯性系(LIF)(局域惯性系的定义见 6.4.2 节).这里所有度规的一阶导数为零,克里斯托费尔符号也为零,而(7.61)式变为

$$\partial_{\mu}T^{\mu\nu}_{\text{LIF}}=0. \qquad (7.64)$$

物质的能量-动量张量 $T^{\mu\nu}_{\text{LIF}}$ 可由爱因斯坦方程得到,

$$T^{\mu\nu}_{\text{LIF}} = \frac{c^4}{8\pi G_{\text{N}}}\left(R^{\mu\nu} - \frac{1}{2}g^{\mu\nu}R\right)_{\text{LIF}}. \qquad (7.65)$$

现在来求该方程在点 x_0 处右边的项. $R^{\mu\nu}_{\text{LIF}}$ 由下式给出(记住在点 x_0 处所有的克里斯托费尔符号为零):

$$R^{\mu\nu}_{\text{LIF}} = g^{\mu\rho}g^{\nu\sigma}\left(\frac{\partial \Gamma^{\lambda}_{\rho\sigma}}{\partial x^{\lambda}} - \frac{\partial \Gamma^{\lambda}_{\rho\lambda}}{\partial x^{\sigma}}\right)$$

$$= g^{\mu\rho} g^{\nu\sigma} \frac{\partial}{\partial x^\lambda} \left[\frac{1}{2} g^{\lambda\kappa} \left(\frac{\partial g_{\kappa\sigma}}{\partial x^\rho} + \frac{\partial g_{\rho\kappa}}{\partial x^\sigma} - \frac{\partial g_{\rho\sigma}}{\partial x^\kappa} \right) \right] - g^{\mu\rho} g^{\nu\sigma} \frac{\partial}{\partial x^\sigma} \left(\frac{1}{2g} \frac{\partial g}{\partial x^\rho} \right), \quad (7.66)$$

在最后一步推演中使用了(5.63)式. 由于度规张量的一阶导数为零,可以写出

$$R^{\mu\nu}_{\mathrm{LIF}} = \frac{1}{2} \frac{\partial}{\partial x^\lambda} \left[g^{\mu\rho} g^{\nu\sigma} g^{\lambda\kappa} \left(\frac{\partial g_{\kappa\sigma}}{\partial x^\rho} + \frac{\partial g_{\rho\kappa}}{\partial x^\sigma} - \frac{\partial g_{\rho\sigma}}{\partial x^\kappa} \right) \right] - \frac{\partial}{\partial x^\sigma} \left(g^{\mu\rho} g^{\nu\sigma} \frac{1}{2g} \frac{\partial g}{\partial x^\rho} \right)$$

$$= -\frac{1}{2} \frac{\partial}{\partial x^\lambda} \left(g^{\mu\rho} g^{\nu\sigma} \frac{\partial g^{\lambda\kappa}}{\partial x^\rho} g_{\kappa\sigma} + g^{\mu\rho} g^{\nu\sigma} \frac{\partial g^{\lambda\kappa}}{\partial x^\sigma} g_{\rho\kappa} - \frac{\partial g^{\mu\rho}}{\partial x^\kappa} g^{\nu\sigma} g^{\lambda\kappa} g_{\rho\sigma} \right) - \frac{\partial}{\partial x^\sigma} \left[\frac{1}{2g} \frac{\partial}{\partial x^\rho} (g g^{\mu\rho} g^{\nu\sigma}) \right]$$

$$\quad + \frac{1}{2} \frac{\partial^2}{\partial x^\sigma \partial x^\rho} (g^{\mu\rho} g^{\nu\sigma})$$

$$= -\frac{1}{2} \frac{\partial}{\partial x^\lambda} \left[g^{\mu\rho} \frac{\partial g^{\lambda\nu}}{\partial x^\rho} + g^{\nu\sigma} \frac{\partial g^{\lambda\mu}}{\partial x^\sigma} - \frac{\partial g^{\mu\nu}}{\partial x^\kappa} g^{\lambda\kappa} \right] - \frac{\partial}{\partial x^\sigma} \left[\frac{1}{2g} \frac{\partial}{\partial x^\rho} (g g^{\mu\rho} g^{\nu\sigma}) \right]$$

$$\quad + \frac{1}{2} \frac{\partial^2 g^{\mu\rho}}{\partial x^\sigma \partial x^\rho} g^{\nu\sigma} + \frac{1}{2} \frac{\partial^2 g^{\nu\sigma}}{\partial x^\sigma \partial x^\rho} g^{\mu\rho}$$

$$= -\frac{1}{2} g^{\mu\rho} \frac{\partial^2 g^{\lambda\nu}}{\partial x^\lambda \partial x^\rho} - \frac{1}{2} g^{\nu\sigma} \frac{\partial^2 g^{\lambda\mu}}{\partial x^\lambda \partial x^\sigma} + \frac{1}{2} \frac{\partial^2 g^{\mu\nu}}{\partial x^\lambda \partial x^\kappa} g^{\lambda\kappa} - \frac{\partial}{\partial x^\sigma} \left[\frac{1}{2g} \frac{\partial}{\partial x^\rho} (g g^{\mu\rho} g^{\nu\sigma}) \right]$$

$$\quad + \frac{1}{2} \frac{\partial^2 g^{\mu\rho}}{\partial x^\sigma \partial x^\rho} g^{\nu\sigma} + \frac{1}{2} \frac{\partial^2 g^{\nu\sigma}}{\partial x^\sigma \partial x^\rho} g^{\mu\rho}$$

$$= \frac{1}{2} \frac{\partial^2 g^{\mu\nu}}{\partial x^\lambda \partial x^\kappa} g^{\lambda\kappa} - \frac{1}{2} \frac{\partial}{\partial x^\sigma} \left[\frac{1}{g} \frac{\partial}{\partial x^\rho} (g g^{\mu\rho} g^{\nu\sigma}) \right].$$

$$(7.67)$$

可以在局域惯性系中利用相似的方法继续计算 $g^{\mu\nu} R$,有

$$(g^{\mu\nu} R)_{\mathrm{LIF}} = g^{\mu\nu} g^{\rho\sigma} R_{\rho\sigma} = g^{\mu\nu} g^{\rho\sigma} \left(\frac{\partial \Gamma^\lambda_{\rho\sigma}}{\partial x^\lambda} - \frac{\partial \Gamma^\lambda_{\rho\lambda}}{\partial x^\sigma} \right)$$

$$= g^{\mu\nu} g^{\rho\sigma} \frac{\partial}{\partial x^\lambda} \left[\frac{1}{2} g^{\lambda\kappa} \left(\frac{\partial g_{\kappa\sigma}}{\partial x^\rho} + \frac{\partial g_{\rho\kappa}}{\partial x^\sigma} - \frac{\partial g_{\rho\sigma}}{\partial x^\kappa} \right) \right] - g^{\mu\nu} g^{\rho\sigma} \frac{\partial}{\partial x^\sigma} \left(\frac{1}{2g} \frac{\partial g}{\partial x^\rho} \right)$$

$$= \frac{1}{2} \frac{\partial}{\partial x^\lambda} \left[g^{\mu\nu} g^{\rho\sigma} g^{\lambda\kappa} \left(\frac{\partial g_{\kappa\sigma}}{\partial x^\rho} + \frac{\partial g_{\rho\kappa}}{\partial x^\sigma} - \frac{\partial g_{\rho\sigma}}{\partial x^\kappa} \right) \right] - \frac{\partial}{\partial x^\sigma} \left(g^{\mu\nu} g^{\rho\sigma} \frac{1}{2g} \frac{\partial g}{\partial x^\rho} \right)$$

$$= \frac{1}{2} \frac{\partial}{\partial x^\lambda} \left(g^{\mu\nu} g^{\rho\sigma} g^{\lambda\kappa} \frac{\partial g_{\kappa\sigma}}{\partial x^\rho} + g^{\mu\nu} g^{\rho\sigma} g^{\lambda\kappa} \frac{\partial g_{\rho\kappa}}{\partial x^\sigma} - g^{\mu\nu} g^{\rho\sigma} g^{\lambda\kappa} \frac{\partial g_{\rho\sigma}}{\partial x^\kappa} \right)$$

$$\quad - \frac{1}{2} \frac{\partial}{\partial x^\sigma} \left[\frac{1}{g} \frac{\partial}{\partial x^\rho} (g g^{\mu\nu} g^{\rho\sigma}) \right] + \frac{1}{2} \frac{\partial^2}{\partial x^\sigma \partial x^\rho} (g^{\mu\nu} g^{\rho\sigma}). \quad (7.68)$$

利用(5.57)式,上式可以写为

$$(g^{\mu\nu} R)_{\mathrm{LIF}} = -\frac{1}{2} \frac{\partial}{\partial x^\lambda} \left(g^{\mu\nu} g^{\rho\sigma} \frac{\partial g^{\lambda\kappa}}{\partial x^\rho} g_{\kappa\sigma} + g^{\mu\nu} g^{\rho\sigma} \frac{\partial g^{\lambda\kappa}}{\partial x^\sigma} g_{\rho\kappa} + g^{\mu\nu} g^{\lambda\kappa} \frac{1}{g} \frac{\partial g}{\partial x^\kappa} \right)$$

$$\quad - \frac{1}{2} \frac{\partial}{\partial x^\sigma} \left[\frac{1}{g} \frac{\partial}{\partial x^\rho} (g g^{\mu\nu} g^{\rho\sigma}) \right] + \frac{1}{2} \frac{\partial^2 g^{\mu\nu}}{\partial x^\sigma \partial x^\rho} g^{\rho\sigma} + \frac{1}{2} g^{\mu\nu} \frac{\partial^2 g^{\rho\sigma}}{\partial x^\sigma \partial x^\rho}$$

$$= -\frac{1}{2} \frac{\partial}{\partial x^\lambda} \left(g^{\mu\nu} \frac{\partial g^{\lambda\rho}}{\partial x^\rho} + g^{\mu\nu} \frac{\partial g^{\lambda\sigma}}{\partial x^\sigma} + g^{\mu\nu} g^{\lambda\kappa} \frac{1}{g} \frac{\partial g}{\partial x^\kappa} \right)$$

$$-\frac{1}{2}\frac{\partial}{\partial x^\sigma}\left[\frac{1}{g}\frac{\partial}{\partial x^\rho}(gg^{\mu\nu}g^{\rho\sigma})\right]+\frac{1}{2}\frac{\partial^2 g^{\mu\nu}}{\partial x^\sigma\partial x^\rho}g^{\rho\sigma}+\frac{1}{2}g^{\mu\nu}\frac{\partial^2 g^{\rho\sigma}}{\partial x^\sigma\partial x^\rho}$$

$$=-g^{\mu\nu}\frac{\partial^2 g^{\lambda\rho}}{\partial x^\lambda\partial x^\rho}-\frac{1}{2}\frac{\partial}{\partial x^\lambda}\left[\frac{1}{g}\frac{\partial}{\partial x^\kappa}(gg^{\mu\nu}g^{\lambda\kappa})\right]+\frac{1}{2}\frac{\partial^2}{\partial x^\lambda\partial x^\kappa}(g^{\mu\nu}g^{\lambda\kappa})$$

$$-\frac{1}{2}\frac{\partial}{\partial x^\sigma}\left[\frac{1}{g}\frac{\partial}{\partial x^\rho}(gg^{\mu\nu}g^{\rho\sigma})\right]+\frac{1}{2}\frac{\partial^2 g^{\mu\nu}}{\partial x^\sigma\partial x^\rho}g^{\rho\sigma}+\frac{1}{2}g^{\mu\nu}\frac{\partial^2 g^{\rho\sigma}}{\partial x^\sigma\partial x^\rho}$$

$$=-\frac{\partial}{\partial x^\sigma}\left[\frac{1}{g}\frac{\partial}{\partial x^\rho}(gg^{\mu\nu}g^{\rho\sigma})\right]+\frac{\partial^2 g^{\mu\nu}}{\partial x^\sigma\partial x^\rho}g^{\rho\sigma}. \tag{7.69}$$

在局域惯性参考系中,物质的能量-动量张量结果为

$$T_{\text{LIF}}^{\mu\nu}=\frac{c^4}{8\pi G_{\text{N}}}\left(R^{\mu\nu}-\frac{1}{2}g^{\mu\nu}R\right)_{\text{LIF}}$$

$$=\frac{c^4}{8\pi G_{\text{N}}}\left\{\frac{1}{2}\frac{\partial^2 g^{\mu\nu}}{\partial x^\lambda\partial x^\kappa}g^{\lambda\kappa}-\frac{1}{2}\frac{\partial}{\partial x^\sigma}\left[\frac{1}{g}\frac{\partial}{\partial x^\rho}(gg^{\mu\rho}g^{\nu\sigma})\right]\right.$$

$$\left.+\frac{1}{2}\frac{\partial}{\partial x^\sigma}\left[\frac{1}{g}\frac{\partial}{\partial x^\rho}(gg^{\mu\nu}g^{\rho\sigma})\right]-\frac{1}{2}\frac{\partial^2 g^{\mu\nu}}{\partial x^\sigma\partial x^\rho}g^{\rho\sigma}\right\}$$

$$=\frac{\partial}{\partial x^\sigma}\left\{\frac{c^4}{16\pi G_{\text{N}}}\frac{1}{(-g)}\frac{\partial}{\partial x^\rho}[(-g)(g^{\mu\nu}g^{\rho\sigma}-g^{\mu\rho}g^{\nu\sigma})]\right\}$$

$$=\frac{1}{(-g)}\frac{\partial}{\partial x^\sigma}\left\{\frac{c^4}{16\pi G_{\text{N}}}\frac{\partial}{\partial x^\rho}[(-g)(g^{\mu\nu}g^{\rho\sigma}-g^{\mu\rho}g^{\nu\sigma})]\right\}, \tag{7.70}$$

可以将上式重写为

$$(-g)T_{\text{LIF}}^{\mu\nu}=\frac{\partial}{\partial x^\sigma}\tau^{\mu\nu\sigma}, \tag{7.71}$$

其中,已经引入了

$$\tau^{\mu\nu\sigma}=\frac{c^4}{16\pi G_{\text{N}}}\frac{\partial}{\partial x^\rho}[(-g)(g^{\mu\nu}g^{\rho\sigma}-g^{\mu\rho}g^{\nu\sigma})]. \tag{7.72}$$

(7.71)式已经在局域惯性参考系中得到. 在一个一般的参考系中,左边与右边的等价性不再成立. 将为$(-g)t^{\mu\nu}$ 的另一部分

$$(-g)(T^{\mu\nu}+t^{\mu\nu})=\frac{\partial}{\partial x^\sigma}\tau^{\mu\nu\sigma}. \tag{7.73}$$

通过构造,$\partial_\mu\partial_\sigma\tau^{\mu\nu\sigma}=0$, 因为$\tau^{\mu\nu\sigma}$ 对于指标μ 与σ 反对称,所以,

$$\frac{\partial}{\partial x^\mu}[(-g)(T^{\mu\nu}+t^{\mu\nu})]=0. \tag{7.74}$$

$t^{\mu\nu}$ 称为**朗道-栗弗席兹赝张量**. 由一般参考系中的爱因斯坦方程,可以得到 $t^{\mu\nu}$ 的表达式:

$$t^{\mu\nu}=\frac{c^4}{16\pi G_{\text{N}}}\left[(2\Gamma_{\kappa\lambda}^\rho\Gamma_{\rho\sigma}^\sigma-\Gamma_{\kappa\sigma}^\rho\Gamma_{\lambda\rho}^\sigma-\Gamma_{\kappa\rho}^\rho\Gamma_{\lambda\sigma}^\sigma)(g^{\mu\kappa}g^{\nu\lambda}-g^{\mu\nu}g^{\kappa\lambda})\right.$$

$$+g^{\mu\kappa}g^{\lambda\rho}(\Gamma_{\kappa\sigma}^\nu\Gamma_{\lambda\rho}^\sigma+\Gamma_{\lambda\rho}^\nu\Gamma_{\kappa\sigma}^\sigma-\Gamma_{\rho\sigma}^\nu\Gamma_{\kappa\lambda}^\sigma-\Gamma_{\kappa\lambda}^\nu\Gamma_{\rho\sigma}^\sigma)$$

$$+g^{\nu\kappa}g^{\lambda\rho}(\Gamma_{\kappa\sigma}^\mu\Gamma_{\lambda\rho}^\sigma+\Gamma_{\lambda\rho}^\mu\Gamma_{\kappa\sigma}^\sigma-\Gamma_{\sigma\rho}^\mu\Gamma_{\kappa\lambda}^\sigma-\Gamma_{\kappa\lambda}^\mu\Gamma_{\sigma\rho}^\sigma)$$

$$+ g^{\kappa\lambda} g^{\rho\sigma} (\Gamma^{\mu}_{\kappa\rho} \Gamma^{\nu}_{\lambda\sigma} - \Gamma^{\mu}_{\kappa\lambda} \Gamma^{\nu}_{\rho\sigma})]. \tag{7.75}$$

$t^{\mu\nu}$ 是一个由非张量的克里斯托费尔符号结合而成的非张量. 但是, 它在线性坐标变换下按张量的方式变换, 由此而得名"赝张量".

习　题

7.1　考虑如下一个标量场 ϕ 非最小限度耦合于引力的作用量,

$$S = -\frac{1}{c} \int \left[\frac{\hbar}{2} g^{\mu\nu} (\partial_{\mu}\phi)(\partial_{\nu}\phi) + \frac{1}{2} \frac{m^2 c^2}{\hbar} \phi^2 - \xi R \phi^2 \right] \sqrt{-g}\, \mathrm{d}^4 x. \tag{7.76}$$

求标量场的能量-动量张量.

7.2　考虑(7.76)式中的作用量, 写出其运动方程.

7.3　为了获得(7.8)式中带有一个宇宙学常数 Λ 的爱因斯坦方程, 重新写出(7.24)式中的爱因斯坦-希尔伯特作用量.

参 考 文 献

[1] L. D. Landau, E. M. Lifshitz. *The Classical Theory of Fields* (Butterworth-Heinemann, Oxford, 1980).

第8章

史瓦西时空

爱因斯坦方程(7.6)蕴含在爱因斯坦张量 $G^{\mu\nu}$ 的时空几何中,由于物质的能量-动量张量 $T^{\mu\nu}$ 与描述的物质内容相联系. 如果已知物质内容,原则上能够在某些坐标系下解出爱因斯坦方程,并得到时空度规 $g^{\mu\nu}$. 但是,一般而言爱因斯坦方程的求解是极其非平凡的,因为它们是对含有 10 个分量的度规张量 $g^{\mu\nu}$ 求解的二阶非线性偏微分方程组. 当时空具有一些特别的对称性时,才有可能得到爱因斯坦方程的解析解.

史瓦西度规是爱因斯坦方程精确解的一个相关实例,它具有重要的物理应用. 它是爱因斯坦方程唯一的球对称真空解,并且通常能够良好地近似于转动较慢的天体周围的引力场,如恒星与行星.

8.1 球对称时空

首先,希望找到一个球对称时空中线元的最一般的形式. 注意到眼下我们还未假定爱因斯坦方程,这意味着在任何由时空的度规张量描述时空几何的引力理论中,该线元形式都成立. 为了达到目的,我们选择一个特别的坐标系,在该坐标系下度规张量 $g_{\mu\nu}$ 清楚地表明时空的对称性.

作为起点,可以使用**迷向坐标** (ct, x, y, z),选择 3 维空间的坐标系原点 $x = y = z = 0$ 位于对称中心,并且要求 3 维空间中的线元 $\mathrm{d}l$ 仅依赖于时间 t 以及它至原点的距离. 于是,$\mathrm{d}l^2$ 应有如下形式:

$$\mathrm{d}l^2 = g(t, \sqrt{x^2 + y^2 + z^2})(\mathrm{d}x^2 + \mathrm{d}y^2 + \mathrm{d}z^2), \tag{8.1}$$

其中,g 是关于 t 与 $\sqrt{x^2 + y^2 + z^2}$ 的未知函数.

注意 一般而言,$\sqrt{x^2 + y^2 + z^2}$ 并不是到原点的固有距离. 但是,具有相同的 $\sqrt{x^2 + y^2 + z^2}$ 值的点具有相同的到原点的固有距离,这已经足够,因为我们还未确定函数 g.

可以利用坐标变换转移到类球坐标 (t, r, θ, ϕ) 下,

$$\begin{aligned} x &= r\sin\theta\cos\phi, \\ y &= r\sin\theta\sin\phi, \\ z &= r\cos\theta. \end{aligned} \tag{8.2}$$

现在 3 维空间中的线元为

$$\mathrm{d}l^2 = g(t,r)(\mathrm{d}r^2 + r^2\mathrm{d}\theta^2 + r^2\sin^2\theta\,\mathrm{d}\phi^2). \tag{8.3}$$

现在来构建 4 维度规 $g_{\mu\nu}$ 的形式. 对于 $\mathrm{d}t \neq 0$, $\mathrm{d}s^2$ 应在如下的坐标变换中分别独立地保持不变,

$$\theta \to \tilde\theta = -\theta, \quad \phi \to \tilde\phi = -\phi, \tag{8.4}$$

这暗含了 $g_{t\theta} = g_{t\phi} = 0$. 于是, 4 维时空的线元可写为

$$\mathrm{d}s^2 = -f(t,r)c^2\mathrm{d}t^2 + g(t,r)\mathrm{d}r^2 + h(t,r)\mathrm{d}t\,\mathrm{d}r + g(t,r)r^2(\mathrm{d}\theta^2 + \sin^2\theta\,\mathrm{d}\phi^2), \tag{8.5}$$

其中, f 与 h 都仅是 t 和 r 的未知函数.

(8.5)式可被进一步简化. 仍可以考虑一个坐标变换,

$$t \to \tilde t = \tilde t(t,r), \quad t \to \tilde r = \tilde r(t,r), \tag{8.6}$$

这样使得

$$\tilde r^2 = g(t,r)r^2, \quad g_{\tilde t\tilde r} = 0. \tag{8.7}$$

注意到坐标 $\tilde r$ 拥有明确的几何意义. 它对应于定义面积为 $4\pi\tilde r^2$ 的 2 维球面的径向坐标值. 同时注意到 $\tilde r$ 一般并不描述至中心 $\tilde r = 0$ 的真实距离(稍后见 8.3 节). 最终, 时空的线元可写为

$$\mathrm{d}s^2 = -f(t,r)c^2\mathrm{d}t^2 + g(t,r)\mathrm{d}r^2 + r^2(\mathrm{d}\theta^2 + \sin^2\theta\,\mathrm{d}\phi^2). \tag{8.8}$$

由于我们对有限扩张的物质分布生成的引力场感兴趣, 时空必须是渐近平直的, 即: 必须在远径下回归到闵可夫斯基度规. 于是, 边界条件为

$$\lim_{r\to\infty} f(t,r) = \lim_{r\to\infty} g(t,r) = 1. \tag{8.9}$$

如本节伊始所强调的, (8.8)式是一个球对称时空的线元的最一般形式. 假定为在爱因斯坦引力中, 可以使用(8.8)式的拟设, 以找到函数 f 与 g 在爱因斯坦引力中对于一个特定物质分布的确切形式, 来解出爱因斯坦方程.

8.2 伯克霍夫定理

伯克霍夫定理是在爱因斯坦引力中一个有效的重要的唯一性定理.

伯克霍夫定理　真空中爱因斯坦方程唯一的球对称解是**史瓦西度规**.

首先来证明该定理, 然后讨论它的含义. 需要利用对于度规张量的拟设(8.8)与在右边 $T^{\mu\nu} = 0$ 的条件来解出爱因斯坦方程. 由于位于真空中, 曲率标量为零, $R = 0$, 因此, 爱因斯坦方程约化为 $R^{\mu\nu} = 0$, 如(7.10)式所示. 其策略是利用公式

$$R_{\mu\nu} = \frac{\partial \Gamma^\lambda_{\mu\nu}}{\partial x^\lambda} - \frac{\partial \Gamma^\lambda_{\mu\lambda}}{\partial x^\nu} + \Gamma^\lambda_{\mu\nu}\Gamma^\rho_{\lambda\rho} - \Gamma^\lambda_{\mu\rho}\Gamma^\rho_{\nu\lambda} \tag{8.10}$$

计算出克里斯托费尔符号, 然后是里奇张量.

计算过程可能稍微有些长且无聊,但它们可以作为更好地理解广义相对论形式的良好练习.计算克里斯托费尔符号最快的方法是由拉格朗日量的欧拉-拉格朗日方程写出测地线方程[①],

$$L = -\frac{f}{2}\left(\frac{\mathrm{d}t}{\mathrm{d}\lambda}\right)^2 + \frac{g}{2}\left(\frac{\mathrm{d}r}{\mathrm{d}\lambda}\right)^2 + \frac{r^2}{2}\left(\frac{\mathrm{d}\theta}{\mathrm{d}\lambda}\right)^2 + \frac{1}{2}r^2\sin^2\theta\left(\frac{\mathrm{d}\phi}{\mathrm{d}\lambda}\right)^2, \tag{8.11}$$

其中,λ 是粒子的固有时(对于类时测地线)或者仿射参数(对于零测地线).对于 $x^\mu = t$,其欧拉-拉格朗日方程为

$$\frac{\mathrm{d}}{\mathrm{d}\lambda}\left(-f\frac{\mathrm{d}t}{\mathrm{d}\lambda}\right) + \frac{\dot{f}}{2}\left(\frac{\mathrm{d}t}{\mathrm{d}\lambda}\right)^2 - \frac{\dot{g}}{2}\left(\frac{\mathrm{d}r}{\mathrm{d}\lambda}\right)^2 = 0,$$

$$f\frac{\mathrm{d}^2 t}{\mathrm{d}\lambda^2} + \dot{f}\left(\frac{\mathrm{d}t}{\mathrm{d}\lambda}\right)^2 + f'\frac{\mathrm{d}t}{\mathrm{d}\lambda}\frac{\mathrm{d}r}{\mathrm{d}\lambda} - \frac{\dot{f}}{2}\left(\frac{\mathrm{d}t}{\mathrm{d}\lambda}\right)^2 + \frac{\dot{g}}{2}\left(\frac{\mathrm{d}r}{\mathrm{d}\lambda}\right)^2 = 0,$$

$$\frac{\mathrm{d}^2 t}{\mathrm{d}\lambda^2} + \frac{\dot{f}}{2f}\left(\frac{\mathrm{d}t}{\mathrm{d}\lambda}\right)^2 + \frac{f'}{f}\frac{\mathrm{d}t}{\mathrm{d}\lambda}\frac{\mathrm{d}r}{\mathrm{d}\lambda} + \frac{\dot{g}}{2f}\left(\frac{\mathrm{d}r}{\mathrm{d}\lambda}\right)^2 = 0. \tag{8.12}$$

在这里与下文中都使用"˙"表示对时间 t 的导数,即"˙$=\partial_t$","′"表示对空间坐标 r 的导数,即"′$=\partial_r$".如果将测地线方程与(8.12)式左边的最后一个表达式比照,可以看到非零的 $\Gamma^t_{\mu\nu}$ 型克里斯托费尔符号仅有

$$\Gamma^t_{tt} = \frac{\dot{f}}{2f}, \quad \Gamma^t_{tr} = \Gamma^t_{rt} = \frac{f'}{2f}, \quad \Gamma^t_{rr} = \frac{\dot{g}}{2f}. \tag{8.13}$$

对于 $x^\mu = r$,欧拉-拉格朗日方程为

$$\frac{\mathrm{d}}{\mathrm{d}\lambda}\left(g\frac{\mathrm{d}r}{\mathrm{d}\lambda}\right) + \frac{f'}{2}\left(\frac{\mathrm{d}t}{\mathrm{d}\lambda}\right)^2 - \frac{g'}{2}\left(\frac{\mathrm{d}r}{\mathrm{d}\lambda}\right)^2 - r\left(\frac{\mathrm{d}\theta}{\mathrm{d}\lambda}\right)^2 - r\sin^2\theta\left(\frac{\mathrm{d}\phi}{\mathrm{d}\lambda}\right)^2 = 0,$$

$$g\frac{\mathrm{d}^2 r}{\mathrm{d}\lambda^2} + \dot{g}\frac{\mathrm{d}t}{\mathrm{d}\lambda}\frac{\mathrm{d}r}{\mathrm{d}\lambda} + g'\left(\frac{\mathrm{d}r}{\mathrm{d}\lambda}\right)^2 + \frac{f'}{2}\left(\frac{\mathrm{d}t}{\mathrm{d}\lambda}\right)^2 - \frac{g'}{2}\left(\frac{\mathrm{d}r}{\mathrm{d}\lambda}\right)^2 - r\left(\frac{\mathrm{d}\theta}{\mathrm{d}\lambda}\right)^2 - r\sin^2\theta\left(\frac{\mathrm{d}\phi}{\mathrm{d}\lambda}\right)^2 = 0,$$

$$\frac{\mathrm{d}^2 r}{\mathrm{d}\lambda^2} + \frac{f'}{2g}\left(\frac{\mathrm{d}t}{\mathrm{d}\lambda}\right)^2 + \frac{\dot{g}}{g}\frac{\mathrm{d}t}{\mathrm{d}\lambda}\frac{\mathrm{d}r}{\mathrm{d}\lambda} + \frac{g'}{2g}\left(\frac{\mathrm{d}r}{\mathrm{d}\lambda}\right)^2 - \frac{r}{g}\left(\frac{\mathrm{d}\theta}{\mathrm{d}\lambda}\right)^2 - \frac{r\sin^2\theta}{g}\left(\frac{\mathrm{d}\phi}{\mathrm{d}\lambda}\right)^2 = 0, \tag{8.14}$$

可以发现非零的 $\Gamma^r_{\mu\nu}$ 型克里斯托费尔符号仅有

$$\Gamma^r_{tt} = \frac{f'}{2g}, \quad \Gamma^r_{tr} = \Gamma^r_{rt} = \frac{\dot{g}}{2g},$$

$$\Gamma^r_{rr} = \frac{g'}{2g}, \quad \Gamma^r_{\theta\theta} = -\frac{r}{g}, \quad \Gamma^r_{\phi\phi} = -\frac{r\sin^2\theta}{g}. \tag{8.15}$$

对于 $x^\mu = \theta$,有

$$\frac{\mathrm{d}}{\mathrm{d}\lambda}\left(r^2\frac{\mathrm{d}\theta}{\mathrm{d}\lambda}\right) - r^2\sin\theta\cos\theta\left(\frac{\mathrm{d}\phi}{\mathrm{d}\lambda}\right)^2 = 0,$$

[①] 在这些计算中,忽略 t 与空间坐标间的量纲差异,将不写出光速 c 以简化等式.这等价于应用单位制 $c = 1$,而这是被引力研究者与粒子物理研究者所广泛使用的惯例.

$$r^2 \frac{\mathrm{d}^2\theta}{\mathrm{d}\lambda^2} + 2r \frac{\mathrm{d}r}{\mathrm{d}\lambda} \frac{\mathrm{d}\theta}{\mathrm{d}\lambda} - r^2 \sin\theta\cos\theta \left(\frac{\mathrm{d}\phi}{\mathrm{d}\lambda}\right)^2 = 0,$$

$$\frac{\mathrm{d}^2\theta}{\mathrm{d}\lambda^2} + \frac{2}{r} \frac{\mathrm{d}r}{\mathrm{d}\lambda} \frac{\mathrm{d}\theta}{\mathrm{d}\lambda} - \sin\theta\cos\theta \left(\frac{\mathrm{d}\phi}{\mathrm{d}\lambda}\right)^2 = 0, \tag{8.16}$$

非零的 $\Gamma^\theta_{\mu\nu}$ 型克里斯托费尔符号为

$$\Gamma^\theta_{r\theta} = \Gamma^\theta_{\theta r} = \frac{1}{r}, \quad \Gamma^\theta_{\phi\phi} = -\sin\theta\cos\theta. \tag{8.17}$$

最后,对于 $x^\mu = \phi$,其欧拉-拉格朗日方程显示为

$$\frac{\mathrm{d}}{\mathrm{d}\lambda}\left(r^2 \sin^2\theta \frac{\mathrm{d}\phi}{\mathrm{d}\lambda}\right) = 0,$$

$$r^2 \sin^2\theta \frac{\mathrm{d}^2\phi}{\mathrm{d}\lambda^2} + 2r\sin^2\theta \frac{\mathrm{d}r}{\mathrm{d}\lambda} \frac{\mathrm{d}\phi}{\mathrm{d}\lambda} + 2r^2\sin\theta\cos\theta \frac{\mathrm{d}\theta}{\mathrm{d}\lambda} \frac{\mathrm{d}\phi}{\mathrm{d}\lambda} = 0,$$

$$\frac{\mathrm{d}^2\phi}{\mathrm{d}\lambda^2} + \frac{2}{r} \frac{\mathrm{d}r}{\mathrm{d}\lambda} \frac{\mathrm{d}\phi}{\mathrm{d}\lambda} + 2\cot\theta \frac{\mathrm{d}\theta}{\mathrm{d}\lambda} \frac{\mathrm{d}\phi}{\mathrm{d}\lambda} = 0, \tag{8.18}$$

可以发现

$$\Gamma^\phi_{r\phi} = \Gamma^\phi_{\phi r} = \frac{1}{r}, \quad \Gamma^\phi_{\theta\phi} = \Gamma^\phi_{\phi\theta} = \cot\theta. \tag{8.19}$$

现在拥有了所有的克里斯托费尔符号,可以计算里奇张量 $R_{\mu\nu}$ 的非零分量. $R_{\mu\nu}$ 的 tt -分量为

$$\begin{aligned}
R_{tt} &= \frac{\partial \Gamma^t_{tt}}{\partial t} + \frac{\partial \Gamma^r_{tt}}{\partial r} - \frac{\partial}{\partial t}(\Gamma^t_{tt} + \Gamma^r_{tr}) + \Gamma^t_{tt}(\Gamma^t_{tt} + \Gamma^r_{tr}) \\
&\quad + \Gamma^r_{tt}(\Gamma^r_{rt} + \Gamma^r_{rr} + \Gamma^\theta_{r\theta} + \Gamma^\phi_{r\phi}) - \Gamma^t_{tt}\Gamma^t_{tt} - \Gamma^t_{tr}\Gamma^r_{tt} - \Gamma^t_{tr}\Gamma^t_{tt} - \Gamma^r_{tr}\Gamma^r_{tr} \\
&= \frac{\partial \Gamma^r_{tt}}{\partial r} - \frac{\partial \Gamma^r_{tr}}{\partial t} + \Gamma^t_{tt}\Gamma^r_{tr} + \Gamma^r_{tt}(\Gamma^r_{rr} + \Gamma^\theta_{r\theta} + \Gamma^\phi_{r\phi}) - \Gamma^t_{tr}\Gamma^t_{tt} - \Gamma^r_{tr}\Gamma^r_{tr} \\
&= \frac{f''}{2g} - \frac{f'g'}{2g^2} - \frac{\ddot{g}}{2g} + \frac{\dot{g}^2}{2g^2} + \frac{\dot{f}}{2f}\frac{\dot{g}}{2g} + \frac{f'}{2g}\left(\frac{g'}{2g} + \frac{1}{r} + \frac{1}{r}\right) - \frac{f'}{2f}\frac{f'}{2g} - \frac{\dot{g}}{2g}\frac{\dot{g}}{2g} \\
&= \frac{f''}{2g} - \frac{f'}{4g}\left(\frac{f'}{f} + \frac{g'}{g}\right) + \frac{f'}{rg} + \frac{\dot{f}\dot{g}}{4fg} + \frac{\dot{g}^2}{4g^2} - \frac{\ddot{g}}{2g}. \tag{8.20}
\end{aligned}$$

$R_{\mu\nu}$ 的 tr -分量为

$$\begin{aligned}
R_{tr} &= \frac{\partial \Gamma^t_{tr}}{\partial t} + \frac{\partial \Gamma^r_{tr}}{\partial r} - \frac{\partial}{\partial r}(\Gamma^t_{tt} + \Gamma^r_{tr}) + \Gamma^t_{tr}(\Gamma^t_{tt} + \Gamma^r_{tr}) \\
&\quad + \Gamma^r_{tr}(\Gamma^t_{rt} + \Gamma^r_{rr} + \Gamma^\theta_{r\theta} + \Gamma^\phi_{r\phi}) - \Gamma^t_{tt}\Gamma^t_{rt} - \Gamma^t_{tr}\Gamma^r_{rt} - \Gamma^t_{tt}\Gamma^t_{rr} - \Gamma^r_{tr}\Gamma^r_{rr} \\
&= \frac{\partial \Gamma^t_{tr}}{\partial t} - \frac{\partial \Gamma^t_{tt}}{\partial r} + \Gamma^r_{tr}(\Gamma^t_{rt} + \Gamma^\theta_{r\theta} + \Gamma^\phi_{r\phi}) - \Gamma^t_{tt}\Gamma^t_{rr} \\
&= \frac{\dot{f}'}{2f} - \frac{f'\dot{f}}{2f^2} - \frac{\dot{f}'}{2f} + \frac{\dot{f}f'}{2f^2} + \frac{\dot{g}}{2g}\left(\frac{f'}{2f} + \frac{1}{r} + \frac{1}{r}\right) - \frac{f'}{2g}\frac{\dot{g}}{2f} \\
&= \frac{\dot{g}}{rg}. \tag{8.21}
\end{aligned}$$

$R_{\mu\nu}$ 的 rr -分量为

$$
\begin{aligned}
R_{rr} &= \frac{\partial\,\Gamma^t_{rr}}{\partial\,t} + \frac{\partial\,\Gamma^r_{rr}}{\partial\,r} - \frac{\partial}{\partial\,r}(\Gamma^t_{rt} + \Gamma^r_{rr} + \Gamma^\theta_{r\theta} + \Gamma^\phi_{r\phi}) + \Gamma^t_{rr}(\Gamma^t_{tt} + \Gamma^r_{tr}) \\
&\quad + \Gamma^r_{rr}(\Gamma^t_{rt} + \Gamma^r_{rr} + \Gamma^\theta_{r\theta} + \Gamma^\phi_{r\phi}) - \Gamma^t_{rt}\Gamma^t_{rt} - \Gamma^t_{rr}\Gamma^r_{rt} - \Gamma^r_{rt}\Gamma^t_{rr} - \Gamma^r_{rr}\Gamma^r_{rr} - \Gamma^\theta_{r\theta}\Gamma^\theta_{r\theta} - \Gamma^\phi_{r\phi}\Gamma^\phi_{r\phi} \\
&= \frac{\partial\,\Gamma^t_{rr}}{\partial\,t} - \frac{\partial\,\Gamma^t_{rt}}{\partial\,r} - \frac{\partial\,\Gamma^\theta_{r\theta}}{\partial\,r} - \frac{\partial\,\Gamma^\phi_{r\phi}}{\partial\,r} + \Gamma^t_{rr}\Gamma^t_{tt} + \Gamma^r_{rr}(\Gamma^t_{rt} + \Gamma^\theta_{r\theta} + \Gamma^\phi_{r\phi}) \\
&\quad - \Gamma^t_{rt}\Gamma^t_{rt} - \Gamma^t_{rr}\Gamma^r_{rt} - \Gamma^\theta_{r\theta}\Gamma^\theta_{r\theta} - \Gamma^\phi_{r\phi}\Gamma^\phi_{r\phi} \\
&= \frac{\ddot{g}}{2f} - \frac{\dot{f}\dot{g}}{2f^2} - \frac{f''}{2f} + \frac{f'^2}{2f^2} + \frac{1}{r^2} + \frac{1}{r^2} + \frac{\dot{g}}{2f}\frac{\dot{f}}{2f} + \frac{g'}{2g}\left(\frac{f'}{2f} + \frac{1}{r} + \frac{1}{r}\right) \\
&\quad - \frac{f'}{2f}\frac{f'}{2f} - \frac{\dot{g}}{2f}\frac{\dot{g}}{2g} - \frac{1}{r^2} - \frac{1}{r^2} \\
&= -\frac{f''}{2f} + \frac{f'}{4f}\left(\frac{f'}{f} + \frac{g'}{g}\right) + \frac{g'}{rg} + \frac{\dot{f}\dot{g}}{4f^2} - \frac{\dot{g}^2}{2fg} + \frac{\ddot{g}}{2f}. \quad\quad (8.22)
\end{aligned}
$$

$R_{\mu\nu}$ 的 $\theta\theta$ -分量为

$$
\begin{aligned}
R_{\theta\theta} &= \frac{\partial\,\Gamma^r_{\theta\theta}}{\partial\,r} - \frac{\partial\,\Gamma^\phi_{\theta\phi}}{\partial\,\theta} + \Gamma^r_{\theta\theta}(\Gamma^t_{rt} + \Gamma^r_{rr} + \Gamma^\theta_{r\theta} + \Gamma^\phi_{r\phi}) - \Gamma^r_{\theta\theta}\Gamma^\theta_{\theta r} - \Gamma^\theta_{\theta r}\Gamma^r_{\theta\theta} - \Gamma^\phi_{\theta\phi}\Gamma^\phi_{\theta\phi} \\
&= \frac{\partial\,\Gamma^r_{\theta\theta}}{\partial\,r} - \frac{\partial\,\Gamma^\phi_{\theta\phi}}{\partial\,\theta} + \Gamma^r_{\theta\theta}(\Gamma^t_{rt} + \Gamma^r_{rr} + \Gamma^\phi_{r\phi}) - \Gamma^\theta_{\theta r}\Gamma^r_{\theta\theta} - \Gamma^\phi_{\theta\phi}\Gamma^\phi_{\theta\phi} \\
&= -\frac{1}{g} + \frac{rg'}{g^2} + 1 + \cot^2\theta - \frac{r}{g}\left(\frac{f'}{2f} + \frac{g'}{2g} + \frac{1}{r}\right) + \frac{1}{r}\frac{r}{g} - \cot^2\theta \\
&= 1 - \frac{1}{g} + \frac{r}{2g}\left(\frac{g'}{g} - \frac{f'}{f}\right). \quad\quad (8.23)
\end{aligned}
$$

$R_{\mu\nu}$ 的 $\phi\phi$ -分量为

$$
\begin{aligned}
R_{\phi\phi} &= \frac{\partial\,\Gamma^r_{\phi\phi}}{\partial\,r} + \frac{\partial\,\Gamma^\theta_{\phi\phi}}{\partial\,\theta} + \Gamma^r_{\phi\phi}(\Gamma^t_{rt} + \Gamma^r_{rr} + \Gamma^\theta_{r\theta} + \Gamma^\phi_{r\phi}) + \Gamma^\theta_{\phi\phi}\Gamma^\phi_{\theta\phi} \\
&\quad - \Gamma^r_{\phi\phi}\Gamma^\phi_{\phi r} - \Gamma^\phi_{\phi r}\Gamma^r_{\phi\phi} - \Gamma^\theta_{\phi\phi}\Gamma^\phi_{\phi\theta} - \Gamma^\phi_{\phi\theta}\Gamma^\theta_{\phi\phi} \\
&= \frac{\partial\,\Gamma^r_{\phi\phi}}{\partial\,r} + \frac{\partial\,\Gamma^\theta_{\phi\phi}}{\partial\,\theta} + \Gamma^r_{\phi\phi}(\Gamma^t_{rt} + \Gamma^r_{rr} + \Gamma^\theta_{r\theta}) - \Gamma^\phi_{\phi r}\Gamma^r_{\phi\phi} - \Gamma^\phi_{\phi\theta}\Gamma^\theta_{\phi\phi} \\
&= -\frac{\sin^2\theta}{g} + \frac{r\sin^2\theta\, g'}{g^2} + \sin^2\theta - \cos^2\theta - \frac{r\sin^2\theta}{g}\left(\frac{f'}{2f} + \frac{g'}{2g} + \frac{1}{r}\right) \\
&\quad + \frac{1}{r}\frac{r\sin^2\theta}{g} + \sin\theta\cos\theta\cot\theta \\
&= \sin^2\theta\left[1 - \frac{1}{g} + \frac{r}{2g}\left(\frac{g'}{g} - \frac{f'}{f}\right)\right], \quad\quad (8.24)
\end{aligned}
$$

它等于 $\theta\theta$ -分量乘以 $\sin^2\theta$.

里奇张量的其余分量化为零. 可以注意到(8.4)式中的变换具有如下的效应：

$$
R_{\theta\mu} \to R_{\bar{\theta}\mu} = \frac{\partial\,\bar{\theta}}{\partial\,\theta}\frac{\partial\,x^\nu}{\partial\,x^\mu}R_{\theta\nu} = -R_{\theta\mu}(\text{对于 } \mu \ne \theta),
$$

$$R_{\phi\mu} \rightarrow -R_{\phi\mu}(\text{对于 } \mu \neq \phi). \tag{8.25}$$

由于度规在这样的变换下保持不变,里奇张量的分量也应保持不变,因此,它们必须为零.

最终,有 4 个独立方程:

$$R_{tt} = \frac{f''}{2g} - \frac{f'}{4g}\left(\frac{f'}{f} + \frac{g'}{g}\right) + \frac{f'}{rg} + \frac{\dot{f}\dot{g}}{4fg} + \frac{\dot{g}^2}{4g^2} - \frac{\ddot{g}}{2g} = 0, \tag{8.26}$$

$$R_{tr} = \frac{\dot{g}^2}{rg} = 0, \tag{8.27}$$

$$R_{rr} = -\frac{f''}{2f} + \frac{f'}{4f}\left(\frac{f'}{f} + \frac{g'}{g}\right) + \frac{g'}{rg} - \frac{\dot{f}\dot{g}}{4f^2} - \frac{\dot{g}^2}{4fg} + \frac{\ddot{g}}{2f} = 0, \tag{8.28}$$

$$R_{\theta\theta} = 1 - \frac{1}{g} + \frac{r}{2g}\left(\frac{g'}{g} - \frac{f'}{f}\right) = 0, \tag{8.29}$$

由(8.27)式可以看到 $g = g(r)$. (8.29)式可写为

$$\frac{f'}{f} = \frac{2g}{r} - \frac{2}{r} + \frac{g'}{g}, \tag{8.30}$$

于是, f'/f 仅是 r 的函数.这意味着 f 可被写为

$$f(t, r) = f_1(t)f_2(r). \tag{8.31}$$

利用如下的坐标变换:

$$\mathrm{d}t \rightarrow \mathrm{d}\bar{t} = \sqrt{f_1(t)}\,\mathrm{d}t, \tag{8.32}$$

总是能够将 $f_1(t)$ 吸收进时间坐标.最后,时空的线元可写为如下形式:

$$\mathrm{d}s^2 = -f(r)c^2\mathrm{d}t^2 + g(r)\mathrm{d}r^2 + r^2(\mathrm{d}\theta^2 + \sin^2\theta\,\mathrm{d}\phi^2), \tag{8.33}$$

这表明度规独立于 t.

将(8.26)式与(8.28)式按以下方法合并:

$$gR_{tt} + fR_{rr} = 0, \tag{8.34}$$

于是,可以发现

$$\frac{f''}{2} - \frac{f'}{4}\left(\frac{f'}{f} + \frac{g'}{g}\right) + \frac{f'}{r} - \frac{f''}{2} + \frac{f'}{4}\left(\frac{f'}{f} + \frac{g'}{g}\right) + \frac{fg'}{rg} = 0,$$

$$\frac{f'}{r} + \frac{fg'}{rg} = 0,$$

$$\frac{1}{rg}\frac{\mathrm{d}}{\mathrm{d}r}(fg) = 0$$

$$fg = \text{常数}. \tag{8.35}$$

因为在远离源的情况下希望回归至闵可夫斯基时空,有必要施加(8.9)式中的条件,然后,可以发现

$$g = \frac{1}{f}. \tag{8.36}$$

现在可以仅利用 $f(r)$ 重写(8.29)式,并解出新的微分方程,

$$1 - f + \frac{rf}{2}\left(-f\frac{f'}{f^2} - \frac{f'}{f}\right) = 0,$$

$$1 - f - rf' = 0,$$

$$\frac{\mathrm{d}}{\mathrm{d}r}(rf) = 1,$$

$$f = 1 + \frac{C}{r}, \tag{8.37}$$

其中,C 是一个常数.常数 C 可由牛顿极限推断得到.由(6.14)式可知

$$g_{tt} = -f = -\left(1 + \frac{2\Phi}{c^2}\right). \tag{8.38}$$

对于质量的球对称分布,牛顿引力势显示为

$$\Phi = -\frac{G_N M}{r}, \tag{8.39}$$

其中,M 是生成引力场的物体的质量.于是,可以发现 $C = -2G_N M/c^2$,时空的线元显示为

$$\mathrm{d}s^2 = -\left(1 - \frac{2G_N M}{c^2 r}\right)c^2 \mathrm{d}t^2 + \frac{\mathrm{d}r^2}{1 - \frac{2G_N M}{c^2 r}} + r^2(\mathrm{d}\theta^2 + \sin^2\theta \mathrm{d}\phi^2), \tag{8.40}$$

由此结束了定理的证明.该解称为史瓦西度规.值得注意的是,M 是描述外部区域时空度规的唯一参数.换句话说,外部区域的引力场独立于质量体的内部结构与构成成分.如附录 F 所示,M 仅在牛顿极限下可关联于物体的实际质量.之前在 3.7 节讨论过,在狭义相对论的框架下,因为还存在结合能,一个物理系统的总质量小于它的组分的质量和,这里也是一样.

注意到史瓦西度规仅在假定时空是球对称的,并在求解真空爱因斯坦方程的情况下得到.度规独立于 t 这一事实是一个结果,而不是一个假设.这意味着质量分布不需要是静止的,它可以在保持球对称性的前提下运动.例如,脉冲星真空解仍由史瓦西度规描述.这意味着球对称的脉冲物质分布并不辐射引力波(这一点将在第 12 章中深入地讨论).

8.3 史瓦西度规

在史瓦西度规中,坐标 (ct, r, θ, ϕ) 可被假定为以下值:

$$t \in (-\infty, \infty), r \in [r_0, \infty), \theta \in (0, \pi), \phi \in [0, 2\pi), \tag{8.41}$$

其中,r_0 是物体的半径.史瓦西度规确实仅在真空中有效,即:在"外部"区域.一个与之不同的解将描述"内部"区域($r < r_0$),其中,$T^{\mu\nu} \neq 0$.

注意 在所谓的**史瓦西半径** r_S 处,

$$r_S = \frac{2G_N M}{c^2},\qquad(8.42)$$

表 8.1 对于太阳、地球和质子，它们的质量 M、史瓦西半径 r_S 以及物理半径 r_0 不同.

物体	M	r_S	r_0
太阳	1.99×10^{33} g	2.95 km	6.97×10^5 km
地球	5.97×10^{27} g	8.87 mm	6.38×10^3 km
质子	1.67×10^{-24} g	2.48×10^{-39} fm	0.8 fm

度规是定义不明确的. 这要求 $r_0 > r_S$. 一般而言，这不是问题. 如表 8.1 所示，通常史瓦西半径远小于物体的半径.

史瓦西度规的时间坐标 t 以及位于固定点 (r, θ, ϕ) 处观测者的固有时之间的关系式为

$$d\tau = \sqrt{1 - \frac{r_S}{r}}\, dt < dt.\qquad(8.43)$$

空间坐标与固有距离之间的关系更为棘手. 为简单起见，考虑径向方向距离的情形. 对于一个光信号，$ds^2 = 0$，因此，对于纯粹的径向运动情形，有

$$dt = \pm \frac{1}{c} \frac{dr}{\sqrt{1 - \frac{r_S}{r}}},\qquad(8.44)$$

其符号为"$+(-)$"，对应于光信号朝向半径变大（小）的方向传播. 利用位于固定点 (r, θ, ϕ) 观测者的固有时替换时间坐标 t，可以将 (8.44) 式重写为

$$d\tau = \pm \frac{1}{c} \frac{dr}{\sqrt{1 - \frac{r_S}{r}}}.\qquad(8.45)$$

于是，可以定义无限小固有距离 $d\rho$ 为

$$d\rho = \frac{dr}{\sqrt{1 - \frac{r_S}{r}}} > dr.\qquad(8.46)$$

这确实是在该点处的观测者利用光信号测量得到的沿径向的无限小固有距离. 点 (r_1, θ, ϕ) 与点 (r_2, θ, ϕ) 之间的固有距离由沿径向的积分给出，

$$\Delta\rho = \int_{r_1}^{r_2} \frac{dr}{\sqrt{1 - \frac{r_S}{r}}} \approx \int_{r_1}^{r_2} \left(1 + \frac{1}{2} \frac{r_S}{r}\right) dr = (r_2 - r_1) + \frac{r_S}{2} \ln \frac{r_2}{r_1}.\qquad(8.47)$$

在闵可夫斯基时空的情形中，$r_S = 0$，于是，重新回到标准距离 $r_2 - r_1$. 对于 $r_S \neq 0$，存在一个正比于 r_S 的修正项.

注意到当 $r \to \infty$ 时，$d\tau \to dt$，$d\rho \to dr$，这也可被理解为史瓦西坐标与位于无穷远处的观测者的坐标相契合这一事实.

8.4　在史瓦西度规中的运动

我们现在来研究探测粒子在史瓦西度规中的运动. 为简单起见,分别令 $m=0$, 1 为无质量粒子与有质量粒子的质量,系统的拉格朗日量为

$$L = \frac{1}{2}(-fc^2\dot{t}^2 + g\dot{r}^2 + r^2\dot{\theta} + r^2\sin^2\theta\dot{\phi}^2),\tag{8.48}$$

其中,这里的" $\dot{}$ "表示对固有时/仿射参数 λ 的导数,并且

$$f = \frac{1}{g} = 1 - \frac{r_s}{r}.\tag{8.49}$$

对于 θ 坐标的欧拉-拉格朗日方程,它与 1.8 节中的牛顿引力方程相同. 为了不失一般性,可以研究粒子在赤道平面 $\theta = \pi/2$ 中运动的情形. 拉格朗日量(8.48)式可以简化为

$$L = \frac{1}{2}(-fc^2\dot{t}^2 + g\dot{r}^2 + r^2\dot{\phi}^2).\tag{8.50}$$

有 3 个运动常数:在无穷远处测量得到的能量 E,在无穷远处测量得到的角动量 L_z[1],以及探测粒子的质量. 由于拉格朗日量(8.50)式独立于时间坐标 t,因此,可以探测粒子的能量守恒[2],

$$\frac{\mathrm{d}}{\mathrm{d}\lambda}\frac{\partial L}{\partial \dot{t}} - \frac{\partial L}{\partial t} = \frac{\mathrm{d}}{\mathrm{d}\lambda}\frac{\partial L}{\partial \dot{t}} = 0 \Rightarrow p_t = \frac{1}{c}\frac{\partial L}{\partial \dot{t}} = -fc\dot{t} = -\frac{E}{c} = 常数.\tag{8.51}$$

拉格朗日量(8.50)式也独立于坐标 ϕ,于是,有角动量的守恒律,

$$\frac{\mathrm{d}}{\mathrm{d}\lambda}\frac{\partial L}{\partial \dot{\phi}} - \frac{\partial L}{\partial \phi} = \frac{\mathrm{d}}{\mathrm{d}\lambda}\frac{\partial L}{\partial \dot{\phi}} = 0 \Rightarrow p_\phi = \frac{\partial L}{\partial \dot{\phi}} = r^2\dot{\phi} = L_z = 常数.\tag{8.52}$$

质量的守恒律来源于等式

$$g_{\mu\nu}\dot{x}^\mu\dot{x}^\nu = -fc^2\dot{t}^2 + g\dot{r}^2 + r^2\dot{\phi}^2 = -kc^2,\tag{8.53}$$

其中, $k=0$(对无质量粒子)或 $k=1$(对有质量的粒子).

由(8.51)式与(8.52)式可以发现,分别有

$$\dot{t} = \frac{E}{c^2f}, \quad \dot{\phi} = \frac{L_z}{r^2}.\tag{8.54}$$

将 $\dot{t}$ 与 $\dot{\phi}$ 的表达式代入(8.53)式,有

---

[1] 如 1.8 节所示,我们使用记号 L_z,因为它是角动量的轴向分量(由于 $\theta = \pi/2$),并且我们不希望称其为 L,因为它可能会与拉格朗日量混淆.

[2] 注意到对于有质量的粒子,可以选择 $\lambda = \tau$ (粒子的固有时). 在这样的情况下,对于一个在无穷远处静止的粒子,有 $\dot{t} = 1$ 和 $E = c^2$ (因为假定 $m=1$,否则将有 $E = mc^2$). 这就是说,粒子的能量就是它的静止能量. 对于一个位于近径的静止粒子, $E < c^2$,因为(牛顿)引力势为负. 同时也注意到 $p_t = -E/c$ 守恒,虽然 4 维动量的时间分量 p^t 不是一个运动常数. 对于 p_ϕ 与 p^ϕ 同样有效,仅有 p_ϕ 是守恒的.

$$g\dot{r}^2 + \frac{L_z^2}{r^2} - \frac{E^2}{c^2 f} = -kc^2. \tag{8.55}$$

如果将等式(8.55)两边同时乘以 $f/2$,并写出 f 与 g 的确切形式,可以得到

$$\frac{1}{2}\dot{r}^2 + \left(1 - \frac{r_S}{r}\right)\frac{L_z^2}{2r^2} - \frac{1}{2}\frac{E^2}{c^2} = -\frac{1}{2}\left(1 - \frac{r_S}{r}\right)kc^2. \tag{8.56}$$

该方程可被重新写为

$$\frac{1}{2}\dot{r}^2 = \frac{E^2 - kc^4}{2c^2} - V_{eff}, \tag{8.57}$$

其中,

$$V_{eff} = -k\frac{G_N M}{r} + \frac{L_z^2}{2r^2} - \frac{G_N M L_z^2}{c^2 r^3}. \tag{8.58}$$

(8.57)式是牛顿引力中(1.91)式的对应项.(8.58)式中的有效势 V_{eff} 可对比于(1.92)式中的牛顿有效势.对于 $k=1$,可以看到(8.58)式右边的第一项与第二项恰恰是(1.92)式中所有的.第三项是对牛顿情形的修正,它仅在非常小的半径处变得重要,因为它是按 $1/r^3$ 衰减.图 8.1 展示了(8.58)式与(1.92)式中有效势之间的差异.

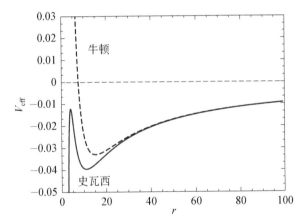

图 8.1 (8.58)式对于在史瓦西度规中有效的 $k=1$(实线)的有效势与(1.92)式对于在牛顿引力中有效的由点状质量体生成的引力场的有效势(虚线)之间的对比.假定 $G_N M = 1$,$L_z = 3.9$ 和 $c = 1$.

现在继续进行如 1.9 节中对开普勒定律的推导.可以写出

$$\frac{dr}{d\lambda} = \frac{dr}{d\phi}\frac{d\phi}{d\lambda} = \frac{L_z}{r^2}\frac{dr}{d\phi}, \tag{8.59}$$

并消去(8.59)式中的 λ,

$$\frac{L_z^2}{2r^4}\left(\frac{dr}{d\phi}\right)^2 - k\frac{G_N M}{r} + \frac{L_z^2}{2r^2} - \frac{G_N M L_z^2}{c^2 r^3} = \frac{E^2 - kc^4}{2c^2}. \tag{8.60}$$

引入变量 $u = u(\phi)$,

$$r = \frac{1}{u}, \quad u' = \frac{\mathrm{d}u}{\mathrm{d}\phi}. \tag{8.61}$$

(8.60)式变为

$$u'^2 - k\frac{2G_\mathrm{N}M}{L_z^2}u + u^2 - \frac{2G_\mathrm{N}M}{c^2}u^3 = \frac{E^2 - kc^4}{c^2 L_z^2}. \tag{8.62}$$

将该方程对 ϕ 求导,得到

$$2u'\left(u'' - k\frac{G_\mathrm{N}M}{L_z^2} + u - \frac{3G_\mathrm{N}M}{c^2}u^2\right) = 0. \tag{8.63}$$

于是,轨道方程为

$$u' = 0, \tag{8.64}$$

$$u'' - k\frac{G_\mathrm{N}M}{L_z^2} + u - \frac{3G_\mathrm{N}M}{c^2}u^2 = 0. \tag{8.65}$$

由(8.64)式可以得到像在牛顿情形下(1.100)式的圆轨道.(8.65)式是(1.101)式的相对论性推广.

8.5 史瓦西黑洞

史瓦西度规可以描述有质量物体的外部区域 $(r > r_0)$,其中,$r_0 > r_\mathrm{s}$ 是物体的半径.在内部区域 $(r < r_0)$,一个不同的度规也成立.如 8.3 节中所讨论的,对于通常的物体,$r_0 \gg r_\mathrm{s}$,因此,度规在 $r = r_\mathrm{s}$ 处没有被良好地定义是无关紧要的.如果情况并非如此,并且没有内部解存在时,就有了一个黑洞,而表面 $r = r_\mathrm{s}$ 是黑洞的**视界**.我们将在 10.5 节中看到与之类似的物体是如何形成的.

由(8.51)式可以写出

$$\mathrm{d}t = \frac{E}{c^2 f}\mathrm{d}\lambda = \frac{E}{c^2 f}\frac{\mathrm{d}\lambda}{\mathrm{d}r}\mathrm{d}r = \frac{E}{c^2 f}\frac{\mathrm{d}r}{\dot{r}}. \tag{8.66}$$

由(8.57)式有

$$\frac{1}{\dot{r}} = -\frac{c}{\sqrt{E^2 - kc^4 - 2V_\mathrm{eff}c^2}}, \tag{8.67}$$

其中,选择符号"−"是因为我们对一个向近径运动的粒子感兴趣.将(8.66)式中的 $1/\dot{r}$ 替换为(8.67)式右边的表达式.对于一个角动量为零 $(L_z = 0)$ 的有质量的粒子 $(k = 1)$,可以发现

$$\mathrm{d}t = -\frac{1}{c}\frac{E}{1 - \dfrac{r_\mathrm{s}}{r}}\frac{\mathrm{d}r}{\sqrt{E^2 - c^4 + \dfrac{r_\mathrm{s}c^4}{r}}}, \tag{8.68}$$

它描述了一个有质量的粒子落入一个角动量为零的质量体的运动.如果将(8.68)式的左边与

右边都进行积分,可以发现,根据对应于远处的观测者的坐标系,粒子从半径 r_2 到半径 $r_1 < r_2$ 处所花费的时间 Δt 为

$$\Delta t = \frac{1}{c} \int_{r_1}^{r_2} \frac{E}{1 - \dfrac{r_S}{r}} \frac{\mathrm{d}r}{\sqrt{E^2 - c^4 + \dfrac{r_S c^4}{r}}}. \tag{8.69}$$

对于 $r_1 \to r_S$, $\Delta t \to \infty$, 无论 E 的值是多少(举一个确切的例子,可以考虑 $E = c^2$ 的情形,对应于一个位于无穷远处的静止粒子). 换句话说,对于一个位于远径的观测者而言,粒子花费了无穷大的时间到达径向坐标 $r = r_S$ 处.

现在来计算由相同的粒子测量得到的时间. 粒子的固有时 τ, 与坐标半径 r 之间的关系可由(8.57)式推得. 因为 $\dot{r} = \mathrm{d}r/\mathrm{d}\tau$, 有

$$\mathrm{d}\tau = - \frac{c\,\mathrm{d}r}{\sqrt{E^2 - c^4 - 2V_{\mathrm{eff}}c^2}}. \tag{8.70}$$

对于 $L_z = 0$, 有

$$\mathrm{d}\tau = - \frac{c\,\mathrm{d}r}{\sqrt{E^2 - c^4 + \dfrac{r_S c^4}{r}}}. \tag{8.71}$$

通过积分,可以发现

$$\Delta\tau = \int_{r_1}^{r_2} \frac{c\,\mathrm{d}r}{\sqrt{E^2 - c^4 + \dfrac{r_S c^4}{r}}}. \tag{8.72}$$

对于 $r_1 \to r_S$, $\Delta\tau$ 依然是有限的,即:粒子能够穿过位于 $r = r_S$ 处的表面,但远处观测者的坐标系只能描述粒子在 $r > r_S$ 时的运动.

半径 $r = r_S$ 是黑洞视界,并将黑洞 ($r < r_S$) 与外部区域 ($r > r_S$) 因果隔离. 一个位于外部区域的粒子可以穿过视界并进入黑洞(确实它花费了有限的时间到达并穿过表面 $r = r_S$),但接下来它将再也无法与外部区域通讯(这一点将在 8.6 节中更清晰地阐明).

注意到在 $r = r_S$ 处度规是定义不明确的,但在那里时空仍是规则的. 例如,**克莱舒曼标量**(作为一个标量,它是一个不变量)为

$$\mathcal{K} \equiv R^{\mu\nu\rho\sigma} R_{\mu\nu\rho\sigma} = \frac{48 G_N^2 M^2}{c^4 r^6} = \frac{12 r_S^2}{r^6}, \tag{8.73}$$

在 $r = r_S$ 处并不发散.

度规在 $r = r_S$ 处的奇异性依赖于坐标系的选择,并可通过坐标变换消除[①]. 例如,勒梅特坐标 (cT, R, θ, ϕ) 被定义为

$$c\,\mathrm{d}T = c\,\mathrm{d}t + \left(\frac{r_S}{r}\right)^{1/2} \left(1 - \frac{r_S}{r}\right)^{-1} \mathrm{d}r,$$

---

① 注意到度规恰好在 $r = 0$ 处时定义不明确,这是一个真正的时空奇点,无法通过坐标变换消去. 克莱舒曼标量在 $r = 0$ 处发散.

$$\mathrm{d}R = c\,\mathrm{d}t + \left(\frac{r}{r_\mathrm{s}}\right)^{1/2}\left(1-\frac{r_\mathrm{s}}{r}\right)^{-1}\mathrm{d}r. \tag{8.74}$$

在勒梅特坐标下,史瓦西度规的线元显示为

$$\mathrm{d}s^2 = -c^2\mathrm{d}T^2 + \frac{r_\mathrm{s}}{r}\mathrm{d}R^2 + r^2\mathrm{d}\theta^2 + r^2\sin^2\theta\,\mathrm{d}\phi^2, \tag{8.75}$$

其中,

$$r = (r_\mathrm{s})^{1/3}\left[\frac{3}{2}(R-cT)\right]^{2/3}. \tag{8.76}$$

史瓦西半径 $r = r_\mathrm{s}$ 在新的坐标下为

$$\frac{3}{2}(R-cT) = r_\mathrm{s}, \tag{8.77}$$

在那里度规是规则的. 勒梅特坐标可以将黑洞区域($0 < r < r_\mathrm{s}$)与外部区域($r > r_\mathrm{s}$)两者都予以良好地描述.

当使用克鲁斯卡尔-塞凯赖什坐标时,得到史瓦西时空的最大解析延拓. 在这些坐标下,线元显示为

$$\mathrm{d}s^2 = \frac{4r_\mathrm{s}^3}{r}\mathrm{e}^{-r/r_\mathrm{s}}(-\mathrm{d}\tilde{t}^2 + \mathrm{d}\tilde{r}^2) + r^2\mathrm{d}\theta^2 + r^2\sin^2\theta\,\mathrm{d}\phi^2, \tag{8.78}$$

其中,$\tilde{t}$ 和 $\tilde{r}$ 是(无量纲的)坐标,其定义为

$$\tilde{t} = \begin{cases} \left(\dfrac{r}{r_\mathrm{s}}-1\right)^{1/2}\mathrm{e}^{r/(2r_\mathrm{s})}\sinh\left(\dfrac{ct}{2r_\mathrm{s}}\right), & \text{若 } r > r_\mathrm{s}, \\[2mm] \left(1-\dfrac{r}{r_\mathrm{s}}\right)^{1/2}\mathrm{e}^{r/(2r_\mathrm{s})}\cosh\left(\dfrac{ct}{2r_\mathrm{s}}\right), & \text{若 } 0 < r < r_\mathrm{s}; \\[4mm] \tilde{r} = \begin{cases} \left(\dfrac{r}{r_\mathrm{s}}-1\right)^{1/2}\mathrm{e}^{r/(2r_\mathrm{s})}\cosh\left(\dfrac{ct}{2r_\mathrm{s}}\right), & \text{若 } r > r_\mathrm{s}, \\[2mm] \left(1-\dfrac{r}{r_\mathrm{s}}\right)^{1/2}\mathrm{e}^{r/(2r_\mathrm{s})}\sinh\left(\dfrac{ct}{2r_\mathrm{s}}\right), & \text{若 } 0 < r < r_\mathrm{s}. \end{cases} \end{cases} \tag{8.79}$$

克鲁斯卡尔-塞凯赖什坐标下的史瓦西解也包含了一个白洞以及一个平行宇宙,这在史瓦西坐标下的史瓦西时空中并没有得到展示. 这些将在 8.6 节中简略地呈现.

8.6 彭罗斯图

彭罗斯图是特别适合于研究渐近平直时空的全局性质与因果结构的 2 维时空简图. 每个点代表了一个原本位于 4 维时空的 2 维球面. 彭罗斯图通过对原先的坐标进行共形变换,使得整个时空变换为一个紧致区域. 由于变换是共形的,角度则保持不变. 在本节中使用单位 $c = 1$,因此,零测地线是 45° 的直线. 类时测地线位于光锥内部,类空测地线位于光锥以外. 有关此话题更加详尽的讨论可在例如参考文献[1, 2]中找到.

8.6.1 闵可夫斯基时空

最简单的例子是闵可夫斯基时空的彭罗斯图. 在球坐标 (t, r, θ, ϕ) 下, 闵可夫斯基时空的线元为 ($c=1$)

$$ds^2 = -dt^2 + dr^2 + r^2 d\theta^2 + r^2 \sin^2\theta d\phi^2. \tag{8.80}$$

利用以下共形变换:

$$
\begin{aligned}
t &= \frac{1}{2}\tan\frac{T+R}{2} + \frac{1}{2}\tan\frac{T-R}{2}, \\
r &= \frac{1}{2}\tan\frac{T+R}{2} - \frac{1}{2}\tan\frac{T-R}{2},
\end{aligned}
\tag{8.81}
$$

线元变为

$$ds^2 = \left(4\cos^2\frac{T+R}{2}\cos^2\frac{T-R}{2}\right)^{-1}(-dT^2 + dR^2) + r^2 d\theta^2 + r^2\sin^2\theta d\phi^2. \tag{8.82}$$

注意到 (8.81) 式中的变换使用了正切函数, 这是为了将无穷远处的点"搬运"至新坐标下有限坐标值点处.

闵可夫斯基时空的彭罗斯图如图 8.2 所示. 半无限的 (t, r) 平面现在是一个三角形. 垂直的虚线是原点 $r=0$. 每个点对应于 2 维球面 (θ, ϕ). 存在 5 个不同的渐近区域. 未经严格处理, 它们可被定义如下[①]:

> **类时未来无限** i^+:类时测地线延展的区域, 它对应于 r 有限、$t \to \infty$ 的点.
> **类时过去无限** i^-:类时测地线来自的区域, 它对应于 r 有限、$t \to -\infty$ 的点.
> **空间无限** i^0:类空切片延展的区域, 它对应于 t 有限、$r \to \infty$ 的点.
> **零未来无限** $\mathscr{I}^+$:向外出射的零测地线延展的区域, 它对应于 $t-r$ 有限、$t+r \to \infty$ 的点.
> **零过去无限** $\mathscr{I}^-$:向内入射的零测地线来自的区域, 它对应于 $t+r$ 有限、$t-r \to -\infty$ 的点.

这 5 个渐近区域是彭罗斯图中的点或是弓形. 它们的 T 与 R 坐标分别如下:

$$
\begin{aligned}
i^+&: T=\pi, R=0, \\
i^-&: T=-\pi, R=0. \\
i^0&: T=0, R=\pi,
\end{aligned}
\tag{8.83}
$$

以及

$$
\begin{aligned}
\mathscr{I}^+&: T+R=\pi, T-R \in (-\pi, \pi). \\
\mathscr{I}^-&: T-R=-\pi, T+R \in (-\pi, \pi).
\end{aligned}
\tag{8.84}
$$

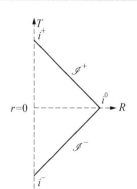

图 8.2 闵可夫斯基时空的彭罗斯图.

[①] 符号"$\mathscr{I}$"通常的发音为"scri".

8.6.2　史瓦西时空

彭罗斯图是探索更加复杂时空全局性质与因果结构的有力工具.

现在来考虑克鲁斯卡尔-塞凯赖什坐标下的史瓦西时空. 线元由(8.78)式给出. 利用下述坐标变换:

$$\bar{t} = \frac{1}{2}\tan\frac{T+R}{2} + \frac{1}{2}\tan\frac{T-R}{2},$$
$$\bar{r} = \frac{1}{2}\tan\frac{T+R}{2} - \frac{1}{2}\tan\frac{T-R}{2}, \tag{8.85}$$

线元变为

$$ds^2 = \frac{32G_N^3 M^3}{r}e^{-r/(2G_N M)}\left(4\cos^2\frac{T+R}{2}\cos^2\frac{T-R}{2}\right)^{-1}(-dT^2 + dR^2) + r^2 d\theta^2 + r^2\sin^2\theta\, d\phi^2. \tag{8.86}$$

图 8.3 展示了对于史瓦西时空最大延拓的彭罗斯图,它的渐近区域有 i^+, i^-, i^0, $\mathscr{I}^+$ 及 $\mathscr{I}^-$. 可以区分出 4 个区域,在图 8.3 中分别用 Ⅰ,Ⅱ,Ⅲ,Ⅳ表示.

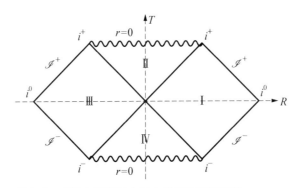

图 8.3　对于史瓦西时空最大延拓的彭罗斯图.

区域 Ⅰ 对应于我们的宇宙,即在史瓦西坐标下史瓦西时空的外部区域. 区域 Ⅱ 是黑洞,因此,史瓦西坐标下史瓦西时空仅含有区域 Ⅰ 与 Ⅱ. 位于 $r=0$ 处黑洞的中央奇点由区域 Ⅱ 上方的波浪线表征. 位于 $r=r_s$ 处黑洞的视界是隔离区域 Ⅰ 和 Ⅱ 的 45° 直线. 区域 Ⅰ 中任何向内射入的光线被黑洞俘获,而区域 Ⅰ 中任何向外射出的光线必将到达零未来无限 $\mathscr{I}^+$. 区域 Ⅱ 中的零测地线与类时测地线无法离开黑洞,它们必然地落入位于 $r=0$ 处的奇点.

区域 Ⅲ 与 Ⅳ 产生于史瓦西时空的延拓. 区域 Ⅲ 对应于另一个宇宙. 隔离区域 Ⅱ 和 Ⅲ 位于 45° 的直线是位于 $r=r_s$ 处黑洞的视界. 与区域 Ⅰ 类似,任何区域 Ⅲ 中的光线或者能够穿过视界,或者能够逃逸至无穷远处. 没有指向未来的零测地线或类时测地线能够从区域 Ⅱ 中逃逸. 位于区域 Ⅰ 中的我们的宇宙无法与区域 Ⅲ 中的另一个宇宙通讯:没有零测地线或是类时测地线能够从一个区域到达另一个区域.

区域 Ⅳ 是一个**白洞**. 如果一个黑洞是时空中的一个区域,其中,零测地线与类时测地线只可进入而永远无法离开,那么,一个白洞就是零测地线与类时测地线只可离开却永远无法进入的区域. 将区域 Ⅳ 与区域 Ⅰ 和 Ⅲ 隔离的 45° 直线是位于 $r=r_s$ 处白洞的界限.

习 题

8.1 考虑一个有质量的粒子在史瓦西时空中以测地线圆轨道运动. 计算粒子的固有时与史瓦西度规的坐标时间 t 之间的关系式.

8.2 考虑闵可夫斯基时空的彭罗斯图(图 8.2). 有一个有质量的粒子在 $t=0$ 时刻发射了一次电磁脉冲. 在彭罗斯图中演示该粒子以及电磁脉冲的轨迹.

8.3 考虑史瓦西时空最大延拓的彭罗斯图(图 8.3). 演示在区域 I 中一个事件的未来光锥、在黑洞中一个事件的未来光锥, 以及在白洞中一个事件的未来光锥.

参 考 文 献

[1] C. W. Misner, K. S. Thorne, J. A. Wheeler. *Gravitation* (W. H. Freeman and Company, San Francisco, California, 1973).

[2] P. K. Townsend, gr-qc/9707012.

第9章

广义相对论的经典实验验证

1916 年,阿尔伯特·爱因斯坦提出了 3 个实验以证明他的理论[2]:

(1) 光的引力红移;

(2) 水星的近日点的进动;

(3) 光线被太阳偏折.

这 3 个实验目前被认为是**广义相对论的经典实验验证**.虽然严格来讲,光的引力红移是爱因斯坦等效性原理的验证[6],而其他两个则是在弱场极限下对史瓦西解的验证① 1964 年,欧文·夏皮罗提出了另外一个实验[4],这个实验经常被称为**广义相对论的第四个经典实验验证**.如近日点的进动和光线偏折类似,即使是夏皮罗提出的实验实际上也是在弱场极限下对史瓦西解的验证.

对于水星近日点的进动和光线被太阳的偏折,分别可以检验处于史瓦西背景下的有质量与无质量探测粒子的轨迹.如 8.4 节中所讨论的,有两个微分方程((8.64)式与(8.65)式),为方便起见,可以重新写出它们:

$$u' = 0, \tag{9.1}$$

$$u'' - k \frac{G_N M}{L_z^2} + u - \frac{3 G_N M}{c^2} u^2 = 0, \tag{9.2}$$

其中,$k = 1$ 对应于有质量的粒子,$k = 0$ 对应于无质量的粒子.这两个方程是牛顿引力中的 (1.100)式与(1.101)式的对应项.方程(1.100)与(9.1)式完全等同,不过是圆方程,并没有有趣的含义.方程(1.101)有解(1.103),根据常数 A 的值,其轨道是椭圆、抛物线或者双曲线.方程(9.2)的最后一项正比于 u^2,这在牛顿引力中是没有的,它引入了相对论性的修正.

9.1 光的引力红移

考虑一个静止的球对称引力场.如 8.1 节中所示,其线元可被写为

$$\mathrm{d}s^2 = -f(r)c^2 \mathrm{d}t^2 + g(r)\mathrm{d}r^2 + r^2(\mathrm{d}\theta^2 + \sin^2\theta \mathrm{d}\phi^2). \tag{9.3}$$

同时考虑在该坐标系下两个静止的观测者.观测者 A 具有空间坐标 (r_A, θ, ϕ),观测者 B 具

---

① 注意史瓦西度规甚至也是一些引力替代理论的解.由于水星的近日点的进动与光线的偏折仅对粒子的轨迹敏感,这些实验仅能够验证史瓦西度规(假定都为测地线运动),如果史瓦西度规是那些替代理论的场方程的解,那么,实验无法将爱因斯坦引力从那些引力替代理论中区分开来.

有空间坐标 (r_B, θ, ϕ). 换句话说, 两个观测者的坐标间的区别仅在径向坐标上. 在观测者 A 的位置上有一次单频的电磁辐射射出. 观测者 A 在时间间隔 $\Delta\tau_A$ 内测得频率 ν_A. 波阵面的数量为

$$n = \nu_A \Delta\tau_A. \tag{9.4}$$

接着, 辐射到达观测者 B, 他在时间间隔 $\Delta\tau_B$ 内测得频率 ν_B, 因此, 波阵面的数量为 $n = \nu_B \Delta\tau_B$. 由于观测者 A 和 B 必须测得相同数量的波阵面 n, 有

$$\frac{\nu_A}{\nu_B} = \frac{\Delta\tau_B}{\Delta\tau_A}. \tag{9.5}$$

对于从观测者 A 的位置传播至观测者 B 的位置的电磁信号, $\mathrm{d}s^2 = 0$. 不仅如此, 由于 A 和 B 有相同的坐标值 θ 和 ϕ, 沿着信号的轨迹有

$$f(r)c^2\mathrm{d}t^2 = g(r)\mathrm{d}r^2. \tag{9.6}$$

如果对 $\mathrm{d}t$ 和 $\mathrm{d}r$ 积分, 可以发现在坐标系 (ct, r, θ, ϕ) 下测得的第一个波阵面从观测者 A 处至观测者 B 处的时间间隔为

$$t_B^1 - t_A^1 = \int \mathrm{d}t' = \frac{1}{c}\int_{r_A}^{r_B} \mathrm{d}r' \sqrt{\frac{g(r')}{f(r')}}. \tag{9.7}$$

以同样的方法, 可以计算最后一个波阵面从观测者 A 至观测者 B 处的时间间隔. 由于 (9.7) 式的右边独立于时间, 有

$$t_B^n - t_A^n = t_B^1 - t_A^1, \tag{9.8}$$

可以重写为

$$t_A^n - t_A^1 = t_B^n - t_B^1. \tag{9.9}$$

(9.9) 式表明在坐标系 (ct, r, θ, ϕ) 下同样地测量, 位于观测者 A 处得到的电磁信号的时间间隔与观测者 B 处得到的是相同的.

由观测者 A 测得的电磁信号的时间间隔为 (记住 (8.43) 式)

$$\Delta\tau_A = \int_{t_A^1}^{t_A^n} \mathrm{d}t \sqrt{f(r_A)} = \sqrt{f(r_A)}\,(t_A^n - t_A^1). \tag{9.10}$$

观测者 B 测得的时间间隔为

$$\Delta\tau_B = \sqrt{f(r_B)}\,(t_B^n - t_B^1). \tag{9.11}$$

使用 (9.9) 式, 可以发现

$$\frac{\nu_A}{\nu_B} = \sqrt{\frac{f(r_B)}{f(r_A)}}. \tag{9.12}$$

在牛顿极限下, 如在 (6.14) 式中所求得的, $f = 1 + 2\Phi/c^2$. 于是, 可将 (9.12) 式重写为

$$\frac{\nu_A}{\nu_B} = \sqrt{\frac{1 + 2\Phi_B/c^2}{1 + 2\Phi_A/c^2}} \approx 1 + \frac{\Phi_B}{c^2} - \frac{\Phi_A}{c^2}. \tag{9.13}$$

频率的相对变化为

$$\frac{\Delta \nu}{\nu} = \frac{\nu_B - \nu_A}{\nu_B} = \frac{\Phi_A - \Phi_B}{c^2} = -\frac{\Delta \Phi}{c^2}. \tag{9.14}$$

这个现象被称为光的**引力红移**. 它于 1960 年第一次由罗伯特·庞德与格伦·雷布卡测量得到[3]. 他们使用了一个运动的原子源, 使得多普勒蓝移能够精确地补偿光子到达位于高度 22.5 m 的探测器所经历的引力红移.

对于小的距离, 地球的引力场可被近似为一个常数. 如果从地表向位于高度为 h 的探测器发送一个电磁信号, 其引力红移为

$$\frac{\Delta \nu}{\nu} = -\frac{gh}{c^2}, \tag{9.15}$$

其中, g 是地球的重力加速度. 对于 $g = 9.81\ \mathrm{m/s^2}$ 和 $h = 22.5\ \mathrm{m}$, 有

$$\frac{\Delta \nu}{\nu} = -2 \times 10^{-15}. \tag{9.16}$$

9.2 水星的近日点的进动

对于有质量的粒子 $(k = 1)$, 我们来研究 (9.2) 式. 引入无量纲的变量 $y = Ru$, 其中, R 是粒子轨道径向坐标的特征数值, 因此, 我们期望有解 $y = O(1)$. (9.2) 式变为

$$y'' - \alpha + y - \varepsilon y^2 = 0, \tag{9.17}$$

其中, α 与 ε 分别为

$$\alpha = \frac{G_N M R}{L_z^2}, \quad \varepsilon = \frac{3 G_N M}{c^2 R} = \frac{3}{2} \frac{r_S}{R}. \tag{9.18}$$

注意到 $\varepsilon \ll 1$. 对于太阳, 其史瓦西半径为 $r_S = 3\ \mathrm{km}$. 水星的特征轨道半径为 $R \sim 5 \times 10^7\ \mathrm{km}$, 因此, $\varepsilon \sim 10^{-7}$. 可以将 ε 作为展开式的参数, 并将 y 写为

$$y = y_0 + \varepsilon y_1 + O(\varepsilon^2). \tag{9.19}$$

方程 (9.17) 变为

$$y_0'' + \varepsilon y_1'' + y_0 + \varepsilon y_1 = \alpha + \varepsilon y_0^2 + O(\varepsilon^2), \tag{9.20}$$

并且需要解出两个微分方程:

$$y_0'' + y_0 = \alpha, \tag{9.21}$$

$$y_1'' + y_1 = y_0^2. \tag{9.22}$$

(9.21) 式是牛顿引力方程 (见 1.9 节), 它的解为

$$y_0 = \alpha + A \cos \phi, \tag{9.23}$$

将解 (9.23) 代入 (9.22) 式, 可以发现

$$y_1'' + y_1 = \alpha^2 + A^2\cos^2\phi + 2\alpha A\cos\phi = \alpha^2 + \frac{A^2}{2} + \frac{A^2}{2}\cos(2\phi) + 2\alpha A\cos\phi. \quad (9.24)$$

现在将 y_1 重写为 3 个函数的和,

$$y_1 = y_{11} + y_{12} + y_{13}, \quad (9.25)$$

并且将(9.24)式分割为 3 个部分:

$$y_{11}'' + y_{11} = \alpha^2 + \frac{A^2}{2}, \quad (9.26)$$

$$y_{12}'' + y_{12} = \frac{A^2}{2}\cos(2\phi), \quad (9.27)$$

$$y_{13}'' + y_{13} = 2\alpha A\cos\phi. \quad (9.28)$$

齐次解具有 $B\cos\phi$ 形式.非齐次解为

$$y_{11} = \alpha^2 + \frac{A^2}{2}, \quad (9.29)$$

$$y_{12} = -\frac{A^2}{6}\cos(2\phi), \quad (9.30)$$

$$y_{13} = \alpha A\phi\sin\phi. \quad (9.31)$$

于是,可以将(9.17)式的解写到 $O(\varepsilon^2)$:

$$y = \alpha + A\cos\phi + \varepsilon\left[\alpha^2 + \frac{A^2}{2} - \frac{A^2}{6}\cos(2\phi) + \alpha A\phi\sin\phi + B\cos\phi\right] + O(\varepsilon^2). \quad (9.32)$$

注意　对牛顿轨道的修正正比于 ε,它大致上是太阳的史瓦西半径与轨道的特征半径之比,唯一随着轨道公转数增加而增长的项是 $\alpha A\phi\sin\phi$. 即:随着考虑越来越长的时间间隔,这一项变得越来越重要.重写(9.32)式中的解,忽略不随轨道公转数增加而增长的项,并使用关系式

$$\cos(\phi - \varepsilon\alpha\phi) = \cos\phi\cos(\varepsilon\alpha\phi) + \sin\phi\sin(\varepsilon\alpha\phi) = \cos\phi + \varepsilon\alpha\phi\sin\phi + O(\varepsilon^2), \quad (9.33)$$

结果是

$$y = \alpha + A\cos(\phi - \varepsilon\alpha\phi). \quad (9.34)$$

然后,使用坐标 r,有

$$\frac{1}{r} = \frac{\alpha}{R} + \frac{A}{R}\cos(\phi - \varepsilon\alpha\phi). \quad (9.35)$$

(9.35)式中的函数对幅角 $\phi - \varepsilon\alpha\phi$ 有周期为 2π 的周期性.于是,可以写

$$\phi(1 - \varepsilon\alpha) = 2\pi n, \quad (9.36)$$

以及

$$\phi = 2\pi n(1 + \varepsilon\alpha) + O(\varepsilon^2). \quad (9.37)$$

经过 n 次轨道公转,相对于牛顿预言,存在一个偏移 $\delta\phi$,

$$\delta\phi = \phi - 2\pi n = 2\pi\epsilon\alpha n. \tag{9.38}$$

将(9.35)式与附录 D 中的(D.6)式与(D.7)式对比,可以看到

$$\alpha = \frac{R}{a(1-e^2)}, \tag{9.39}$$

而(9.38)式可被重写为

$$\delta\phi = \frac{6\pi G_{\mathrm{N}} M}{c^2}\frac{n}{a(1-e^2)}. \tag{9.40}$$

表 9.1 对水星近日点的进动的贡献. $\delta\phi$ 是每世纪(进动)的角秒. 表中数据来源于参考文献[1].

原因	$\delta\phi$(角秒/100 年)
水星	0.03 ± 0.00
金星	277.86 ± 0.68
地球	90.04 ± 0.08
火星	2.54 ± 0.00
木星	153.58 ± 0.00
土星	7.30 ± 0.01
天王星	0.14 ± 0.00
海王星	0.04 ± 0.00
太阳扁率	0.01 ± 0.02
分点岁差	$5\,025.65\pm0.50$
上述加和	$5\,557.18\pm0.85$
观测数据	$5\,599.74\pm0.41$
相差	42.56 ± 0.94
相对论效应	43.03 ± 0.03

注意到太阳系中行星近日点的进动已经在牛顿力学中得以预料,而后者大于相对论性的贡献. 表 9.1 展示了水星近日点进动的情况. 占支配地位的贡献来自分点岁差,原因在于我们在地球上观测水星. 一个较小却仍然很大的贡献来自其他行星对水星轨道的微扰,特别是金星、地球和木星. 最后,由于相对论效应对近日点进动是很小的贡献. 奥本·勒维耶于 1859 年首次指出在牛顿理论下水星近日点进动的异常现象. 该异常的根源被争论了很长时间. 它是爱因斯坦引力通过的第一项测验,但因为科学界很大一部分人对该理论持怀疑态度,以及对水星近日点的进动的牛顿效应测量有困难,其解释并没有被立即接受.

太阳系中其他行星的近日点的进动更小,本质上是因为它们的轨道半径更大,且其离心率更小,但对于金星和地球而言,进动仍是可测量的. 对于脉冲双星而言,相对论对轨道进动的贡献可以大得多. 例如,在双星 PSR1913+16 中,相对论对近日点进动的贡献为每年大约 $4°$[5].

9.3 光线的偏折

现在来考虑无质量粒子的情况 $(k=0)$. 如先前一样,引入变量 $y=Ru$,其中,R 仍是粒子

径向坐标的特征数值.(9.2)式现在为

$$y'' + y - \varepsilon y^2 = 0. \tag{9.41}$$

如果 R 是太阳的半径,$R = 7 \times 10^5$ km,而 $\varepsilon \sim 10^{-5}$.我们像 9.2 节一样将 y 对 ε 进行展开,

$$y = y_0 + \varepsilon y_1 + O(\varepsilon^2). \tag{9.42}$$

(9.41)式变为

$$y_0'' + \varepsilon y_1'' + y_0 + \varepsilon y_1 = \varepsilon y_0^2 + O(\varepsilon^2), \tag{9.43}$$

并且需要解出以下方程:

$$y_0'' + y_0 = 0, \tag{9.44}$$

$$y_1'' + y_1 = y_0^2. \tag{9.45}$$

(9.44)式给出了牛顿解

$$y_0 = A\cos\phi, \tag{9.46}$$

它可利用径向坐标 r 重写为

$$\frac{1}{r} = \frac{A}{R}\cos\phi, \tag{9.47}$$

这是极坐标下一条直线的方程.对于 $\phi = 0$,可以得到碰撞参数 $b = R/A$（见图 9.1）.

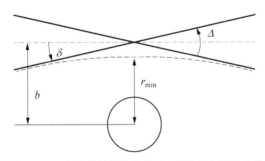

图 9.1 一个无质量粒子的轨迹.直线是牛顿引力给出的轨迹,由 $r = b/\cos\phi$ 描述,其中,r 是以质量体为中心的极坐标下的径向坐标.虚线是史瓦西度规中的轨迹,见(9.55)式.当 $r \to \infty$ 时,极角为 $\phi = \pm\pi/2 \pm \delta$.于是,总的偏折角为 $\Delta = 2\delta$.

将解(9.46)代入(9.45)式,可以得到

$$y_1'' + y_1 = \frac{R^2}{b^2}\cos^2\phi = \frac{R^2}{2b^2} + \frac{R^2}{2b^2}\cos(2\phi). \tag{9.48}$$

将 y_1 写为两份贡献的和,

$$y_1 = y_{11} + y_{12}, \tag{9.49}$$

因此,(9.48)式可被分割为两个部分:

$$y''_{11} + y_{11} = \frac{R^2}{2b^2}, \tag{9.50}$$

$$y''_{12} + y_{12} = \frac{R^2}{2b^2}\cos(2\phi), \tag{9.51}$$

齐次解具有形式 $B\cos\phi$. 非齐次解为

$$y_{11} = \frac{R^2}{2b^2}, \tag{9.52}$$

$$y_{12} = -\frac{R^2}{6b^2}\cos(2\phi). \tag{9.53}$$

于是，y_1 由下式给出:

$$y_1 = \frac{R^2}{2b^2} - \frac{R^2}{6b^2}\cos(2\phi) + B\cos\phi = \frac{2R^2}{3b^2} - \frac{R^2}{3b^2}\cos^2\phi + B\cos\phi, \tag{9.54}$$

而方程(9.41)的解到 $O(\varepsilon^2)$ 为

$$\frac{1}{r} = \frac{1}{b}\cos\phi + \varepsilon\left(\frac{2R}{3b^2} - \frac{R}{3b^2}\cos^2\phi + \frac{B}{R}\cos\phi\right) + O(\varepsilon^2). \tag{9.55}$$

对于 $\phi = 0$，可以得到粒子轨道径向坐标的最小值，

$$\frac{1}{r_{\min}} = \frac{1}{b} + \varepsilon\left(\frac{R}{3b^2} + \frac{B}{R}\right). \tag{9.56}$$

定义

$$\tilde{\varepsilon} = \frac{\varepsilon R}{b}, \quad \tilde{B} = \frac{B}{R}, \tag{9.57}$$

并且考虑极限 $r \to \infty$，(9.55)式变为

$$-\frac{\tilde{\varepsilon}}{3}\cos^2\phi + (1 + \varepsilon\tilde{B}b)\cos\phi + \frac{2}{3}\tilde{\varepsilon} = 0,$$

$$\cos^2\phi - \frac{3(1 + \varepsilon\tilde{B}b)}{\tilde{\varepsilon}}\cos\phi - 2 = 0, \tag{9.58}$$

这是一个关于 $\cos\phi$ 的二次方程. 其解为

$$\cos\phi = \frac{3(1 + \varepsilon\tilde{B}b)}{2\tilde{\varepsilon}}\left[1 \pm \sqrt{1 + \frac{8}{9}\frac{\tilde{\varepsilon}^2}{(1 + \varepsilon\tilde{B}b)^2}}\right]. \tag{9.59}$$

符号为"+"的解没有物理意义，因为 $\cos\phi$ 无法超越 1. 物理解是符号为"−"的解，有

$$\cos\phi \approx \frac{3(1 + \varepsilon\tilde{B}b)}{2\tilde{\varepsilon}}\left[1 - 1 - \frac{4}{9}\frac{\tilde{\varepsilon}^2}{(1 + \varepsilon\tilde{B}b)^2}\right] = -\frac{2}{3}\frac{\tilde{\varepsilon}}{(1 + \varepsilon\tilde{B}b)}$$

$$= -\frac{2}{3}\tilde{\varepsilon} + O(\varepsilon^2) = -\frac{r_s}{b} + O(\varepsilon^2). \tag{9.60}$$

对于 $\delta \equiv r_s/b \ll 1$，有

$$\cos\left(\pm\frac{\pi}{2}\pm\delta\right)=-\delta+O(\delta^2), \tag{9.61}$$

看到(9.60)式中 ϕ 的解为

$$\phi=\pm\frac{\pi}{2}\pm\delta. \tag{9.62}$$

如图 9.1 所示,光线总的偏折为 Δ,

$$\Delta=2\delta=\frac{2r_{\mathrm{S}}}{b}=\frac{4G_{\mathrm{N}}M}{c^2 b}. \tag{9.63}$$

如果 b 是太阳的半径,可以得到 $\Delta=1.75$ as.

实际上因为日冕的存在,不可能观测到碰撞参数 b 等于太阳半径 $R_\odot$ 的光线. 必须考虑 $b>R_\odot$ 的光子,而这种情况下偏折角为

$$\Delta'=\Delta\frac{R_\odot}{b}. \tag{9.64}$$

由亚瑟·艾丁顿领导的小组于 1919 年观测到被太阳偏折的光线,这是特别为验证爱因斯坦引力所完成的第一个验证实验. 观测在日食过程中完成,彼时来自太阳的光被月球遮挡,于是,可以观测临近于太阳的恒星. 利用日食过程中和太阳不在那里时天空同一区域的照片对比,可以测量得到偏折角 Δ',并推导得到 Δ. 这类光学观测十分具有挑战性,且最终的测量将被系统效应所影响. 目前射电观测能够提供更可靠、更精确的测量.

9.4 夏皮罗效应

在水星的近日点的进动与光线的偏折中,可以看到相对论效应是如何改变牛顿引力中预言的轨迹的. 1964 年,欧文·夏皮罗提出了一个新的实验,通常被称为广义相对论的第四个经典实验验证,它基于电磁信号的时间延迟的测量,其中一个信号在太阳系中从一点传播至另外一点所用的时间,以及与之相对的同样的信号在平直时空中所用的时间之差[4].

图 9.2 展示了夏皮罗效应. 太阳位于点 O. 想要计算一个电磁信号从空间坐标为 $(r_A,\pi/2,\phi_A)$ 的点 A 传播至空间坐标为 $(r_B,\pi/2,\phi_B)$ 的点 B 所花费的时间. 为了不失一般性,考虑赤道平面 $\theta=\pi/2$. C 是电磁信号轨迹径向坐标最小值所对应的点,称该最小极径为 r_C.

对于无质量粒子,(8.55)式为

$$g\left(\frac{\mathrm{d}r}{\mathrm{d}\lambda}\right)^2+\frac{L_z^2}{r^2}-\frac{E^2}{c^2 f}=0. \tag{9.65}$$

利用(8.51)式,可以写出

$$\frac{\mathrm{d}r}{\mathrm{d}\lambda}=\frac{\mathrm{d}r}{\mathrm{d}t}\frac{\mathrm{d}t}{\mathrm{d}\lambda}=\frac{\mathrm{d}r}{\mathrm{d}t}\frac{E}{c^2 f}, \tag{9.66}$$

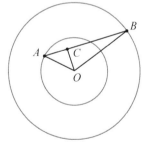

图 9.2 夏皮罗效应. 太阳位于点 O 处,而我们希望测量一个电磁信号从点 A 至 B 并返回 A 所花费的时间.

消去(9.65)式中的仿射参数 λ,

$$\frac{E^2}{c^4 f^3}\left(\frac{\mathrm{d}r}{\mathrm{d}t}\right)^2 + \frac{L_z^2}{r^2} - \frac{E^2}{c^2 f} = 0, \tag{9.67}$$

其中,已经利用在史瓦西度规中 $g = 1/f$ 的事实. 当 $r = r_C$ 时,有 $\mathrm{d}r/\mathrm{d}t = 0$,因此,

$$L_z^2 = \frac{E^2 r_C^2}{c^2 f(r_C)}. \tag{9.68}$$

利用该表达式,可以重新写出不含有依赖于轨道参数化的常数的(9.67)式,

$$\frac{1}{f^3}\left(\frac{\mathrm{d}r}{\mathrm{d}t}\right)^2 + \frac{c^2}{f(r_C)}\frac{r_C^2}{r^2} - \frac{c^2}{f} = 0. \tag{9.69}$$

可以发现

$$\mathrm{d}t = \pm\frac{1}{c}\frac{\mathrm{d}r}{\sqrt{\left[1 - \dfrac{f(r)}{f(r_C)}\dfrac{r_C^2}{r^2}\right]f^2(r)}}. \tag{9.70}$$

在坐标系 (ct, r, θ, ϕ) 下测量得到的一个电磁信号从点 A 至点 C 所花费的时间为

$$t_{AC} = \frac{1}{c}\int_{r_C}^{r_A}\frac{\mathrm{d}r}{\sqrt{\left[1 - \dfrac{f(r)}{f(r_C)}\dfrac{r_C^2}{r^2}\right]f^2(r)}}. \tag{9.71}$$

仅考虑展开式中有关 r_S/r 与 r_S/r_C 的一阶项,

$$
\begin{aligned}
\left[1 - \frac{f(r)}{f(r_C)}\frac{r_C^2}{r^2}\right]f^2(r) &= \left[1 - \frac{\left(1 - \dfrac{r_S}{r}\right)}{\left(1 - \dfrac{r_S}{r_C}\right)}\frac{r_C^2}{r^2}\right]\left(1 - \frac{r_S}{r}\right)^2 \\
&= \left[1 - \left(1 - \frac{r_S}{r} + \frac{r_S}{r_C}\right)\frac{r_C^2}{r^2}\right]\left(1 - \frac{2r_S}{r}\right) \\
&= 1 - \frac{r_C^2}{r^2} - \frac{2r_S}{r} + \frac{3r_S}{r}\frac{r_C^2}{r^2} - \frac{r_S}{r_C}\frac{r_C^2}{r^2},
\end{aligned} \tag{9.72}
$$

因此,

$$
\begin{aligned}
\frac{1}{\sqrt{\left[1 - \dfrac{f(r)}{f(r_C)}\dfrac{r_C^2}{r^2}\right]f^2(r)}} &= \frac{1}{\sqrt{1 - \dfrac{r_C^2}{r^2}}}\left[1 - \frac{1}{2}\frac{1}{1 - \dfrac{r_C^2}{r^2}}\left(\frac{3r_S}{r}\frac{r_C^2}{r^2} - \frac{2r_S}{r} - \frac{r_S}{r_C}\frac{r_C^2}{r^2}\right)\right] \\
&= \sqrt{\frac{r^2}{r^2 - r_C^2}} - \frac{1}{2}\left(\frac{r^2}{r^2 - r_C^2}\right)^{3/2}\left(\frac{3r_S}{r}\frac{r_C^2}{r^2} - \frac{2r_S}{r} - \frac{r_S}{r_C}\frac{r_C^2}{r^2}\right) \\
&= \sqrt{\frac{r^2}{r^2 - r_C^2}} + \frac{1}{2}\frac{r_S}{(r^2 - r_C^2)^{3/2}}(2r^2 + r_C r - 3r_C^2).
\end{aligned} \tag{9.73}
$$

积分(9.71)式中主导阶的项为

$$\frac{1}{c}\int_{r_C}^{r_A}\frac{r\,\mathrm{d}r}{\sqrt{r^2-r_C^2}}=\frac{1}{c}\sqrt{r_A^2-r_C^2}.\tag{9.74}$$

仅次于主导阶的项为

$$\frac{1}{c}\int_{r_C}^{r_A}\frac{r_{\mathrm{S}}r^2\,\mathrm{d}r}{(r^2-r_C^2)^{3/2}}=\frac{1}{c}\left[-\frac{r_{\mathrm{S}}r}{\sqrt{r^2-r_C^2}}+r_{\mathrm{S}}\ln(r+\sqrt{r^2-r_C^2}\,)\right]_{r_C}^{r_A},\tag{9.75}$$

$$\frac{1}{2c}\int_{r_C}^{r_A}\frac{r_{\mathrm{S}}r_C r\,\mathrm{d}r}{(r^2-r_C^2)^{3/2}}=\frac{1}{2c}\left[-\frac{r_{\mathrm{S}}r_C}{\sqrt{r^2-r_C^2}}\right]_{r_C}^{r_A},\tag{9.76}$$

$$\frac{1}{2c}\int_{r_C}^{r_A}\frac{-3r_{\mathrm{S}}r_C^2\,\mathrm{d}r}{(r^2-r_C^2)^{3/2}}=\frac{1}{2c}\left[\frac{3r_{\mathrm{S}}r}{\sqrt{r^2-r_C^2}}\right]_{r_C}^{r_A}.\tag{9.77}$$

这些积分在 $r=r_C$ 处发散,但这是因为已对项 r_{S}/r 和 r_{S}/r_C 进行展开,我们看到那些积分的和在 $r\to r_C$ 时是有限的,对(9.75)式、(9.76)式和(9.77)求和,有

$$\frac{r_{\mathrm{S}}}{2c}\frac{r_A-r_C}{\sqrt{r_A^2-r_C^2}}+\frac{r_{\mathrm{S}}}{c}\ln(r_A+\sqrt{r_A^2-r_C^2})-\frac{r_{\mathrm{S}}}{c}\ln(r_C)=\frac{r_{\mathrm{S}}}{2c}\sqrt{\frac{r_A-r_C}{r_A+r_C}}+\frac{r_{\mathrm{S}}}{c}\ln\left(\frac{r_A+\sqrt{r_A^2-r_C^2}}{r_C}\right).\tag{9.78}$$

最终,电磁信号从点 A 至点 C 所花费的时间为

$$t_{AC}=\frac{1}{c}\sqrt{r_A^2-r_C^2}+\frac{r_{\mathrm{S}}}{c}\ln\left(\frac{r_A+\sqrt{r_A^2-r_C^2}}{r_C}\right)+\frac{r_{\mathrm{S}}}{2c}\sqrt{\frac{r_A-r_C}{r_A+r_C}}.\tag{9.79}$$

在平直时空中,电磁信号从点 A 至点 C 所花费的时间为

$$\bar{t}_{AC}=\frac{1}{c}\sqrt{r_A^2-r_C^2},\tag{9.80}$$

对应于(9.79)式中主导阶的项. 电磁信号从点 A 至 B 并返回 A 所花费的总的时间为

$$t_{\mathrm{tot}}=2t_{AC}+2t_{BC},\tag{9.81}$$

而在平直时空中它将为

$$\bar{t}_{\mathrm{tot}}=2\bar{t}_{AC}+2\bar{t}_{BC}=\frac{2}{c}\sqrt{r_A^2-r_C^2}+\frac{2}{c}\sqrt{r_B^2-r_C^2}.\tag{9.82}$$

相对于平直时空,最大时间延迟在 $r_C=R_\odot$ 时达到,其中,$R_\odot$ 是太阳表面的半径,其结果为 $(R_\odot\ll r_A,r_B)$

$$\delta t_{\max}=\frac{4G_{\mathrm{N}}M}{c^3}\left[1+\ln\left(\frac{4r_A r_B}{R_\odot^2}\right)\right].\tag{9.83}$$

注意 我们正在使用坐标时间 t,而不是位于 A 处的观测者的固有时. 但是,该修正与 r_{S}/r_A 同阶.

一个电磁信号越过一个质量体附近的时间延迟的现象通常被称为**夏皮罗效应**. 现有的观

测结果与理论预言完美符合. 为了对该效应的量级有个概念,我们来估算从地球至水星并返回地球的某一电磁信号的时间延迟,此时两行星位于太阳的两端,于是,r_C 是太阳的半径. 可以将以下的值代入(9.83)式,

$$r_A = 150 \times 10^6 \text{ km}, \ r_B = 58 \times 10^6 \text{ km}, \ R_\odot = 0.7 \times 10^6 \text{ km}, \ r_S = 2.95 \text{ km}. \quad (9.84)$$

其结果为

$$\delta t_{\max} = 0.24 \text{ ms}. \quad (9.85)$$

9.5 参数化的后牛顿形式

参数化的后牛顿(PPN)形式是一个检验爱因斯坦引力在弱场范围的解的方便途径. 其基本思想是利用特定的引力势,将度规写为围绕闵可夫斯基度规的展开式. 如果希望在太阳系中检验史瓦西度规,可以将最一般的静止的球对称线元对 r_S/r 进行展开,其中,r_S 是太阳的史瓦西半径. 传统上该方法构建于迷向坐标,如 8.1 节所示,最一般的静止球对称线元显示为[1]

$$\mathrm{d}s^2 = -\left(1 - \frac{2G_N M}{c^2 R} + \beta \frac{2G_N^2 M^2}{c^4 R^2} + \cdots\right) c^2 \mathrm{d}t^2 + \left(1 + \gamma \frac{2G_N M}{c^2 R} + \cdots\right)(\mathrm{d}x^2 + \mathrm{d}y^2 + \mathrm{d}z^2),$$

$$(9.87)$$

其中,β 与 γ 是由观测确定的自由参数.

在类球坐标下,线元(9.87)为

$$\mathrm{d}s^2 = -\left(1 - \frac{2G_N M}{c^2 R} + \beta \frac{2G_N^2 M^2}{c^4 R^2} + \cdots\right) c^2 \mathrm{d}t^2$$
$$+ \left(1 + \gamma \frac{2G_N M}{c^2 R} + \cdots\right)(\mathrm{d}R^2 + R^2 \mathrm{d}\theta^2 + R^2 \sin^2\theta \, \mathrm{d}\phi^2). \quad (9.88)$$

利用变换

$$R \to r = R\left(1 + \gamma \frac{G_N M}{c^2 R} + \cdots\right), \quad (9.89)$$

其逆变换为

$$R = r\left(1 - \gamma \frac{G_N M}{c^2 r} + \cdots\right), \quad (9.90)$$

在更加惯用的史瓦西坐标下写出线元为

$$\mathrm{d}s^2 = -\left[1 - \frac{2G_N M}{c^2 r} + (\beta - \gamma)\frac{2G_N^2 M^2}{c^4 r^2} + \cdots\right] c^2 \mathrm{d}t^2$$
$$+ \left(1 + \gamma \frac{2G_N M}{c^2 r} + \cdots\right) \mathrm{d}r^2 + r^2 (\mathrm{d}\theta^2 + \sin^2\theta \, \mathrm{d}\phi^2). \quad (9.91)$$

---

① 为了得到正确的牛顿极限,线元必须具有形式

$$\mathrm{d}s^2 = -\left(1 - \frac{2G_N M}{c^2 R} + \cdots\right) c^2 \mathrm{d}t^2 + (1 + \cdots)(\mathrm{d}x^2 + \mathrm{d}y^2 + \mathrm{d}z^2). \quad (9.86)$$

对于高阶项,并没有理论上的要求,因此,可以引入 β 与 γ.

现在容易看到当 $\beta = \gamma = 1$ 时重新回归到史瓦西度规.

如果在水星进动的讨论中将史瓦西度规替换为 (9.91) 式中的度规, (9.40) 式变为

$$\delta\phi = \frac{6\pi G_N M}{c^2} \frac{n}{a(1-e^2)} \left(\frac{2-\beta+2\gamma}{3} \right). \tag{9.92}$$

如果在光线偏折的问题中进行同样的操作, (9.63) 式变为

$$\Delta = \frac{4 G_N M}{c^2 b} \left(\frac{1+\gamma}{2} \right). \tag{9.93}$$

对于夏皮罗时间延迟, (9.83) 式变为

$$\delta t_{\max} = \frac{4 G_N M}{c^3} \left[1 + \left(\frac{1+\gamma}{2} \right) \ln \left(\frac{4 r_A r_B}{R_\odot^2} \right) \right]. \tag{9.94}$$

利用观测效应的测量, 如水星近日点的进动 $\delta\phi$、光线的偏折 Δ, 以及夏皮罗时间延迟 δt, 可以约束 PPN 参数 β 和 γ, 以验证它们是否与史瓦西度规所要求的那样与 1 相吻合. 当今最为严格的约束为[6]

$$|\beta - 1| < 8 \times 10^{-5}, \tag{9.95}$$

$$|\gamma - 1| < 2.3 \times 10^{-5}. \tag{9.96}$$

因此, 当前的观测在它们的精度内证实了史瓦西解.

参 考 文 献

［1］G. M. Clemence. *Rev. Mod. Phys.* **19**, 361 (1947).

［2］A. Einstein. *Annalen Phys.* **49**, 769 (1916) [*Annalen Phys.* **14**, 517 (2005)].

［3］R. V. Pound, G. A. Rebka. *Jr. Phys. Rev. Lett.* **4**, 337 (1960).

［4］I. I. Shapiro. *Phys. Rev. Lett.* **13**, 789 (1964).

［5］J. H. Taylor, R. A. Hulse, L. A. Fowler, G. E. Gullahorn, J. M. Rankin. *Astrophys. J.* **206**, L53 (1976).

［6］C. M. Will. *Living Rev. Rel.* **17**, 4 (2014) [arXiv:1403.7377 [gr-qc]].

第 *10* 章

黑洞

本章旨在提供关于黑洞的综述,特别是关于 4 维爱因斯坦引力中的黑洞. 与先前的章节不同,这里经常只呈现最终的结果,而很少提供所有的计算. 纵观本章,除非另有说明,否则都将使用自然单位制 $G_N = c = 1$. 这样的选择显著地简化了所有的公式,表达了该研究的标准做法. 黑洞的质量 M 设定了系统的尺度,与之相关联的长度和时间尺度分别是

$$\frac{G_N M}{c^2} = 1.48 \left(\frac{M}{M_\odot}\right) \text{km}, \quad \frac{G_N M}{c^3} = 4.92 \left(\frac{M}{M_\odot}\right) \mu s. \tag{10.1}$$

10.1 黑洞的定义

大体说来,黑洞是时空中的一个区域,在其中引力是如此之强,以至于无法逃逸或向外部区域发送信息. 利用 8.6 节中介绍的概念,可以在一个渐近平直时空中给出下述的黑洞定义[①]:

> **黑洞** 在一个渐近平直时空 $\mathcal{M}$ 中的**黑洞**是不属于零未来无限 $J^-(\mathcal{I}^+)$ 因果过去事件的集合,即
> $$\mathcal{B} = \mathcal{M} - J^-(\mathcal{I}^+) \neq \emptyset. \tag{10.2}$$
> **视界**是区域 $\mathcal{B}$ 的边界.

$\mathcal{I}^+$ 是零未来无限,已在 8.6 节中讨论过. $J^-(\mathcal{P})$ 被称为区域 $\mathcal{P}$ 的因果过去,也是所有因果上先于 $\mathcal{P}$ 的事件的集合. 也就是说,对于每一个 $J^-(\mathcal{P})$ 中的元素,存在至少一条光滑的指向未来的类时或类光曲线延伸至 $\mathcal{P}$. 所有起始于区域 $\mathcal{B}$ 的指向未来的(类时或类光)曲线将不能到达零无限 $\mathcal{I}^+$. 因此,黑洞是一个单向膜:如果某物穿过了视界,它将再也不能发送任何信号至渐近平直区域. 有关更多细节见参考文献(如[9]).

史瓦西时空的彭罗斯图已在图 8.3 中呈现. 我们可以看到视界是一条 $45°$ 的直线,因此,没有类时的与类光的轨迹可以从内部区域(黑洞)中逃逸并到达 $\mathcal{I}^+$. 黑洞并不属于 $J^-(\mathcal{I}^+)$.

[①] **注意** 这样的黑洞定义并不局限于爱因斯坦引力,每当可以定义 $J^-(\mathcal{I}^+)$ 时都能够应用它.

10.2 赖斯纳–努德斯特伦黑洞

在爱因斯坦引力中,最简单的黑洞解就是在第 8 章中所见的史瓦西时空代表.它描述了一个不带电的球对称黑洞,完全只由一个参数描述,即黑洞的质量 M. 次简单的黑洞解是**赖斯纳–努德斯特伦时空**. 它描述了一个带有不为零的电荷的不旋转的黑洞.现在解由两个参数指定,即黑洞的质量 M 和黑洞的电荷 Q.

作为需要牢记的有效技巧,赖斯纳–努德斯特伦线元可由史瓦西解的线元作替换 $M \to M - Q^2/(2r)$ 得到.其结果为[①]

$$ds^2 = -\left(1 - \frac{2M}{r} + \frac{Q^2}{r^2}\right)dt^2 + \left(1 - \frac{2M}{r} + \frac{Q^2}{r^2}\right)^{-1}dr^2 + r^2 d\theta^2 + r^2 \sin^2\theta \, d\phi^2. \quad (10.4)$$

$g^{rr} = 0$ 的解为[②]

$$r_{\pm} = M \pm \sqrt{M^2 - Q^2}, \quad (10.5)$$

其中,较大的根 r_+ 是视界,而较小的根 r_- 是内视界.视界仅在 $|Q| \leqslant M$ 时存在.对于 $|Q| > M$,并不存在视界,位于 $r = 0$ 处的奇点是"裸露的"[③],而赖斯纳–努德斯特伦解描述了一个裸奇点的时空,而不是一个黑洞.

10.3 克尔黑洞

阿尔伯特·爱因斯坦于 1915 年年末提出他的理论,而史瓦西解于 1916 年立即被卡尔·史瓦西发现.还是在 1916 年,汉斯·赖斯纳解出关于一个带电的质点的爱因斯坦方程,在 1918 年,贡纳尔·努德斯特伦得到关于一个球对称的带电质量体的度规.而直到 1963 年罗伊·克尔才得到关于一个旋转黑洞的解[8]. **克尔解**在 4 维爱因斯坦引力中描述为一个旋转的不带电的黑洞,它由两个参数指定,即黑洞的质量 M 与黑洞的自旋角动量 J. 在伯耶–林奎斯特坐标下,线元为

$$ds^2 = -\left(1 - \frac{2Mr}{\Sigma}\right)dt^2 - \frac{4aMr\sin^2\theta}{\Sigma}dt\,d\phi + \frac{\Sigma}{\Delta}dr^2 + \Sigma d\theta^2 + \left(r^2 + a^2 + \frac{2a^2Mr\sin^2\theta}{\Sigma}\right)\sin^2\theta\,d\phi^2,$$
$$(10.6)$$

其中,

$$\Sigma = r^2 + a^2\cos^2\theta, \quad \Delta = r^2 - 2Mr + a^2, \quad (10.7)$$

---

① 在国际单位制中,线元显示为

$$ds^2 = -\left(1 - \frac{2G_N M}{c^2 r} + \frac{G_N Q^2}{4\pi\varepsilon_0 c^4 r^2}\right)dt^2 + \left(1 - \frac{2G_N M}{c^2 r} + \frac{G_N Q^2}{4\pi\varepsilon_0 c^4 r^2}\right)^{-1}dr^2 + r^2 d\theta^2 + r^2 \sin^2\theta \, d\phi^2, \quad (10.3)$$

其中, $1/(4\pi\varepsilon_0)$ 是库伦力常数.

② 视界的定义在 10.1 节中给出,但无法直接应用它来决定一个已知的度规的视界坐标.对于本书中所讨论的黑洞解(史瓦西、赖斯纳–努德斯特伦、克尔),视界的径向坐标对应于 $g^{rr} = 0$ 的较大的根.对于更加一般的情形,感兴趣的读者可参阅参考文献[1]及其提及的其他文献.注意到在这些解中,视界的存在性问题是非平凡的.这也可由以下事实证明:史瓦西度规于 1916 年发现,但直到 1958 年大卫·芬克尔斯坦才意识到存在具有特殊性质的视界.

③ **裸奇点**是时空中并不处于黑洞内的奇点,因此,它属于零未来无限的因果过去.

而 $a = J/M$ 是**比自旋**. 为了方便经常性会引入无量纲的**自旋参数**[①]$a_* = a/M = J/M^2$.

如果将(10.6)式中的线元对 a/r 与 M/r 展开,可以发现

$$\mathrm{d}s^2 = -\left(1 - \frac{2M}{r} + \frac{2a^2 M\cos^2\theta}{r^3} + \cdots\right)\mathrm{d}t^2 - \left(\frac{4aM\sin^2\theta}{r} + \cdots\right)\mathrm{d}t\,\mathrm{d}\phi$$
$$+ \left[1 + \frac{a^2(\cos^2\theta - 1)}{r^2} + \cdots\right]\frac{\mathrm{d}r^2}{1 - 2M/r} + (r^2 + a^2\cos^2\theta)\mathrm{d}\theta^2$$
$$+ \left(r^2 + a^2 + \frac{2a^2 M\sin^2\theta}{r} + \cdots\right)\sin^2\theta\,\mathrm{d}\phi^2. \tag{10.9}$$

由该表达式可以看到,克尔度规在 $a = 0$ 时约化为史瓦西解. 不仅如此,通过将该线元与缓慢旋转的质量体周围的线元(见附录 G)相比照,可以意识到 $a = J/M$,一如我们已经不加证明地断言.

如赖斯纳-努德斯特伦度规一样,方程 $g^{rr} = 0$ 有两个解,即

$$r_\pm = M \pm \sqrt{M^2 - a^2}. \tag{10.10}$$

r_+ 是视界的半径,它要求 $|a| \leqslant M$. 对于 $|a| > M$,不存在视界,而时空在 $r = 0$ 处有一个裸奇点. 注意到克尔解的时空奇点的拓扑不同于史瓦西和赖斯纳-努德斯特伦时空的奇点. 奇性仅在赤道平面. 例如,克莱舒曼标量 $\mathscr{K}$ 为

$$\mathscr{K} = \frac{48M^2}{\Sigma^6}(r^6 - 15a^2 r^4\cos^2\theta + 15a^4 r^2\cos^4\theta - a^6\cos^6\theta), \tag{10.11}$$

仅当 $\theta = \pi/2$ 时,它在 $r = 0$ 处发散.

可以表明位于赤道平面之外的测地线能够到达奇点,并延伸至另一个宇宙. 考虑克尔-希尔德坐标 (t', x, y, z) 与伯耶-林奎斯特坐标的联系是

$$x + \mathrm{i}y = (r + \mathrm{i}a)\sin\theta\exp\left[\mathrm{i}\int\mathrm{d}\phi + \mathrm{i}\int\frac{a}{\Delta}\mathrm{d}r\right],$$
$$z = r\cos\theta, \tag{10.12}$$
$$t' = \int\mathrm{d}t - \int\frac{r^2 + a^2}{\Delta}\mathrm{d}r - r,$$

其中,i 是虚数单位,即 $\mathrm{i}^2 = -1$. r 由下式的隐函数给出:

$$r^4 - (x^2 + y^2 + z^2 - a^2)r^2 - a^2 z^2 = 0. \tag{10.13}$$

位于 $r = 0$ 且 $\theta = \pi/2$ 的奇点对应于 $z = 0$ 且 $x^2 + y^2 = a^2$,即:它是一个环. 可以将时空延拓至负的 r,而环连接了两个宇宙. 但是,区域 $r < 0$ 将含有闭合的类时曲线[②]. 有关更多细节,可见

[①] 重新引入光速 c 和牛顿引力常数 G_N,有

$$a = \frac{J}{cM}, \quad a_* = \frac{a}{r_g} = \frac{cJ}{G_\mathrm{N}M^2}, \tag{10.8}$$

其中,$r_g = G_\mathrm{N}M/c^2$ 是**引力半径**.

[②] 一条闭合的类时曲线是一条闭合的类时轨迹. 如果在某个时空中存在闭合的类时曲线,有质量的粒子可以逆时行进. 虽然爱因斯坦方程具有相似性质的解,但是,它们被认为是非物理的,于是通常不将它们考虑在内.

参考文献[5].

　　下面将讨论克尔度规的一系列性质. 然而,这些结果容易被推广至更加一般的、恒定的、轴对称的以及渐进平直的时空. 我们将同时介绍(能够容易被应用于其他时空)一般的方程与伯耶-林奎斯特坐标下对克尔度规的表达式. 更多细节详见参考文献[1].

10.3.1　赤道平面的圆轨道

　　克尔度规中位于赤道平面的类时圆轨道是特别重要的[4]. 例如,它们对于天体物理学黑洞周围的吸积盘的结构有着重大意义[1].

　　我们来写出所谓的**正则形式**下的线元,

$$ds^2 = g_{tt}dt^2 + 2g_{t\phi}dtd\phi + g_{rr}dr^2 + g_{\theta\theta}d\theta^2 + g_{\phi\phi}d\phi^2, \tag{10.14}$$

其中,度规系数独立于 t 和 ϕ. 例如,这是(10.6)式中伯耶-林奎斯特坐标的情形. 正如我们所知,一个自由质点的拉格朗日量是(3.1)式,并且利用粒子的固有时 τ 来参数化其轨迹是方便的. 为简单起见,可以设粒子的静止质量 $m=1$.

　　由于度规独立于坐标 t 和 ϕ,有两个运动常数,即在无穷远处的比能量 E 与在无穷远处的比角动量的轴向分量 L_z,

$$\frac{d}{d\tau}\frac{\partial L}{\partial \dot{t}} - \frac{\partial L}{\partial t} = 0 \Rightarrow p_t \equiv \frac{\partial L}{\partial \dot{t}} = g_{tt}\dot{t} + g_{t\phi}\dot{\phi} = -E, \tag{10.15}$$

$$\frac{d}{d\tau}\frac{\partial L}{\partial \dot{\phi}} - \frac{\partial L}{\partial \phi} = 0 \Rightarrow p_\phi \equiv \frac{\partial L}{\partial \dot{\phi}} = g_{t\phi}\dot{t} + g_{\phi\phi}\dot{\phi} = L_z. \tag{10.16}$$

术语"比(specific)"被用来表示 E 和 L_z 分别是单位静止质量的能量与角动量. 我们提醒读者在这里使用度规符号为 $(-+++)$ 的惯例. 对于符号为 $(+---)$ 的度规,应有 $p_t = E$ 以及 $p_\phi = -L_z$. 可以解出方程组(10.15)和(10.16)以得到探测粒子的 4 维速度的 t 分量和 ϕ 分量,

$$\dot{t} = \frac{Eg_{\phi\phi} + L_z g_{t\phi}}{g_{t\phi}^2 - g_{tt}g_{\phi\phi}}, \tag{10.17}$$

$$\dot{\phi} = \frac{Eg_{t\phi} + L_z g_{tt}}{g_{t\phi}^2 - g_{tt}g_{\phi\phi}}. \tag{10.18}$$

　　由静止质量守恒, $g_{\mu\nu}\dot{x}^\mu\dot{x}^\nu = -1$,可以写出方程

$$g_{rr}\dot{r}^2 + g_{\theta\theta}^2\dot{\theta}^2 = V_{eff}(r, \theta), \tag{10.19}$$

其中, V_{eff} 是有效势,

$$V_{eff} = \frac{E^2 g_{\phi\phi} + 2EL_z g_{t\phi} + L_z^2 g_{tt}}{g_{t\phi}^2 - g_{tt}g_{\phi\phi}} - 1. \tag{10.20}$$

　　赤道平面的圆轨道位于有效势的零点和驻点: $\dot{r} = \dot{\theta} = 0$,这意味着 $V_{eff} = 0$,而 $\ddot{r} = \ddot{\theta} = 0$,分别要求 $\partial_r V_{eff} = 0$ 以及 $\partial_\theta V_{eff} = 0$. 由这些条件,可以得到在赤道平面的一个探测粒子的比能量 E 和比角动量的轴向分量 L_z. 但是,按以下的方法进行更为快捷. 写出测地线方程为

$$\frac{\mathrm{d}}{\mathrm{d}\tau}(g_{\mu\nu}\dot{x}^{\nu}) = \frac{1}{2}(\partial_{\mu}g_{\nu\rho})\dot{x}^{\nu}\dot{x}^{\rho}. \tag{10.21}$$

在赤道圆轨道的情况下,$\dot{r}=\dot{\theta}=\ddot{r}=0$,而方程(10.21)的径向分量约化为

$$(\partial_{r}g_{tt})\dot{t}^{2} + 2(\partial_{r}g_{t\phi})\dot{t}\dot{\phi} + (\partial_{r}g_{\phi\phi})\dot{\phi}^{2} = 0. \tag{10.22}$$

角速度 $\Omega = \dot{\phi}/\dot{t}$ 为

$$\Omega_{\pm} = \frac{-\partial_{r}g_{t\phi} \pm \sqrt{(\partial_{r}g_{t\phi})^{2} - (\partial_{r}g_{tt})(\partial_{r}g_{\phi\phi})}}{\partial_{r}g_{\phi\phi}}, \tag{10.23}$$

其中,加(减)号指的是共旋(对旋)轨道,即具有平行(反平行)于中心物体自旋的角动量的轨道.

由 $g_{\mu\nu}\dot{x}^{\mu}\dot{x}^{\nu} = -1$ 且 $\dot{r}=\dot{\theta}=0$,可以写出

$$\dot{t} = \frac{1}{\sqrt{-g_{tt} - 2\Omega g_{t\phi} - \Omega^{2}g_{\phi\phi}}}. \tag{10.24}$$

方程(10.15)变为

$$E = -(g_{tt} + \Omega g_{t\phi})\dot{t} = -\frac{g_{tt} + \Omega g_{t\phi}}{\sqrt{-g_{tt} - 2\Omega g_{t\phi} - \Omega^{2}g_{\phi\phi}}}. \tag{10.25}$$

方程(10.16)变为

$$L_{z} = (g_{t\phi} + \Omega g_{\phi\phi})\dot{t} = \frac{g_{t\phi} + \Omega g_{\phi\phi}}{\sqrt{-g_{tt} - 2\Omega g_{t\phi} - \Omega^{2}g_{\phi\phi}}}. \tag{10.26}$$

如果使用伯耶-林奎斯特坐标下克尔解的度规系数,(10.25)式与(10.26)式分别变为[4]

$$E = \frac{r^{3/2} - 2Mr^{1/2} \pm aM^{1/2}}{r^{3/4}\sqrt{r^{3/2} - 3Mr^{1/2} \pm 2aM^{1/2}}}, \tag{10.27}$$

$$L_{z} = \pm\frac{M^{1/2}(r^{2} \mp 2aM^{1/2}r^{1/2} + a^{2})}{r^{3/4}\sqrt{r^{3/2} - 3Mr^{1/2} \pm 2aM^{1/2}}}, \tag{10.28}$$

而探测粒子的角速度是

$$\Omega_{\pm} = \pm\frac{M^{1/2}}{r^{3/2} \pm aM^{1/2}} \tag{10.29}$$

其中,加号"+"指的是共旋轨道,减号"−"则为对旋轨道.图 10.1 展示了对于黑洞的自旋参数的不同值,E 作为径向坐标 r 的函数.图 10.2 展示了 L_{z} 的分布.

我们可由(10.25)式和(10.26)式所见,也可由(10.27)式和(10.28)式所见,当 E 与 L_{z} 的分母为零时,E 与 L_{z} 发散.这发生于**光子轨道**的半径 r_{γ} 处,

$$g_{tt} + 2\Omega g_{t\phi} + \Omega^{2}g_{\phi\phi} = 0 \Rightarrow r = r_{\gamma}. \tag{10.30}$$

在伯耶-林奎斯特坐标下,光子轨道半径的方程为

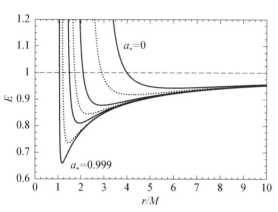

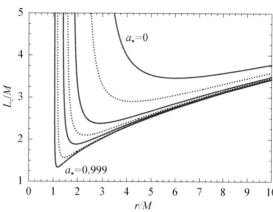

图 10.1 在克尔时空中,位于赤道圆轨道的一个探测粒子的比能量 E 作为伯耶-林奎斯特径向坐标 r 的函数. 每条曲线对应于自旋参数 a_* 的一个特定的值,其值为 $a_* = 0$, 0.5, 0.8, 0.9, 0.95, 0.99 以及 0.999.

图 10.2 对于图 10.1 比角动量的轴向分量 L_z 分布.

$$r^{3/2} - 3Mr^{1/2} \pm 2aM^{1/2} = 0. \qquad (10.31)$$

其解为[4]

$$r_\gamma = 2M \left\{ 1 + \cos \left[\frac{2}{3} \arccos \left(\mp \frac{a}{M} \right) \right] \right\}. \qquad (10.32)$$

对于 $a = 0$, $r_\gamma = 3M$. 对于共旋轨道,当 $a = M$ 时 $r_\gamma = M$;对于对旋轨道,r_γ 则为 $4M$.

边缘束缚轨道的半径 r_{mb} 被定义为

$$E = -\frac{g_{tt} + \Omega g_{t\phi}}{\sqrt{-g_{tt} - 2\Omega g_{t\phi} - \Omega^2 g_{\phi\phi}}} = 1 \Rightarrow r = r_{mb}. \qquad (10.33)$$

轨道是边缘束缚的,这意味着探测粒子具有足够的能量逃逸至无穷远处. 如果 $E < 1$,探测粒子无法到达无穷远处;如果 $E > 1$,则可以以一个有限的速度到达无穷远处. 在伯耶-林奎斯特坐标下的克尔度规中,可以发现[4]

$$r_{mb} = 2M \mp a + 2\sqrt{M(M \mp a)}. \qquad (10.34)$$

对于 $a = 0$, $r_{mb} = 4M$. 对于共旋轨道,当 $a = M$ 时 $r_{mb} = M$,而

$$r_{mb} = (3 + 2\sqrt{2})M \approx 5.83M \qquad (10.35)$$

对应于对旋轨道.

边缘稳定轨道的半径 r_{ms} 更常被称为**最内稳定圆轨道**(ISCO)的半径 r_{ISCO},它被定义为

$$\partial_r^2 V_{eff} = 0 \text{ 或 } \partial_\theta^2 V_{eff} = 0 \Rightarrow r = r_{ISCO}. \qquad (10.36)$$

在克尔度规中,赤道圆轨道证明是始终垂直稳定的,所以,ISCO 半径仅由 $\partial_r^2 V_{eff}$ 决定. 在伯耶-林奎斯特坐标下,有[4]

$$r_{\text{ISCO}} = 3M + Z_2 \mp \sqrt{(3M - Z_1)(3M + Z_1 + 2Z_2)},$$
$$Z_1 = M + (M^2 - a^2)^{1/3}[(M+a)^{1/3} + (M-a)^{1/3}], \qquad (10.37)$$
$$Z_2 = \sqrt{3a^2 + Z_1^2}.$$

对于 $a = 0$，$r_{\text{ISCO}} = 6M$. 对于共旋轨道，当 $a = M$ 时 $r_{\text{ISCO}} = M$；对于对旋轨道，$r_{\text{ISCO}} = 9M$. 其推导可在参考文献[5]中找到.

注意 最内稳定圆轨道位于能量 E 的极小值处. 于是，r_{ISCO} 甚至能够通过方程 $\mathrm{d}E/\mathrm{d}r = 0$ 得到. 经过一些操作，可以发现

$$\frac{\mathrm{d}E}{\mathrm{d}r} = \frac{r^2 - 6Mr \pm 8aM^{1/2}r^{1/2} - 3a^2}{2r^{7/4}(r^{3/2} - 3Mr^{1/2} \pm aM^{1/2})^{3/2}}M, \qquad (10.38)$$

而 $r^2 - 6Mr \pm 8aM^{1/2}r^{1/2} - 3a^2 = 0$ 是利用(10.36)式得到的相同的方程，见参考文献[5]. 不仅如此，能量 E 的极小值与角动量的轴向分量 L_z 的极小值位于相同的半径处. 经过一些操作，$\mathrm{d}L_z/\mathrm{d}r$ 为

$$\frac{\mathrm{d}L_z}{\mathrm{d}r} = \frac{r^2 - 6Mr \pm aM^{1/2}r^{1/2} - 3a^2}{2r^{7/4}(r^{3/2} - 3Mr^{1/2} \pm aM^{1/2})^{3/2}}(M^{1/2}r^{3/2} \pm aM), \qquad (10.39)$$

可以看到 $\mathrm{d}E/\mathrm{d}r = 0$ 和 $\mathrm{d}L_z/\mathrm{d}r = 0$ 具有相同的解.

最内稳定圆轨道的概念在牛顿力学中没有其对应项. 如同已经在 8.4 节中对于史瓦西度规的认识，可以对克尔度规做相同的操作：一个探测粒子的运动方程可被写为具有一个确定的有效势的牛顿力学中的运动方程. 在半径较小处，有效势由一个吸引项所主导，这是牛顿力学中没有的，但它是导致最内稳定圆轨道存在的原因.

图 10.3 展示了在伯耶-林奎斯特坐标下的克尔度规中，作为 a_* 的函数的视界 r_+、光子轨道 r_γ、边缘束缚圆轨道 r_{mb}、最内稳定圆轨道 r_{ISCO} 的半径.

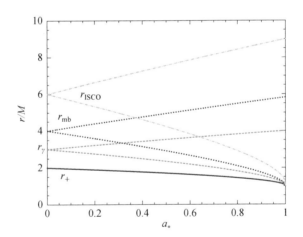

图 10.3 在伯耶-林奎斯特坐标下的克尔度规中，视界 r_+（实线），光子轨道 r_γ（虚线弧），边缘束缚圆轨道 r_{mb}（点线弧），最内稳定圆轨道 r_{ISCO}（点虚线弧）的径向坐标，作为自旋参数 a_* 的函数. 对于每个半径，上方曲线指的是对旋轨道，下方曲线是共旋轨道.

最后,在克尔度规中对 E 和 L_z 具有以下图景. 在半径较大处,对于在点状质量体的引力场中粒子的 E 和 L_z 回归牛顿极限. 随着径向坐标的减小, E 和 L_z 也将单调地减小,直到到达一个极小值,它对于 E 和 L_z 而言是同一个半径. 这就是最内稳定圆轨道的半径. 如果移动到更小的半径处, E 和 L_z 增大. 首先,找到边缘束缚圆轨道的半径,它由 $E=1$ 定义. 随着径向坐标的减小, E 和 L_z 继续增大,并且它们在光子轨道处发散. 不存在径向坐标小于光子轨道的圆轨道,并且有质量的粒子可以在能量无限大的极限下到达光子轨道.

注意　在 $a=M$ 的极端克尔黑洞的情况下,可以发现对于共旋轨道, $r_+=r_\gamma=r_{mb}=r_{ISCO}=M$. 但是,伯耶-林奎斯特坐标在视界处并非是定义明确的,并且这些特殊的轨道不是重合的[4]. 如果写出 $a=M(1-\varepsilon)$,而 $\varepsilon\to 0$,可以发现

$$r_+=M(1+\sqrt{2\varepsilon}+\cdots),\quad r_\gamma=M\left(1+2\sqrt{\frac{2\varepsilon}{3}}+\cdots\right),$$
$$r_{mb}=M(1+2\sqrt{\varepsilon}+\cdots),\quad r_{ISCO}=M[1+(4\varepsilon)^{1/3}+\cdots]. \tag{10.40}$$

于是,可以求出 r_+ 与其他半径之间的固有径向距离[4]. 令 ε 趋近于零,其结果是

$$\int_{r_+}^{r_\gamma}\frac{r'\mathrm{d}r'}{\sqrt{\Delta}}\to\frac{1}{2}M\ln 3,$$
$$\int_{r_+}^{r_{mb}}\frac{r'\mathrm{d}r'}{\sqrt{\Delta}}\to M\ln(1+\sqrt{2}),$$
$$\int_{r_+}^{r_{ISCO}}\frac{r'\mathrm{d}r'}{\sqrt{\Delta}}\to\frac{1}{6}M\ln\left(\frac{2^7}{\varepsilon}\right), \tag{10.41}$$

这清楚地呈现了这些轨道并不重合的事实,即使在伯耶-林奎斯特坐标下它们拥有相同的值. 能量 E 和角动量的轴向分量 L_z 分别为

$$r=r_\gamma:E\to\infty,\quad L_z\to 2EM,$$
$$r=r_{mb}:E\to 1,\quad L_z\to 2M,$$
$$r=r_{ISCO}:E\to\frac{1}{\sqrt{3}},\quad L_z\to\frac{2}{\sqrt{3}}M. \tag{10.42}$$

10. 3. 2　基频

赤道圆轨道由 3 个基频描述:

(1) **轨道频率**(或开普勒频率) ν_ϕ:轨道周期的倒数;

(2) **径向本轮频率** ν_r:平均轨道周围的径向振动频率;

(3) **垂直本轮频率** ν_θ:平均轨道周围的垂直振动频率.

这 3 个频率仅依赖于时空的度规和轨道的半径.

从考虑一个牛顿引力中的点状质量体开始. 引力势为 $V=-M/r$. 3 个基频由下式给出:

$$\nu_\phi=\nu_r=\nu_\theta=\frac{1}{2\pi}\frac{M^{1/2}}{r^{3/2}}, \tag{10.43}$$

并且具有相同的值. 这些频率的分布在图 10.4(a)显示.

在史瓦西度规中,有最内稳定圆轨道与光子半径,这些都是牛顿引力中所缺少的. 半径小

于 r_{ISCO} 的圆轨道是径向不稳定的. 于是,径向本轮频率 ν_r 必然会在某个半径 $r_{\max} > r_{\text{ISCO}}$ 处到达一个极大值,而后在 r_{ISCO} 处化为零. 反之,轨道频率和垂直本轮频率被定义至最内圆轨道,即所谓的光子轨道(见 10.3.1 节). 不存在半径小于光子轨道的圆轨道. 在史瓦西度规中,3 个基频作为径向坐标 r 的函数在图 10.4(b)中显示. 总是有 $\nu_\phi = \nu_\theta > \nu_r$,可参见于下面的(10.54)式.

在克尔度规中, $\nu_\theta > \nu_r$ 仍然是正确的,并且对于共旋轨道, $\nu_\phi \geqslant \nu_\theta$. 在克尔时空中,对自旋参数 $a_* = 0.9$ 和 0.998,且对于共旋轨道,3 个基频作为径向坐标 r 的函数,分别在图 10.4(c)和(d)显示.

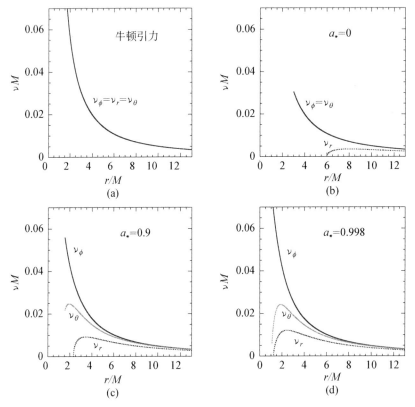

图 10.4 一个探测粒子的基频.(a):具有引力势 $V = -M/r$ 的牛顿引力;3 个基频具有相同的值.(b):史瓦西度规;轨道频率和垂直本轮频率具有相同的值,径向本轮频率在最内稳定圆轨道的半径处为零.(c):自旋参数 $a_* = 0.9$ 的克尔度规.(d):自旋参数 $a_* = 0.998$ 的克尔度规.

现在来看如何能够计算出基频 ν_ϕ, ν_r 及 ν_θ. 轨道角速度已在(10.23)式和(10.29)式中得到. 轨道频率为 $\nu_\phi = \Omega_\phi/2\pi$.

对于径向与垂直本轮频率的计算,可以从(10.19)式开始. 在线性范畴中,可以分别独立地考虑赤道圆轨道周围的沿径向和垂直方向的小的摄动. 对于径向方向,假定 $\dot\theta = 0$,写作 $\dot r = \dot t (\mathrm{d}r/\mathrm{d}t)$,于是,可以发现

$$\left(\frac{\mathrm{d}r}{\mathrm{d}t}\right)^2 = \frac{1}{g_{rr}\dot t^2}V_{\text{eff}}. \tag{10.44}$$

将(10.44)式对坐标 t 求导,得到

$$\frac{\mathrm{d}^2 r}{\mathrm{d}t^2} = \frac{1}{2}\ \frac{\partial}{\partial r}\left(\frac{1}{g_{rr}\dot{t}^2}V_{\text{eff}}\right) = \frac{V_{\text{eff}}}{2}\ \frac{\partial}{\partial r}\left(\frac{1}{g_{rr}\dot{t}^2}\right) + \frac{1}{2g_{rr}\dot{t}^2}\ \frac{\partial V_{\text{eff}}}{\partial r}. \tag{10.45}$$

如果 δ_r 是平均轨道周围一个小的位移,如 $r = r_0 + \delta_r$,有

$$\frac{\mathrm{d}^2 r}{\mathrm{d}t^2} = \frac{\mathrm{d}^2 \delta_r}{\mathrm{d}t^2},$$

$$V_{\text{eff}}(r_0 + \delta_r) = V_{\text{eff}}(r_0) + \left(\frac{\partial V_{\text{eff}}}{\partial r}\right)_{r=r_0}\delta_r + O(\delta_r^2) = O(\delta_r^2), \tag{10.46}$$

$$\left(\frac{\partial V_{\text{eff}}}{\partial r}\right)_{r=r_0+\delta_r} = \left(\frac{\partial V_{\text{eff}}}{\partial r}\right)_{r=r_0} + \left(\frac{\partial^2 V_{\text{eff}}}{\partial r^2}\right)_{r=r_0}\delta_r + O(\delta_r^2) = \left(\frac{\partial^2 V_{\text{eff}}}{\partial r^2}\right)_{r=r_0}\delta_r + O(\delta_r^2).$$

对于坐标 θ 的垂直本轮频率相类似的表达式可通过引入平均轨道周围的一个小的位移 δ_θ 推导得到,即 $\theta = \pi/2 + \delta_\theta$. 分别忽略 $O(\delta_r^2)$ 和 $O(\delta_\theta^2)$ 项,得到以下微分方程:

$$\frac{\mathrm{d}^2 \delta_r}{\mathrm{d}t^2} + \Omega_r^2 \delta_r = 0, \tag{10.47}$$

$$\frac{\mathrm{d}^2 \delta_\theta}{\mathrm{d}t^2} + \Omega_\theta^2 \delta_\theta = 0, \tag{10.48}$$

其中,

$$\Omega_r^2 = -\frac{1}{2g_{rr}\dot{t}^2}\ \frac{\partial^2 V_{\text{eff}}}{\partial r^2}, \tag{10.49}$$

$$\Omega_\theta^2 = -\frac{1}{2g_{\theta\theta}\dot{t}^2}\ \frac{\partial^2 V_{\text{eff}}}{\partial \theta^2}. \tag{10.50}$$

径向本轮频率为 $\nu_r = \Omega_r/2\pi$,而垂直本轮频率为 $\nu_\theta = \Omega_\theta/2\pi$.

在伯耶-林奎斯特坐标下的克尔度规中,3 个基频可被写为如下解析且紧凑的形式:

$$\nu_\phi = \frac{1}{2\pi}\ \frac{M^{1/2}}{r^{3/2} \pm aM^{1/2}}, \tag{10.51}$$

$$\nu_r = \nu_\phi \sqrt{1 - \frac{6M}{r} \pm \frac{8aM^{1/2}}{r^{3/2}} - \frac{3a^2}{r^2}}\ , \tag{10.52}$$

$$\nu_\theta = \nu_\phi \sqrt{1 \mp \frac{4aM^{1/2}}{r^{3/2}} + \frac{3a^2}{r^2}}. \tag{10.53}$$

通过施加条件 $a = 0$ 回归史瓦西极限,于是,可以得到重合的轨道频率和垂直本轮频率,

$$\nu_\phi = \nu_\theta = \frac{1}{2\pi}\ \frac{M^{1/2}}{r^{3/2}},\ \nu_r = \nu_\phi \sqrt{1 - \frac{6M}{r}}. \tag{10.54}$$

可通过仅考虑史瓦西情形下 M/r 的主导阶项迅速回归牛顿极限,结果由(10.43)式给出. 在克尔时空中,$\nu_\theta \geqslant \nu_r$.

对于这些频率有其数量级的估计可能是有益的. 对于一个史瓦西黑洞,其轨道频率为

$$\nu_\phi(a_* = 0) = 220\left(\frac{10M_\odot}{M}\right)\left(\frac{6M}{r}\right)^{3/2}(\text{Hz}). \tag{10.55}$$

10.3.3 参考系拖曳

在牛顿引力中,仅有物体的质量是产生引力的原因.与此相反,其角动量并不具有引力效应.在爱因斯坦引力中,即便是角动量也改变着时空的几何.**参考系拖曳**指的是一个自旋的有质量的物体"拖曳"时空的能力.

在(10.16)式中,L_z 是一个探测粒子在无穷远处测量得到的比角动量.但是,即使 $L_z = 0$,假如 $g_{t\phi} \neq 0$,探测粒子的角速度 $\Omega = \dot{\phi}/\dot{t}$ 也可能是非零的.换句话说,产生引力场的自旋体迫使探测粒子以一个非零的角速度在轨道中运动.如果 $L_z = 0$,由(10.16)式可以发现

$$\Omega = -\frac{g_{t\phi}}{g_{\phi\phi}}. \tag{10.56}$$

在伯耶-林奎斯特坐标下的克尔度规中,有

$$\Omega = \frac{2Mar}{(r^2 + a^2)\Sigma + 2Ma^2 r\sin^2\theta}. \tag{10.57}$$

视界的角速度是一个在无穷远处角动量为零的探测粒子在视界处的角速度,

$$\Omega_H = -\left(\frac{g_{t\phi}}{g_{\phi\phi}}\right)_{r=r_+} = \frac{a_*}{2r_+}, \tag{10.58}$$

其中,r_+ 是视界的半径.

参考系拖曳现象在**能层**中特别强烈,其中,能层是满足 $g_{tt} > 0$ 的时空的外部区域.在史瓦西时空中,并不存在能层.在克尔时空中,能层位于视界和**静态极限**之间,即

$$r_+ < r < r_{\text{sl}}, \tag{10.59}$$

其中,r_{sl} 是静态极限的半径,在伯耶-林奎斯特坐标下为

$$r_{\text{sl}} = M + \sqrt{M^2 - a^2\cos^2\theta}. \tag{10.60}$$

静态极限是简单的 $g_{tt} = 0$ 的表面,而对于 $r > r_{\text{sl}}(< r_{\text{sl}})$,$g_{tt} < 0 (> 0)$.能层甚至可能在自旋的致密物体内部存在(如中子星),所以,它不仅仅是一个关乎黑洞的概念.

在能层中参考系拖曳是如此之强,以至于不存在静止的探测粒子,即具有恒定的空间坐标的探测粒子.所有的一切必须旋转.一个静止的探测粒子的线元为 $(\text{d}r = \text{d}\theta = \text{d}\phi = 0)$

$$\text{d}s^2 = g_{tt}\text{d}t^2. \tag{10.61}$$

在能层之外,$g_{tt} < 0$,因此,一个静止的探测粒子遵循类时测地线.在能层以内,$g_{tt} > 0$,于是,一个静止的探测粒子将对应于类空轨迹,而这是不被允许的.

10.4 无毛定理

具有非零电荷的旋转黑洞由**克尔-纽曼解**描述,它是赖斯纳-努德斯特伦和克尔时空的自然推广.而今黑洞完全由 3 个参数确定:黑洞的质量 M,黑洞的电荷 Q,以及黑洞的自旋角动

量 J. 克尔-纽曼解的线元可利用克尔度规作替换 $M \to M - Q^2/(2r)$ 得到. 在伯耶-林奎斯特坐标下,视界的半径位于

$$r_+ = M + \sqrt{M^2 - Q^2 - a^2}, \tag{10.62}$$

其中, $a = J/M$, 如克尔度规一样. 当 $a = 0$ 时,(10.62)式约化为(10.5)式,当 $Q = 0$ 时,则约化为(10.10)式. 视界存在的条件是

$$\sqrt{Q^2 + a^2} \leqslant M. \tag{10.63}$$

如果(10.63)式不被满足,将不会有黑洞,且位于 $r = 0$ 处的奇点是裸露的.

克尔-纽曼度规被证明是 4 维电磁真空[①]爱因斯坦方程唯一的、恒定的、轴对称的、渐近平直的且规则的(如在视界上或其外没有奇点或闭合类时曲线)解. 这在本质上是所谓的**无毛定理**的结论,而无毛定理因为有许多不同的说法,实际上是一族定理,并且它也可被推广至爱因斯坦引力之外.“无毛”用以表示黑洞不具有特征,纵然严格地讲它们有 3 根“毛发”,即 M, Q 和 J. 如果放宽一些假说或者在爱因斯坦引力的一些推广中,无毛定理是有可能被违背的. 更多细节可见参考文献[1]及其提及的其他文献.

10.5　引力坍缩

当一颗恒星耗尽它所有的核燃料时,气体压强无法平衡恒星自身的重量,而后星体收缩以找到一个新的平衡构型. 对于大部分恒星而言,简并电子的压强阻止了坍缩,恒星变为一颗白矮星. 但是,如果恒星的坍缩部分过分沉重,力学不再有效,物质到达更高的密度,然后,质子和电子转化为中子. 如果简并中子的压强阻止了坍缩,则恒星变为一颗中子星. 如果坍缩核仍然太过沉重,甚至中子压强也无法阻止这个过程,没有已知的力学能够找到一个新的平衡构型,星体将经历完全地坍缩. 在此种情况下,最终产物是一个黑洞.

本节旨在介绍最简单的引力坍缩模型. 其解是解析的,很好地展示了一个球对称的尘埃云的引力坍缩是如何产生时空奇点与视界的. 作为回顾,可参见参考文献[7]. 数值模拟可以处理更加现实的模型,其中最终的产物仍然是一个黑洞[2, 3].

我们期望考虑一个球对称的坍缩,所以,时空必须是球对称的. 如在 8.1 节中所见,球对称时空最一般的线元总可以写为(这里使用与 8.1 节不同的记号)

$$ds^2 = -e^{2\lambda} dt^2 + e^{2\psi} dr^2 + R^2(d\theta^2 + \sin^2\theta\, d\phi^2), \tag{10.64}$$

其中, λ, ψ 和 R 都仅是 t 与 r 的函数.

假设坍缩体可由具有能量密度 ρ 与压强 P 的理想流体描述. (10.64)式中线元的坐标系被称为是共动的,因为坐标 t 与 r 是“附着”在每个坍缩粒子上的. 这是坍缩流体静止系,于是,流体的 4 维速度为 $u^\mu = (e^{-\lambda}, 0)$. 能量-动量张量 $T^\mu_\nu = \mathrm{diag}(-\rho, P, P, P)$.

利用(10.64)式中的线元,爱因斯坦张量显示如下:

$$G^t_t = -\frac{F'}{R^2 R'} + \frac{2\dot{R}e^{-2\lambda}}{RR'}(\dot{R}' - \dot{R}\lambda' - \dot{\psi}R'), \tag{10.65}$$

---

① 关于电磁真空,指的是爱因斯坦方程右边的能量-动量张量或者为零,或者是电磁场的能量-动量张量.

$$G_r^r = -\frac{\dot{F}}{R^2 \dot{R}} - \frac{2R' \mathrm{e}^{-2\psi}}{R\dot{R}}(\dot{R}' - \dot{R}\lambda' - \dot{\psi}R'), \tag{10.66}$$

$$G_r^t = -\mathrm{e}^{2\psi - 2\lambda}G_t^r = \frac{2\mathrm{e}^{-2\lambda}}{R}(\dot{R}' - \dot{R}\lambda' - \dot{\psi}R'), \tag{10.67}$$

$$G_\theta^\theta = G_\phi^\phi = \frac{\mathrm{e}^{-2\psi}}{R}[(\lambda'' + \lambda'^2 - \lambda'\psi')R + R'' + R'\lambda' - R'\psi'] +$$

$$- \frac{\mathrm{e}^{-2\lambda}}{R}[(\ddot{\psi} + \dot{\psi}^2 - \dot{\lambda}\dot{\psi})R + \ddot{R} + \dot{R}\dot{\psi} - \dot{R}\dot{\lambda}]. \tag{10.68}$$

爱因斯坦方程为

$$G_r^t = 0 \Rightarrow \dot{R}' - \dot{R}\lambda' - \dot{\psi}R' = 0, \tag{10.69}$$

$$G_t^t = 8\pi T_t^t \Rightarrow \frac{F'}{R^2 R'} = 8\pi\rho, \tag{10.70}$$

$$G_r^r = 8\pi T_r^r \Rightarrow \frac{\dot{F}}{R^2 \dot{R}} = -8\pi P, \tag{10.71}$$

其中,撇号"′"和点"$\cdot$"分别指代对 r 和 t 的导数. F 称为米斯纳-夏普质量,

$$F = R(1 - \mathrm{e}^{-2\psi}R'^2 + \mathrm{e}^{-2\lambda}\dot{R}^2), \tag{10.72}$$

它由下述的关系式定义:

$$1 - \frac{F}{R} = g_{\mu\nu}(\partial^\mu R)(\partial^\nu R). \tag{10.73}$$

由(10.70)式可以看到,对时刻 t 在半径 r 以内米斯纳-夏普质量正比于引力质量,

$$F(r) = \int_0^r F' \mathrm{d}\tilde{r} = 8\pi \int_0^r \rho R^2 R' \mathrm{d}\tilde{r} = 2M(r). \tag{10.74}$$

与之前的 3 个爱因斯坦方程不同的第四个关系式可由物质的能量-动量张量的协变守恒得到,

$$\nabla_\mu T_\nu^\mu = 0 \Rightarrow \lambda' = -\frac{P'}{\rho + P}. \tag{10.75}$$

10.5.1 尘埃坍缩

考虑物态方程为 $P = 0$(尘埃)的情况. 方程(10.69)、(10.70)、(10.71)和(10.75)可变为

$$\dot{R}' - \dot{R}\lambda' - \dot{\psi}R' = 0, \tag{10.76}$$

$$\frac{F'}{F^2 R'} = 8\pi\rho, \tag{10.77}$$

$$\frac{\dot{F}}{R^2 \dot{R}} = 0, \tag{10.78}$$

$$\lambda' = 0. \tag{10.79}$$

方程(10.78)显示,在有尘埃的情况下,F 独立于 t,即:对于径向坐标为 r 的球对称壳层,不存在穿过该球壳的流入和流出.这意味着外部时空由史瓦西解描述.注意到对于 $P \neq 0$,这可能是不正确的,且内部区域应与一个非真空的时空相一致.如果 r_b 是尘埃云边界的共动径向坐标,$F(r_b) = 2M$,其中,M 是出现在史瓦西外部解的质量参数.

方程(10.79)隐含了 $\lambda = \lambda(t)$,于是,可以选择时间规范使得 $\lambda = 0$.确实总是可以定义一个新的时间坐标 $\tilde{t}$,使得 $\mathrm{d}\tilde{t} = \mathrm{e}^\lambda \mathrm{d}t$,于是,$g_{\tilde{t}\tilde{t}} = -1$.

方程(10.76)变为 $\dot{R}' - \dot{\psi}R' = 0$,可以写为

$$R' = \mathrm{e}^{g(r) + \psi}. \tag{10.80}$$

引入函数 $f(r) = \mathrm{e}^{2g(r)} - 1$,于是,(10.72)式变为

$$\dot{R}^2 = \frac{F}{R} + f. \tag{10.81}$$

线元现在可被写为

$$\mathrm{d}s^2 = -\mathrm{d}t^2 + \frac{R'^2}{1 + f}\mathrm{d}r^2 + R^2(\mathrm{d}\theta^2 + \sin^2\theta \mathrm{d}\phi^2). \tag{10.82}$$

这被称为**勒梅特-托尔曼-邦迪度规**.

(10.82)式中线元的克莱舒曼标量是

$$\mathscr{K} = 12\frac{F'^2}{R^4 R'^2} - 32\frac{FF'}{R^5 R'} + 48\frac{F^2}{R^6}, \tag{10.83}$$

若 $R = 0$ 则发散.系统拥有一个可通过设定某一特定时间的标度来固定的规范自由度.普遍设定在初始时刻 $t_i = 0$ 时,区域半径 $R(t, r)$ 为共动半径 r,即 $R(0, r) = r$,并引入标度因子 a,

$$R(t, r) = ra(t, r). \tag{10.84}$$

于是,在 $t = t_i$ 时刻有 $a = 1$,且在奇点形成的时刻有 $a = 0$.坍缩条件为 $\dot{a} < 0$.由(10.77)式,在初始时刻 t_i 能量密度的规则性要求我们写出米斯纳-夏普质量为 $F(r) = r^3 m(r)$,其中,$m(r)$ 是一个在区间 $[0, r_b]$ 内足够规则的 r 的函数.方程(10.77)变为

$$\rho = \frac{3m + rm'}{a^2(a + ra')}. \tag{10.85}$$

函数 $m(r)$ 通常被写为在 $r = 0$ 附近的多项式展开,

$$m(r) = \sum_{k=0}^{\infty} m_k r^k, \tag{10.86}$$

其中,$\{m_k\}$ 是常数.要求能量密度 ρ 在 $r = 0$ 处没有尖点,则 $m_1 = 0$.

由(10.83)式可以看到,如果 $m' \neq 0$,即使 $R' = 0$,克莱舒曼标量依然发散.但是,这些奇点的本质是不同的;它们产生于径向的壳层重叠,并被称为壳层交叉奇点[6].这里具有径向坐标 r 与 $r + \mathrm{d}r$ 的壳之间的径向测地距离为零,但通过合适的坐标再定义,时空可能被延拓至奇点.为了避开一切问题,普遍会施加坍缩模型不含有壳层交叉奇点的条件.例如,要求 $R' \neq 0$ 或 m'/R' 不发散.

在初始时刻 t_i(10.81)式变为

$$\dot{a}(t_i, r) = -\sqrt{m + \frac{f}{r^2}},\tag{10.87}$$

可以看到 f 的选择对应于云中粒子初始速度分布的选择. 为了在所有半径处都有一个有限的速度,有必要对 f 施加一些条件. 普遍写作 $f(r) = r^2 b(r)$,而 $b(r)$ 是 $r = 0$ 附近的多项式展开,

$$b(r) = \sum_{k=0}^{\infty} b_k r^k.\tag{10.88}$$

10.5.2 均匀尘埃坍缩

引力坍缩最简单的模型是奥本海默-史奈德模型[10]. 它描述了均匀球对称尘埃云的坍缩. 在此情形下,$\rho = \rho(t)$ 独立于 r,所以,$m = m_0$ 且 $b = b_0$. 线元显示为[1]

$$ds^2 = -dt^2 + a^2 \left(\frac{dr^2}{1 + b_0 r^2} + r^2 d\theta^2 + r^2 \sin^2\theta d\phi^2 \right).\tag{10.89}$$

$b_0 = 0$ 对应于一个边缘束缚坍缩,即落入粒子在无穷远处具有为零速度的图景. 方程(10.81)变为

$$\dot{a} = -\sqrt{\frac{m_0}{a} + b_0}.\tag{10.90}$$

对于 $b_0 = 0$,其解为

$$a(t) = \left(1 - \frac{3\sqrt{m_0}}{2} t \right)^{2/3}.\tag{10.91}$$

奇点形成发生于时刻

$$t_s = \frac{2}{3\sqrt{m_0}}.\tag{10.92}$$

不使用严格的定义,**表观视界**可以被介绍为定义向外指向的光线向外(表观视界之外)运动与向内(表观视界之内)运动之间的边界. 更多细节可见参考文献[1]及其提及的其他文献. 描述壳层 r 交叉于表观视界时刻的曲线 $t_{ah}(r)$ 可由下式得到:

$$1 - \frac{F}{R} = 1 - \frac{r^2 m_0}{a} = 0.\tag{10.93}$$

对于 $b_0 = 0$,其解为

$$t_{ah}(r) = t_s - \frac{2}{3} F = \frac{2}{3\sqrt{m_0}} - \frac{2}{3} r^3 m_0.\tag{10.94}$$

均匀球对称的尘埃云的引力坍缩的**芬克尔斯坦图**如图 10.5 所示. 在时刻 $t = t_0$,云表面的半径穿越过史瓦西半径. 同时有外部区域的视界与位于边界 $r = r_b$ 处的表观视界形成,如 $t_0 =$

---

① 注意到内部度规是弗里德曼-罗伯逊-沃尔克解的时间反演,而该解将在第 11 章中讨论.

$t_{ah}(r_b)$. 如图 10.5 所示,外部区域现在定为静态史瓦西时空,而表观视界的半径传播至更小的半径处,并在奇点形成的时刻 t_s 到达 $r=0$ 处.

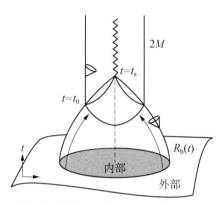

图 10.5　均匀球对称的尘埃云的引力坍缩的芬克尔斯坦图. $R_b(t)$ 是云的半径(在外部区域的史瓦西坐标下),并将内部与外部真空分割开. 随着 t 的增大,云逐渐坍缩,并且在时刻 $t=t_0$ 视界形成于边界 $R_b(t_0)=2M$. 在内部,表观视界向内传播,并于奇点形成的时刻 $t=t_s$ 到达对称中心. 对于 $t > t_s$,时空定为通常的史瓦西解. 本图由 Daniele Malafarina 提供.

10.6　彭罗斯图

在本节中,我们将(没有任何推导地)展示赖斯纳-努德斯特伦时空、克尔时空,以及奥本海默-史奈德模型时空的彭罗斯图. 我们将在定性的层面讨论它们的基本性质.

10.6.1　赖斯纳-努德斯特伦时空

赖斯纳-努德斯特伦时空最大延拓的彭罗斯图如图 10.6 所示. 我们可以立即意识到,相较于史瓦西情形,它有一些相似和不同之处. 区域 I 是位于黑洞之外的我们的宇宙,而区域 III 是平行宇宙,如史瓦西时空的最大延拓一样. 分割区域 II 与区域 I,III 的实线依旧是视界. 但是,区域 II 现在不同. 赖斯纳-努德斯特伦解确实有一个位于径向坐标 r_+ 的视界,以及一个位于 r_- 的内视界. 区域 II 如今是位于 r_+ 与 r_- 之间的区域.

加粗曲线描述了一个假想的有质量的粒子的轨迹. 粒子初始时在区域 I 中,穿越视界 r_+ 而后进入黑洞内. 一旦在区域 II 中,粒子也必然不可避免地穿过内视界. 在内视界之内,粒子有两个选择:或者落入 $r=0$ 处的奇点,或者重新穿过内视界 r_- 去到区域 IV′. 注意到在史瓦西时空中,在黑洞内时避开奇点是不可能的. 这不是正确的.

注意　这是因为由水平线表征的史瓦西时空中奇点与由垂直线表征的赖斯纳-努德斯特伦时空中奇点之间的差异. 在图 10.6 中粗线轨迹的情况下,粒子穿过内视界并去往区域 IV′. 后者类似于史瓦西时空中的白洞. 粒子可以离开白洞,去往宇宙 I′ 或者宇宙 III′.

如图 10.6 所示,赖斯纳-努德斯特伦时空的最大延拓具有我们的宇宙、平行宇宙,以及内部区域无限多的"复制".

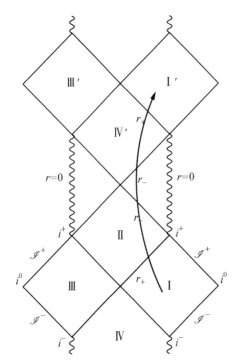
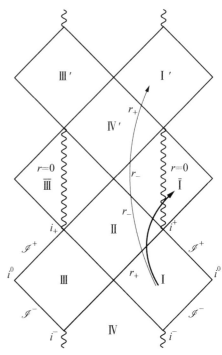

图 10.6　对于赖斯纳-努德斯特伦时空最大延拓的彭罗斯图.

图 10.7　对于克尔时空的最大延拓的彭罗斯图.

10.6.2　克尔时空

如图 10.7 所示,克尔时空最大延拓的彭罗斯图与赖斯纳-努德斯特伦的十分相似:区域 Ⅱ 是视界 r_+ 与内视界 r_- 之间的区域,中心的黑洞奇点是一条垂直线且可被避开,克尔时空拥有我们的宇宙、平行宇宙,以及黑洞区域无限多的"复制".

克尔和赖斯纳-努德斯特伦时空的主要区别在于奇点.如同已经在 10.3 节中提到的,在克尔度规中,仅对于赤道平面的轨迹,时空才是奇性的.点 $r=0$ 具有环的拓扑,并且可以将时空延拓至负值的径向坐标 r.这确切地如图 10.7 所示.加粗曲线描述了一个有质量的粒子的轨迹,起始于区域 Ⅰ,进入黑洞,穿过黑洞的内视界,接着进入位于 $r=0$ 的门,并到达区域 $\bar{\text{Ⅰ}}$.这样一个区域在克尔解中存在,因为将时空延拓至 $r<0$ 是可能的,但在赖斯纳-努德斯特伦解中则不然.同时,注意到回到 $r>0$ 的区域是可行的,因为点 $r=0$ 是一条垂直线.

10.6.3　奥本海默-史奈德时空

史瓦西时空最大延拓的彭罗斯图已于 8.6.2 节中讨论.

注意　史瓦西解是静态的,然而天体物理学黑洞应由质量体的引力坍缩产生.于是,奥本海默-史奈德模型的彭罗斯图可以更好地说明内含一个真实黑洞的时空的性质.

图 10.8 呈现了均匀球对称尘埃云的引力坍缩的彭罗斯图,明显它与 8.6.2 节中所讨论的具有本质的不同.内含质量体(如一颗恒星)的静态时空的彭罗斯图等价于如图 8.2 所示的闵

可夫斯基时空的彭罗斯图.当视界产生时,图会发生变化,因为视界将内部区域从外部区域切断了.当坍缩云的半径穿过它所对应的史瓦西半径 $r_S = 2M$ 时,我们有视界的形成,它利用 $45°$ 的实线表示.此时,外部区域与史瓦西时空的彭罗斯图中的区域Ⅰ相似.在内部区域,云坍缩至中心 $r=0$ 处,并且整个区域相似于史瓦西时空的彭罗斯图中的区域Ⅱ.并不存在白洞或是平行宇宙.

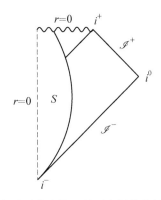

图 10.8 均匀球对称尘埃云的引力坍缩的彭罗斯图(奥本海默-史奈德模型).字母 S 表示坍缩体的内部区域,而由 i^- 延伸至奇点 $r=0$(水平波浪线)的黑色弧线是它的边界.

习　　题

10.1　写出赖斯纳-努德斯特伦解的度规的逆 $g^{\mu\nu}$.

10.2　在伯耶-林奎斯特坐标下写出克尔解的度规的逆 $g^{\mu\nu}$.

10.3　验证(10.21)式是测地线方程的一个不同形式.

10.4　对于一个克尔黑洞,$|a_*| \leqslant 1$.试证地球的自旋参量 $|a_*| \gg 1$.

参 考 文 献

［1］ C. Bambi. *Black Holes: A Laboratory for Testing Strong Gravity* (Springer Singapore, Singapore, 2017).

［2］ L. Baiotti, I. Hawke, P. J. Montero, F. Loffler, L. Rezzolla, N. Stergioulas, J. A. Font, E. Seidel. *Phys. Rev. D* **71**, 024035 (2005) [gr-qc/0403029].

［3］ L. Baiotti, L. Rezzolla. *Phys. Rev. Lett.* **97**, 141101 (2006) [gr-qc/0608113].

［4］ J. M. Bardeen, W. H. Press, S. A. Teukolsky. *Astrophys. J.* **178**, 347 (1972).

［5］ S. Chandrasekhar. *The Mathematical Theory of Black Holes* (Clarendon Press, Oxford, UK, 1998).

［6］ C. Hellaby, K. Lake. *Astrophys. J.* **290**, 381 (1985).

［7］ P. S. Joshi, D. Malafarina. *Int. J. Mod. Phys. D* **20**, 2641 (2011) [arXiv:1201.3660 [gr-qc]].

［8］ R. P. Kerr. *Phys. Rev. Lett.* **11**, 237 (1963).

［9］ C. W. Misner, K. S. Thorne, J. A. Wheeler. *Gravitation* (W. H. Freeman and Company, San Francisco, California, 1973).

［10］ J. R. Oppenheimer, H. Snyder. *Phys. Rev.* **56**, 455 (1939).

第11章

宇宙学模型

本章将演示如何构建描述宇宙的一些简单模型[①]. 关于宇宙学模型和宇宙演化的更多细节,可以在宇宙学的标准教材中找到,如参考文献[1].

11.1 弗里德曼-罗伯逊-沃尔克度规

构建一些简单宇宙学模型的出发点是所谓的**宇宙学原理**.

> **宇宙学原理** 宇宙是均匀且各向同性的.

事实上,宇宙远非均匀且各向同性的. 我们观测到许多结构围绕着我们(恒星、星系、星系团). 但是,如果在大体积里作平均,可以期望宇宙能够被良好地近似为均匀且各向同性的. 宇宙学原理可被视为某种哥白尼原理:宇宙中不存在优先的点或优先的方向. 现今用以描述宇宙的模型称为宇宙学标准模型,它以宇宙学原理为基础. 然而,目前关于该原理的适用性存在争议. 由于存在结构,在对宇宙的性质进行测量时,均匀性与各向同性的假定不可避免地引入系统效应,而这些系统效应对当今越来越精确的宇宙学参数的测量的影响,仍然是不清楚的.

宇宙学原理要求在3维时空中不存在优先的点(均匀性,即在空间平移下不变),且不存在优先的方向(各向同性,即在空间转动下不变). 时空几何仍被允许依赖于时间[②]. 这些假定强力地约束了时空的度规. 唯一与宇宙学原理相容的背景是**弗里德曼-罗伯逊-沃尔克度规**. 它的推导需要一些计算,而其概述可见附录 H. 线元表示为

$$ds^2 = -c^2 dt^2 + a^2 \left(\frac{dr^2}{1-kr^2} + r^2 d\theta^2 + r^2 \sin^2\theta \, d\phi^2 \right), \tag{11.1}$$

其中,$a = a(t)$ 是**标度因子**,它依赖于时间坐标 t,且独立于空间坐标(r, θ, ϕ),而 k 是一个常数. 一般而言,k 可为正数、零或负数. 不过,总是可以重新调节径向坐标 r,使得 $k = 1, 0$ 或 -1. 如果 $k = 1$,我们有一个**闭合宇宙**;如果 $k = 0$,我们会有**平坦宇宙**;如果 $k = -1$,我们则有**开放宇宙**.

---

① **注意** 普遍将宇宙(Universe)的首字母大写而仅用以指代我们的宇宙. 如果我们意指一般的宇宙/宇宙学模型,将写为"universe".
② 如果我们强施时空几何独立于时间的条件("理想"宇宙学原理),就会发现宇宙学模型与观测不符.

注意　一般而言,平坦的宇宙并不是平直时空,即狭义相对论中的闵可夫斯基时空.仅当 a 独立于 t 且 $k=0$ 时,时空才是平直的.在此种情况下,可以重新定义径向坐标以吸收标度因子,而线元(11.1)变为球坐标下的闵可夫斯基时空中的形式,

$$ds^2 = -c^2 dt^2 + dr^2 + r^2 d\theta^2 + r^2 \sin^2\theta d\phi^2. \tag{11.2}$$

利用专门的 Mathematica 包可直接计算弗里德曼-罗伯逊-沃尔克时空的一些不变量(见附录 E).例如,曲率标量为

$$R = 6\frac{kc^2 + \dot{a}^2 + \ddot{a}a}{a^2 c^2}. \tag{11.3}$$

当 $k=0$ 且 a 恒定时,R 化为零,这确实是闵可夫斯基时空的情形(但即使时空是弯曲的,R 也可能为零;在爱因斯坦引力中,如果 $T^\mu_\mu = 0$,则 $R=0$).也注意到当 $a \to 0$ 时 R 发散.典型的宇宙学模型起始于一个奇点,即初始时刻(**大爆炸**) $a=0$.克莱舒曼标量为

$$\mathcal{K} = 12\frac{k^2 c^4 + 2kc^2 \dot{a}^2 + \dot{a}^4 + \ddot{a}^2 a^2}{a^4 c^4}, \tag{11.4}$$

它在 $a \to 0$ 时也发散.

注意　仅基于宇宙是均匀且各向同性这一必要条件的宇宙学原理是相当强的假定.它完全独立于爱因斯坦方程.如果我们在一个 4 维时空中强施宇宙学原理,则其几何由(11.1)式中的弗里德曼-罗伯逊-沃尔克度规描述.如果我们指定在爱因斯坦引力中,并且知晓宇宙的物质构成,那么,就能够得到 $a(t)$ 和 k.在另一引力理论与/或对于不同的物质构成,一般而言会得到 $a(t)$ 和 k 的不同的解.

注意　宇宙学原理无法决定宇宙的一些全局属性.例如,弗里德曼-罗伯逊-沃尔克度规可以描述拓扑上不同的宇宙.如果假设宇宙是拓扑平凡的,若 $k=1$,则其 3 维体积 V 是有限的,对于 $k=0$ 和 -1,它是无限的,

$$V = \int_V \sqrt{^3 g}\, d^3 x = a^3 \int_0^{2\pi} d\phi \int_0^\pi \sin\theta\, d\theta \int_0^{r_k} \frac{r^2 dr}{\sqrt{1-kr^2}}, \tag{11.5}$$

其中,$^3 g$ 是空间的 3 维度规的行列式[①].当 $k=1$ 时,$r_k = 1$;$k=0$ 和 -1 时,$r_k = \infty$.如果将(11.5)式积分,可以发现

$$V = \begin{cases} \pi^2 a^3, & \text{对于 } k=1, \\ \infty, & \text{对于 } k=0, -1. \end{cases} \tag{11.7}$$

在宇宙拓扑非平凡的情况下,图景会更加复杂,并依赖于特定的构型.闭合的宇宙总是具有有限的体积,但对于平坦和开放的宇宙,其体积可以是有限或无限的.目前的天体物理学数据暗示宇宙几乎是平坦的,于是,无法说 $k=1,0$ 或者 -1 与否.在这样的情况下,即使假设宇宙是拓扑平凡的,也无法确定它的体积是有限或是无限的.在宇宙拓扑非平凡的情况下,对 k 的测量不足以断言体积是有限的或是无限的.从原则上讲,在拓扑非平凡的情况下,宇

---

① 弗里德曼-罗伯逊-沃尔克时空空间的 3 维度规的线元显示为

$$dl^2 = a^2\left(\frac{dr^2}{1-kr^2} + r^2 d\theta^2 + r^2 \sin^2\theta d\phi^2\right). \tag{11.6}$$

宙的体积可通过寻找天文学源的"鬼像"求得[1],即来自不同方向的同一个源的像.因为宇宙可能是拓扑非平凡的,目前没有鬼像存在的证据,仅有一个拓扑非平凡的宇宙可能有限尺度的下界.

11.2　弗里德曼方程组

如果假设宇宙学原理成立,则时空的度规必然由弗里德曼-罗伯逊-沃尔克解来描述.仅有的未确定的数量是标度因子 $a(t)$ 与常数 k,一旦指定引力理论(如爱因斯坦引力)和物质构成,就可以获得它们,然后求解相对应的场方程.

最简单的宇宙学模型通过假定宇宙中的物质可由理想流体的能量-动量张量描述来构建,

$$T^{\mu\nu} = (\rho + P)\frac{u^{\mu}u^{\nu}}{c^2} + Pg^{\mu\nu}, \tag{11.8}$$

其中,ρ 和 P 分别是流体的能量密度和压强,而 u^{μ} 是流体的 4 维速度.在弗里德曼-罗伯逊-沃尔克度规的坐标系下,宇宙显然是均匀且各向同性的.它对应于流体的静止系,其中,流体的 4 维速度变为 $u^{\mu} = (c, 0)$.应该指出,即使存在多种物质组分,(11.8)式也可以使用.在这样的情况下,ρ 与 P 是总的能量密度与总的压强,即

$$\rho = \sum_i \rho_i, \quad P = \sum_i P_i, \tag{11.9}$$

其中,ρ_i 与 P_i 分别是组分 i 的能量密度与压强.

如果将弗里德曼-罗伯逊-沃尔克度规 (11.1) 与 $u^{\mu} = (c, 0)$ 时理想流体的能量-动量张量 (11.8) 代入爱因斯坦方程,可以找到需要求解的场方程.爱因斯坦方程的 tt 分量给出**第一弗里德曼方程**:

$$H^2 = \frac{8\pi G_N}{3c^2}\rho - \frac{kc^2}{a^2}, \tag{11.10}$$

其中,$H = \dot{a}/a$ 是**哈勃参数**.爱因斯坦方程的 rr,$\theta\theta$ 和 $\phi\phi$ 分量给出相同的方程,称为**第二弗里德曼方程**,其内容为

$$\frac{\ddot{a}}{a} = -\frac{4\pi G_N}{3c^2}(\rho + 3P). \tag{11.11}$$

对于爱因斯坦方程,可以利用能量-动量张量的协变守恒,$\nabla_{\mu}T^{\mu\nu} = 0$,这是爱因斯坦方程的推论.在此情形下,可以发现

$$\dot{\rho} = -3H(\rho + P). \tag{11.12}$$

注意　方程 (11.10)、(11.11) 与 (11.12) 并不是 3 个独立方程.仅有两个方程是独立的,并且可以由其中两个方程得到第三个方程.例如,如果将第一弗里德曼方程对 t 求导,有

---

[1] 一般而言,鬼像在任何具有至少一个有限尺寸的空间维度的宇宙(拓扑平凡或非平凡)中都有潜在可能被观测到.但是,当拓扑非平凡时,探测鬼像似乎是推断宇宙是否具有至少一个有限尺寸的空间维度最简单的方法.

$$\frac{2\dot{a}\ddot{a}a^2 - 2a\dot{a}^3}{a^4} = \frac{8\pi G_N}{3c^2}\rho + \frac{2\dot{a}kc^2}{a^3},$$

$$H\frac{\ddot{a}}{a} - H\frac{\dot{a}^2}{a^2} = \frac{4\pi G_N}{3c^2}\dot{\rho} + \frac{kc^2}{a^2}H. \tag{11.13}$$

将 $\dot{a}^2/a^2$ 项替换为第一弗里德曼方程右边的表达式,将 $\dot{\rho}$ 替换为方程(11.12)中的表达式,

$$H\frac{\ddot{a}}{a} - H\frac{8\pi G_N}{3c^2}\rho + H\frac{kc^2}{a^2} = \frac{4\pi G_N}{3c^2}[-3H(\rho + P)] + \frac{kc^2}{a^2}H, \tag{11.14}$$

最终回归第二弗里德曼方程.

此时,我们拥有两个独立方程以及 3 个关于时间的未知函数(a,ρ 和 P). 为了闭合系统并求得 a,ρ 和 P,需要另一个方程. 可以引入宇宙中物质的**物态方程**,其最简单的形式为

$$P = w\rho, \tag{11.15}$$

其中,w 是一个常数. 虽然这是一个非常简单的物态方程,却包含了物理中有重要意义的主要情况:尘埃($w = 0$),辐射($w = 1/3$),以及真空能($w = -1$).

第一弗里德曼方程在 $k = 0$ 时显示为

$$H^2 = \frac{8\pi G_N}{3c^2}\rho_c, \tag{11.16}$$

定义**临界密度** ρ_c 为平坦宇宙的能量密度. 目前临界能量密度的值为

$$\rho_c^0 = \frac{3H_0^2 c^2}{8\pi G_N} = 1.88 \times 10^{-29} h_0^2 c^2 (\text{g} \cdot \text{cm}^{-3}) = 11 h_0^2 (\text{protons} \cdot \text{m}^{-3}), \tag{11.17}$$

其中,H_0 是**哈勃常数**,即哈勃参数的当前值,并可写为[①]

$$H_0 = 100 h_0 \frac{\text{km}}{\text{s} \cdot \text{Mpc}}. \tag{11.18}$$

h_0 是一个与 1 同阶的无量纲参数. 过去因为不知道哈勃常数的精确数值,普遍使用(11.18)式并在所有方程中保留参数 h_0. 目前我们已经知道 $h_0 \approx 0.7$.

11.3 宇宙学模型

如果将物态方程(11.15)代入(11.12)式,有

$$\frac{\dot{\rho}}{\rho} = -3(1 + w)\frac{\dot{a}}{a}. \tag{11.19}$$

该方程的解为

$$\rho \propto a^{-3(1+w)}. \tag{11.20}$$

特别地,有以下意义重要的情形:

---

① 秒差距(pc)是天文学和宇宙学中一个普遍的长度单位. 1 pc = 3.086×10^{16} m,1 Mpc = 10^6 pc.

$$w = 0 \to \rho \propto 1/a^3 \quad (\text{尘埃}),$$
$$w = 1/3 \to \rho \propto 1/a^4 \quad (\text{辐射}), \qquad (11.21)$$
$$w = -1 \to \rho = \text{常数} (\text{真空能}),$$

如果将(11.20)式代入第一弗里德曼方程,忽略 kc^2/a^2 项(对于足够早期的由尘埃或辐射构成的宇宙,该项的贡献总是可以被忽略,因为含 ρ 的项相较于 kc^2/a^2 在 $a \to 0$ 时是占主导的),可以写为 $a \propto t^\alpha$,第一弗里德曼方程显示为

$$t^{-2} \propto t^{-3\alpha(1+w)}, \qquad (11.22)$$

于是,可以得到

$$\alpha = \frac{2}{3(1+w)}. \qquad (11.23)$$

11.3.1 爱因斯坦宇宙

对于平常的物质有 $\rho + 3P > 0$,因此,第二弗里德曼方程隐含了 $\ddot{a} < 0$,即:宇宙不可能是稳定的.但是,这违背了 20 世纪初的普遍观念.这一显而易见的疑难问题使得爱因斯坦在理论中引入宇宙学常数 Λ,将场方程(7.6)替换为(7.8)式.当 Λ 存在时,第一和第二弗里德曼方程显示为

$$H^2 = \frac{8\pi G_{\mathrm{N}}}{3c^2}\rho + \frac{\Lambda c^2}{3} - \frac{kc^2}{a^2}, \qquad (11.24)$$

$$\frac{\ddot{a}}{a} = -\frac{4\pi G_{\mathrm{N}}}{3c^2}(\rho + 3P) + \frac{\Lambda c^2}{3}. \qquad (11.25)$$

所谓的爱因斯坦宇宙是一个宇宙学模型,其中,物质由尘埃($P = 0$)描述,并且存在一个非零的宇宙学常数保证宇宙的稳定性.如果要求 $\dot{a} = \ddot{a} = 0$,由(11.24)式与(11.25)式,可以发现

$$\rho = \frac{\Lambda c^4}{4\pi G_{\mathrm{N}}}, \ a = \frac{1}{\sqrt{\Lambda}}, \ k = 1. \qquad (11.26)$$

爱因斯坦宇宙是不稳定的,即:小的微扰会使它坍缩或者膨胀.在 1929 年哈勃发现宇宙膨胀以后,宇宙学常数(暂时地)从爱因斯坦方程中被移除.

11.3.2 物质主导的宇宙

现在来考虑一个充满尘埃的宇宙.物态方程为 $P = 0$,即 $w = 0$. 能量密度正比于 $1/a^3$,所以,可以写出

$$\rho a^3 = \text{常数} \equiv C_1. \qquad (11.27)$$

第一弗里德曼方程变为

$$\dot{a}^2 = \frac{8\pi G_{\mathrm{N}}}{3c^2}\frac{C_1}{a} - kc^2. \qquad (11.28)$$

为了求解方程(11.28),引入变量 η,

$$\frac{\mathrm{d}\eta}{\mathrm{d}t} = \frac{1}{a}.$$ (11.29)

在(11.28)式中利用 η 代替 t,则第一弗里德曼方程显示为

$$a'^2 = \frac{8\pi G_N}{3c^2} C_1 a - kc^2 a^2,$$ (11.30)

其中,撇号"'"表示对 η 的导数,即 $' = \mathrm{d}/\mathrm{d}\eta$. 利用初始条件在 $t = 0$ 时 $a = 0$,可以得到以下关于 a 和 t 的参数化解. 在闭合宇宙 $(k = 1)$ 的情况下,有

$$a = \frac{4\pi G_N}{3c^2} C_1 A \left(1 - \cos\frac{\eta}{\sqrt{A}}\right), \quad t = \frac{4\pi G_N}{3c^2} C_1 A \left(\eta - \sqrt{A}\sin\frac{\eta}{\sqrt{A}}\right).$$ (11.31)

对于平坦宇宙 $(k = 0)$,有

$$a = \frac{2\pi G_N}{3c^2} C_1 \eta^2, \quad t = \frac{2\pi G_N}{9c^2} C_1 \eta^3.$$ (11.32)

最后,对于开放宇宙 $(k = -1)$,有

$$a = \frac{4\pi G_N}{3c^2} C_1 A \left(\cosh\frac{\eta}{\sqrt{A}} - 1\right), \quad t = \frac{4\pi G_N}{3c^2} C_1 A \left(\sqrt{A}\sinh\frac{\eta}{\sqrt{A}} - \eta\right).$$ (11.33)

$A = 1/(|k|c^2)$,具有时间平方的量纲.

　　对于物质主导的宇宙,标度因子 a 作为宇宙学时间 t 的函数,如图 11.1 所示. 当 $t = 0$ 时,$a = 0$,物质密度发散. 这就是大爆炸,并且宇宙开始膨胀. 闭合的宇宙会膨胀至某一临界点而后再坍缩. 开放宇宙会永远膨胀下去. 平坦宇宙也会永远膨胀,代表着介于闭合宇宙与开放宇宙之间的临界状态.

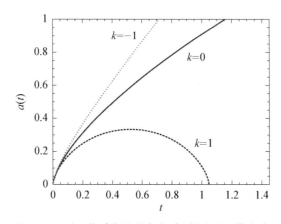

图 11.1　对于物质主导的宇宙,标度因子 a 作为宇宙学时间 t 的函数. 标度因子以 $8\pi G_N C_1/c^2 = A = 1$ 为单位表示.

11.3.3　辐射主导的宇宙

如果宇宙充满辐射,能量密度正比于 $1/a^4$,可以写出

$$\rho a^4 = 常数 \equiv C_2. \tag{11.34}$$

第一弗里德曼方程变为

$$\dot{a}^2 = \frac{8\pi G_{\rm N}}{3c^2}\frac{C_2}{a^2} - kc^2. \tag{11.35}$$

利用 $t=0$ 时 $a=0$ 的初始条件,可以得到以下的解:

$$a = \left[\sqrt{\frac{32\pi G_{\rm N}C_2}{3c^2}}\,t - kc^2 t^2\right]^{1/2}, \tag{11.36}$$

其中, $k=1$,0 或 -1 分别对应于闭合、平坦或开放的宇宙.

　　图 11.2 展示了对于辐射主导的宇宙,作为宇宙学时间 t 的函数的标度因子 a. 与物质主导的宇宙一样,闭合的宇宙会膨胀至某一临界点而后再坍缩,而平坦宇宙和开放宇宙将永远膨胀下去.

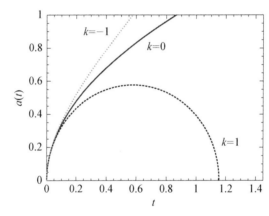

图 11.2　对于辐射主导的宇宙,标度因子 a 作为宇宙学时间 t 的函数. 标度因子以 $8\pi G_{\rm N}C_1/c^2 = A = 1$ 为单位表示.

11.3.4　真空主导的宇宙

　　在真空能的情形下,物态方程为 $P=-\rho$,可以发现 ρ 是恒定的. 我们可以与此相同地写出不含物质 ($\rho = P = 0$) 且带有一个非零宇宙学常数的弗里德曼方程组,

$$H^2 = \frac{\Lambda c^2}{3} - \frac{kc^2}{a^2},\quad \frac{\ddot{a}}{a} = \frac{\Lambda c^2}{3}. \tag{11.37}$$

对于 $\Lambda > 0$,对应闭合、平坦以及开放的宇宙的解为

$$k = 1 \rightarrow a = \sqrt{\frac{3k}{\Lambda}} \cosh\left(\sqrt{\frac{\Lambda}{3}}\, ct\right), \tag{11.38}$$

$$k = 0 \rightarrow a = a(t=0) \exp\left(\sqrt{\frac{\Lambda}{3}}\, ct\right), \tag{11.39}$$

$$k = -1 \rightarrow a = \sqrt{\frac{-3k}{\Lambda}} \sinh\left(\sqrt{\frac{\Lambda}{3}}\, ct\right). \tag{11.40}$$

所有的宇宙都将永远膨胀. 对于 $k = 1$ 和 0, 标度因子永远不会为零, 所以, 不存在大爆炸.

如果 $\Lambda < 0$, 仅能找到对于 $k = -1$ 的一个解,

$$k = -1 \rightarrow a = \sqrt{\frac{3k}{\Lambda}} \cos\left(\sqrt{-\frac{\Lambda}{3}}\, ct\right). \tag{11.41}$$

如果 $\Lambda = 0$, 仅有 $k = 0$ 的平凡情况, 而 a 是恒定的, 对应于闵可夫斯基时空.

11.4　弗里德曼-罗伯逊-沃尔克度规的性质

11.4.1　宇宙学红移

现在研究在弗里德曼-罗伯逊-沃尔克度规中探测粒子的测地线运动. 拉格朗日量为

$$L = \frac{1}{2} g_{\mu\nu} x'^{\mu} x'^{\nu}, \tag{11.42}$$

其中, $g_{\mu\nu}$ 是弗里德曼-罗伯逊-沃尔克解的度规系数, 而撇号 "$'$" 被用以表示对固有时/仿射参数的导数 (在本章中点 "$\dot{}$" 用以表示对坐标 t 的导数, 如 $\mathrm{d}a/\mathrm{d}t = \dot{a}$). 由于在弗里德曼-罗伯逊-沃尔克度规中标度因子 a 依赖于时间 t, 粒子的能量很明显不是一个运动常数.

对于光子的情形, $g_{\mu\nu} x'^{\mu} x'^{\nu} = 0$. 如果使用这样一个坐标系, 其中的运动仅沿径向方向, 则有

$$c^2 t'^2 - a^2 \frac{r'^2}{1 - kr^2} = 0. \tag{11.43}$$

对于 t 坐标的欧拉-拉格朗日方程内容为

$$t'' = -\frac{a\dot{a}}{c^2} \frac{r'^2}{1 - kr^2}. \tag{11.44}$$

如果在 (11.44) 式中使用 (11.43) 式, 可以发现

$$t'' = -\frac{\dot{a}}{a} t'^2 = -\frac{a'}{a} t'. \tag{11.45}$$

由于 t' 正比于光子的能量, 表示为 E, $t''/t' = E'/E$. (11.45) 式告诉我们, 在弗里德曼-罗伯逊-沃尔克时空中传播的光子的能量正比于标度因子的倒数,

$$E \propto 1/a. \tag{11.46}$$

这就是**宇宙学红移**,它因宇宙的膨胀而产生. 这不同于已经在狭义相对论中出现的源与观测者间相对运动引起的多普勒红移,它也不同于攀爬引力势阱引起的引力红移. 它反而与正比于 $1/a^4$ 的辐射的能量密度现象相联系:光子数密度正比于体积的倒数 $1/a^3$,然而光子能量正比于 $1/a$,所以,结果是其能量密度正比于 $1/a^4$.

11.4.2　粒子视界

在含有大爆炸的宇宙学模型的范围内,位于时刻 t 的**粒子视界**被定义为从大爆炸的时刻至时间 t,一个光子所传播的距离. 这是一个很重要的概念,因为它定义了任意时刻因果连通的区域:距离大于粒子视界的两点之间从未交换过信息. 我们来考虑一个平坦的宇宙 ($k=0$),这可以被看作是对足够早期的任何物质或辐射主导的宇宙的有效近似. 为简单起见,选择这样一个坐标系,在时刻 $t=0$(大爆炸)时光子位于原点 $r=0$. 利用 $\mathrm{d}s^2=0$,有

$$r=\int_0^r \mathrm{d}\tilde{r}=c\int_0^t \frac{\mathrm{d}\tilde{t}}{a}. \tag{11.47}$$

如果将标度因子写为 $a\propto t^\alpha$(见 11.3 节),并对 $\mathrm{d}\tilde{t}$ 积分,可以发现

$$r=\frac{ct}{a(1-\alpha)}. \tag{11.48}$$

时刻 t 时径向坐标为 r 的一点与原点间的固有距离为 $d=ar$. 于是,粒子视界为

$$d=\frac{ct}{1-\alpha}. \tag{11.49}$$

如果有一个充满尘埃的宇宙,则 $\alpha=2/3$, $d=3ct$. 如果宇宙充满辐射,则 $\alpha=1/2$, $d=2ct$. 对于平常的物质有 $w\geqslant 0$,粒子视界随时间线性增长,同时,因为 $a\propto t^\alpha$ 且 $\alpha<1$,标度因子增长得更加缓慢. 在此情形下,随着时间的推移,宇宙中越来越多的区域变得因果连通.

11.5　原初等离子体

我们来考虑热平衡下的粒子气体. 假设空间是均匀且各向同性的. 温度为 T 时粒子的数密度 n 和粒子的能量密度 ρ 分别为

$$n=g\int \frac{\mathrm{d}^3 p}{(2\pi\hbar)^3}f(p),\quad \rho=g\int \frac{\mathrm{d}^3 p}{(2\pi\hbar)^3}E(p)f(p), \tag{11.50}$$

其中, g 是内部自由度的数目, p 是粒子的 3 维动量, $E=\sqrt{m^2c^4+p^2c^2}$ 是粒子的能量,而 $f(p)$ 是玻色-爱因斯坦分布(对于玻色子的情况,即自旋为整数的粒子)或费米-狄拉克分布(对于费米子,即自旋为半整数的粒子),

$$f(p)=\begin{cases} \dfrac{1}{\mathrm{e}^{(E-\mu)/k_{\mathrm{B}}T}-1}, & \text{玻色-爱因斯坦分布}, \\[3mm] \dfrac{1}{\mathrm{e}^{(E-\mu)/k_{\mathrm{B}}T}+1}, & \text{费米-狄拉克分布}. \end{cases} \tag{11.51}$$

这里 μ 是化学势,而 k_{B} 是玻尔兹曼常数. 不熟悉这些概念的读者可以参考任意的统计力学

教材.

对于一非简并的 $(\mu \ll T)$ 相对论性 $(m \ll T)$ 气体, 其粒子数密度是

$$n = \frac{g}{2\pi^2 c^3 \hbar^3} \int \frac{E^2 \mathrm{d}E}{\mathrm{e}^{E/k_\mathrm{B}T} \pm 1} = \begin{cases} \dfrac{\zeta(3)}{\pi^2} \dfrac{g}{c^3 \hbar^3} (k_\mathrm{B}T)^3, & \text{玻色子,} \\[2ex] \dfrac{3}{4} \dfrac{\zeta(3)}{\pi^2} \dfrac{g}{c^3 \hbar^3} (k_\mathrm{B}T)^3, & \text{费米子,} \end{cases} \tag{11.52}$$

其中, $\zeta(3) = 1.20206\cdots$ 是黎曼 Zeta 函数. 粒子的能量密度为

$$\rho = \frac{g}{2\pi^2 c^3 \hbar^3} \int \frac{E^3 \mathrm{d}E}{\mathrm{e}^{E/k_\mathrm{B}T} \pm 1} = \begin{cases} \dfrac{\pi^2}{30} \dfrac{g}{c^3 \hbar^3} (k_\mathrm{B}T)^4, & \text{玻色子,} \\[2ex] \dfrac{7}{8} \dfrac{\pi^2}{30} \dfrac{g}{c^3 \hbar^3} (k_\mathrm{B}T)^4, & \text{费米子.} \end{cases} \tag{11.53}$$

对于具有任意化学势 μ 的非相对论性粒子 $(m \gg T)$, 可以发现在非相对论性极限下, 玻色子与费米子间没有区别,

$$n = g \left(\frac{m k_\mathrm{B}T}{2\pi \hbar^2} \right)^{3/2} \mathrm{e}^{-(mc^2 - \mu)/k_\mathrm{B}T}, \quad \rho = mc^2 n. \tag{11.54}$$

如果气体是由不同种类的粒子所构成, 其总的数密度与总的能量密度将分别由所有数密度的加和与所有能量密度的加和给出, 如 (11.9) 式. 由于热平衡下的非相对论性粒子的能量密度相对于相对论性粒子而言被以指数抑制, 它们的贡献可被忽略, 于是, 可以写出宇宙总的能量密度为

$$\rho = \frac{\pi^2}{30} \frac{g_\mathrm{eff}}{c^3 \hbar^3} (k_\mathrm{B}T)^4, \tag{11.55}$$

其中, g_eff 是轻粒子的有效自由度数目,

$$g_\mathrm{eff} = \sum_\mathrm{bosons} g_\mathrm{b} + \frac{7}{8} \sum_\mathrm{fermions} g_\mathrm{f}. \tag{11.56}$$

一般而言, g_eff 会依赖于等离子体的温度, 因为一些粒子会在某一温度之上表现出相对论性, 而在更低的温度下变得非相对论性.

如果将 (11.55) 式代入第一弗里德曼方程, 可以得到

$$H^2 = \frac{4\pi^3 G_\mathrm{N}}{45 c^5 \hbar^3} g_\mathrm{eff} (k_\mathrm{B}T)^4 - \frac{kc^2}{a^2}. \tag{11.57}$$

在辐射主导的宇宙中, 在足够早的时间下, 有 $a \propto t^{1/2}$, 因此, $H = 1/2t$. 如果将这一关于哈勃参数的表达式代入方程 (11.57), 可以得到宇宙时间 t 和等离子体温度 T 之间的关系式. 在粒子物理学标准模型的范围内, 当 $T > 1\,\mathrm{MeV}$ 时, 有 g_eff 的范围是 $10 \sim 100$[1]. 时间 t 与等离子体温度 T 之间的关系为

$$t \sim 1 \left(\frac{1\,\mathrm{MeV}}{T} \right)^2 \mathrm{s}. \tag{11.58}$$

11.6 宇宙的年龄

在 11.3 节中讨论的宇宙学模型十分简单,也可以得到它们的标度因子 a 的紧凑的解析式. 在更加现实的宇宙学模型中,宇宙充满了不同的组分. 但是,如果知道每个组分的贡献与某个特定时刻(如今天)哈勃参数的值,可以计算标度因子随时间的演化. 在以为零的标度因子起始的宇宙学模型中,如 11.3.2 节与 11.3.3 节中的那些,我们可以定义宇宙的年龄为弗里德曼-罗伯逊-沃尔克度规下测量得到的从大爆炸 $(a=0)$ 起始至今天为止时间坐标之间的时间间隔.

为求得现今宇宙的年龄,可以首先定义关联于可能非零的 k 的有效能量密度,

$$\rho_k = -\frac{3c^4}{8\pi G_N}\frac{k}{a^2}, \tag{11.59}$$

并且将第一弗里德曼方程重写为

$$H^2 = \frac{8\pi G_N}{3c^2}\rho_c^0 \sum_i \frac{\rho_i}{\rho_c^0}, \tag{11.60}$$

其中, ρ_c^0 是现今临界能量密度的值,且对填充宇宙所有不同的组分求和,包括 ρ_k.

定义**红移因子** z 为

$$1+z \equiv \frac{a_0}{a}, \tag{11.61}$$

其中, a_0 是现今的标度因子,而 a 是红移为 z 时的标度因子. 现今 $z=0$. 通过观测可以知道宇宙正在膨胀,即:沿时间回溯时 z 将增大. 由 11.3 节与(11.59)式可以知道,不同组分的能量密度如何随着标度因子演化,于是,可以知道能量密度如何随红移因子演化. 如果将注意力限定在非相对论性物质(尘埃)、真空能,以及关联于 k(曲率)的有效能量上,有

$$\rho_m = \rho_m^0(1+z)^3, \quad \rho_\Lambda = \rho_\Lambda^0, \quad \rho_k = \rho_k^0(1+z)^2, \tag{11.62}$$

其中, ρ_m, ρ_Λ 和 ρ_k 分别是非相对论性物质、真空能和在红移为 z 时曲率的能量密度,而 ρ_m^0, ρ_Λ^0 和 ρ_k^0 是它们现今的能量密度. 将(11.62)式代入(11.60)式,得到

$$H^2 = H_0^2[\Omega_m^0(1+z)^3 + \Omega_\Lambda^0 + \Omega_k^0(1+z)^2], \tag{11.63}$$

其中, $\Omega_i = \rho_i/\rho_c$,用指标 0 以表示它们现今的数值.

利用哈勃参数的定义,可以发现

$$H = \frac{\dot{a}}{a} = \frac{d}{dt}\ln\frac{a}{a_0} = \frac{d}{dt}\ln\frac{1}{1+z} = -\frac{1}{1+z}\frac{dz}{dt}, \tag{11.64}$$

于是,可以将方程(11.63)重写为

$$\frac{dt}{dz} = -\frac{1}{1+z}\frac{1}{H_0\sqrt{\Omega_m^0(1+z)^3 + \Omega_\Lambda^0 + \Omega_k^0(1+z)^2}}. \tag{11.65}$$

由定义, $\Omega_m^0 + \Omega_\Lambda^0 + \Omega_k^0 = 1$,可以写出 $\Omega_k^0 = 1 - \Omega_m^0 - \Omega_\Lambda^0$,并消去方程(11.65)中的 Ω_k^0. 利用分

部积分,可以得到现今($z=0$)至宇宙的红移为 z 的某一时刻的时间差,利用 H_0,Ω_{m}^0 以及 Ω_Λ^0 可表示为

$$\Delta t = \frac{1}{H_0}\int_0^z \frac{\mathrm{d}\tilde{z}}{1+\tilde{z}}\frac{1}{\sqrt{(1+\Omega_{\mathrm{m}}^0\tilde{z})(1+\tilde{z})^2 - \tilde{z}(2+\tilde{z})\Omega_\Lambda^0}}. \tag{11.66}$$

当 $z\to\infty$(对应于 $a=0$)时,可得到宇宙的年龄为

$$\tau = \frac{1}{H_0}\int_0^\infty \frac{\mathrm{d}\tilde{z}}{1+\tilde{z}}\frac{1}{\sqrt{(1+\Omega_{\mathrm{m}}^0\tilde{z})(1+\tilde{z})^2 - \tilde{z}(2+\tilde{z})\Omega_\Lambda^0}}. \tag{11.67}$$

(11.67)式中的积分大概就是 1 的数量级,所以,宇宙的年龄可以由 $1/H_0 \approx 14\ \mathrm{Gyr}$ 粗略地给出,它对精确的物质成分并不十分敏感. 例如,在一个不含真空能的平坦宇宙的简单情况下(即 $\Omega_{\mathrm{m}}^0=1$ 且 $\Omega_\Lambda^0=0$),可以发现

$$\tau = \frac{1}{H_0}\int_0^\infty \frac{\mathrm{d}\tilde{z}}{(1+\tilde{z})^{5/2}} = \frac{2}{3}\frac{1}{H_0} \approx 10\,(\mathrm{Gyr}). \tag{11.68}$$

对于更一般的情形,有必要对(11.67)式进行数值积分. 为了得到一个更加精确的结果,也应当考虑相对论性物质的贡献,但是在我们的宇宙中,这仅引入一个小小的修正.

11.7　宇宙的宿命

对于一个充满平常物质的宇宙,在其几何(由常数 k 的值给定)与宿命(再坍缩或永远地膨胀)间有一个简单的关系:一个闭合的宇宙必然会再坍缩,而平坦或开放的宇宙会永远地膨胀下去. 在真空能存在的情况下,这将不再是正确的. 对于任意的 k 值,一个正的宇宙学常数将使一个不含有物质的宇宙膨胀. 如果宇宙充满尘埃和真空能,宇宙的宿命由它们之间的相对贡献决定. 如果有足量的尘埃阻止膨胀,那么,宇宙将开始再坍缩至一个 $a=0$ 的新的奇性结构. 如果真空能在再坍缩前开始迫使宇宙膨胀,我们将处于相反的情境,随着宇宙的演化,尘埃将变得越来越不重要.

如果仅考虑尘埃和真空能,如果

$$\Omega_{\mathrm{m}} + \Omega_\Lambda = 1, \tag{11.69}$$

则宇宙是平坦的,倘若 $\Omega_{\mathrm{m}} + \Omega_\Lambda > 1(<1)$,宇宙将是闭合(开放)的.

区分永远膨胀的宇宙与先前膨胀而后收缩的宇宙的曲线,可以由下式给出:

$$\Omega_\Lambda = \begin{cases} 0, & \text{对于 } \Omega_{\mathrm{m}} \leqslant 1, \\ 4\Omega_{\mathrm{m}}\sin^3\left[\frac{1}{3}\arcsin\left(\frac{\Omega_{\mathrm{m}}-1}{\Omega_{\mathrm{m}}}\right)\right], & \text{对于 } \Omega_{\mathrm{m}} > 1. \end{cases} \tag{11.70}$$

由第二弗里德曼方程,倘若 $\rho+3P<0(>0)$,可以看到宇宙的膨胀是加速(减速)的. 如果写作 $\rho=\rho_{\mathrm{m}}+\rho_\Lambda$ 与 $P=P_\Lambda=-\rho_\Lambda$,可以发现

$$\ddot{a} > 0 \Rightarrow \Omega_{\mathrm{m}} < 2\Omega_\Lambda(\ddot{a} < 0 \Rightarrow \Omega_{\mathrm{m}} > 2\Omega_\Lambda). \tag{11.71}$$

图 11.3 展示了在平面(Ω_{m}, Ω_Λ)上(11.69)式、(11.70)式以及(11.71)式中的曲线.

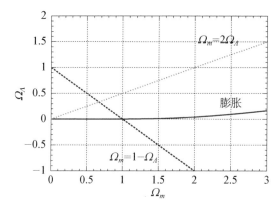

图 11.3　含有尘埃与真空能的宇宙学模型. 直线
$\Omega_m = 1 - \Omega_\Lambda$ 介于闭合宇宙 ($\Omega_m > 1 - \Omega_\Lambda$)
与开放宇宙 ($\Omega_m < 1 - \Omega_\Lambda$) 之间. 曲线"膨
胀"介于永远膨胀的宇宙(上方)和先膨胀
而后再坍缩的宇宙(下方)之间. 曲线
$\Omega_m = 2\Omega_\Lambda$ 区分了加速膨胀 ($\ddot{a} > 0$) 与减
速膨胀 ($\ddot{a} < 0$) 的宇宙.

习　　题

11.1　对于弗里德曼-罗伯逊-沃尔克度规与理想流体的情形,写出爱因斯坦方程的 tt 分量,并推导第一弗里德曼方程.

11.2　利用一些 Mathematica 软件包的帮助,证明(11.3)式与(11.4)式.

11.3　验证爱因斯坦宇宙是不稳定的.

11.4　在辐射组分的贡献不可忽略的情形下,重复 11.6 节中关于宇宙年龄的讨论.

参 考 文 献

［1］ C. Bambi, A. D. Dolgov. *Introduction to Particle Cosmology: the Standard Model of Cosmology and its Open Problems*（Springer-Verlag, Berlin Heidelberg, 2016）.

第**12**章

引力波

引力波是当下的一个热门话题. 现在可以直接从天体物理学源处探测引力波, 并且我们期待在接下来的 10～20 年拥有大量的全新数据. 本章旨在给出关于这个话题的简要概括. 与本书中其他章节不同, 讨论将不再局限于纯粹理论的范围, 并且将用一些篇幅来讨论观测和实验装置.

12.1 历史回顾

一般而言, 引力波应当是一切相对论性的引力理论所预言的. 物质使时空弯曲, 于是, 物质的运动能够改变时空度规. 引力波很像时空弯曲处的"涟漪", 以有限的速度传播. 与爱因斯坦相对性原理相一致, 没有任何信号能够以高于真空中光速的速度 (局域地) 传播.

阿尔伯特·爱因斯坦建立了他的理论后, 立即预言了引力波. 但是, 典型的天体物理学源产生的引力波信号极端微弱, 因此, 引力波的探测是非常具有挑战性的.

引力波存在的第一次观测性证据来自 1974 年拉塞尔·艾伦·赫尔斯与约瑟夫·胡顿·泰勒对脉冲双星 PSR 1913+16 的观测才发现. PSR 1913+16 是一个双中子星构成的二元系统, 且其中一颗被看作脉冲星, 它使该系统成为检验爱因斯坦引力预言极佳的实验室. 由于它的发现, PSR 1913+16 的轨道周期的衰减与辐射引力波的爱因斯坦方程的预言相一致. 鉴于约 40 年无线电波的观测数据, 有[13]

$$\frac{\dot{P}_{\text{corrected}}}{\dot{P}_{\text{GR}}} = 0.998\,3 \pm 0.001\,6, \tag{12.1}$$

其中, $\dot{P}_{\text{corrected}}$ 是 (经修正的) 观测到的轨道衰减①, 而 $\dot{P}_{\text{GR}}$ 是爱因斯坦引力期望由引力波导致的轨道衰减. 图 12.1 展示了数据 (黑色点) 与理论预言 (实线) 间完美的一致性.

直接探测引力波的尝试起始于 20 世纪 60 年代, 利用由约瑟夫·韦伯建造的共振棒. 它是一个置于室温的 2 m 铝制圆筒, 在真空室内屏蔽振动. 在 20 世纪 90 年代, 新一代的共振探测器与第一代激光干涉仪一同开始工作.

引力波的第一次直接探测由 LIGO-Virgo 团队于 2016 年 2 月宣布[1]. 该事件被称为 "GW150914", 因为它是在 2015 年 9 月 14 日被探测得到, 这是两个恒星质量黑洞的合并, 它们的质量大约为 30 $M_\odot$. 它们形成了一个约 60 $M_\odot$ 的黑洞, 以引力波的形式释放了约 3 $M_\odot$ 的能量.

---

① 需要消除由银河系的较差自转引起的我们与脉冲星之间相对加速度的影响.

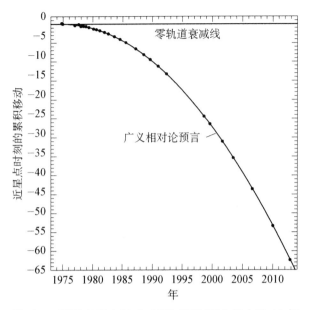

图 12.1　PSR 1913＋16 自 1974 年至 2012 年大约 40 年里近星点时刻的累积移动. 点(带有过小以至于无法显示的误差)是数据,而实曲线是爱因斯坦引力的引力波辐射的理论曲线. 来自参考文献[13]. 经© AAS. 许可复制.

12.2　线性化引力中的引力波

我们来考虑这样一个时空,无需对整个时空却至少要有一个足够大的区域,在其中度规 $g_{\mu\nu}$ 可被写为闵可夫斯基度规 $\eta_{\mu\nu}$ 加上一个小的微扰 $h_{\mu\nu}$,

$$g_{\mu\nu} = \eta_{\mu\nu} + h_{\mu\nu}, \quad |h_{\mu\nu}| \ll 1. \tag{12.2}$$

$h_{\mu\nu}$ 被称为**度规微扰**. 在线性化引力中,可以忽略 $h_{\mu\nu}$ 的二阶或更高阶的项. 与 $h_{\mu\nu}$ 同阶的"张量"的指标,可利用闵可夫斯基度规 $\eta_{\mu\nu}$ 进行升降. 度规的逆 $g^{\mu\nu}$ 为

$$g^{\mu\nu} = \eta^{\mu\nu} - h^{\mu\nu}. \tag{12.3}$$

确实,如果写出 $g^{\mu\nu} = \eta^{\mu\nu} + H^{\mu\nu}$,可以看到

$$g_{\mu\nu}g^{\nu\rho} = (\eta_{\mu\nu} + h_{\mu\nu})(\eta^{\nu\rho} + H^{\nu\rho}) = \eta_\mu^\rho + h_\mu^\rho + H_\mu^\rho + O(h^2), \tag{12.4}$$

于是,$H^{\mu\nu} = -h^{\mu\nu}$. 注意到 $h_{\mu\nu}$ 仅在洛伦兹变换下按张量的方式变换,而不是一般意义的坐标变换(稍后见(12.18)式与(12.19)式).

现在来写出线性化引力中的爱因斯坦方程. 由(5.76)式可知,黎曼张量 $R_{\mu\nu\rho\sigma}$ 由下式给出:

$$R_{\mu\nu\rho\sigma} = \frac{1}{2}(\partial_\nu \partial_\rho h_{\mu\sigma} + \partial_\mu \partial_\sigma h_{\nu\rho} - \partial_\nu \partial_\sigma h_{\mu\rho} - \partial_\mu \partial_\rho h_{\nu\sigma}). \tag{12.5}$$

里奇张量为

$$R_{\nu\sigma} = g^{\mu\rho} R_{\mu\nu\rho\sigma} = \eta^{\mu\rho} R_{\mu\nu\rho\sigma} = \frac{1}{2} (\partial_\nu \partial^\mu h_{\mu\sigma} + \partial^\rho \partial_\sigma h_{\nu\rho} - \partial_\nu \partial_\sigma h - \Box_\eta h_{\nu\sigma}), \qquad (12.6)$$

其中，$h = \eta^{\mu\nu} h_{\mu\nu}$ 是度规微扰的迹，而 $\Box_\eta = \eta^{\mu\nu} \partial_\mu \partial_\nu$ 是平直时空的达朗贝尔算符. 最后，曲率标量为

$$R = g^{\nu\sigma} R_{\nu\sigma} = \frac{1}{2} (\partial^\sigma \partial^\mu h_{\mu\sigma} + \partial^\rho \partial^\nu h_{\nu\rho} - \Box_\eta h - \Box_\eta h) = \partial^\mu \partial^\nu h_{\mu\nu} - \Box_\eta h. \qquad (12.7)$$

利用(12.6)式和(12.7)式，可以写出爱因斯坦方程

$$\frac{1}{2} (\partial_\mu \partial^\sigma h_{\sigma\nu} + \partial^\sigma \partial_\nu h_{\mu\sigma} - \partial_\mu \partial_\nu h - \Box_\eta h_{\mu\nu}) - \frac{1}{2} \eta_{\mu\nu} (\partial^\sigma \partial^\rho h_{\sigma\rho} - \Box_\eta h) = \frac{8\pi G_{\rm N}}{c^4} T_{\mu\nu}. \qquad (12.8)$$

可以通过更改变量和改变坐标系来化简(12.8)式. 首先，更改变量. 定义**迹反转微扰**为

$$\bar{h}_{\mu\nu} = h_{\mu\nu} - \frac{1}{2} \eta_{\mu\nu} h. \qquad (12.9)$$

$\bar{h}_{\mu\nu}$ 的迹为

$$\bar{h} = \eta^{\mu\nu} \bar{h}_{\mu\nu} = \eta^{\mu\nu} \left(h_{\mu\nu} - \frac{1}{2} \eta_{\mu\nu} h \right) = h - 2h = -h, \qquad (12.10)$$

因此亦称"迹反转". 注意到

$$h_{\mu\nu} = \bar{h}_{\mu\nu} - \frac{1}{2} \eta_{\mu\nu} \bar{h}, \qquad (12.11)$$

如果将表达式(12.11)代入(12.8)式，可以发现

$$\frac{1}{2} \left(\partial_\mu \partial^\sigma \bar{h}_{\sigma\nu} - \frac{1}{2} \partial_\mu \partial_\nu \bar{h} + \partial^\sigma \partial_\nu \bar{h}_{\mu\sigma} - \frac{1}{2} \partial_\mu \partial_\nu \bar{h} + \partial_\mu \partial_\nu \bar{h} - \Box_\eta \bar{h}_{\mu\nu} + \frac{1}{2} \eta_{\mu\nu} \Box_\eta \bar{h} \right)$$

$$- \frac{1}{2} \eta_{\mu\nu} \left(\partial^\sigma \partial^\rho \bar{h}_{\sigma\rho} - \frac{1}{2} \Box_\eta \bar{h} + \Box_\eta \bar{h} \right) = \frac{8\pi G_{\rm N}}{c^4} T_{\mu\nu}, \qquad (12.12)$$

因此，利用迹反转微扰，线性化引力中的爱因斯坦方程为

$$\partial_\mu \partial^\sigma \bar{h}_{\sigma\nu} + \partial^\sigma \partial_\nu \bar{h}_{\mu\sigma} - \Box_\eta \bar{h}_{\mu\nu} - \eta_{\mu\nu} \partial^\sigma \partial^\rho \bar{h}_{\sigma\rho} = \frac{16\pi G_{\rm N}}{c^4} T_{\mu\nu}. \qquad (12.13)$$

12.2.1　谐和规范

现在改变坐标系. 选择坐标系 $\{x^\mu\}$，使得

$$\partial^\mu \bar{h}_{\mu\nu} = 0. \qquad (12.14)$$

条件 (12.14)被称为**谐和规范**(或希尔伯特规范、德·敦德尔规范). 谐和规范的选择与麦克斯韦理论中洛伦兹规范的选取相似，$\partial_\mu A^\mu = 0$(见第 4 章). 在谐和规范下，(12.13)式变为

$$\Box_\eta \bar{h}_{\mu\nu} = -\frac{16\pi G_{\rm N}}{c^4} T_{\mu\nu}. \qquad (12.15)$$

容易看到,总是可以选择谐和规范. 我们考虑坐标变换,

$$x^\mu \to x'^\mu = x^\mu + \xi^\mu, \tag{12.16}$$

其中,ξ^μ 是与 $h_{\mu\nu}$ 同阶的关于 x^μ 的 4 个函数. 其逆为

$$x^\mu = x'^\mu - \xi^\mu, \tag{12.17}$$

且两个坐标系下时空度规间的关系为

$$g_{\mu\nu} \to g'_{\mu\nu} = \frac{\partial x^\alpha}{\partial x'^\mu} \frac{\partial x^\beta}{\partial x'^\nu} g_{\alpha\beta} = (\delta^\alpha_\mu - \partial_\mu \xi^\alpha)(\delta^\beta_\nu - \partial_\nu \xi^\beta)(\eta_{\alpha\beta} + h_{\alpha\beta}) = \eta_{\mu\nu} + h_{\mu\nu} - \partial_\mu \xi_\nu - \partial_\nu \xi_\mu. \tag{12.18}$$

由于 $g'_{\mu\nu} = \eta_{\mu\nu} + h'_{\mu\nu}$,两度规微扰间的关系式为

$$h'_{\mu\nu} = h_{\mu\nu} - \partial_\mu \xi_\nu - \partial_\nu \xi_\mu, \tag{12.19}$$

并且我们看到 $h_{\mu\nu}$ 在一般的坐标变换下并不按张量的方式进行变换[①]. 两个迹反转微扰之间的关系式为

$$\bar{h}'_{\mu\nu} = h'_{\mu\nu} - \frac{1}{2}\eta_{\mu\nu}h' = \bar{h}_{\mu\nu} - \partial_\mu \xi_\nu - \partial_\nu \xi_\mu + \eta_{\mu\nu}\partial^\sigma \xi_\sigma. \tag{12.21}$$

如果不在谐和规范下,可以进行(12.16)式中的坐标变换,有 $\partial^\mu \bar{h}'_{\mu\nu} = 0$,

$$\partial^\mu \bar{h}'_{\mu\nu} = \partial^\mu \bar{h}_{\mu\nu} - \Box_\eta \xi_\nu = 0, \tag{12.22}$$

于是,需要 ξ_ν 使得

$$\Box_\eta \xi_\nu = \partial^\mu \bar{h}_{\mu\nu}. \tag{12.23}$$

注意 如果在谐和规范下,并且考虑一个新的变换,使得 $\Box_\eta \xi_\mu = 0$,仍然在谐和规范下. 这是麦克斯韦理论中变换 $A_\mu \to A_\mu + \partial_\mu \Lambda$ 的对应项,其中,若 $\Box_\eta \Lambda = 0$,洛伦兹规范被保持.

方程(12.15)的形式解为

$$\bar{h}_{\mu\nu}(t, x) = \frac{4G_N}{c^4} \int \mathrm{d}^3 x' \frac{T_{\mu\nu}(t - |x - x'|/c, x')}{|x - x'|}, \tag{12.24}$$

其中,积分在平坦的 3 维空间中进行,而 $|x - x'|$ 是点 x 与点 x' 之间的欧几里得距离. 在笛卡尔坐标 (x, y, z) 下,有

$$|x - x'| = \sqrt{(x - x')^2 + (y - y')^2 + (z - z')^2}. \tag{12.25}$$

12.2.2 横波-无迹规范

$\bar{h}_{\mu\nu}$ 是对称的,于是,它有 10 个独立分量. 谐和规范(12.14)给出 4 个条件,将独立分量的

[①] $h_{\mu\nu}$ 在洛伦兹变换下按张量方式变换. 如果变换为 $x^\mu \to x'^\mu = \Lambda^\mu_\nu x^\nu$,有

$$g_{\mu\nu} = \eta_{\mu\nu} + h_{\mu\nu} \to g'_{\mu\nu} = \Lambda^\alpha_\mu \Lambda^\beta_\nu (\eta_{\alpha\beta} + h_{\alpha\beta}) = \eta_{\mu\nu} + \Lambda^\alpha_\mu \Lambda^\beta_\nu h_{\alpha\beta}, \tag{12.20}$$

可以看到 $h'_{\mu\nu} = \Lambda^\alpha_\mu \Lambda^\beta_\nu h_{\alpha\beta}$.

数目减少至 6 个. 但是,我们仍有选择满足方程 $\Box_\eta \xi^\mu = 0$ 的 4 个任意函数 ξ_μ 的自由.

首先,可以选择 ξ^0,使得 $\bar{h}_{\mu\nu}$ 的迹为零,即 $\bar{h} = 0$. 注意这样的选择隐含了迹反转微扰 $\bar{h}_{\mu\nu}$ 与度规微扰 $h_{\mu\nu}$ 相一致,

$$h_{\mu\nu} = \bar{h}_{\mu\nu}, \tag{12.26}$$

在下文中为简单起见,在这种情况下可以省略波浪记号"~". 其次,可以选择 3 个函数 ξ^i,使得 $h^{0i} = 0$.

施加 $h^{0i} = 0$,谐和规范条件(12.14)变为

$$\partial^0 h_{00} = 0, \tag{12.27}$$

即 h_{00} 独立于时间,因此,对应于源的牛顿势能. 当关注点集中在引力波上(即 h_{00} 的时间依赖部分)时,可以设 $h_{00} = 0$. 最终有

$$h_{0\mu} = 0, \ h = 0, \ \partial^i h_{ij} = 0, \tag{12.28}$$

它定义了**横波-无迹规范**(TT 规范). TT 规范下的数量经常以 TT 表示,如 $h_{\mu\nu}^{\mathrm{TT}}$.

注意到 TT 规范仅在真空中才是可能的,即当(12.15)式显示为

$$\Box_\eta \bar{h}_{\mu\nu} = 0 \tag{12.29}$$

时. 在源的内部可以选择谐和规范,且仍有选择满足方程 $\Box_\eta \xi_\mu = 0$ 的 4 个函数 ξ_μ 的自由. 但是,不能再通过选择合适的 ξ_μ 以设 $\bar{h}_{\mu\nu}$ 的分量为零,因为 $\Box_\eta \bar{h}_{\mu\nu} \neq 0$.

真空方程 $\Box_\eta h_{\mu\nu}^{\mathrm{TT}} = 0$ 具有平面波解($h_{0\mu}^{\mathrm{TT}} = 0$,因为在 TT 规范下),

$$h_{ij}^{\mathrm{TT}} = \varepsilon_i \mathrm{e}^{ik^\mu x_\mu}, \tag{12.30}$$

其中,$k^\mu = (\omega/c, \ k)$,$\omega = |k|c$ 是引力波的角频率,而 ε_{ij} 是极化张量. 对于一个沿 z 方向传播的引力波,有(忽略虚部,并施加 h_{ij} 是对称且无迹的条件)

$$h_{\mu\nu}^{\mathrm{TT}} = \begin{pmatrix} 0 & 0 & 0 & 0 \\ 0 & h_+ & h_\times & 0 \\ 0 & h_\times & -h_+ & 0 \\ 0 & 0 & 0 & 0 \end{pmatrix} \cos[\omega(t - z/c)], \tag{12.31}$$

其中,h_+ 与 $h_\times$ 是引力波在两个偏振方向上的振幅. $h_{\mu\nu}^{\mathrm{TT}}$ 的 ij 分量可被写为

$$h_{ij}^{\mathrm{TT}} = h_+ \, \varepsilon_{ij}^+ \cos[\omega(t - z/c)] + h_\times \, \varepsilon_{ij}^\times \cos[\omega(t - z/c)], \tag{12.32}$$

其中,

$$\varepsilon_{ij}^+ = \begin{pmatrix} 1 & 0 & 0 \\ 0 & -1 & 0 \\ 0 & 0 & 0 \end{pmatrix} (+ \text{模式}), \quad \varepsilon_{ij}^\times = \begin{pmatrix} 0 & 1 & 0 \\ 1 & 0 & 0 \\ 0 & 0 & 0 \end{pmatrix} (\times \text{模式}). \tag{12.33}$$

利用度规微扰(12.31),线元显示为

$$\mathrm{d}s^2 = -c^2 \mathrm{d}t^2 + (1 + h_+ \cos\phi)\mathrm{d}x^2 + (1 - h_+ \cos\phi)\mathrm{d}y^2 + 2h_\times \cos\phi \, \mathrm{d}x\,\mathrm{d}y + \mathrm{d}z^2,$$
$$\tag{12.34}$$

其中，$\phi = \omega(t - z/c)$.

现在来检查(12.34)式中的引力波对一个自由质点的影响. 质点在 $\tau = 0$ 时刻是静止的. $\tau = 0$ 时刻粒子的测地线方程显示为

$$(\ddot{x}^i + \Gamma^i_{00}\dot{x}^0\dot{x}^0)_{\tau=0} = 0, \tag{12.35}$$

因为在 $\tau = 0$ 时刻 $\dot{x}^i = 0$.

$$\Gamma^i_{00} = \frac{1}{2}\eta^{i\mu}(\partial_0 h_{\mu 0} + \partial_0 h_{0\mu} - \partial_\mu h_{00}) = \partial_0 h^i_0 - \frac{1}{2}\partial^i h_{00}, \tag{12.36}$$

并且在 TT 规范下为零, $\Gamma^i_{00} = 0$. 这意味着 $\ddot{x}^i = 0$, 于是, 在所有时刻 $\dot{x}^i = 0$, 粒子保持静止. 该结果不应被解释为引力波的经过没有任何物理效应, 因为在广义相对论中坐标系的选取是任意的. 事实上, 其对立面是正确的, 即: 坐标不具有直接的物理意义.

现在来考虑两个静止的自由质点, 分别具有空间坐标$(x_0, 0, 0)$和$(-x_0, 0, 0)$. 两粒子间的固有距离为

$$L(t) = \int_{-x_0}^{x_0}\sqrt{g_{xx}}\,\mathrm{d}x' = \int_{-x_0}^{x_0}\sqrt{1 + h_{xx}}\,\mathrm{d}x' \approx L_0\left[1 + \frac{1}{2}h_+\cos(\omega t)\right], \tag{12.37}$$

其中, $L_0 = 2x_0$ 是引力波不存在时它们的固有距离. 如果相对地两个粒子分别具有坐标$(0, x_0, 0)$和$(0, -x_0, 0)$, 可以发现

$$L(t) \approx L_0\left[1 - \frac{1}{2}h_+\cos(\omega t)\right]. \tag{12.38}$$

于是, 可以看到两粒子间的固有距离随着时间周期性地变化, 且其变动正比于引力波的振幅. 如果考虑在 xy 平面内的 $45°$ 转动, 可以发现(12.37)式与(12.38)式将以 $h_\times$ 替换掉 h_+. 最后, 容易看到沿 z 方向传播的引力波经过位于 xy 平面的粒子环, 如图 12.2 所示.

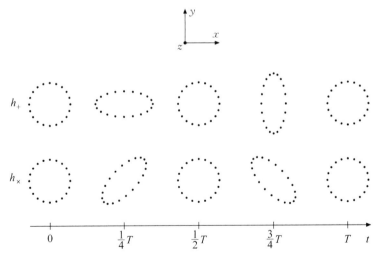

图 12.2 沿 z 轴传播的引力波对位于 xy 平面的探测粒子环的影响. 偏振模式 h_+ 与 $h_\times$ 的效应与在 xy 平面内以 $45°$ 旋转为模后相同. $T = 2\pi/\omega$ 是引力波的周期.

12.3　四极子公式

如果可以假设某个区域,源被限制于其中(即 $T^{\mu\nu}$ 是非零的),该区域远小于发射辐射的波长,(12.24)式可被近似为

$$\bar{h}^{\mu\nu}(t,\ x)=\frac{4G_{\mathrm{N}}}{c^4 r}\int \mathrm{d}^3 x' T^{\mu\nu}(t-r/c,\ x'),\tag{12.39}$$

其中,$r=|x|$.

在线性化理论中,$h_{\mu\nu}$ 和 $T_{\mu\nu}$ 同阶,于是,有带有偏导数的 $\partial_\mu T^{\mu\nu}=0$. 可以将 $\partial_\mu T^{\mu\nu}=0$ 写作 $\partial_0 T^{0\nu}=-\partial_k T^{k\nu}$,而后对包含所有 $T_{\mu\nu}\neq 0$ 的区域的体积 V 积分,

$$\frac{1}{c}\frac{\partial}{\partial t}\int_V T^{0\nu}\mathrm{d}^3 x=-\int_V \frac{\partial T^{k\nu}}{\partial x^k}\mathrm{d}^3 x=-\int_\Sigma T^{k\nu}\mathrm{d}\Sigma_k=0,\tag{12.40}$$

其中,Σ 是体积 V 在表面且在 Σ 上 $T^{\mu\nu}=0$. 然后有

$$\int_V T^{0\nu}\mathrm{d}^3 x=\text{常数},\tag{12.41}$$

这暗示 $\bar{h}^{0\nu}$ 也是一个常数. 由于这里我们对引力波感兴趣,即对引力场的时间依赖部分感兴趣,可以使 $\bar{h}^{0\nu}=0$.

将 $\partial_\mu T^{\mu i}=0$ 写作 $\partial_0 T^{0i}=-\partial_k T^{ki}$,将两边同乘以 x^j,并对体积 V 积分. 可以得到

$$\begin{aligned}
\frac{1}{c}\frac{\partial}{\partial t}\int_V T^{i0}x^j\mathrm{d}^3 x&=-\int_V \frac{\partial T^{ik}}{\partial x^k}x^j\mathrm{d}^3 x=-\int_V \frac{\partial}{\partial x^k}(T^{ik}x^j)\mathrm{d}^3 x+\int_V T^{ik}\frac{\partial x^j}{\partial x^k}\mathrm{d}^3 x\\
&=-\int_\Sigma T^{ik}x^j\mathrm{d}\Sigma_k+\int_V T^{ij}\mathrm{d}^3 x=\int_V T^{ij}\mathrm{d}^3 x.
\end{aligned}\tag{12.42}$$

由于 $T^{\mu\nu}$ 是一个对称张量,通过交换 i 和 j,也可以写出(12.42)式,于是,

$$\frac{1}{c}\frac{\partial}{\partial t}\int_V (T^{i0}x^j+T^{j0}x^i)\mathrm{d}^3 x=2\int_V T^{ij}\mathrm{d}^3 x.\tag{12.43}$$

现在来将 $\partial_\mu T^{\mu 0}=0$ 写作 $\partial_0 T^{00}=-\partial_k T^{k0}$. 这一次将两边同乘以 $x^i x^j$. 对体积 V 积分,可以发现

$$\begin{aligned}
\frac{1}{c}\frac{\partial}{\partial t}\int_V T^{00}x^i x^j\mathrm{d}^3 x&=-\int_V \frac{\partial T^{k0}}{\partial x^k}x^i x^j\mathrm{d}^3 x\\
&=-\int_V \frac{\partial}{\partial x^k}(T^{k0}x^i x^j)\mathrm{d}^3 x+\int_V \left(T^{k0}\frac{\partial x^i}{\partial x^k}x^j+T^{k0}x^i \frac{\partial x^j}{\partial x^k}\right)\mathrm{d}^3 x\\
&=-\int_\Sigma T^{k0}x^i x^j\mathrm{d}\Sigma_k+\int_V (T^{i0}x^j+T^{j0}x^i)\mathrm{d}^3 x\\
&=\int_V (T^{i0}x^j+T^{j0}x^i)\mathrm{d}^3 x.
\end{aligned}\tag{12.44}$$

对时间 t 求导,并使用(12.43)式,

$$\frac{1}{c^2}\frac{\partial^2}{\partial^2 t}\int_V T^{00}x^i x^j \mathrm{d}^3 x = \frac{1}{c}\frac{\partial}{\partial t}\int_V (T^{i0}x^j + T^{j0}x^i)\mathrm{d}^3 x = 2\int_V T^{ij}\mathrm{d}^3 x. \tag{12.45}$$

定义源的**四极矩**为

$$Q^{ij}(t) = \frac{1}{c^2}\int_V T^{00}(t, x)x^i x^j \mathrm{d}^3 x. \tag{12.46}$$

方程(12.39)变为

$$\bar{h}_{\mu 0} = 0,$$

$$\bar{h}_{ij} = \frac{2G_N}{c^4 r}\ddot{Q}_{ij}(t - r/c), \tag{12.47}$$

其中,双点代表对 t 的双重导数,而 $\ddot{Q}_{ij}$ 在时刻 $t-r/c$ 被求值. 值得指出,球对称或轴对称分布的物质具有恒定的四极矩,即使物体是旋转的. 这隐含了没有引力波的辐射. 例如,对于一个完美的球对称坍缩,或者完美的旋转的轴对称物体等. 当存在确定的"不对称度"时,才会辐射引力波. 例如,两星体间的合并,某个天体的非径向脉冲,等等.

如果希望(12.47)式在 TT 规范下,需要一个保持谐和规范且切换至 TT 规范下的坐标变换. 这可利用一个投影算符做到. 我们已经有 $\bar{h}_{\mu 0} = 0$. 无迹与横波条件分别显示为

$$\delta^{ij}h_{ij}^{\mathrm{TT}} = 0, \quad n^i h_{ij}^{\mathrm{TT}} = 0, \tag{12.48}$$

其中,$n = x/r$ 是垂直于波阵面的单位向量.

将一个向量投影至与 n 方向正交的平面上的算符是

$$P_{ij} = \delta_{ij} - n_i n_j. \tag{12.49}$$

P_{ij} 是对称的,投影出平行于 n 的任意分量:

$$P_{ij}n^i = \delta_{ij}n^i - n_i n_j n^i = n_j - n_j = 0. \tag{12.50}$$

横波-无迹投影为

$$P_{ijkl} = P_{ik}P_{jl} - \frac{1}{2}P_{ij}P_{kl}, \tag{12.51}$$

它提取了任意 $(0, 2)$ 型张量的横波-无迹部分. h_{ij}^{TT} 由下式给出:

$$h_{ij}^{\mathrm{TT}} = P_{ijkl}\bar{h}_{kl}. \tag{12.52}$$

容易检验新的张量是无迹的,

$$\begin{aligned}
\delta^{ij}h_{ij}^{\mathrm{TT}} &= \delta^{ij}\left(P_{ik}P_{jl} - \frac{1}{2}P_{ij}P_{kl}\right)\bar{h}_{kl} \\
&= \delta^{ij}\left[(\delta_{ik} - n_i n_k)(\delta_{jl} - n_j n_l) - \frac{1}{2}(\delta_{ij} - n_i n_j)(\delta_{kl} - n_k n_l)\right]\bar{h}_{kl} \\
&= \delta^{ij}(\delta_{ik}\delta_{jl} - \delta_{ik}n_j n_l - \delta_{jl}n_i n_k + n_i n_k n_j n_l)\bar{h}_{kl} \\
&\quad - \frac{1}{2}\delta^{ij}(\delta_{ij}\delta_{kl} - \delta_{ij}n_k n_l - \delta_{kl}n_i n_j + n_i n_j n_k n_l)\bar{h}_{kl} \\
&= \bar{h} - n_k n_l \bar{h}_{kl} - \frac{1}{2}(3\bar{h} - 3n_k n_l \bar{h}_{kl} - \bar{h} + n_k n_l \bar{h}_{kl}) = 0. \tag{12.53}
\end{aligned}$$

注意

$$h_{ij}^{\mathrm{TT}} = P_{ijkl}h_{kl} = P_{ijkl}\bar{h}_{kl}, \tag{12.54}$$

因为 h_{ij} 和 $\bar{h}_{ij}$ 仅在迹上有差异,这已由 P_{ijkl} 投影出了.

应用投影 P_{ijkl} 于 $\bar{h}_{kl}$ 上,(12.47)式变为

$$h_{\mu 0}^{\mathrm{TT}} = 0,$$

$$h_{ij}^{\mathrm{TT}} = \frac{2G_{\mathrm{N}}}{c^4 r}\ddot{Q}_{ij}^{\mathrm{TT}}(t - r/c), \tag{12.55}$$

其中,

$$Q_{ij}^{\mathrm{TT}} = P_{ijkl}Q_{kl}. \tag{12.56}$$

有时引入**约化四极矩**是方便的,它被定义为

$$\bar{Q}_{ij} = Q_{ij} - \frac{1}{3}\delta_{ij}Q, \tag{12.57}$$

其中, $Q = Q_i^i$ 是四极矩的迹. 注意到

$$Q_{ij}^{\mathrm{TT}} = P_{ijkl}Q_{kl} = P_{ijkl}\bar{Q}_{kl}, \tag{12.58}$$

因为 Q_{ij} 和 $\bar{Q}_{ij}$ 仅在迹上有差异.

12.4　引力波的能量

在 7.5 节中遇到的朗道-栗弗席兹赝张量的帮助下,现在来估算引力波携带的能量.

考虑笛卡尔坐标系 (x, y, z),辐射引力波的天体物理学源位于原点,而观测者位于远离源的坐标 $(0, 0, z)$. 观测者探测得到沿 z 轴行进的引力波. 为简单起见,假设该波仅有"＋偏振". TT 规范下的度规微扰显示为

$$\| h_{\mu\nu}^{\mathrm{TT}} \| = \begin{pmatrix} 0 & 0 & 0 & 0 \\ 0 & h_+(t, z) & 0 & 0 \\ 0 & 0 & -h_+(t, z) & 0 \\ 0 & 0 & 0 & 0 \end{pmatrix}, \tag{12.59}$$

其中, z 是观测者的 z 坐标. 引力波的振幅 h_+ 具有形式

$$h_+(t, z) = \frac{Cf(t - z/c)}{z}, \tag{12.60}$$

其中, C 与 f 分别是一个常数和一个与参数有关的涉及辐射源的本质的函数. 这是可以由 (12.39)式期待的振幅形式,也将在 12.5 节的实例中得到.

因为我们希望计算朗道-栗弗席兹赝张量,需要计算出时空度规 $g_{\mu\nu} = \eta_{\mu\nu} + h_{\mu\nu}^{\mathrm{TT}}$ 的克里斯托费尔符号. 随时间变化的度规系数只有 g_{xx} 和 g_{yy},且它们仅依赖于坐标 t 和 z. h_+ 对 t 和 z 的导数分别是

$$\frac{\partial h_+}{\partial t} = \frac{Cf}{z},$$

$$\frac{\partial h_+}{\partial z} = -\frac{Cf}{z^2} - \frac{C\dot{f}}{cz} = -\frac{Cf}{z^2} - \frac{1}{c}\frac{\partial h_+}{\partial t}. \tag{12.61}$$

在下文中只考虑正比于 $1/z$ 的主导阶项,并将忽略正比于 $1/z^2$ 的贡献.非零的克里斯托费尔符号如下:

$$\Gamma^0_{xx} = -\Gamma^0_{yy} = \Gamma^x_{0x} = \Gamma^x_{x0} = -\Gamma^y_{0y} = -\Gamma^y_{y0} = \frac{1}{2}\dot{h}_+,$$

$$\Gamma^z_{xx} = -\Gamma^z_{yy} = \frac{1}{2c}\dot{h}_+, \tag{12.62}$$

$$\Gamma^x_{xz} = \Gamma^x_{zx} = -\Gamma^y_{yz} = -\Gamma^y_{zy} = -\frac{1}{2c}\dot{h}_+.$$

经过冗长却直接的计算,可以得到 t^{0z} 的表达式,

$$t^{0z} = \frac{c^2}{16\pi G_N}\dot{h}_+^2. \tag{12.63}$$

ct^{0z} 是远处观测者测量得到的能量通量,即:在单位时间流过正交于 z 轴的单位表面的能量,

$$ct^{0z} = \frac{\mathrm{d}E_{GW}}{\mathrm{d}t\,\mathrm{d}S} = \frac{c^3}{16\pi G_N}\dot{h}_+^2. \tag{12.64}$$

假设两种偏振都存在,且进行重复计算,将发现能量通量由下式给出:

$$ct^{0z} = \frac{c^3}{16\pi G_N}(\dot{h}_+^2 + \dot{h}_\times^2) = \frac{c^3}{32\pi G_N}\sum_{ij}(\dot{h}_{ij}^{TT})^2. \tag{12.65}$$

由于在广义相对论中我们无法提供引力场的能量的局域定义,对波长求平均再重写(12.65)式更为正确,

$$\frac{\mathrm{d}E_{GW}}{\mathrm{d}t\,\mathrm{d}S} = \langle ct^{0z} \rangle = \frac{c^3}{32\pi G_N}\left\langle \sum_{ij}(\dot{h}_{ij}^{TT})^2 \right\rangle. \tag{12.66}$$

现在再利用辐射源的四极矩写出引力波的亮度.由(12.55)式可以写出

$$\frac{\mathrm{d}E_{GW}}{\mathrm{d}t\,\mathrm{d}S} = \frac{G_N}{8\pi c^5 r^2}\left\langle \sum_{ij}[\ddot{Q}_{ij}^{TT}(t-r/c)]^2 \right\rangle = \frac{G_N}{8\pi c^5 r^2}\left\langle \sum_{ij}[P_{ijkl}\dddot{Q}_{kl}(t-r/c)]^2 \right\rangle. \tag{12.67}$$

源的亮度可通过对全部立体角积分得到,

$$L_{GW} = \frac{\mathrm{d}E_{GW}}{\mathrm{d}t} = \int \frac{\mathrm{d}E_{GW}}{\mathrm{d}t\,\mathrm{d}S}\mathrm{d}S = \int \frac{\mathrm{d}E_{GW}}{\mathrm{d}t\,\mathrm{d}S}r^2\,\mathrm{d}\Omega$$

$$= \frac{G_N}{8\pi c^5}\int \mathrm{d}\Omega \left\langle \sum_{ij}[P_{ijkl}\dddot{Q}_{kl}(t-r/c)]^2 \right\rangle = \frac{G_N}{8\pi c^5}\int \mathrm{d}\Omega \left\langle \sum_{ij}[P_{ijkl}\dddot{\bar{Q}}_{kl}(t-r/c)]^2 \right\rangle, \tag{12.68}$$

其中,$\mathrm{d}\Omega$ 是无限小立体角,且在最后一步的推导中已经将四极矩替换为约化四极矩,因为它对于接下来的计算更加方便.记住 Q_{ij} 与 $\bar{Q}_{ij}$ 仅在迹上有差异,而这已由 P_{ijkl} 投影得出.

为了计算对立体角的积分,首先将积分式内的表达式重写如下:

$$\sum_{ij} (P_{ijkl}\dddot{Q}_{kl})^2 = \sum_{ij} (P_{ijkl}\dddot{Q}_{kl})(P_{ijmn}\dddot{Q}_{mn}) = \sum_{ij} (P_{ijkl}P_{ijmn}\dddot{Q}_{kl}\dddot{Q}_{mn}) = P_{klmn}\dddot{Q}_{kl}\dddot{Q}_{mn}$$

$$= \left[(\delta_{km} - n_k n_m)(\delta_{ln} - n_l n_n) - \frac{1}{2}(\delta_{kl} - n_k n_l)(\delta_{mn} - n_m n_n) \right] \dddot{Q}_{kl}\dddot{Q}_{mn}. \tag{12.69}$$

由于 $\bar{Q}_{ij}$ 是无迹且对称的,有

$$\delta_{kl}\dddot{Q}_{kl} = \delta_{mn}\dddot{Q}_{mn} = 0,$$
$$n_k n_m \delta_{ln}\dddot{Q}_{kl}\dddot{Q}_{mn} = n_l n_n \delta_{km}\dddot{Q}_{kl}\dddot{Q}_{mn}, \tag{12.70}$$

于是,(12.69)式变为

$$\sum_{ij} (P_{ijkl}\dddot{Q}_{kl})^2 = \dddot{Q}_{lm}\dddot{Q}_{lm} - 2n_l n_n \dddot{Q}_{lm}\dddot{Q}_{mn} + \frac{1}{2} n_k n_l n_m n_n \dddot{Q}_{kl}\dddot{Q}_{mn}. \tag{12.71}$$

源的亮度的表达式现在成为

$$L_{\text{GW}} = \frac{G_{\text{N}}}{8\pi c^5} \int d\Omega \left(\dddot{Q}_{lm}\dddot{Q}_{lm} - 2n_l n_n \dddot{Q}_{lm}\dddot{Q}_{mn} + \frac{1}{2} n_k n_l n_m n_n \dddot{Q}_{kl}\dddot{Q}_{mn} \right), \tag{12.72}$$

还需要求出以下积分的值:

$$\int d\Omega n_i n_j, \quad \int d\Omega n_i n_j n_k n_l. \tag{12.73}$$

单位向量

$$n = (\sin\theta\cos\phi, \ \sin\theta\sin\phi, \ \cos\theta). \tag{12.74}$$

容易见到,对于 $i \neq j$,有

$$\int d\Omega n_i n_j = \int_0^\pi d\theta \sin\theta \int_0^{2\pi} d\phi n_i n_j = 0, \tag{12.75}$$

然而,对于 $i = j$,可以发现

$$\int d\Omega n_x^2 = \int d\Omega n_y^2 = \int d\Omega n_z^2 = \frac{4\pi}{3}. \tag{12.76}$$

(12.73)式中的第一个积分现在可被写为如下的紧凑形式:

$$\frac{1}{4\pi} \int d\Omega n_i n_j = \frac{1}{3}\delta_{ij}. \tag{12.77}$$

可以利用相似的方法进行下去,求出(12.73)式中第二个积分的值. 其结果是

$$\frac{1}{4\pi} \int d\Omega n_i n_j n_k n_l = \frac{1}{15}(\delta_{ij}\delta_{kl} + \delta_{ik}\delta_{jl} + \delta_{il}\delta_{jk}). \tag{12.78}$$

将本节中得到的所有结果放在一起,可以得到源的以引力辐射形式表明的总的亮度(或功率),

$$L_{\mathrm{GW}} = \frac{G_{\mathrm{N}}}{5c^5} \langle \overset{\dots}{\tilde{Q}}_{ij}(t-r/c) \times \overset{\dots}{\tilde{Q}}_{ij}(t-r/c) \rangle. \tag{12.79}$$

12.5 实例:两种简单系统辐射的引力波

现在来计算由两种简单系统辐射的引力波:①一个旋转的非完美轴对称的致密天体(可以考虑一颗中子星),②一个处于远处而不能合并的圆轨道的二元系统.

12.5.1 旋转中子星的引力波

我们来看一个具有均匀质量密度 ρ、近似椭球体构成的不旋转的中子星.中子星的四极矩为

$$Q_{ij} = \int_V \rho x_i x_j \, \mathrm{d}^3 x, \tag{12.80}$$

其中,V 是天体的体积.中子星的惯量张量为

$$I_{ij} = \int_V \rho (r^2 \delta_{ij} - x_i x_j) \mathrm{d}^3 x, \tag{12.81}$$

且它通过下述方程关联于四极矩:

$$I_{ij} = \delta_{ij} Q - Q_{ij}. \tag{12.82}$$

在(12.57)式中引入的约化四极矩为

$$\tilde{Q}_{ij} = Q_{ij} - \frac{1}{3}\delta_{ij}Q = -I_{ij} + \frac{1}{3}\delta_{ij}I, \tag{12.83}$$

其中,I 是惯量张量的迹.

一个具有恒定质量密度且具有半轴 α,β 及 γ(分别沿 x,y 及 z 轴)、不旋转的椭球体的惯量张量可由下式给出:

$$\| I_{ij} \| = \frac{M}{5}\begin{pmatrix} \beta^2 + \gamma^2 & 0 & 0 \\ 0 & \alpha^2 + \gamma^2 & 0 \\ 0 & 0 & \alpha^2 + \beta^2 \end{pmatrix} = \begin{pmatrix} I_{xx} & 0 & 0 \\ 0 & I_{yy} & 0 \\ 0 & 0 & I_{zz} \end{pmatrix}, \tag{12.84}$$

其中,M 是椭球体的质量,而 I_{xx},I_{yy} 以及 I_{zz} 是主惯量矩.

现在假定中子星绕 z 轴以角速度 Ω 转动.为了计算旋转椭球体的惯量张量,考虑联结共旋系与惯性参考系的旋转矩阵,

$$\| R_{ij} \| = \begin{pmatrix} \cos\Omega t & -\sin\Omega t & 0 \\ \sin\Omega t & \cos\Omega t & 0 \\ 0 & 0 & 1 \end{pmatrix}. \tag{12.85}$$

如果在共旋系下惯量张量由(12.84)式给出,在惯性参考系下它可利用一次旋转获得,

$$I_{ij} \rightarrow I'_{ij} = R_{ik}R_{jl}I_{kl} = \begin{pmatrix} I'_{xx} & I'_{xy} & 0 \\ I'_{yx} & I'_{yy} & 0 \\ 0 & 0 & I'_{zz} \end{pmatrix}, \tag{12.86}$$

其中，

$$
\begin{aligned}
I'_{xx} &= I_{xx}\cos^2\Omega t + I_{yy}\sin^2\Omega t, \\
I'_{xy} &= -(I_{yy} - I_{xx})\sin\Omega t\cos\Omega t, \\
I'_{yx} &= I'_{xy}, \\
I'_{yy} &= I_{xx}\sin^2\Omega t + I_{yy}\cos^2\Omega t, \\
I'_{zz} &= I_{zz}.
\end{aligned}
\tag{12.87}
$$

使用三角恒等式 $\cos 2\Omega t = 2\cos^2\Omega t - 1$，并将旋转中子星的约化四极矩写为

$$
\| \bar{Q}_{ij} \| = \frac{I_{yy} - I_{xx}}{2}\begin{pmatrix} \cos 2\Omega t & \sin 2\Omega t & 0 \\ \sin 2\Omega t & -\cos 2\Omega t & 0 \\ 0 & 0 & 0 \end{pmatrix} + 常数,
\tag{12.88}
$$

其中，常数部分可以被忽略，因为引力波辐射仅涉及四极矩关于时间的导数. 注意到

$$
I_{yy} - I_{xx} = \frac{M}{5}(\alpha^2 + \gamma^2) - \frac{M}{5}(\beta^2 + \gamma^2) = \frac{M}{5}(\alpha^2 - \beta^2).
\tag{12.89}
$$

因此，如果 $\alpha = \beta$，则约化四极矩恒定，不存在引力波辐射. 一个严格地绕其对称轴旋转的完美的轴对称天体不会辐射引力波.

定义椭球体的**扁率** ε 为

$$
\varepsilon = \frac{2(\alpha - \beta)}{\alpha + \beta},
\tag{12.90}
$$

且有

$$
\frac{I_{yy} - I_{xx}}{I_{zz}} = \varepsilon + O(\varepsilon^3).
\tag{12.91}
$$

约化四极矩现在显示为

$$
\| \bar{Q}_{ij} \| = \frac{\varepsilon I_{zz}}{2}\begin{pmatrix} \cos 2\Omega t & \sin 2\Omega t & 0 \\ \sin 2\Omega t & -\cos 2\Omega t & 0 \\ 0 & 0 & 0 \end{pmatrix} + 常数.
\tag{12.92}
$$

迹反转微扰为

$$
\bar{h}_{ij} = \frac{2G_{\mathrm{N}}}{c^4 r}\ddot{\bar{Q}}_{ij}(t - r/c).
\tag{12.93}
$$

h_{ij}^{TT} 可以通过使用投影算符得到，如 (12.52) 式所做的那样，

$$
h_{ij}^{\mathrm{TT}} = \frac{4G_{\mathrm{N}}}{c^4 r}\varepsilon\Omega^2 I_{zz}P\begin{pmatrix} -\cos\varphi & -\sin\varphi & 0 \\ -\sin\varphi & \cos\varphi & 0 \\ 0 & 0 & 0 \end{pmatrix},
\tag{12.94}
$$

其中，P 表示横波-无迹投影，且 $\varphi = 2\Omega(t - r/c)$. 注意到引力波的频率是中子星旋转频率的两倍. 引力波振幅的估算可以通过代入在我们的银河系中对于中子星而言合理的数据获得，

$$\frac{4G_N}{c^4 r}\varepsilon\Omega^2 I_{zz} \sim 10^{-25}\left(\frac{10\text{ kpc}}{r}\right)\left(\frac{\varepsilon}{10^{-7}}\right)\left(\frac{\Omega}{1\text{ kHz}}\right)^2\left(\frac{I_{zz}}{10^{38}\text{ kg}\cdot\text{m}^2}\right).\tag{12.95}$$

在脉冲周期的减缓完全归因于引力波辐射的假定下，ε 的上界已通过其观测得到的周期减缓得到[8].

释放出的能量可以由 (12.79) 式估算，其结果为

$$L_{GW} = \frac{32G_N}{5c^5}\varepsilon^2\Omega^6 I_{zz}^2.\tag{12.96}$$

12.5.2 二元系统的引力波

考虑一个位于牛顿引力中圆轨道的二元系统. 有具有质量 m_1 的天体 1、质量为 m_2 的天体 2，其总质量为 $M = m_1 + m_2$. 选取坐标系使得运动位于 xy 平面，且坐标系的原点与质心重合，

$$r_1 m_1 + r_2 m_2 = 0,\tag{12.97}$$

其中，r_1 与 r_2 分别是原点至天体 1 与天体 2 间的距离，它们由下式给出：

$$r_1 = \frac{m_2 R}{M},\ r_2 = \frac{m_1 R}{M},\tag{12.98}$$

$R = r_1 + r_2$ 是轨道间距. 轨道频率 Ω 遵循牛顿万有引力定律，

$$\frac{G_N m_1 m_2}{R^2} = m_1\Omega^2 r_1 = m_1\Omega^2\frac{m_2 R}{M}\Rightarrow\Omega = \sqrt{\frac{G_N M}{R^3}}.\tag{12.99}$$

天体 1 和天体 2 的轨迹分别为

$$x_1 = \begin{pmatrix} r_1\cos\Omega t \\ r_1\sin\Omega t \\ 0 \end{pmatrix},\ x_2 = \begin{pmatrix} -r_2\cos\Omega t \\ -r_2\sin\Omega t \\ 0 \end{pmatrix}.\tag{12.100}$$

现在来计算二元系统的四极矩. 系统的能量-动量张量的 00 分量为

$$T^{00} = \sum_{i=1}^{2} m_i c^2\delta(x - x_i)\delta(y - y_i)\delta(z).\tag{12.101}$$

四极矩的 xx 分量为

$$Q_{xx} = \sum_{i=1}^{2}\int_V m_i x^2\delta(x - x_i)\delta(y - y_i)\delta(z)\mathrm{d}x\,\mathrm{d}y\,\mathrm{d}z = m_1 x_1^2(t) + m_2 x_2^2(t)$$

$$= m_1 r_1^2\cos^2\Omega t + m_2 r_2^2\cos^2\Omega t = \frac{\mu R^2}{2}\cos 2\Omega t + 常数,$$

$$\tag{12.102}$$

其中，$\mu = m_1 m_2/M$ 是二元系统的约化质量，在最后一步的推导中已经使用恒等式 $\cos 2\Omega t = 2\cos^2\Omega t - 1$，且如先前一样，因为我们对引力波的辐射感兴趣，则可以忽略常数部分. 其他分量可通过相似的方法计算得到. 最终可以得到以下的四极矩：

$$\| Q_{ij} \| = \frac{\mu R^2}{2} \begin{pmatrix} \cos 2\Omega t & \sin 2\Omega t & 0 \\ \sin 2\Omega t & -\cos 2\Omega t & 0 \\ 0 & 0 & 0 \end{pmatrix} + 常数. \tag{12.103}$$

假定观测者沿 z 轴远离源. 垂直于波阵面的单位向量为 $n = (0, 0, 1)$. 投影 P_{ij} 是

$$\| P_{ij} \| = \| \delta_{ij} - n_i n_j \| = \begin{pmatrix} 1 & 0 & 0 \\ 0 & 1 & 0 \\ 0 & 0 & 0 \end{pmatrix}. \tag{12.104}$$

利用投影 P_{ij} 构建横波-无迹投影 P_{ijkl}, 并将其应用于系统的四极矩上, 以获得 TT 规范下的四极矩. 于是, TT 规范下四极矩的 xx 分量为

$$Q_{xx}^{\mathrm{TT}} = P_{xxij} Q_{ij} = \left(P_{xi} P_{xj} - \frac{1}{2} P_{xx} P_{ij} \right) Q_{ij}$$
$$= \left(P_{xx}^2 - \frac{1}{2} P_{xx}^2 \right) Q_{xx} - \frac{1}{2} P_{xx} P_{yy} Q_{yy} = \frac{1}{2} (Q_{xx} - Q_{yy}), \tag{12.105}$$

可以通过相似的方法求出其他分量的值. 最后, 可以发现

$$\| Q_{ij}^{\mathrm{TT}} \| = \begin{pmatrix} \frac{1}{2}(Q_{xx} - Q_{yy}) & Q_{xy} & 0 \\ Q_{xy} & -\frac{1}{2}(Q_{xx} - Q_{yy}) & 0 \\ 0 & 0 & 0 \end{pmatrix}. \tag{12.106}$$

在 TT 规范下的度规微扰可被写为

$$\| h_{\mu\nu}^{\mathrm{TT}} \| = \begin{pmatrix} 0 & 0 & 0 & 0 \\ 0 & h_+(t) & h_\times(t) & 0 \\ 0 & h_\times(t) & -h_+(t) & 0 \\ 0 & 0 & 0 & 0 \end{pmatrix}, \tag{12.107}$$

其中,

$$h_+(t) = \frac{G_{\mathrm{N}}}{c^4 z} \frac{\mathrm{d}^2}{\mathrm{d}t^2} (Q_{xx} - Q_{yy}) = -\frac{4 G_{\mathrm{N}} \mu R^2 \Omega^2}{c^4 z} \cos[2\Omega(t - z/c)],$$
$$h_\times(t) = \frac{2 G_{\mathrm{N}}}{c^4 z} \frac{\mathrm{d}^2}{\mathrm{d}t^2} Q_{xy} = -\frac{4 G_{\mathrm{N}} \mu R^2 \Omega^2}{c^4 z} \sin[2\Omega(t - z/c)]. \tag{12.108}$$

如 12.5.1 节中旋转椭球体的情况一样, 引力波的频率是系统频率的两倍.

　　注意　在椭圆轨道的情形中, 没有单频的引力波辐射. 相对地有引力波频率是轨道频率 Ω 多重叠加的分立谱.

12.6　天体物理学源

　　一般而言, 引力波的潜在天体物理学源是所有这样的天体物理学系统, 其中, 大量物质的运动改变着背景度规. 在本节列出一些测得的/期望的天体物理学源和在 12.7 节讨论如何形

成可观测的引力波以前,先来指出电磁辐射与引力波之间一些重要的差异.

(1)与电磁辐射不同,引力波仅与物质产生非常微弱的相互作用,这意味着它们几乎可以不变地传播很长的距离.

(2)电磁辐射通常由天体物理学源中运动的带电粒子产生.光子波长通常远小于源的尺寸,且由微观物理所决定.与此相反,引力波由天体物理学源自身的运动产生,因此,发射的辐射具有与源的大小相当(或更大)的波长.

(3)引力波的振幅与距离按 $1/r$ 衰减,而电磁信号按 $1/r^2$ 衰减.例如,如果将一个引力波探测器的灵敏度增加 1 倍,就将能够把探测到源的距离增加 1 倍,就增加了 8 倍可探测的源的数量.

如同我们已经指出的,引力波的波长(频率)依赖于源的尺寸.对于一个质量为 M、尺寸为 L 的致密源,其特征频率为

$$\nu \sim \frac{1}{2\pi}\sqrt{\frac{G_N M}{L^3}}. \tag{12.109}$$

由于源的尺寸无法小于其引力半径,即 $L > G_N M/c^2$,可以得到如下的某一致密源的频率上界:

$$\nu < \frac{1}{2\pi}\frac{c^3}{G_N M} \sim 10\left(\frac{M_\odot}{M}\right)(\text{kHz}). \tag{12.110}$$

仅当致密源质量较小时,它们才能够生成高频率的引力波.非常重的系统不可避免地产生低频率引力波.

12.6.1 黑洞合并

合并的黑洞是现今和将来观测引力波的重要的探测候选源之一.地基激光干涉仪可以探测频率范围在 10 Hz～10 kHz 的引力波,因而能够观测恒星质量黑洞合并的最终阶段.更低频率灵敏的引力波实验可以探测来自两个超大质量黑洞或由一个超大质量黑洞与一个恒星质量的致密星体合并的信号.

对引力波的第一次直接探测是在 2015 年 9 月[1].该事件被称为 GW150914,它是两个质量分别为 $36\pm5M_\odot$ 和 $29\pm4M_\odot$ 的黑洞的合并,合并产生了一个质量为 $62\pm4M_\odot$ 的黑洞,与此同时 $3.0\pm0.5M_\odot$ 的质量以引力波的形式被辐射.

由两个黑洞构成的系统的合并可以描述为 3 个阶段(见图 12.3).

(1)**旋近**.两星体互相围绕旋转,这是辐射引力波的原因.随着系统损失能量与角动量,两体间的距离减小,同时,它们的相对速度增加.引力波的频率和振幅增长(导致了所谓波形的"啁啾"特征),直至并合前的瞬间.

(2)**并合**.两个黑洞合并为一个单一的黑洞.

(3)**铃宕**.新生的黑洞发射引力波,以平静下来到某一平衡构型.

由于爱因斯坦方程的复杂性,有必要使用确定的近似方法来计算引力波信号.在两个黑洞质量(大致)相等的情况下,上述 3 个阶段将用以下方法处理:

(1)**后牛顿(PN)方法**.它们基于对 $\epsilon \sim U/c^2 \sim v^2/c^2$ 的展开,其中,$U\sim G_N M/R$ 是牛顿引力势,而 v 是黑洞的相对速度.0PN 项是二元系统的牛顿解.nPN 项是对牛顿解的 $O(\epsilon^n)$ 修

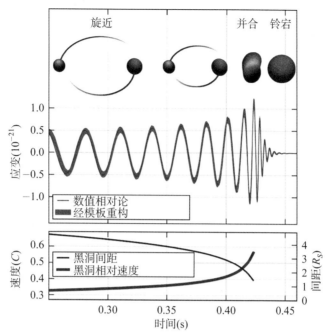

图 12.3　在事件 GW150914 中的应变、黑洞间距以及黑洞相对速度随时间的演化(应变的定义见 12.7 节). 根据知识共享署名 3.0 许可协议条款,图片来源于参考文献[1].

正. 在爱因斯坦引力中,辐射逆反应在 g_{00} 中出现于 3.5PN 阶,在 g_{0i} 中出现于 3PN 阶,而在 g_{ij} 中出现于 2.5PN 阶.

(2) **数值相对论**. 当 PN 方法因 ε 不再是一个小的参数而失效时,需要数值地解出完整理论的场方程. 由于时空无法被分解至无限的精度,即使该途径也是一种近似方法. 对于非自旋的黑洞,并合阶段光滑地连接了旋近与铃宕阶段. 对于自旋黑洞,并合可能是个更加剧烈的事件,这依赖于黑洞的自旋与自旋相对于轨道角动量的取向.

(3) **黑洞微扰理论**. 它基于对某一背景度规小的微扰的研究. 该方法被用来描述铃宕阶段.

12.6.2　极端质量比例旋

极端质量比例旋是由一个恒星质量的致密天体(黑洞、中子星或者具有质量 $\mu \sim (1 \sim 10)$ $M_\odot$ 的白矮星)环绕一个超大质量黑洞($M \sim (10^6 \sim 10^{10})M_\odot$)的轨道运行的系统. 因为系统辐射引力波,恒星质量的致密天体缓慢地旋近超大质量黑洞直至最终陷入. 在银心处,相似的系统可以容易地由多体相互作用形成. 最初,被俘获的天体位于一个"一般的"轨道,即:该轨道将有较高的离心率和相对于黑洞自旋任意的倾角. 由于引力波的辐射,离心率趋向于减小(如果远离最后的稳定轨道),而轨道的倾角保持近似恒定[7, 4].

对于未来的天基引力波干涉仪而言,极端质量比例旋是一类重要的探测候选者. 主导探测的源中恒星质量的致密天体将是一个黑洞,而不是中子星或者白矮星. 这里有两个原因:第一,最重的天体趋向于在中心集中;第二,由一个 $10\ M_\odot$ 黑洞产生的信号强于来自一个质量为 $\mu \approx 1\ M_\odot$ 的中子星或白矮星的信号.

在频域$(1\sim100)$mHz 中,是可能探测到旋近进入一个$\sim10^6 M_\odot$的超大质量黑洞最后几年的. 如果超大质量天体更重,或者旋近处于早期阶段,引力波将以更低的频率辐射.

由于$\mu/M < 10^{-5}$,系统的演化是绝热的,即:轨道参数在远长于恒星质量致密天体轨道周期的时标上演化. 可以得到一个粗糙的估计[5]:如果远离最后的稳定轨道,轨道周期为

$$T \sim 8(1-e^2)^{-3/2}\left(\frac{M}{10^6 M_\odot}\right)\left(\frac{p}{6M}\right)^{3/2}(\text{min}), \qquad (12.111)$$

其中,p是轨道的半通径,而e是离心率. 辐射逆反应的时标可以被估算为$T_R \sim -p/\dot{p}$,发现有

$$T_R \sim 100(1-e^2)^{-3/2}\left(\frac{M}{\mu}\right)\left(\frac{M}{10^6 M_\odot}\right)\left(\frac{p}{6M}\right)^4(\text{min}). \qquad (12.112)$$

只要$M/\mu \gg 1$,就有$T_R \gg T$,系统的演化是绝热的. 这就简化了描述,因为可以忽略辐射逆反应,并假设小的物体遵循时空的测地线. 于是,极端质量比例旋是相对简单的系统,并提供了一个特别的机会将度规映射至超大质量黑洞周围[12, 6, 3]. 由于μ/M的值是如此的低,旋近过程缓慢,有可能观测到许多$(>10^5)$周期的信号. 在这种情况下,信噪比可以很高,有可能精确地测量系统的参数. 特别是极端质量比例旋的探测,有希望将超大质量黑洞的质量与自旋的测量提高到前所未有的精确[2].

12.6.3 中子星

即使是由中子星构成的致密二元系统(即中子星-中子星或中子星-黑洞),对于地基激光干涉仪而言,也是有前景的候选源. 由于一颗中子星的质量无法高于$(2\sim3)M_\odot$,这样的二元系生成的引力波振幅将小于由两黑洞构成的二元系所发射的引力波的振幅. 这转而使得对它们的探测变得更加困难,并解释了为什么引力波的第一次探测与由两个黑洞构成的二元系统有关系.

至少有一个星体是中子星的系统的合并仍然由12.6.1节讨论的3个阶段表征,即旋近、并合和铃宕. 但是,当中子星存在时会有一些额外的复杂性,因为并没有一个纯粹的引力系统,并且构成中子星物质的物态方程也能够对引力波信号产生影响.

由于中子星的旋转和与完美轴对称体偏离的存在(见12.5.1节中讨论的实例),或者由于不同的星体振动模式和核心超流体的湍流,孤立的中子星也可作为引力波源. 例如,在中子星形成以后,如同黑洞的情况,我们可以观测到铃宕阶段,星体发射引力波以平静下来达到某一平衡构型. 原则上可以利用这些系统的引力波探测,来研究地球上的实验室无法做到的超核密度态物质的物态方程.

12.7 引力波探测器

如我们在12.2.2节中和在图12.2中所见,引力波的经过具有改变一个特定系统粒子间固有距离的效应. 引力波探测器可以通过用不同的方法监视探测体之间的固有距离,以揭示引力波的经过. 如果两探测体间的固有距离在平直时空中是L,并且引力波的经过造成了变化ΔL,称应变$h = \Delta L/L$. 应变是探测器测量的数量,关联于引力波的振幅,依赖并相对于传播方向的探测器的指向,也依赖于引力波的偏振.

引力波的直接探测是非常具有挑战性的. 这是因为掠过地球的引力波的期望振幅极端微

小，h 具有 10^{-20} 数量级. 如果 r 是源自探测点的距离，$h \propto 1/r$. 为了对探测引力波的技术性困难有一个简单的概念，可以考虑地球半径 $R \approx 6\,000\,\mathrm{km}$ 将由于 $h = 10^{-20}$ 的引力波经过而改变了 $\Delta R = 60\,\mathrm{fm}$ （$1\,\mathrm{fm} = 10^{-15}\,\mathrm{m}$）. ΔR 这样的数值远小于一个原子的半径（$\sim 10^{5}\,\mathrm{fm}$）.

表 12.1 列出了近代、当代以及计划中的引力波探测器选单. 主要有 3 类探测器：共振探测器，（地基或天基）干涉仪，以及脉冲星定时序列，我们将在接下来的章节中对它们进行简要的回顾.

表 12.1　引力波探测器的部分清单（RD＝共振探测器；GBLI＝地基激光干涉仪；SBLI＝天基激光干涉仪）.

项目	活跃时期	位置	探测器类型	频段
EXPLORER http://www.romal.infn.it/rog/explorer/	1990—2002	日内瓦（瑞士）	RD	~900 Hz
ALLEGRO	1991—2008	巴吞鲁日（路易斯安那州）	RD	~900 Hz
NAUTILUS http://www.romal.infn.it/rog/nautilus/	1995—2002	弗拉斯卡蒂（意大利）	RD	~900 Hz
TAMA 300 http://tamago.mtk.nao.ac.jp/spacetime/tama300_e.html	1995—	三鹰（日本）	GBLI	10 Hz~10 kHz
GEO 600 http://www.geo600.org	2001—	萨尔斯特（德国）	GBLI	50 Hz~1.5 kHz
AURIGA http://www.auriga.lnl.infn.it	1997—x[①]	帕多瓦（意大利）	RD	~900 Hz
莱顿引力辐射天线（MiniGRAIL） http://www.minigrail.nl	2001—x[①]	莱顿（荷兰）	RD	(2~4)kHz
激光干涉仪引力波天文台（LIGO） http://www.ligo.org	2004—	汉福德（华盛顿州） 利文斯顿（路易斯安那州）	GBLI	30 Hz~7 kHz
Mario Schenberg	2006—x[①]	圣保罗（巴西）	RD	(3.0~3.4)kHz
Virgo 干涉仪探测器 http://www.virgo-gw.eu	2007—	卡希纳（意大利）	GBLI	10 Hz~10 kHz
神冈引力波探测器（KAGRA） http://gwcenter.icrr.u-tokyo.ac.jp/en/	始于 2018[②]	神冈山（日本）	GBLI	10 Hz~10 kHz
印度引力波观测倡议（IndiGO） http://gw-indigo.org/tiki-index.php	始于 2023[②]	印度	GBLI	30 Hz~7 kHz
分赫兹干涉引力波天文台（DECIGO） http://tamago.mtk.nao.ac.jp/decigo/index_E.html	始于 2027[②]	太空	SBLI	1 mHz~10 Hz
爱因斯坦望远镜（ET） http://www.et-gw.eu	始于~2030[②]	未定	GBLI	1 Hz~10 kHz
激光干涉空间天线（LISA） https://www.lisamission.org	始于 2034[②]	太空	SBLI	0.1 mHz~1 Hz
天琴计划	始于~2040[②]	太空	SBLI	(0.1~100)mHz

注：① 虽然实验可能不会正式结束，但共振探测器将不再工作.
　　② 期望/计划中的.

图 12.4 呈现了当代和计划中的引力探测器的灵敏度与一些引力波源的期望强度. 在 x 轴中，ν 是引力波的频率. y 轴是**特征应变 h_c**，它按照[11]

$$|h_c(\nu)|^2 = 4\nu^2|\bar{h}(\nu)|^2 \tag{12.113}$$

被定义，其中，$\bar{h}(\nu)$ 是应变 $h(t)$ 的傅里叶变换. h_c 不直接关联于引力波的振幅，因为它包含对一个旋近信号求积分的影响.

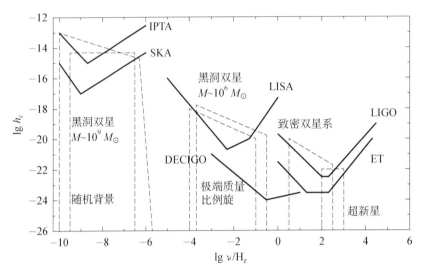

图 12.4　当代与计划中的引力波探测器的灵敏度曲线略图，利用特征应变 h_c 与引力波频率 ν 描述. 为清晰起见，探测器噪音曲线中的共振尖峰已被去除. 该图也展现了许多可能的天体物理学源与宇宙学源的期望特征应变与频率.

12.7.1　共振探测器

就共振探测器而言，有一个巨大的共振体(棒)，它被经过的引力波伸展和挤压. 探测器的灵敏度在其机械共振处到达最高峰，这对应于棒的第一纵向模式，且大部分探测器在 1 kHz 左右. 共振探测器的实验在 2010 年早期停滞，因为它们相对于干涉仪探测器而言不再有竞争力.

第一个引力波探测器是由约瑟夫·韦伯于 20 世纪 60 年代建造的共振探测器. 虽然在参考文献[14]中报告宣称探测得到引力波，但是，那个探测器的灵敏度还不足以探测到来自天体物理学源的引力波，且一个普遍的共识是事实上在参考文献[14]中的声明不是一次真正的探测.

EXPLORER, ALLEGRO, NAUTILUS 和 AURIGA 都是圆柱棒探测器，且以相似的方式工作. 探测器是一个为降低热噪声而冷却至极低温度的重棒，热噪声即棒的原子运动. 棒在真空室内，以降低实验室的声学噪音. 棒的振动通过一个约 1 kg 的更小质量(共振传感器)读出. 传感器具有与棒相同的共振频率，所以，可以共鸣地测知棒的振动. 由于它轻了很多，振动的振幅可以大得多.

与之相反，MiniGRAIL 与 Mario Schenberg 是球形探测器. 球形天线于技术上更具挑战性，但是，它们展现出一些探测引力波可能性的优势. 尤其是球形探测器可以探测来自任意方向的引力波.

12.7.2　干涉仪

引力波激光干涉仪是以迈克尔逊干涉仪为基础的. 先进 LIGO 探测器的布置如图 12.5 所示. 两条臂彼此正交. 一个分光器将原先的激光束分成两束, 两束光线通过两臂末端的两面镜子反射, 且最终重组并产生干涉图样. 一般而言, 引力波的经过将使两臂间的传播时间以不同方式改变: 依赖于引力波相对于干涉仪取向的传播方向, 其中一条臂可被拉伸, 而另一条臂可被挤压. 位于干涉图样处的光电探测器可以测量臂的固有长度变化. 为了增加臂部激光的有效路径长度, 装有一些部分反射镜, 它们使激光沿臂部多次(通常是数百次)通过.

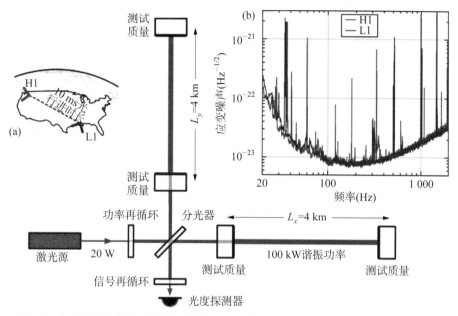

图 12.5　先进 LIGO 探测器装置略图, 位于汉福德(H1)和利文斯顿(L1)的 LIGO 探测器的位置和朝向(L1)(a), 以及用等效引力波应变振幅表示的灵敏度曲线(b). 根据知识共享署名 3.0 许可协议条款, 图片来源于参考文献[1].

TAMA 300 是第一个投入使用的激光干涉仪, 但它的灵敏度受限于它的小尺寸. 它的臂部长度为 300 m. GEO 600 是一个臂长 600 m 的激光干涉仪. 至于 LIGO 和 Virgo, 臂部长度分别为 4 km 和 3 km. 图 12.6 展示了 Virgo 干涉仪探测器的鸟瞰图, 它位于意大利的比萨附近. KAGRA 与爱因斯坦望远镜是地下探测器, 以减少地震噪音. 爱因斯坦望远镜将拥有等边三角形的几何结构, 有 3 条长 10 km 的臂, 每个角上有两个探测器.

天基激光干涉仪利用一组卫星进行工作(例如, LISA 中使用 3 颗卫星, 至于 DECIGO 会使用由每 3 颗卫星组成一个集群的 4 个集群). 其工作原理与地基激光干涉仪相同, 而我们希望监视位于不同卫星的反射镜之间的固有距离. 卫星间的距离大于地基激光干涉仪臂部的长度, 因此, 这些实验对低频率的引力波很敏感(见图 12.4). 因为在地基实验中对低频率的限制也可能被归因于地震噪音, 但是, 在太空中没有地震噪音. 对 DECIGO 而言, 卫星间的距离应约为 10^3 km, 而 LISA 的臂应约为 10^6 km.

一个激光干涉仪可达到的灵敏度可被如下理解. 考虑 LIGO 的情形, 其中, 激光的波长 $\lambda \sim 1\ \mu m$, 且干涉仪的臂 $L = 4$ km. 如果可以仅以边缘尺寸数量级的精度测量 ΔL, 即 $\Delta L \sim \lambda$,

图 12.6   坐落于意大利比萨卡希纳的 Virgo 干涉仪探测器的鸟瞰图. 图片来源于 Virgo 的合作,基于知识共享 CC0 1.0 通用公共领域的奉献.

最小的可探测应变将是 $h \sim \lambda/L \sim 3 \times 10^{-10}$. 如果能够测量远小于 λ 的臂长变化,就能探测到数量级为 10^{-20} 的应变的引力波. 实验的光电探测器确实可以监视光子通量的变化,并达到灵敏度 $\Delta L \sim \lambda / \sqrt{N}$,其中, N 是到达探测器的光子数,作为泊松过程, $\sqrt{N}$ 是其涨落. 如果 P 是激光功率, $N \sim P/(\nu E_\gamma)$,其中, ν 是引力波的频率(可以收集时间 $t \sim 1/\nu$ 的光子),而 E_γ 是光子能量. 如果考虑 $P \sim 1$ W, $\nu = 100$ Hz,且 $\lambda \sim 1\ \mu$m,可以得到 $N \sim 10^{16}$ 以及 $h \sim 10^{-18}$. 此外,干涉仪的两臂是两个法布里-珀罗光学腔,它们可以为多次往返储存光线. 对于 $\nu = 100$ Hz 且 $L = 4$ km,在引力波经过时,光可以进行约 1 000 次的往返,从而约 10^3 倍地增加了有效臂部长度,使干涉仪灵敏度变为 $h \sim 10^{-21}$.

12.7.3   脉冲星定时序列

在脉冲星定时序列实验中,探测体由 20~50 颗毫秒脉冲星代表. 如同 12.7.2 节中的干涉仪,引力波的经过使空间在一个方向上收缩,而在其他方向上膨胀,于是,改变了脉冲信号到达地球的时间. 因为毫秒脉冲星可以作为非常精准的钟,推断到达时间信号 ns 量级的变化是可行的.

地球与银河系中这些脉冲星之间的距离具有 1~10 kpc 的数量级,这明确地大于利用干涉仪探测器可监视的距离. 这样脉冲星定时序列实验可以探测 1~100 nHz 范围内极低频率的引力波. 对于这样的低频率引力波,主要有两类可能的源:①具有轨道周期为几个月至几年的两个超大质量黑洞的双星系统. 即使它们距离我们很远,引力波内辐射的功率仍是巨大的,且信号可能强到足够被探测.②于早期宇宙中生成的引力波. 有一些预言低频率引力波背景的不同图景,如宇宙弦的衰减、暴胀模型以及一阶相变. 在所有这些情况中,由于宇宙学红移,引力波的频率将会非常低.

目前有一些工作中的实验：欧洲脉冲星定时序列（EPTA），帕克斯脉冲星定时序列（PPTA），北美纳赫兹引力波天文台（NANOGrav），以及国际脉冲星定时序列（IPTA）．平方千米阵（SKA）期望于 2020 年开始．利用可得的脉冲星数据，仅可能得到低频率引力波振幅的某些上界．因为精度由脉冲星的观测时间决定，这些界限可以通过时间改善．我们可能也会发现适合这些测量的新的毫秒脉冲星．这将增加被监视的源的数量，也有助于优化灵敏度．

脉冲星定时序列的更多细节可见参考文献［9，10］及其内的其他文献．

习　　题

12.1　对于具有质量 $M = 10^6 M_\odot$ 和 $10^9 M_\odot$ 的黑洞，利用（12.110）式推导出引力波最高频率的估计，并将结果与图 12.4 相对比．

参 考 文 献

［1］B. P. Abbott *et al*. *Phys*. *Rev*. *Lett*. **116**，061102（2016）［arXiv：1602. 03837 ［gr-qc］］.

［2］L. Barack，C. Cutler. *Phys*. *Rev*. D **69**，082005（2004）［gr-qc/0310125］.

［3］L. Barack，C. Cutler. *Phys*. *Rev*. D **75**，042003（2007）［gr-qc/0612029］.

［4］J. R. Gair，K. Glampedakis. *Phys*. *Rev*. D **73**，064037（2006）［gr-qc/0510129］.

［5］K. Glampedakis. *Class*. *Quant*. *Grav*. **22**，S605（2005）［gr-qc/0509024］.

［6］K. Glampedakis，S. Babak. *Class*. *Quant*. *Grav*. **23**，4167（2006）［gr-qc/0510057］.

［7］K. Glampedakis，S. A. Hughes，D. Kennefick. *Phys*. *Rev*. D **66**，064005（2002）［gr-qc/0205033］.

［8］E. Gourgoulhon，S. Bonazzola. *Gravitational Waves: Sources and Detectors*（World Scientific，Singapore，1997）［astro-ph/9605150］.

［9］G. Hobbs *et al*. *Class*. *Quant*. *Grav*. **27**，084013（2010）［arXiv：0911. 5206 ［astro-ph. SR］］.

［10］A. N. Lommen. *Rept*. *Prog*. *Phys*. **78**，124901（2015）.

［11］C. J. Moore，R. H. Cole，C. P. L. Berry. *Class*. *Quant*. *Grav*. **32**，015014（2015）［arXiv：1408. 0740 ［gr-qc］］.

［12］F. D. Ryan. *Phys*. *Rev*. D **52**，5707（1995）.

［13］J. M. Weisberg，Y. Huang. *Astrophys*. *J*. **829**，55（2016）［arXiv：1606. 02744 ［astro-ph. HE］］.

［14］J. Weber. *Phys*. *Rev*. *Lett*. **22**，1320（1969）.

第13章

爱因斯坦引力之外

在结束"广义相对论导论"课程之前,我们在最后一章将简要地介绍困扰爱因斯坦引力的主要理论问题,以及解决这些问题的一些尝试.讨论只限于定性的层次,缺乏细节并且远未完全解决.关于这些主题更加确切完整的研究已经超出当前的目标.

13.1 时空奇性

一般而言,时空奇点是时空中某个具有一些病态性质的"区域".例如,存在一些爱因斯坦方程的物理相关的解,它们的时空是**测地不完备**的.换句话说,存在一些无法延拓至某个特定点的测地线.在 20 世纪 60 年代末,罗杰·彭罗斯与斯蒂芬·霍金探讨了许多条件定理都免不了形成这类时空奇点[10, 7].在于那时是时空测地不完备的,史瓦西与赖斯纳-努德斯特伦解中位于 $r=0$ 处的点是奇点.在克尔度规的情形下,$r=0$ 仅对于在赤道平面的测地线也是测地不完备的,而对于非赤道平面的轨迹,时空可以被延拓至 $r=0$(见 10.6 节).在 11.3.2 节与 11.3.3 节中讨论的宇宙学模型在 $t=0$ 时是奇性的,因为测地线无法被延拓至过去.

注意 时空是测线不完备的这一事实具有深厚的物理内涵.如果无法将一条测地线延拓至某一特定的点,则丧失了可预测性.我们简直无法知晓在奇点处发生了什么,在奇点处普遍的计算方法明显失效.利用附录 C 中的术语,在奇点处没有一个微分流形,因此,无法做任何的计算.这并不是一个枝节问题.例如,在史瓦西时空的情形下,每个穿越视界的粒子经过有限的时间到达中央的奇点.所以,我们不知道被黑洞吞噬的物质究竟发生了什么!

一些时空奇点是曲率奇点,即:一些曲率不变量(如曲率标量 R 和/或克莱舒曼标量 $\mathcal{K}$)在奇点发散.物理量的发散通常是某个理论崩溃的征兆.

在爱因斯坦引力中,只有一个量纲耦合常数——牛顿引力常数 G_N.如果将 G_N 与光速 c 和狄拉克常数 $\hbar$ 合并,可以得到**普朗克长度** L_{Pl}、**普朗克时间** T_{Pl}、**普朗克质量** M_{Pl},以及**普朗克能量** E_{Pl},

$$L_{Pl} = \sqrt{\frac{G_N \hbar}{c^3}} = 1.616 \times 10^{-33} \,(\text{cm}),$$

$$T_{Pl} = \sqrt{\frac{G_N \hbar}{c^5}} = 5.391 \times 10^{-44} \,(\text{s}),$$

$$M_{\text{Pl}} = \sqrt{\frac{\hbar c}{G_{\text{N}}}} = 2.176 \times 10^{-5} \, (\text{g}),$$

$$E_{\text{Pl}} = \sqrt{\frac{\hbar c^5}{G_{\text{N}}}} = 1.221 \times 10^{19} \, (\text{GeV}). \tag{13.1}$$

在 $c = \hbar = 1$ 的单位制下,$L_{\text{Pl}} = T_{\text{Pl}} = 1/M_{\text{Pl}} = 1/E_{\text{Pl}}$,因此,可以只使用它们中的任一个. 一般地,我们可以谈论**普朗克尺度**,也经常在能量单位下使用普朗克质量 M_{Pl}:$M_{\text{Pl}} = 10^{19}$ GeV.

在爱因斯坦引力中,普朗克尺度被看作类似自然的紫外截断,因此,除此之外我们应期望会有新物理(详见 13.2 节). 当曲率不变量到达普朗克尺度时,例如,$R \to M_{\text{Pl}}^2$ 而 $\mathscr{K} \to M_{\text{Pl}}^4$,在它们发散至无穷大以前,新物理也许就会出现.

经常有人断言,时空奇性的问题应由现在仍未知的量子引力理论所解决. 我们将在 13.2 节简单地讨论,爱因斯坦引力可以被量子化,但是,一个在尺度上远小于普朗克尺度才管用的有效理论,而不是处理时空奇性问题的理论框架. 在爱因斯坦引力的拓展下,至少有一些时空奇点可以被消去,但一般而言这不是一个简单的工作. 不仅如此,还有许多拓展爱因斯坦引力的尝试. 每个模型都有其自己的预言,这些预言的验证相当困难或几乎不可能,因此,想要在这个领域有所进展是极具挑战性的.

13.2 爱因斯坦引力的量子化

与有些时候的断言不同,爱因斯坦引力是可以被量子化的,而且其结果是一个自恰的理论[9, 8, 5](教学性的介绍可见参考文献[4]). 但是,它是一个对于能量 $E \ll M_{\text{Pl}}$ 有效的**有效场理论**①. 在低能时,量子修正极端微弱,于是,似乎不太可能进行实验验证,甚至在将来也是如此. 如果我们考虑接近于普朗克尺度的过程,理论将失效,因此,有效场理论无法处理黑洞中心或是宇宙学中关于时空奇性最有趣的问题.

量子化爱因斯坦引力的步骤可以总结如下:将时空度规 $g_{\mu\nu}$ 写为背景场 $\bar{g}_{\mu\nu}$ 加上一个微扰 $h_{\mu\nu}$,

$$g_{\mu\nu} = \bar{g}_{\mu\nu} + \tilde{\kappa} h_{\mu\nu} \tag{13.2}$$

一般而言,$\bar{g}_{\mu\nu}$ 是爱因斯坦方程的一个解,且并不必须是闵可夫斯基度规 $\eta_{\mu\nu}$. $h_{\mu\nu}$ 是将被量子化的场. 引入 $\tilde{\kappa}^2 = 32\pi/M_{\text{Pl}}^2$ 以给出 $h_{\mu\nu}$ 正确的量纲. 度规的逆为

$$g^{\mu\nu} = \bar{g}^{\mu\nu} - \tilde{\kappa} h^{\mu\nu} + \tilde{\kappa}^2 h^{\mu}_{\rho} h^{\rho\nu} + \cdots. \tag{13.3}$$

在背景度规 $\bar{g}_{\mu\nu}$ 附近展开作用量,

$$S = \int \mathrm{d}^4 x \sqrt{-\bar{g}} \left(\mathscr{L}^{(0)} + \mathscr{L}^{(1)} + \mathscr{L}^{(2)} + \cdots \right), \tag{13.4}$$

其中,

---

① 有效场理论是指在其有效范围内给出可靠的预测,但会在有效范围之外失效的场理论. 已知的有效场理论的关键点是分割低能物理与超高能物理的可能性. 这一点准许我们在低能时作出预测,无需借助没有根据的假定给出高能时将会发生什么.

$$\mathscr{L}^{(0)} = \frac{2}{\kappa^2} \bar{R},$$

$$\mathscr{L}^{(1)} = \frac{1}{\kappa} h_{\mu\nu} (\bar{g}^{\mu\nu} \bar{R} - 2\bar{R}^{\mu\nu}),$$

$$\mathscr{L}^{(2)} = \frac{1}{2} (\bar{\nabla}_\rho h_{\mu\nu})(\bar{\nabla}^\rho h^{\mu\nu}) - \frac{1}{2} (\bar{\nabla}_\mu h)(\bar{\nabla}^\mu h) + (\bar{\nabla}_\mu h)(\bar{\nabla}_\nu h^{\mu\nu})$$

$$- (\bar{\nabla}_\rho h_{\mu\nu})(\bar{\nabla}^\nu h^{\mu\rho}) + \frac{1}{2} \bar{R} \left(\frac{1}{2} h^2 - h_{\mu\nu} h^{\mu\nu} \right) + (2h^\rho_\mu h_{\nu\rho} - h h_{\mu\nu}) \bar{R}^{\mu\nu}. \tag{13.5}$$

其上带有横杠的量是在背景度规 $\bar{g}_{\mu\nu}$ 下求得的值. h 是 $h_{\mu\nu}$ 的迹, 即 $h = h^\mu_\mu$.

现在出现了一些需要解决的技术问题. 规范是必要的, 但也会导致一些非物理的自由度出现. 后者可通过一些技巧消去. 此后, 我们可以以量子化其他相互作用时的相同方法推出该理论的费曼法则. 其结果是一个不可重整化的理论: 在有微扰时, 所有的振幅都会在足够高阶项处发散, 因此, 不可能将发散项吸收进有限数量的可观测量中. 理论在低能 ($E \ll M_{\mathrm{Pl}}$) 时是可预测的, 此时低阶项为主导, 而高阶项可以忽略, 它会在我们到达普朗克尺度时崩溃. 我们具有和弱相互作用的费米理论相类似的情境, 该理论是对于能量 $E \ll M_W$ 切实有效的理论, 其中, $M_W = 80\,\mathrm{GeV}$ 是 W-玻色子的质量, 然而当 $E \to M_W$ 时理论将崩溃.

由这个步骤得到的量子理论在低能时是可预言的. 作为一个实例, 可以考虑史瓦西时空. 在谐和规范下经典的史瓦西度规内容如下. (可参见参考文献[11]):

$$g_{00} = -\frac{1 - \dfrac{G_N M}{c^2 r}}{1 + \dfrac{G_N M}{c^2 r}} = \left(1 - \frac{2G_N M}{c^2 r} + \frac{2G_N^2 M^2}{c^4 r^2} + \cdots \right),$$

$$g_{0i} = 0, \tag{13.6}$$

$$g_{ij} = \left(1 + \frac{G_N M}{c^2 r} \right)^2 \delta_{ij} + \frac{G_N^2 M^2}{c^4 r^2} \left(\frac{1 + \dfrac{G_N M}{c^2 r}}{1 - \dfrac{G_N M}{c^2 r}} \right) \frac{x_i x_j}{r^2}$$

$$= \left(1 + \frac{2G_N M}{c^2 r} + \frac{G_N^2 M^2}{c^4 r^2} \right) \delta_{ij} + \frac{G_N^2 M^2}{c^4 r^2} \frac{x_i x_j}{r^2} + \cdots.$$

在参考文献[3]中, 作者利用一组特殊的费曼图, 并发现(13.6)式中解的长程量子修正. 经量子修正后的度规内容如下:

$$g_{00} = -\left(1 - \frac{2G_N M}{c^2 r} + \frac{2G_N^2 M^2}{c^4 r^2} + \frac{62 G_N^2 M \hbar}{15\pi c^5 r^3} + \cdots \right),$$

$$g_{0i} = 0, \tag{13.7}$$

$$g_{ij} = \left(1 + \frac{2G_N M}{c^2 r} + \frac{G_N^2 M^2}{c^4 r^2} + \frac{14 G_N^2 M \hbar}{15\pi c^5 r^3} \right) \delta_{ij} + \left(\frac{G_N^2 M^2}{c^4 r^2} + \frac{76 G_N^2 M \hbar}{15\pi c^5 r^3} \right) \frac{x_i x_j}{r^2} + \cdots.$$

如果将(13.6)式与(13.7)式中的度规相比较, 可以看到量子修正的主导阶正比于 $\hbar$, 与预期一致. 但是, 这些修正的贡献非常小, 因此, 结果任何观测性的验证都是极端具有挑战性的.

"紫外完备化", 是指为了在乃至高能时拥有一个良好的模型而应如何拓展理论, 是一个完全开放的问题. 在文献中已有许多尝试,但至今没有一次是令人满意的. 由于相对于粒子物理学的能量而言,普朗克能量的数值极端巨大使得实验检验欠缺,是这条研究线索受到额外的限制.

13.3　黑洞热力学与信息悖论

如我们在 10.4 节中所指出的,爱因斯坦引力下的黑洞由少量的参数描述,在这个意义上它们是十分简单的客体. 在克尔-纽曼黑洞的情形下,有 3 个参数:质量 M,自旋角动量 J,以及带电量 Q. 如果黑洞吞噬了一些粒子,黑洞仅改变 M,J 和 Q,这些粒子将消失. 首先,有人会天真地辩驳,这样的过程会允许整个系统的熵减少,这违背了热力学第二定律. 熵是拥有确定的宏观变量的热力学系统所有的微观状态的度量. 当系统由一个黑洞和许多粒子构成时,因为每个粒子有其自己的位置和速度,拥有大量可能的构型. 在黑洞吞噬所有粒子以后,只留下一个由少量参数描述的黑洞而已.

这样的结论是不正确的. 黑洞的熵被证明是正比于它的视界的表面积[1],

$$S_{BH} = \frac{k_B A_H}{4 L_{Pl}^2},\tag{13.8}$$

其中,k_B 是玻尔兹曼常数,A_H 是黑洞视界的表面积. (13.8)式通常被称为**贝肯斯坦-霍金公式**. 但是,黑洞的熵的确切起源仍是未知的.

这并不是故事的结尾. 在黑洞仅能吞噬物质的意义上,黑洞并不是完全"黑的". 相反,它具有有限的温度,于是,它将发射辐射(**霍金辐射**)[6]. 在史瓦西黑洞的情形下,温度为

$$T_{BH} = \frac{\hbar c^3}{8 \pi G_N M k_B}.\tag{13.9}$$

黑洞的温度正比于 $\hbar$,这意味着在经典情形下($\hbar \to 0$)温度为零. 由于 $\hbar \neq 0$,温度是有限的,但对于天体物理学的黑洞而言,其温度极低且可以被忽略. 对于一个太阳质量的史瓦西黑洞,有

$$T_{BH} = 6 \times 10^{-8} \left(\frac{M_\odot}{M}\right) \text{K}.\tag{13.10}$$

黑洞(几乎)像黑体一样发射辐射,它的亮度由下式给出:

$$L_{BH} \sim \sigma_{BH} A_H T_{BH}^4 \sim 10^{-21} \left(\frac{M_\odot}{M}\right)^2 (\text{erg/s}).\tag{13.11}$$

其中,σ_{BH} 是类斯特藩·玻尔兹曼常数,其数值依赖于可被发射的粒子,所以,它依赖于黑洞质量和理论的粒子成分. 很清楚,类似于由(13.11)式所预言的亮度几乎不可能被探测到,甚至在未来也是如此.

因为黑洞发射辐射,它会损失质量,最终能够"蒸发". 结果是质量体的引力坍缩产生一个黑洞的彭罗斯图,如图 10.8 所示,在将蒸发过程考虑在内后会发生改变. (可能的)新的彭罗斯图如图 13.1 所示. 由于彭罗斯图的坐标系人为加工,蒸发似乎是瞬时的过程,但情况并非如此. 实际上蒸发过程非常缓慢,并

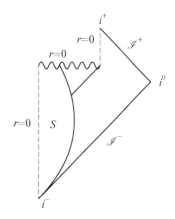

图 13.1　一个黑洞的形成与蒸发的彭罗斯图. 字母 S 表示坍缩星的内部区域. 由 i^- 延伸至奇点(水平波浪线)的弧线是恒星的表面.

可由(13.11)式中的亮度估算,因为 $L_{\mathrm{BH}} = \mathrm{d}M/\mathrm{d}t$. 最终,我们拥有一个闵可夫斯基时空.

黑洞的蒸发提出了如下的开放性问题. 我们来假设初始的坍缩体是一个定义明确的量子态(由单个右矢量描述的"纯"态). 在量子力学中,演化算符是幺正的,并且一个纯态将演化为另一个纯态. 但是,在黑洞的形成和蒸发过程中,一个纯态似乎可以被转换为热辐射,而这是一个混合态. 若确实如此,量子力学的法则与黑洞的蒸发过程不相容. 这就是**黑洞的信息悖论**. 虽然有一些解决该问题的提议,但我们不知道其中哪个是正确的(如果有的话). 例如,在视界处相较于标准的半经典预言存在微小而不可忽略的偏差是可能的,那么,一旦这些修正被正确地考虑在内,就不会有信息丢失.

13. 4　宇宙学常数问题

当构造一个理论的作用量时,应将理论的对称性许可的项加入拉格朗日量. 即使不这么做,这样的项也会在考虑量子修正后再加上,因为没有理由能够阻止它们的出现. 粒子物理学就是这样建立的,在其中检验量子场论是可行的.

从这个度看,当写出引力部分的作用量时,应有

$$S = \int \mathrm{d}^4 x \sqrt{-g} \left(-\frac{\Lambda}{\kappa c} + \frac{R}{2\kappa c} + a_1 R^2 + a_2 R_{\mu\nu} R^{\mu\nu} + \cdots \right), \tag{13.12}$$

而不是简单的(7.24)式中的爱因斯坦-希尔伯特作用量. 当到达普朗克尺度时,只有正比于 R^2 和 $R_{\mu\nu}R^{\mu\nu}$ 的项变得重要,而在可观测的天体物理学或宇宙学环境中情况并非如此(至少对于目前而言),此外,(13.12)式中的高阶项被省略. 对于大多数场合而言,它们可以被安全地忽略掉. 与此相反,宇宙学常数 Λ 无法被忽略,并且许多理论论据暗示它比宇宙中相容的数值大得多. 这就是**宇宙学常数问题**.

如果写出带有一个宇宙学常数的引力部分的作用量,并且不希望引入一个新的尺度,应当期望与宇宙学常数有关的有效能量密度为

$$\rho_\Lambda = \frac{\Lambda}{\kappa} \sim M_{\mathrm{Pl}}^4 \sim 10^{76} \ \mathrm{GeV}^4, \tag{13.13}$$

因为 M_{Pl} 是引力部分中唯一的尺度. 但是,如果 Λ 在系统中引入一个新的尺度,我们将无法对它的数值作出任何预测,它应由观测得到.

宇宙学常数问题出现是因为有效宇宙学常数,即在弗里德曼方程组中出现并对宇宙的膨胀有所贡献的那个数,应是许多不同贡献的加和. 虽然我们无法对导致该加和的最终值作出精确的预测,但仍可以估算单一贡献的数量级. 对这么多具有不同量级的不同项进行几乎完美的约去,将是非常不自然的.

例如,如果有标量场 ϕ,其作用量为(在此次讨论中,为了方便我们使用自然单位制 $\hbar = c = 1$)

$$S = -\int \left[\frac{1}{2} g^{\mu\nu} (\partial_\mu \phi)(\partial_\nu \phi) + V(\phi) \right] \sqrt{-g} \, \mathrm{d}^4 x, \tag{13.14}$$

其能量-动量张量为

$$T^{\mu\nu} = (\partial^\mu \phi)(\partial^\nu \phi) - \frac{1}{2} g^{\mu\nu} g^{\rho\sigma} (\partial_\rho \phi)(\partial_\sigma \phi) - V(\phi) g^{\mu\nu}. \tag{13.15}$$

在能量最小的态中,标量场的动能为零,而 ϕ 位于势能的最小值处.(13.15)式变为

$$T^{\mu\nu} = -V(\phi_{\min})g^{\mu\nu}, \tag{13.16}$$

它生成了真空能 $\rho_\Lambda = V(\phi_{\min})$.

由粒子物理学可以预料与这个实例相似的许多项.在粒子物理学标准模型中有希格斯玻色子,它的势能的绝对值无法在粒子对撞机中测量,因为除了引力以外,只有能量区别于物质.但是,希格斯粒子部分位于电弱尺度 $M_{EW} \sim 100$ GeV,因此,自然会期待 $V(\phi_{\min}) \sim (100\,\text{GeV})^4$.如果相信大统一理论,将会有类似的情况,却涉及 GUT 尺度 $M_{GUT} \sim 10^{16}$ GeV,于是,$V(\phi_{\min}) \sim (10^{16}\,\text{GeV})^4$.由量子色动力学(QCD),我们期望我们周围的世界是夸克与胶子的凝聚物.QCD 尺度的量级为 100 MeV,而其对应的对有效宇宙学常数的贡献应大致为 $(100\,\text{MeV})^4$.注意到夸克与胶子的凝聚物的值可利用观测测量得到,即使我们无法测量贡献给宇宙学常数的绝对值.

最后,我们甚至应更加期待一个来自理论的任意场量子涨落的非零的宇宙学常数.在半经典的方法范围内,我们将引力作为经典场处理,并量子化物质.结果爱因斯坦方程内容为

$$G_{\mu\nu} = \frac{8\pi G_N}{c^4}\langle T_{\mu\nu}\rangle, \tag{13.17}$$

其中,$\langle T_{\mu\nu}\rangle$ 是物质的能量-动量张量 $T_{\mu\nu}$ 的期望值.有效宇宙学常数因物质场的涨落而出现.经过标准的重整化步骤,可以得到一个重整化的宇宙学常数[2],它的值应在实验中测量.虽然不可能对其作理论性的预言,但期待 $\rho_\Lambda \sim M_{Pl}^4$ 仍是自然的,因为在引力部分中没有其他的尺度.

作为结尾,我们无法由理论论据对宇宙中的有效宇宙学常数的数值作任何明确的预言,但有 $\rho_\Lambda \sim M_{Pl}^4$ 是相当自然的,或者至少应有 $\rho_\Lambda \sim M_{EW}^4$.这并不是我们在宇宙中所见到的.如此高的 ρ_Λ 数值将导致宇宙极快地膨胀,包括星系与星系团在内的任何结构都无法形成.现今的天文学数据与一个非零的真空能量密度相容,它具有

$$\rho_\Lambda \sim 10^{-47}\ \text{GeV}^4 \tag{13.18}$$

数量级.这比预期值 $\rho_\Lambda \sim M_{Pl}^4$ 小了约 120 个数量级!

对于如何解决宇宙学常数问题有些许提议,但似乎其中没有令人满意的方案.注意到该问题具有一个含蓄却强有力的假定:假设我们能够在一个有效场理论的范围内讨论这个问题,其中,低能物理解耦于甚高能物理,于是,我们能够在不知晓高能时发生什么的情况下在低能区域得到可靠的预言.由于我们知道许多对有效宇宙学常数的来自低于电弱尺度的已知物理学贡献的期望值,我们辩驳至少那些贡献还应在那里,而其他来自更高能物理的贡献会被添加进来.这一结论不被保证.相反,这一谜题的解释可能来自未知的更高能的物理.

习　　题

13.1　粗略估算一个具有太阳质量的史瓦西黑洞的蒸发时间.

参　考　文　献

[1] J. D. Bekenstein. *Phys. Rev. D* **7**, 2333 (1973).

[2] N. D. Birrell，P. C. W. Davies. *Quantum Fields in Curved Space* (Cambridge University Press，Cambridge，1984).

[3] N. E. J. Bjerrum-Bohr，J. F. Donoghue，B. R. Holstein. *Phys. Rev. D* **68**，084005 (2003) [Erratum：ibidem **71**，069904 (2005)] [hep-th/0211071].

[4] J. F. Donoghue. gr-qc/9512024.

[5] J. F. Donoghue. *Phys. Rev. D* **50**，3874 (1994) [gr-qc/9405057].

[6] S. W. Hawking. *Commun. Math. Phys.* **43**，199 (1975) [*Commun. Math. Phys.* **46**，206 (1976)].

[7] S. W. Hawking，R. Penrose. *Proc. Roy. Soc. Lond. A* **314**，529 (1970).

[8] G. 't Hooft，M. J. G. Veltman. *Ann. Inst. H. Poincare Phys. Theor. A* **20**，69 (1974).

[9] R. P. Feynman. *Acta Phys. Polon.* **24**，697 (1963).

[10] R. Penrose. *Phys. Rev. Lett.* **14**，57 (1965).

[11] S. Weinberg. *Gravitation and Cosmology* (Wiley，New York，1972).

代数结构

代数结构是具有满足特定公理的一个或多个运算的集合 X. 在附录 A 中,将简要回顾群和向量空间.

A. 1 群

> **群** 一个群是配有运算 $m: G \times G \to G$ 的集合 G,使得
> (1) $\forall x, y, z \in G$, $m(x, m(y, z)) = m(m(x, y), z)$ (结合律);
> (2) $\forall x \in G$,存在一个元素 $u \in G$,使得 $m(u, x) = m(x, u) = x$ (单位元的存在性);
> (3) $\forall x \in G$,存在 x^{-1} 使得 $m(x, x^{-1}) = m(x^{-1}, x) = u$ (逆元的存在性).
> 如果 $m(x, y) = m(y, x) \forall x, y \in G$,那么,$G$ 是一个**阿贝尔群**.

注意 在每个群中,单位元都是唯一的. 假设存在两个单位元,如 u 和 u',应有 $m(u, u') = u$ 和 $m(u, u') = u'$,于是,$u = u'$. 甚至逆元也必须是唯一的. 如果 x 有两个逆元,如 x^{-1} 和 x'^{-1},那么,

$$x^{-1} = m(u, x^{-1}) = m(m(x'^{-1}, x), x^{-1}) = m(x'^{-1}, m(x, x^{-1})) = m(x'^{-1}, u) = x'^{-1}.$$
$$(\text{A. 1})$$

配有通俗的加法运算的实数集 $\mathbb{R}$ 是一个阿贝尔群,其单位元为 0;元素 x 的逆元表示为 $-x$. 配有通俗的乘法运算的集合 $\mathbb{R}/\{0\}$ 是一个阿贝尔群,其单位元为 1;元素 x 的逆元表示为 $1/x$.

令 $M(n, \mathbb{R})$ 为实矩阵 $n \times n$ 的集合,那么,

$$GL(n, \mathbb{R}) = \{A \in M(n, \mathbb{R}) \mid \det A \neq 0\}, \qquad (\text{A. 2})$$

是 $M(n, \mathbb{R})$ 中可逆矩阵的子集. 如果引入通俗的矩阵乘法,$GL(n, \mathbb{R})$ 是一个非阿贝尔群.

第 1 和第 2 章中介绍的伽利略群、洛伦兹群以及庞加莱群是群的其他例子.

A. 2 向量空间

> **向量空间** 场 K 上的**向量空间**是配有两个运算 $m: V \times V \to V$ (加法)以及 $p: K \times V \to V$ (K 内元素的乘法)的集合 V,使得
> (1) $\forall x, y \in V$, $m(x, y) = m(y, x)$ (交换律);

(2) $\forall x, y, z \in V, m(x, m(y, z)) = m(m(x, y), z)$（结合律）；

(3) $\forall x \in V$,存在元素 $0 \in V$,使得 $m(x, 0) = x$（单位元的存在性）；

(4) $\forall x \in V$,存在 $-x$ 使得 $m(x, -x) = 0$（逆元的存在性）；

(5) $\forall x, y \in V$ 且 $\forall a \in K, p(a, m(x, y)) = m(p(a, x), p(a, y))$；

(6) $\forall x \in V$ 且 $\forall a, b \in K, p(a+b, x) = m(p(a, x), p(b, x))$；

(7) $\forall x \in V$ 且 $\forall a, b \in K, p(ab, x) = p(a, p(b, x))$；

(8) $p(1, x) = x$.

V 内的元素被称为**向量**,而 K 内的元素被称为**标量**.

注意到上述向量空间的定义等价于说 V 是一个配有满足第(5)至第(8)条运算 $p: K \times V \rightarrow V$ 的阿贝尔群. 普遍使用符号"$+$"以指代运算 m,即 $m(x, y) = x + y$,且对于运算 p 不使用符号,即 $p(a, x) = ax$. $\mathbb{R}$ 上的向量空间被称为实向量空间,而 $\mathbb{C}$ 上的那些被称为复向量空间.

线性算子 令 V 和 W 为两个 K 上的向量空间. 函数 $f: V \rightarrow W$ 是一个**线性算子**,若

$$f(av + bw) = af(v) + bf(w), \qquad (A.3)$$

$\forall v, w \in V$ 且 $\forall a, b \in K$.

让我们用 $L(V; W)$ 代表由 V 到 W 的所有线性算子的集合. 可以定义算子

$$\bar{m}: L(V; W) \times L(V; W) \rightarrow L(V; W) \qquad (A.4)$$

为 $L(V; W)$ 内两个元素在每个点的和,且算子

$$p: K \times L(V; W) \rightarrow L(V; W) \qquad (A.5)$$

为 $L(V; W)$ 内一个元素与 K 内一个元素在每个点的积. 算子 $\bar{m}$ 与 p 提供 $L(V; W)$ 一个向量空间的结构. 线性算子的概念可被延拓至定义双线性算子,或更加一般的 n-线性算子. 函数 $f: V \times W \rightarrow Z$ 被称为一个双线性算子,若 $\forall v \in V$ 且 $\forall w \in W$, $f(v, \cdot): W \rightarrow Z$ 与 $f(\cdot, w): V \rightarrow Z$ 是线性算子. 现在以 $L(V, W; Z)$ 表示由 $V \times W$ 到 Z 的所有双线性算子的集合. 如果和在线性算子的情况中一样,定义两个双线性算子的求和运算与一个双线性算子与 K 中一元素的求积运算,那么, $L(V, W; Z)$ 变成一个向量空间. 至由 $V_1 \times V_2 \times \cdots \times V_n$ 到 Z 的 n-算子及向量空间 $L(V_1, V_2, \cdots, V_n; Z)$ 的归纳是直接的.

同构 令 V 和 W 为两个向量空间. 如果函数 $f: V \rightarrow W$ 是线性双射,且其逆也是线性的,那么,该函数是一个**同构**. 如果存在一个 V 和 W 之间的同构,则向量空间 V 与 W 被说成是**同构**的.

对偶空间 令 V 为一个向量空间. V 的**对偶空间**是向量空间 $L(V; \mathbb{R})$,被表示为 V^*.

子空间 K 上的向量空间 V 的**子空间**是 V 的一个子集 W,使得 $\forall w_1, w_2 \in W$ 且 $\forall a, b \in K, aw_1 + bw_2 \in W$.

令 U 为 K 上的向量空间 V 的一个子集. U 中元素的一个线性组合是一个具有形式 $v = a_1 u_1 + a_2 u_2 + \cdots + a_n u_n$ 的元素 $v \in V$, 其中 $\{u_i\}$ 是 U 的一个有限子集, 而 $\{a_i\}$ 是 K 中的元素. 由 U 生成的子空间是可由 U 中元素线性组合得到的集合, 表示为 $\langle U \rangle$. 元素 $\{u_i\}$ 是线性无关的, 若

$$a_1 u_1 + a_2 u_2 + \cdots + a_n u_n = 0, \tag{A.6}$$

当且仅当(注意元素 $0 \in V$ 与元素 $0 \in K$ 之间的差异)

$$a_1 = a_2 = \cdots = a_n = 0. \tag{A.7}$$

基 向量空间 V 的一组**基**是 V 的由线性无关的元素构成的一个子集 B, 使得 $\langle B \rangle = V$. 如果 B 含有 n 个元素, 那么, 向量空间 V 具有维数 n.

每个向量空间容许有一组基, 且基中元素的数量独立于基的选择(证明见参考文献[1]). 现在考虑具有维数 n 的向量空间 V, 其基 $B = \{e_i\}$. 如果 n 是一个有限的数, 那么, V^* 与 V 具有相同的维数[1]. 将 V^* 中的元素表示为 e^i, 使得 $e^i(e_j) = \delta^i_j$, 其中, δ^i_j 是克罗内克符号. 集合 $B^* = \{e^i\}$ 是 V^* 的一组基, 且被称为 B 的对偶基.

现在来考虑 V 的另一组基, 设为 $B' = \{e'_i\}$, 基的变换 M 被定义(注意到我们使用对重复指标求和的爱因斯坦规则)

$$e'_i = M^j_i e_j. \tag{A.8}$$

每个元素 $v \in V$ 可利用基 B 写出, $v = v^i e_i$, 也可以使用基 B', $v = v'^i e'_i$. v^i 与 v'^i 是向量 v 分别对于基 B 和 B' 的分量. 容易看到向量的分量必然相对于基向量的逆变换而变化,

$$v'^i = (M^{-1})^i_j v^j. \tag{A.9}$$

我们说基向量在基的改变下是**协变变换**, 并且使用下指标. 向量的分量是**逆变变换**, 且利用上指标将之写出. 以相似的方法, 可以看到对偶基向量是逆变变换, 而 V^* 中元素的分量是协变变换. 如果 $B'^* = \{e'^i\}$ 是 B' 的对偶基, 而 N 是基由 B^* 到 B'^* 的变换, 被定义为

$$e'^i = N^i_j e^j, \tag{A.10}$$

于是,

$$\delta^i_j = e'^i(e'_j) = N^i_k e^k (M^m_j e_m) = N^i_k M^m_j e^k(e_m) = N^i_k M^m_j \delta^k_m = N^i_k M^k_j, \tag{A.11}$$

因此, $N^i_k = (M^{-1})^i_k$. 由于这些变换将协变(逆变)变换的数量映射到以相同方式变换的数量上去, 求和指标被置为上(下)指标, 而自由指标被置为下(上)指标. 更深入的研究表明, M 与 N 是矩阵, 其中, 行和列的指标根据不同的情形进行协变或逆变变换.

如果 V 具有有限维数, V 与 V^* 是同构的. 但是, 在两个向量空间之间一般没有优先的同构. 如果 V 是一个实向量空间, 并给出一个非退化的对称双线性型, 则情况有所不同.

双线性型 某一实向量空间 V 上的一个**双线性型**是一个算子 $g \in L(V, V; \mathbb{R})$. 如果 $g(v, w) = g(w, v) \forall v, w \in V$, 则双线性型 g 被称为是**对称的**.

如果 g 是实向量空间 V 上一个对称的双线性型, 那么, 一个元素 $v \in V$ 被称为(相对于

g)

    (1) **类时**,若 $g(v, v) < 0$;

    (2) **类光**,若 $g(v, v) = 0$;

    (3) **类空**,若 $g(v, v) > 0$.

如 2.2 节中已经指出的,存在两种对立的惯例.上述定义在引力研究学者中更加流行.在粒子物理学研究者中,更普遍会说:若 $g(v, v) > 0$,则 v 是一个类时向量;若 $g(v, v) < 0$,则它是一个类空向量.

    如果 g 是一个实向量空间 V 上的对称双线性型,而 v 和 w 是 V 内的两个元素,如果 $g(v, w) = 0$,v 与 w 被说成是**正交的**.

    实向量空间 V 上的对称双线性型 g 被称为**非退化的**,若将一个元素 $v \in V$ 变换为元素 $g(v, \cdot) \in V^*$ 的函数 $\tilde{g}: V \to V^*$ 是单射的.

    如果向量空间 V 具有有限维数,那么,形式 g 由一个 $n \times n$ 的矩阵所代表,对应于一组基 $B = \{e_i\}$ 的元素为

$$g_{ij} = g(e_i, e_j). \tag{A.12}$$

如果 g 是一个非退化的对称双线性型,那么,$\tilde{g}$ 是 V 到 V^* 上的自然同构,而其逆 $\tilde{g}^{-1}$ 是 V^* 到 V 上的自然同构:一元素 $v \in V$ 关联于由 $\tilde{v} = \tilde{g}(v) = g(v, \cdot)$ 给出的元素 $\tilde{v} \in V^*$.如果 $B = \{e_i\}$ 是 V 的一组基,且 $B^* = \{e^i\}$ 是它的对偶基,可以写作 $v = v^i e_i$,$\tilde{v} = v_i e^i$.由(A.12)式可以发现,$\tilde{v}$ 的分量通过利用 g **降指标**获得,

$$v_i = g_{ij} v^j. \tag{A.13}$$

g^{ij} 表示关联于双线性型 g 的逆矩阵的分量,向量 v 的分量通过将向量 $\tilde{v}$ 的分量**升指标**得到,

$$v^i = g^{ij} v_j. \tag{A.14}$$

注意由定义有 $g_{ij} g^{jk} = \delta_i^k$.

参 考 文 献

[1] M. Nakahara. *Geometry*, *Topology and Physics* (IOP, Bristol, UK, 1990).

向量的微积分

附录 B 简要回顾同笛卡尔坐标系$(x，y，z)$相关的 3 维欧几里得空间中向量微积分的一些基础算符和恒等式. 度规为克罗内克符号δ_{ij},

$$\| \delta_{ij} \| = \begin{pmatrix} 1 & 0 & 0 \\ 0 & 1 & 0 \\ 0 & 0 & 1 \end{pmatrix}. \tag{B.1}$$

指标分别由δ^{ij}与δ_{ij}(平凡地)升和降. 内积是变换两个向量,如V与W,至数

$$V \cdot W = \delta_{ij} V^i W^j \tag{B.2}$$

的代数运算,其中,已使用对重复指标的爱因斯坦求和规则.

在下文中,$\phi = \phi(x，y，z)$表示一个一般的标量方程,而$V = (V^x，V^y，V^z)$,其中,$V^i = V^i(x，y，z)$是一个一般的向量场.

B.1 算符

哈密顿算符∇定义为

$$\nabla = \frac{\partial}{\partial x} \hat{x} + \frac{\partial}{\partial y} \hat{y} + \frac{\partial}{\partial z} \hat{z}, \tag{B.3}$$

其中,$(\hat{x}，\hat{y}，\hat{z})$是自然基,即$(\hat{x}，\hat{y}，\hat{z})$是指向笛卡尔坐标系轴方向的单位矢量.

标量函数ϕ的**梯度**是向量场

$$\nabla \phi = \frac{\partial \phi}{\partial x} \hat{x} + \frac{\partial \phi}{\partial y} \hat{y} + \frac{\partial \phi}{\partial z} \hat{z}. \tag{B.4}$$

作为结果的向量场的分量为

$$(\nabla \phi)^i = \partial^i \phi. \tag{B.5}$$

向量场V的**散度**是一个标量函数,

$$\nabla \cdot V = \frac{\partial V^x}{\partial x} + \frac{\partial V^y}{\partial y} + \frac{\partial V^z}{\partial z}, \tag{B.6}$$

因此,可以写为

$$\nabla \cdot V = \partial_i V^i. \tag{B.7}$$

向量场 V 的**旋度**是向量场，

$$\nabla \times V = \left(\frac{\partial V^z}{\partial y} - \frac{\partial V^y}{\partial z}\right)\hat{x} + \left(\frac{\partial V^x}{\partial z} - \frac{\partial V^z}{\partial x}\right)\hat{y} + \left(\frac{\partial V^y}{\partial x} - \frac{\partial V^x}{\partial y}\right)\hat{z}, \tag{B.8}$$

作为结果的向量场的分量可写为

$$(\nabla \times V)^i = \varepsilon^{ijk} \partial_j V_k, \tag{B.9}$$

其中，ε^{ijk} 是列维–奇维塔符号（见 B.2 节）．

拉普拉斯算符作用于标量函数 ϕ 上得到标量函数

$$\Delta\phi = \nabla^2 \phi = (\nabla \cdot \nabla)\phi = \frac{\partial^2 \phi}{\partial x^2} + \frac{\partial^2 \phi}{\partial y^2} + \frac{\partial^2 \phi}{\partial z^2}, \tag{B.10}$$

也可以写为

$$\Delta\phi = \delta^{ij} \partial_i \partial_j \phi. \tag{B.11}$$

达朗贝尔算符作用于标量函数 ϕ 上得到标量函数

$$\Box\phi = \left(-\frac{1}{c^2}\frac{\partial^2}{\partial t^2} + \nabla^2\right)\phi = -\frac{1}{c^2}\frac{\partial^2 \phi}{\partial t^2} + \frac{\partial^2 \phi}{\partial x^2} + \frac{\partial^2 \phi}{\partial y^2} + \frac{\partial^2 \phi}{\partial z^2}. \tag{B.12}$$

达朗贝尔算符可被看作闵可夫斯基时空中的拉普拉斯算符，

$$\Box\phi = \eta^{\mu\nu} \partial_\mu \partial_\nu \phi. \tag{B.13}$$

B.2　列维–奇维塔符号

列维–奇维塔符号 ε_{ijk} 定义为

$$\varepsilon_{ijk} = \begin{cases} +1, & \text{如果}(i, j, k)\text{ 是}(1, 2, 3)\text{ 的一个\textbf{偶置换}}, \\ -1, & \text{如果}(i, j, k)\text{ 是}(1, 2, 3)\text{ 的一个\textbf{奇置换}}, \\ 0, & \text{如果任意指标重复}. \end{cases} \tag{B.14}$$

指标可以利用 δ^{ij} 与 δ_{ij} 升降，但指标的位置经常被忽略，因为 δ^{ij} 与 δ_{ij} 具有平凡的效应．为此，有时仅使用下指标的列维–奇维塔符号．以下公式成立：

$$\varepsilon_{ijk}\varepsilon^{imn} = \delta_j^m \delta_k^n - \delta_j^n \delta_k^m, \tag{B.15}$$

$$\varepsilon_{imn}\varepsilon^{jmn} = 2\delta_i^j, \tag{B.16}$$

$$\varepsilon_{ijk}\varepsilon^{ijk} = 6. \tag{B.17}$$

B.3　性质

一个向量场的旋度的散度恒等于零，

$$\nabla \cdot (\nabla \times V) = 0. \tag{B.18}$$

可以利用爱因斯坦规则重写该表达式,易证

$$\partial_i (\varepsilon^{ijk} \, \partial_j V_k) = 0. \tag{B.19}$$

表达式化为零是因为对 i 与 j 求和,并且 ε_{ijk} 和 $\partial_i \partial_j$ 对 i 与 j 的交换分别为反对称和对称.

一个向量场的梯度的旋度恒等于零,

$$\nabla \times (\nabla \phi) = 0. \tag{B.20}$$

如果重写该表达式为

$$\varepsilon^{ijk} \, \partial_j (\partial_k \phi) = 0, \tag{B.21}$$

可以再一次看到,对 i 与 j 求和,并且 ε_{ijk} 和 $\partial_i \partial_j$ 对 i 与 j 的交换分别为反对称和对称.

以下恒等式成立:

$$\nabla \times (\nabla \times V) = \nabla (\nabla \cdot V) - \nabla^2 V, \tag{B.22}$$

如同之前的情形,可以写出分量 i,

$$\varepsilon^{ijk} \, \partial_j (\nabla \times V)_k = \varepsilon^{ijk} \, \partial_j \varepsilon_{kmn} \, \partial^m V^n. \tag{B.23}$$

交换 i 与 k,于是,可以直接应用(B.15)式,发现

$$\varepsilon^{kji} \, \partial_j \varepsilon_{imn} \, \partial^m V^n = -\varepsilon^{ijk} \, \partial_j \varepsilon_{imn} \, \partial^m V^n = (\delta_n^j \delta_m^k - \delta_m^j \delta_n^k) \, \partial_j \, \partial^m V^n = \partial^k \partial_n V^n - \partial_m \partial^m V^k, \tag{B.24}$$

于是,可以回归(B.22)式.

微分流形

微分流形是指任意维数空间而言的曲线与曲面的自然归纳. 它们的重要性质是可以在一个维数为 n 的微分流形上的点与 $\mathbb{R}^n$ 的开子集中的点之间局域地定义一个一一对应的关系. 利用该方法可以用 n 个数"标记"流形上的每个点,它代表了那个点的局域坐标,并且可以使 $\mathbb{R}^n$ 中发展的微分学. 如果微分流形与 $\mathbb{R}^n$ 在全局上相异,就有必要引入不止一个坐标系以使流形上所有的点处于控制之下. 在这种情况下,为了使结果独立于坐标系的选取,需要令改变坐标系的变换是可微的.

C.1 局域坐标

微分流形 维数为 n 的**微分流形**是配有双射算子 $\varphi_i: U_i \subset M \to \mathbb{R}^n$ 的集合 M,使得
(1) $\{U_i\}$ 是一族开集,且 $\bigcup_i U_i = M$;
(2) $\forall i, j$ 使得 $U_i \bigcap U_j \neq \varnothing$,由 $\varphi_j(U_i \bigcap U_j)$ 到 $\varphi_i(U_i \bigcap U_j)$ 的算子 $\lambda_{ij} = \varphi_i \varphi_j^{-1}$ 是无限可微的.
(U_i, φ_i) 对是 M 的局域参数化或 M 的图. 图的集族 $\{(U_i, \varphi_i)\}$ 被称为 M 的**图册**.

图 C.1 说明了微分流形与图的概念. 函数 φ_i 可以被认为是具有 n 个分量的对象,其中,每个分量是一个函数 $x^k(p)$. 在微分流形上一点 p 求得的这 n 个函数是 p 相对于图 (U_i, φ_i) 的**坐标**.

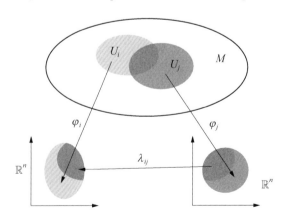

图 C.1 具有图 (U_i, φ_i) 与 (U_j, φ_j) 的微分流形 M.

下面来考虑一个例子. 维数为 n 的球面是 $\mathbb{R}^{n+1}$ 的子集, 被定义为

$$S^n = \left\{ (x^1, x^2, \cdots, x^{n+1}) \mid \sum_{i=1}^{n+1} (x^i)^2 = 1 \right\}. \tag{C.1}$$

定义算子

$$\varphi_i : U_1 = S^n / \{(0, \cdots, 0, 1)\} \to \mathbb{R}^n \tag{C.2}$$

为

$$\varphi_1(x^1, x^2, \cdots, x^{n+1}) = \left(\frac{x^1}{1-x^{n+1}}, \frac{x^2}{1-x^{n+1}}, \cdots, \frac{x^n}{1-x^{n+1}} \right), \tag{C.3}$$

以及算子

$$\varphi_2 : U_2 = S^n / \{(0, \cdots, 0, -1)\} \to \mathbb{R}^n \tag{C.4}$$

为

$$\varphi_2(x^1, x^2, \cdots, x^{n+1}) = \left(\frac{x^1}{1+x^{n+1}}, \frac{x^2}{1+x^{n+1}}, \cdots, \frac{x^n}{1+x^{n+1}} \right). \tag{C.5}$$

微分流形 S^n 由图 (U_1, φ_1) 与 (U_2, φ_2) 参数化. 两个图一并成为 S^n 的图册.

令 M 与 N 为两个分别具有维数 m 与 n 的微分流形. 函数 $f: M \to N$ 被称为在点 $p \in M$ 是**可微的**, 如果对于任何参数化 $\psi: V \subset N \to \mathbb{R}^n$, 若 $f(p) \in V$, 存在一个参数化 $\varphi: U \subset M \to \mathbb{R}^m$, 若 $p \in U$, 使得函数

$$\pi = \psi f \varphi^{-1} : \mathbb{R}^m \to \mathbb{R}^n \tag{C.6}$$

在 $\varphi(p)$ 中是可微的. 由微分流形的定义, f 的可微性独立于坐标系的选取.

C.2 切向量

因为维数为 n 的流形仅能够局域地被视作与 $\mathbb{R}^n$ 中的开集一样, 甚至在流形上构造的所有对象都是被局域地定义的. 在引入曲线的概念之后, 切向量可以被定义.

> **曲线** 微分流形 M 上的**曲线**是一个可微函数 $\gamma: [t_1, t_2] \subset \mathbb{R} \to M$.

利用曲线的定义, 可以定义切向量与它们的切空间.

> **切向量** 令 $\gamma(t)$ 为微分流形 M 上的一条曲线, 而 $\mathscr{M}$ 为可微函数 $f: M \to \mathbb{R}$ 的集合. 称 M 上 $p = \gamma(t_0)$ 处沿曲线 $\gamma(t)$ 方向的**切向量**为算子 $X: \mathscr{M} \to \mathbb{R}$, 它给出了函数 $f \in \mathscr{M}$ 沿曲线 $\gamma(t)$ 于 p 处的方向导数, 即
> $$X[f] = \frac{\mathrm{d} f[\gamma(t)]}{\mathrm{d} t} \bigg|_{t=t_0} = X^\mu \frac{\partial f}{\partial x^\mu}. \tag{C.7}$$
> 对于微分流形 M, 在点 p 处的**切空间**是由 M 上 p 处的切向量生成的空间, 被表示为 $T_p M$.

在微分流形上一点处的切空间是一个向量空间, 其元素是那一点处的切向量.

下面来考虑微分流形 M 在点 $p = \varphi^{-1}(\tilde{x}^1, \tilde{x}^2, \cdots, \tilde{x}^n)$ 周围的图 (U, φ). 利用该参数化, 曲线 γ 可被写为

$$\varphi[\gamma(t)] = \begin{pmatrix} x^1(t) \\ x^2(t) \\ \vdots \\ x^n(t) \end{pmatrix}, \tag{C.8}$$

因此,

$$\gamma(t) = \varphi^{-1} \begin{pmatrix} x^1(t) \\ x^2(t) \\ \vdots \\ x^n(t) \end{pmatrix}. \tag{C.9}$$

应用于函数 f 的切向量 X 在 $\gamma(t_0) = p$ 处为

$$X[f] = \frac{\mathrm{d}}{\mathrm{d}t} f \varphi^{-1} \begin{pmatrix} x^1(t) \\ x^2(t) \\ \vdots \\ x^n(t) \end{pmatrix}_{t=t_0} = \frac{\partial f \varphi^{-1}}{\partial x^k} \bigg|_{x=\tilde{x}} \frac{\mathrm{d}x^k}{\mathrm{d}t} \bigg|_{t=t_0}. \tag{C.10}$$

切向量 X 可被写为

$$X = X^k e_k, \tag{C.11}$$

其中,

$$X^k = \frac{\mathrm{d}x^k}{\mathrm{d}t} \bigg|_{t=t_0} \tag{C.12}$$

是向量 X 的分量, 而

$$e_k = \frac{\partial}{\partial x^k} \tag{C.13}$$

是在点 p 处被 (U, φ) 参数化的切空间的基向量. 集合 $\{e_k\}$ 被称为**坐标基**, 它通常表示为 $\{\partial_k\}$.

现在可以表明, 给出 $p \in M$ 与 $X \in T_p M$, 总是能够找到一条曲线 $\gamma(t)$, 使得 $\gamma(t_0) = p$ 且 $\dot{\gamma}(t_0) = X$. 利用一些局域参数化 (U, φ), 足够写出向量 X 为

$$X = X^k \frac{\partial}{\partial x^k}, \tag{C.14}$$

并求解 n 个微分方程

$$\frac{\mathrm{d}}{\mathrm{d}t} u^i(t) \bigg|_{t=t_0} = X^i. \tag{C.15}$$

曲线为

$$\gamma(t) = \varphi^{-1} \begin{pmatrix} u^1(t) \\ u^2(t) \\ \vdots \\ u^n(t) \end{pmatrix}. \tag{C.16}$$

M 上的向量 $X = X^k e_k$ 独立于坐标系的选取而存在,因此,它也可以利用另一个具有坐标 $\{x'^k\}$ 的局域参数化写出,

$$X' = X'^k e'_k, \tag{C.17}$$

其中,

$$X'^k = \frac{\mathrm{d}x'^k}{\mathrm{d}t'} \bigg|_{t' = t'_0}. \tag{C.18}$$

向量 X 的分量在两个坐标系由下式相联系:

$$X'^k = \frac{\partial x'^k}{\partial x^j} X^j, \tag{C.19}$$

而两组基之间的关系为

$$e'_k = \frac{\partial x^j}{\partial x'^k} e_j. \tag{C.20}$$

如 A.2 节中所见到的,向量空间中的基向量按与向量分量变换相反的法则进行变换.

C.3 余切向量

> **余切向量** 令 M 为一个微分流形. 点 p 处的**余切空间**是向量空间 $T_p^* M$,它对偶于 $T_p M$. **余切向量**是余切空间中的元素.

于是,余切向量是一个线性函数 $\omega: T_p M \to \mathbb{R}$. 如果 $B^* = \{e^i\}$ 是 $T_p^* M$ 的一组基,可以写出

$$\omega = \omega_k e^k. \tag{C.21}$$

如果 $X = X^k e_k$ 是 $T_p M$ 中的一个元素,利用基 B 写出,有

$$\omega(X) = \omega_k X^k. \tag{C.22}$$

普遍使用记号 $\{\mathrm{d}x^k\}$ 来表示 $T_p^* M$ 相对于坐标 $\{x^k\}$ 的基.

现在来考虑在具有局域坐标 $\{x'^k\}$ 的点 p 的邻域中另一个局域参数化,而局域坐标给出了对应向量空间 $T_p M$ 的基 $\{e'_k\}$ 与对应 $T_p^* M$ 的基 $\{e'^k\}$. 因为数量 $\omega(X) \in \mathbb{R}$ 不依赖于基的选取,有 $\omega_k X^k = \omega'_k X'^k$,其中, ω'_k 和 X'^k 分别是 ω 和 X 相对于新的基的分量. 由(C.19)式与(C.20)式,可以发现

$$\omega'_k = \frac{\partial x^j}{\partial x'^k} \omega_j, \quad e'^k = \frac{\partial x'^k}{\partial x^j} e^j. \tag{C.23}$$

C.4　张量

张量是切向量和余切向量的一般化.

> **张量**　令 M 为一个微分流形,而 p 是 M 中的一个元素. p 处的 (r, s) 型、阶数为 $r+s$ 的**张量**是一个 $(r+s)$-线性函数,
>
> $$\tau: \underbrace{T_p^* M \times \cdots \times T_p^*}_{r 个} \times \underbrace{T_p M \times \cdots \times T_p M}_{s 个} \to \mathbb{R}. \tag{C.24}$$

利用张量的这个定义,切向量是 $(1, 0)$ 型张量,而余切向量是 $(0, 1)$ 型张量. p 处的 (r, s) 型张量的集合构成一个向量空间,可以用 $\chi_s^r(M, p)$ 表示. 令 $\{e_k\}$ 为 $T_p M$ 的一组基,且 $\{e^k\}$ 为它的对偶基. 张量 $\tau \in \chi_s^r(M, p)$ 可被写为

$$\tau = \tau_{j_1 j_2 \cdots j_s}^{i_1 i_2 \cdots i_r} e_{i_1} e_{i_2} \cdots e_{i_r} e^{j_1} e^{j_2} \cdots e^{j_s}. \tag{C.25}$$

令 $\{e_k'\}$ 为 $T_p M$ 的另一组基,其对偶基为 $\{e'^k\}$. 由于基与对偶基的变换法则与 C.3 节中的切向量和余切向量相同,张量 τ 的分量按下式改变:

$$\tau'_{j_1 j_2 \cdots j_s}^{i_1 i_2 \cdots i_r} = \frac{\partial x'^{i_1}}{\partial x^{p_1}} \frac{\partial x'^{i_2}}{\partial x^{p_2}} \cdots \frac{\partial x'^{i_r}}{\partial x^{p_r}} \frac{\partial x^{q_1}}{\partial x'^{j_1}} \frac{\partial x^{q_2}}{\partial x'^{j_2}} \cdots \frac{\partial x^{q_s}}{\partial x'^{j_s}} \tau_{q_1 q_2 \cdots q_s}^{p_1 p_2 \cdots p_r}. \tag{C.26}$$

> **张量场**　令 M 为一个微分流形. M 上的 (r, s) 型**张量场**是一个函数,使得在每一点 $p \in M$ 以可微的方式关联于一个元素 $\tau \in \chi_s^r(M, p)$.

令 τ 为微分流形 M 上的一个 (r, s) 型张量场. 如果 τ 的所有分量在一个特别的坐标系下化为零,那么,它们在任意坐标系下都为零. 这一结论直接遵循(C.26)式.

C.5　实例:2 维球面

我们来考虑 2 维球面.(C.1)节中的定义可被重写为

$$S^2 = \{(x, y, z) \mid x^2 + y^2 + z^2 = 1\}. \tag{C.27}$$

图 $(\varphi, S^2 / \{(0, 0, 1), (0, 0, -1)\})$ 被定义为

$$\varphi \begin{pmatrix} \sin\theta\cos\phi \\ \sin\theta\sin\phi \\ \cos\theta \end{pmatrix} = (\theta, \phi), \quad \varphi^{-1}(\theta, \phi) = \begin{pmatrix} \sin\theta\cos\phi \\ \sin\theta\sin\phi \\ \cos\theta \end{pmatrix}, \tag{C.28}$$

其中,$\theta \in (0, \pi)$ 且 $\phi \in [0, 2\pi)$. 曲线 γ 被假定具有形式

$$\varphi[\gamma(t)] = \begin{pmatrix} \theta(t) \\ \phi(t) \end{pmatrix}. \tag{C.29}$$

一个一般的 $(1, 0)$ 张量场可被写为

$$V = V^\theta e_\theta + V^\phi e_\phi, \tag{C.30}$$

其中，$V^\theta = V^\theta(\theta, \phi)$ 与 $V^\phi = V^\phi(\theta, \phi)$ 是张量场相对于基向量

$$e_\theta = \frac{\partial}{\partial \theta}, \ e_\phi = \frac{\partial}{\partial \phi} \tag{C.31}$$

的分量. 图 C.2 展示了微分流形上两个不同的点处的切空间.

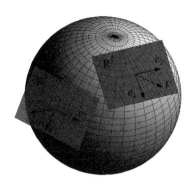

图 **C.2** 具有参数化 φ 与两点处切空间的 S^2. e_1 与 e_2 是参数化 φ 的两个基向量，可被用于写出流形上的张量场.

附录 D

椭圆方程

椭圆是在一个平面中具有两个焦点的曲线. 曲线上每个点至两个焦点的距离的加和是恒定的. 在图 D.1 中,两个焦点是 F_1 和 F_2. F_1 和 F_2 之间的距离是 $2c$,

$$\overline{F_1F_2} = 2c. \tag{D.1}$$

具有焦点 F_1 与 F_2 和离心率 $e = c/a (0 \leqslant e < 1)$ 的椭圆是点 P 的集合,使得

$$\overline{F_1P} + \overline{F_2P} = 2a. \tag{D.2}$$

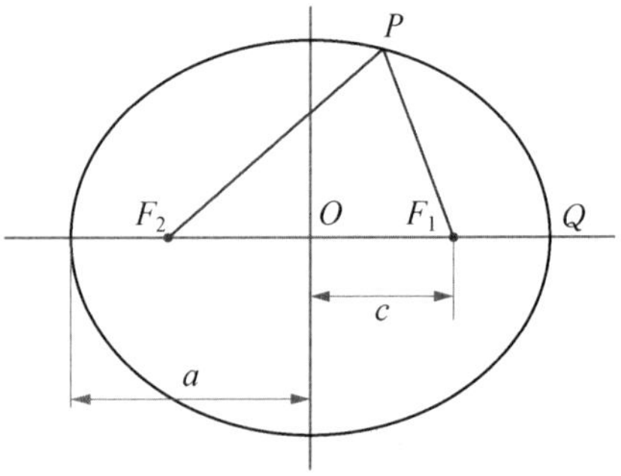

采用以点 F_1 为中心的极坐标系 (r, ϕ). r 描述点 P 至 F_1 的距离,而 ϕ 是角 $\widehat{QF_1P}$. (D.2)式可被重写为

图 D.1 椭圆的两个焦点分别为 F_1 与 F_2.

$$r + \sqrt{(2c + r\cos\phi)^2 + (r\sin\phi)^2} = 2a. \tag{D.3}$$

考虑该方程的平方,且经过一些简单的计算,可以发现

$$r(a + c\cos\phi) = a^2 - c^2. \tag{D.4}$$

由于 $e = c/a$,(D.4)式可被写为

$$r(a + c\cos\phi) = a^2(1 - e^2), \tag{D.5}$$

更为紧凑的形式是

$$\frac{1}{r} = A + B\cos\phi, \tag{D.6}$$

其中,

$$A = \frac{1}{a(1 - e^2)}, \quad B = \frac{e}{a(1 - e^2)}. \tag{D.7}$$

用于张量微积分的 Mathematica 软件包

可以找到一些用于张量微积分的 Mathematica 软件包,其中,绝大多数都可以免费从网站上下载.对于一个给定的度规,写一个 Mathematica 程序来求得主要的张量和克里斯托费尔符号也是十分简单的.在附录 E 中,将介绍被称为黎曼几何与张量微积分(Riemannian Geometry and Tensor Calculus,RGTC)的包,用来计算黎曼几何中的张量微积分.它于 http://www.inp.demokritos.gr/~sbonano/RGTC/上免费提供,还带有一份含有许多实例的指南.

通过一些简单的步骤,RGTC 可以计算一些张量(黎曼、里奇、爱因斯坦、外尔)的显式表达式,并检验时空是否属于任何下述类别:平直,共形平直,里奇平直,爱因斯坦空间或具有恒定曲率的空间.

首先,利用命令初始化代码是必要的.

```
<<EDCRGTCcode.m
```

然后,需要定义坐标和度规.作为例子,可以考虑通常史瓦西坐标下的史瓦西度规.对于坐标,可以写出

```
Coord = {t,r,θ,φ};
```

接着,写出非零的度规系数:

```
gtt = -(1-2M/r);
grr = 1/(1-2M/r);
gpp = r^2;
gvv = r^2 Sin[θ]^2;
```

并定义度规

```
g = {{gtt, 0, 0, 0}, {0, grr, 0, 0}, {0, 0, gpp, 0}, {0, 0, 0, gvv}};
```

启动代码的命令为

```
RGtensors[g, Coord, {1, 1, 1}]
```

而输出则类似于

```
gdd = ...
LineElement = ...
gUU = ...
gUU computed in 0.007923 sec
Gamma computed in 0.003136 sec
Riemann(dddd) computed in 0.002824 sec
```

```
Riemann(Uddd) computed in 0.002247 sec
```

```
Ricci computed in 0.000167 sec
```

```
Weyl computed in 0.000015 sec
```

```
Ricci Flat
```

```
All tasks completed in 0.019439 seconds
```

其中,在省略号...的空间内,分别有关于度规、线元、度规的逆的表达式.

可操作选项 $\{1, 1, 1\}$ 以跳过一些张量的求值. 如果第一个数是 0, 即: 有 $\{0, 1, 1\}$, 该包不会计算黎曼张量 $R^\mu{}_{\nu\rho\sigma}$, 而输出行

```
Riemann(Uddd) computed in 0.002247 sec
```

将被替换为行

```
RUddd not computed
```

对于 $\{1, 0, 1\}$, 代码跳过外尔张量的求值. 对于 $\{1, 1, 0\}$, 它跳过爱因斯坦张量的求值. 如果不需要一些张量,它就是一个节约时间的命令.

在 RGTC 求得输入度规的张量值后,可以写出它们的表达式或利用它们进行工作. 例如,如果希望可视化克里斯托费尔符号 Γ^t_{tr}, 可以写下命令

```
GUdd[[1,1,2]]
```

输出将是输入度规 Γ^t_{tr} 的表达式. 为了可视化里奇张量的分量 R_{tt}, 写出

```
Rdd[[1,1]]
```

注意　根据 Coord 中的定义,指标取值自 1 至 n, 其中, n 是时空的维数. 这就是说,不存在指标 0.

该包内含一些内置函数用以升/降指标、缩并指标、求协变导数的值,诸如此类. 详情可见该包的指南. 我们也可以使用标准的 Mathematica 函数. 例如,克莱舒曼标量可以用以下命令求得:

```
Kretschmann = Simplify[ Sum[
    Rdddd[[i, j, k, l]] * RUddd[[i, m, n, o]] * gUU[[j, m]]
       * gUU[[k, n]] * gUU[[l, o]],
    {i, 1, 4}, {j, 1, 4}, {k, 1, 4}, {l, 1, 4},
      {m, 1, 4}, {n, 1, 4}, {o, 1, 4} ] ]
```

内部解

    8.2 节中发现的史瓦西度规是在 4 维爱因斯坦引力中对于任何球对称物质分布的外部真空解,即:这是对于区域 $r > r_0$ 的解,其中,r_0 是物质分布的半径. 在附录 F 中,我们希望找到关于内部区域 $r < r_0$ 的简单解.

    首先,需要指定出现在爱因斯坦方程右边的物质的能量-动量张量. 最简单的情形是理想流体,$T_{\mu\nu}$ 显示为

$$T_{\mu\nu} = (\rho + P)\,\frac{u_\mu u_\nu}{c^2} + P g_{\mu\nu}, \tag{F.1}$$

其中,ρ, P 和 u_μ 分别是能量密度、压强和流体的 4 维速度. 对于球对称时空最一般的线元于 (8.8)式中给出. 这里进一步简化这个问题,且施加线元亦独立于时间的条件,即:我们不希望物质有可能的径向流入或流出. 线元变为

$$\mathrm{d}s^2 = -f(r)c^2\mathrm{d}t^2 + g(r)\mathrm{d}r^2 + r^2(\mathrm{d}\theta^2 + \sin^2\theta\,\mathrm{d}\phi^2). \tag{F.2}$$

    由于使用物质处于静止的坐标系,流体 4 维速度分量中唯一的非零项是时间项 u^μ,

$$\| u^\mu \| = \left(\frac{c}{\sqrt{f}},\ 0\right), \tag{F.3}$$

因为 $g_{\mu\nu}u^\mu u^\nu = -c^2$. 物质的能量-动量张量为

$$\| T_{\mu\nu} \| = \begin{pmatrix} \rho f & 0 & 0 & 0 \\ 0 & Pg & 0 & 0 \\ 0 & 0 & Pr^2 & 0 \\ 0 & 0 & 0 & Pr^2\sin^2\theta \end{pmatrix}, \tag{F.4}$$

其中,ρ 和 P(最多)可以是径向坐标 r 的函数.

    此时拥有写出爱因斯坦方程的所有要素. 与 8.2 节不同,现在并不在真空中,所以,曲率标量一般是非零的,并且需要对其计算. 它的表达式为($R_{\mu\nu}$ 已在 8.2 节中算出)

$$R = g^{tt}R_{tt} + g^{rr}R_{rr} + g^{\theta\theta}R_{\theta\theta} + g^{\phi\phi}R_{\phi\phi}$$

$$= -\frac{f''}{2fg} + \frac{f'}{4fg}\left(\frac{f'}{f} + \frac{g'}{g}\right) - \frac{f'}{rfg} - \frac{f''}{2fg} + \frac{f'}{4fg}\left(\frac{f'}{f} + \frac{g'}{g}\right) + \frac{g'}{rg^2} + \frac{2}{r^2} - \frac{2}{r^2 g} + \frac{1}{rg}\left(\frac{g'}{g} - \frac{f'}{f}\right)$$

$$= -\frac{f''}{fg} + \frac{f'}{2fg}\left(\frac{f'}{f} + \frac{g'}{g}\right) + \frac{2}{r^2} - \frac{2}{r^2 g} - \frac{2}{rg}\left(\frac{f'}{f} - \frac{g'}{g}\right). \tag{F.5}$$

爱因斯坦张量 $G_{\mu\nu}$ 的非零分量为

$$G_{tt} = \frac{f''}{2g} - \frac{f'}{4g}\left(\frac{f'}{f} + \frac{g'}{g}\right) + \frac{f'}{rg} - \frac{1}{2}\left[\frac{f''}{g} - \frac{f'}{2g}\left(\frac{f'}{f} + \frac{g'}{g}\right) - \frac{2f}{r^2} + \frac{2f}{r^2 g} + \frac{2f}{rg}\left(\frac{f'}{f} - \frac{g'}{g}\right)\right]$$

$$= \frac{f}{r^2} - \frac{f}{r^2 g} + \frac{fg'}{rg^2}, \tag{F.6}$$

$$G_{rr} = -\frac{f''}{2f} + \frac{f'}{4f}\left(\frac{f'}{f} + \frac{g'}{g}\right) + \frac{g'}{rg} + \frac{1}{2}\left[\frac{f''}{f} - \frac{f'}{2f}\left(\frac{f'}{f} + \frac{g'}{g}\right) - \frac{2g}{r^2} + \frac{2}{r^2} + \frac{2}{r}\left(\frac{f'}{f} - \frac{g'}{g}\right)\right]$$

$$= -\frac{g}{r^2} + \frac{1}{r^2} + \frac{f'}{rf}, \tag{F.7}$$

$$G_{\theta\theta} = 1 - \frac{1}{g} + \frac{r}{2g}\left(\frac{g'}{g} - \frac{f'}{f}\right) + \frac{1}{2}\left[\frac{r^2 f''}{fg} - \frac{r^2 f'}{2fg}\left(\frac{f'}{f} + \frac{g'}{g}\right) - 2 + \frac{2}{g} + \frac{2r}{g}\left(\frac{f'}{f} - \frac{g'}{g}\right)\right]$$

$$= \frac{r}{2g}\left(\frac{f'}{f} - \frac{g'}{g}\right) + \frac{r^2 f''}{2fg} - \frac{r^2 f'}{4fg}\left(\frac{f'}{f} + \frac{g'}{g}\right), \tag{F.8}$$

$$G_{\phi\phi} = G_{\theta\theta}\sin^2\theta. \tag{F.9}$$

利用爱因斯坦张量 $G_{\mu\nu}$ 和物质的能量-动量张量 $T_{\mu\nu}$,可以写出爱因斯坦方程,

$$G_{tt} = \frac{8\pi G_{\mathrm{N}}}{c^4}T_{tt} \rightarrow \frac{1}{r^2} - \frac{1}{r^2 g} + \frac{g'}{rg^2} = \frac{8\pi G_{\mathrm{N}}}{c^4}\rho, \tag{F.10}$$

$$G_{rr} = \frac{8\pi G_{\mathrm{N}}}{c^4}T_{rr} \rightarrow \frac{1}{r^2 g} - \frac{1}{r^2} + \frac{f'}{rfg} = \frac{8\pi G_{\mathrm{N}}}{c^4}P, \tag{F.11}$$

$$G_{\theta\theta} = \frac{8\pi G_{\mathrm{N}}}{c^4}T_{\theta\theta} \rightarrow \frac{1}{2rg}\left(\frac{f'}{f} - \frac{g'}{g}\right) + \frac{f''}{2fg} - \frac{f'}{4fg}\left(\frac{f'}{f} + \frac{g'}{g}\right) = \frac{8\pi G_{\mathrm{N}}}{c^4}P. \tag{F.12}$$

$\phi\phi$ 分量等于 $\theta\theta$ 分量乘以 $\sin^2\theta$ 因子,因此,它不是一个独立方程. 非对角元都是平凡的,$0=0$,从而拥有 3 个方程和 4 个未知函数(f,g,ρ 和 P). 可以通过具体指出物质的物态方程使系统闭合. 最简单的情形是在物质静止系中能量密度恒定,即

$$\rho = 常数. \tag{F.13}$$

更加现实的物态方程通常需要数值求解方程组. 现在有关于 3 个未知函数(f,g 和 P)的 3 个方程.

物质的能量-动量张量的协变守恒性是爱因斯坦方程的一个直接结果,

$$\nabla_\nu T^{\mu\nu} = \frac{\partial T^{\mu\nu}}{\partial x^\nu} + \Gamma^\mu_{\lambda\nu}T^{\lambda\nu} + \Gamma^\nu_{\lambda\nu}T^{\mu\lambda} = 0. \tag{F.14}$$

即使它并不提供一个独立方程,使用它有时也是更加方便的. 由系统的对称性容易想象,只有关于 $\mu = r$ 的方程具有非平凡的解. 该方程内容为(克里斯托费尔符号已于 8.2 节中算出)

$$\frac{\partial T^{rr}}{\partial r} + \Gamma^r_{tt}T^{tt} + \Gamma^r_{rr}T^{rr} + \Gamma^r_{\theta\theta}T^{\theta\theta} + \Gamma^r_{\phi\phi}T^{\phi\phi} + (\Gamma^t_{rt} + \Gamma^r_{rr} + \Gamma^\theta_{r\theta} + \Gamma^\phi_{r\phi})T^{rr} = 0,$$

$$\frac{P'}{g} - \frac{Pg'}{g^2} + \frac{f'}{2g}\frac{\rho}{f} + \frac{g'}{2g}\frac{P}{g} - \frac{r}{g}\frac{P}{r^2} - \frac{r\sin^2\theta}{g}\frac{P}{r^2\sin^2\theta} + \left(\frac{f'}{2f} + \frac{g'}{2g} + \frac{1}{r} + \frac{1}{r}\right)\frac{P}{g} = 0,$$

$$\frac{P'}{g} + \frac{f'}{2fg}(\rho + P) = 0,$$

$$P' = -\frac{f'}{2f}(\rho + P). \tag{F.15}$$

由(F.10)式有

$$\frac{1}{g} - \frac{rg'}{g^2} = 1 - \frac{8\pi G_N}{c^4}\rho r^2,$$

$$\frac{\mathrm{d}}{\mathrm{d}r}\frac{r}{g} = 1 - \frac{8\pi G_N}{c^4}\rho r^2,$$

$$\frac{r}{g} = r - \frac{8\pi G_N}{c^4}\int_0^r \rho\tilde{r}^2\,\mathrm{d}\tilde{r} + C, \tag{F.16}$$

其中，C 是一个积分常数. 对于 $r = 0$，可以看到 $C = 0$. 如果使用(F.13)式，可以得到

$$g = \frac{1}{1 - \dfrac{8\pi G_N}{3c^4}\rho r^2}. \tag{F.17}$$

将(F.15)式重写为

$$\frac{\mathrm{d}}{\mathrm{d}r}(\rho + P) = \frac{\mathrm{d}P}{\mathrm{d}r} = -\frac{f'}{2f}(\rho + P). \tag{F.18}$$

其解是

$$\rho + P = \frac{C_1}{\sqrt{f}}, \tag{F.19}$$

其中，C_1 是一个常数. 将(F.10)式与(F.11)式相加，得到

$$\frac{g'}{rg^2} + \frac{f'}{rfg} = \frac{8\pi G_N}{c^4}(\rho + P) = \frac{8\pi G_N}{c^4}\frac{C_1}{\sqrt{f}}. \tag{F.20}$$

由(F.17)式可以写出

$$\frac{1}{g} = 1 - \frac{8\pi G_N}{3c^4}\rho r^2 \tag{F.21}$$

$$\frac{g'}{g^2} = -\frac{\mathrm{d}}{\mathrm{d}r}\frac{1}{g} = \frac{16\pi G_N}{3c^4}\rho r. \tag{F.22}$$

合并(F.20)式至(F.22)式，可以写出

$$\frac{16\pi G_N}{3c^4}\rho + \frac{f'}{rf}\left(1 - \frac{8\pi G_N}{3c^4}\rho r^2\right) = \frac{8\pi G_N}{c^4}\frac{C_1}{\sqrt{f}}. \tag{F.23}$$

可以定义 $h = \sqrt{f}$. 方程(F.23)被重写为

$$\frac{16\pi G_{\mathrm{N}}}{3c^4}\rho + \frac{2h'}{rh} - \frac{16\pi G_{\mathrm{N}}}{3c^4}\rho r\frac{h'}{h} = \frac{8\pi G_{\mathrm{N}}}{c^4}\frac{C_1}{h},$$

$$\frac{8\pi G_{\mathrm{N}}}{3c^4}\rho rh + h' - \frac{8\pi G_{\mathrm{N}}}{3c^4}\rho r^2 h' = \frac{4\pi G_{\mathrm{N}}}{c^4}rC_1,$$

$$\frac{1 - \dfrac{8\pi G_{\mathrm{N}}}{3c^4}\rho r^2}{\dfrac{8\pi G_{\mathrm{N}}}{3c^4}\rho r}h' + h = \frac{3C_1}{2\rho}. \tag{F.24}$$

该方程的齐次解为

$$h = -C_2\sqrt{1 - \frac{8\pi G_{\mathrm{N}}}{3c^4}\rho r^2}, \tag{F.25}$$

其中，C_2 是一个常数. 一个非齐次解为

$$h = \frac{3C_1}{2\rho}, \tag{F.26}$$

于是，函数 f 为

$$f = \left(\frac{3C_1}{2\rho} - C_2\sqrt{1 - \frac{8\pi G_{\mathrm{N}}}{3c^4}\rho r^2}\right)^2, \tag{F.27}$$

且时空的线元显示为

$$\mathrm{d}s^2 = \left(\frac{3C_1}{2\rho} - C_2\sqrt{1 - \frac{8\pi G_{\mathrm{N}}}{3c^4}\rho r^2}\right)^2 \mathrm{d}t^2 - \frac{\mathrm{d}r^2}{1 - \dfrac{8\pi G_{\mathrm{N}}}{3c^4}\rho r^2} + r^2(\mathrm{d}\theta^2 + \sin^2\theta\,\mathrm{d}\phi^2). \tag{F.28}$$

此刻我们拥有两个度规. 史瓦西度规在外部区域（$r > r_0$）成立，并由参数 M 描述. 物质解在内部区域（$r < r_0$）成立，并有 C_1 和 C_2 两个参数. 现在可以通过施加物理上合理的条件将这些常数关联起来.

要求在 $r = r_0$ 处（即分割内部物质与外部真空的表面），度规是连续的，且压强化为零. 如果

$$g_{\text{out}}(r_0) = g_{\text{in}}(r_0), \tag{F.29}$$

则度规张量的 rr 分量是连续的，其中，g_{out} 与 g_{in} 分别是外部与内部解的 g_{rr} 系数. 将它们的显式表达式代入，有

$$1 - \frac{2G_{\mathrm{N}}M}{c^2 r_0} = 1 - \frac{8\pi G_{\mathrm{N}}}{3c^4}\rho r_0^2, \tag{F.30}$$

可以得到

$$M = \frac{4\pi}{3c^2}\rho r_0^3. \tag{F.31}$$

于是，M 可以被解释为产生引力场的物体的**有效质量**. 注意到 $(4/3)\pi r_0^3$ 不是质量体的体

积. 其实 r_0 仅仅是它表面径向坐标的数值. 如果没有强施(F.13)式的物态方程, $\rho = \rho(r)$, (F.31)式将显示为

$$M = \frac{4\pi}{c^2} \int_0^{r_0} \rho \tilde{r}^2 \, \mathrm{d}\tilde{r}. \tag{F.32}$$

物体在这个时空中总的质量应由下式给出:

$$M' = \frac{4\pi}{c^2} \int_0^{r_0} \rho \, \frac{\tilde{r}^2 \, \mathrm{d}\tilde{r}}{\sqrt{1 - \dfrac{8\pi G_{\mathrm{N}}}{3c^4} \rho \tilde{r}^2}}, \tag{F.33}$$

于是,可以定义**引力质量亏损**为数量

$$\Delta M = M' - M. \tag{F.34}$$

由(F.19)式与(F.27)式可以将压强 P 写为

$$P = \frac{C_1}{\sqrt{f}} - \rho = \frac{C_2 \rho \sqrt{1 - \dfrac{8\pi G_{\mathrm{N}}}{3c^4} \rho r^2} - \dfrac{C_1}{2}}{\dfrac{3C_1}{2\rho} - C_2 \sqrt{1 - \dfrac{8\pi G_{\mathrm{N}}}{3c^4} \rho r^2}}. \tag{F.35}$$

条件 $P(r_0) = 0$ 显示为

$$\frac{C_1}{2\rho} = C_2 \sqrt{1 - \frac{8\pi G_{\mathrm{N}}}{3c^4} \rho r_0^2}, \tag{F.36}$$

它将数量 C_1, C_2 与 r_0 一同关联起来.

最后,强施即使是 g_{tt} 系数也在边界 $r = r_0$ 处连续的条件,

$$f_{\mathrm{out}}(r_0) = f_{\mathrm{in}}(r_0), \tag{F.37}$$

可以发现

$$1 - \frac{2G_{\mathrm{N}} M}{c^2 r_0} = \left(\frac{3C_1}{2\rho} - C_2 \sqrt{1 - \frac{8\pi G_{\mathrm{N}}}{3c^4} \rho r_0^2} \right)^2. \tag{F.38}$$

利用(F.31)式与(F.36)式,得到

$$1 - \frac{8\pi G_{\mathrm{N}}}{3c^4} \rho r_0^2 = 4C_2^2 \left(1 - \frac{8\pi G_{\mathrm{N}}}{3c^4} \rho r_0^2 \right),$$
$$C_2^2 = \frac{1}{4}. \tag{F.39}$$

带负号的解并不"物理",因为它隐含了 $C_1 < 0$, 从而使 $\rho + P < 0$. 最终,唯一的解为

$$M = \frac{4\pi}{3c^2} \rho r_0^3,$$
$$C_1 = \rho \sqrt{1 - \frac{8\pi G_{\mathrm{N}}}{3c^4} \rho r_0^2}, \tag{F.40}$$
$$C_2 = \frac{1}{2},$$

M，C_1 和 C_2 这 3 个常数完全由能量密度 ρ 与物体的半径 r_0 决定.

压强 P 可以由下式给出：

$$P = \frac{\sqrt{1 - \dfrac{8\pi G_{\mathrm{N}}}{3c^4}\rho r^2} - \sqrt{1 - \dfrac{8\pi G_{\mathrm{N}}}{3c^4}\rho r_0^2}}{3\sqrt{1 - \dfrac{8\pi G_{\mathrm{N}}}{3c^4}\rho r_0^2} - \sqrt{1 - \dfrac{8\pi G_{\mathrm{N}}}{3c^4}\rho r^2}}\rho. \tag{F.41}$$

在 $r = 0$ 处，如果(F.41)式中的分母大于零，它仍然是有限的，

$$3\sqrt{1 - \frac{8\pi G_{\mathrm{N}}}{3c^4}\rho r_0^2} - 1 > 0,$$

$$1 - \frac{8\pi G_{\mathrm{N}}}{3c^4}\rho r_0^2 > \frac{1}{9},$$

$$\frac{3\pi G_{\mathrm{N}}}{c^4}\rho r_0^2 < 1. \tag{F.42}$$

上式两边同乘以 r_0，可以得到条件

$$r_0 > \frac{3\pi G_{\mathrm{N}}}{c^4}\rho r_0^3 = \frac{9}{8}\left(\frac{2G_{\mathrm{N}}}{c^2}\frac{4\pi}{3c^2}\rho r_0^3\right) = \frac{9}{8}\left(\frac{2G_{\mathrm{N}}M}{c^2}\right) = \frac{9}{8}r_{\mathrm{s}}, \tag{F.43}$$

其中，r_{s} 是物体的史瓦西半径. 仅当物体的表面满足(F.43)式时，具有恒定能量密度的解才是可能的. 对于更加致密的物体，将没有解存在.

附录G右上角

附录 **G**

缓慢旋转的质量体周围的度规

在附录 G 中,我们希望推导出一个缓慢旋转的准牛顿力学(引力场是微弱的)质量体周围的度规. 可利用该结果看到克尔度规中的参数 a 就是黑洞的比自旋.

为简单起见,考虑一个球对称的刚性旋转的尘埃球. 物质的能量-动量张量约化为 $T^{\mu\nu} = \rho u^\mu u^\nu$, 其中, ρ 是质量密度(而不是能量密度),

$$u^\mu = (\gamma c, \gamma v) \tag{G.1}$$

是尘埃球每个元素的 4 维速度,而 v 是 3 维速度. 假定物体在 xy 平面内旋转. 尘埃球每个元素的洛伦兹因子为

$$\gamma = \frac{1}{\sqrt{1 - v^2/c^2}} = 1 + O(\Omega^2), \tag{G.2}$$

其中, $v^2 = \Omega^2(x^2 + y^2)$, 而 $\Omega = $ 常数,它是角速度. 3 维速度 $v = (-\Omega y, \Omega x, 0)$. 物质的能量-动量张量为

$$\| T^{\mu\nu} \| = \begin{pmatrix} \rho c^2 & -\rho c \Omega y & \rho c \Omega x & 0 \\ -\rho c \Omega y & 0 & 0 & 0 \\ \rho c \Omega x & 0 & 0 & 0 \\ 0 & 0 & 0 & 0 \end{pmatrix} + O(\Omega^2), \tag{G.3}$$

且利用下指标,

$$\| T^{\mu\nu} \| = \begin{pmatrix} \rho c^2 & \rho c \Omega y & -\rho c \Omega x & 0 \\ \rho c \Omega y & 0 & 0 & 0 \\ -\rho c \Omega x & 0 & 0 & 0 \\ 0 & 0 & 0 & 0 \end{pmatrix} + O(\Omega^2). \tag{G.4}$$

现在可以如 12.2 节中一样继续. 将度规 $g_{\mu\nu}$ 写作闵可夫斯基度规加上一个小的微扰,

$$g_{\mu\nu} = \eta_{\mu\nu} + h_{\mu\nu}. \tag{G.5}$$

对于迹反转微扰 $\bar{h}_{\mu\nu}$,爱因斯坦方程给出以下的解:

$$\bar{h}_{\mu\nu} = \frac{4G_N}{c^4} \int d^3 x' \frac{T_{\mu\nu}(x')}{|x - x'|}. \tag{G.6}$$

注意到这里不同于 12.2 节中, $T_{\mu\nu}$ 独立于时间. 如果尘埃球位于坐标系的原点,且对远径的度

规感兴趣,可以将积分式内的项 $1/|x-x'|$ 展开为

$$\frac{1}{|x-x'|}=\frac{1}{r}+\frac{x_i x'^i}{r^3}+\cdots. \tag{G.7}$$

对于 tt -分量,有

$$\bar{h}_{tt}=\frac{4G_N}{c^2 r}\int d^3 x'\rho+\cdots=\frac{4G_N M}{c^2 r}+\cdots, \tag{G.8}$$

其中,M 是缓慢旋转的物体的质量. 由于 $\bar{h}=\bar{h}^\mu_\mu=-\bar{h}_{tt}$,可以发现度规微扰的 tt -分量是

$$h_{tt}=\bar{h}_{tt}-\frac{1}{2}\eta_{tt}\bar{h}=\frac{2G_N M}{c^2 r}. \tag{G.9}$$

因为 $T_{ij}=0$(忽略与 Ω^2 同阶或更高阶的项,因为旋转是缓慢的),$\bar{h}_{ij}=0$. 度规微扰的 ij 分量为

$$h_{ij}=-\frac{1}{2}\eta_{ij}\bar{h}=\begin{cases}0, & \text{若 } i\neq j,\\ \dfrac{2G_N M}{c^2 r}, & \text{若 } i=j.\end{cases} \tag{G.10}$$

最后,因为 $\eta_{ti}=0$,有项 h_{ti},$\bar{h}_{ti}=h_{ti}$. 因为 $T_{tz}=0$,$h_{tz}=0$. 对于 tx -分量,有

$$h_{tx}=\frac{4G_N}{c^3 r}\int d^3 x'\rho\Omega y'+\frac{4G_N}{c^3 r^3}\int d^3 x'\rho\Omega y'(xx'+yy'+zz')+\cdots=\frac{4G_N}{c^3 r^3}\int d^3 x'\rho\Omega yy'^2+\cdots, \tag{G.11}$$

且对于 ty 分量,交换 x 和 y,并添加一个减号,有相同的表达式:

$$h_{ty}=-\frac{4G_N}{c^3 r^3}\int d^3 x'\rho\Omega xx'^2+\cdots. \tag{G.12}$$

引入物体的自旋角动量 J 为

$$J=2\int d^3 x'\rho\Omega x'^2=2\int d^3 x'\rho\Omega y'^2=\int d^3 x'\rho\Omega(x'^2+y'^2), \tag{G.13}$$

h_{ti} 项可被重写为

$$h_{tx}=\frac{2G_N J y}{c^3 r^3}+\cdots,\quad h_{ty}=-\frac{2G_N J x}{c^3 r^3}+\cdots,\quad h_{tz}=0. \tag{G.14}$$

仅考虑 $h_{\mu\nu}$ 中的主导阶项,远径处时空的线元显示为

$$ds^2=\left(1-\frac{2G_N M}{c^2 r}\right)c^2 dt^2+\frac{4G_N J y}{c^2 r^3}dt\,dx-\frac{4G_N J x}{c^2 r^3}dt\,dy+\left(1+\frac{2G_N M}{c^2 r}\right)(dx^2+dy^2+dz^2). \tag{G.15}$$

现在来重新写出在球坐标(ct,r,θ,ϕ)下的线元. 笛卡尔坐标与球坐标间的关系是

$$\begin{aligned} t&=t,\\ x&=r\sin\theta\cos\phi,\\ y&=r\sin\theta\sin\phi,\\ z&=r\cos\theta. \end{aligned} \tag{G.16}$$

度规张量按下式变换：

$$g'_{\mu\nu} = \frac{\partial x^\alpha}{\partial x'^\mu}\frac{\partial x^\beta}{\partial x'^\nu}g_{\alpha\beta}. \tag{G.17}$$

g_{tt} 保持不变，因为时间与空间坐标并没有混合. g_{ij} 按在欧几里得空间中进行变换（见 1.2 节）. 除了 $g_{t\phi}$，g_{ti} 之外都化为零，

$$
\begin{aligned}
g_{tr} &= \frac{\partial t}{\partial t}\frac{\partial x}{\partial r}g_{tx} + \frac{\partial t}{\partial t}\frac{\partial y}{\partial r}g_{ty}\\
&= \sin\theta\cos\phi\left(\frac{2G_N Jr\sin\theta\sin\phi}{c^3 r^3}\right) + \sin\theta\sin\phi\left(-\frac{2G_N Jr\sin\theta\cos\phi}{c^3 r^3}\right) = 0,\\
g_{t\theta} &= \frac{\partial t}{\partial t}\frac{\partial x}{\partial \theta}g_{tx} + \frac{\partial t}{\partial t}\frac{\partial y}{\partial \theta}g_{ty}\\
&= r\cos\theta\cos\phi\left(\frac{2G_N Jr\sin\theta\sin\phi}{c^3 r^3}\right) + r\cos\theta\sin\phi\left(-\frac{2G_N Jr\sin\theta\cos\phi}{c^3 r^3}\right) = 0,\\
g_{t\phi} &= \frac{\partial t}{\partial t}\frac{\partial x}{\partial \phi}g_{tx} + \frac{\partial t}{\partial t}\frac{\partial y}{\partial \phi}g_{ty}\\
&= -r\sin\theta\sin\phi\left(\frac{2G_N Jr\sin\theta\sin\phi}{c^3 r^3}\right) + r\sin\theta\cos\phi\left(-\frac{2G_N Jr\sin\theta\cos\phi}{c^3 r^3}\right) = -\frac{2G_N J\sin^2\theta}{c^3 r}.
\end{aligned}
\tag{G.18}
$$

于是，在球坐标下的线元显示为

$$\mathrm{d}s^2 = -\left(1-\frac{2G_N M}{c^2 r}\right)c^2\mathrm{d}t^2 - \frac{4G_N aM\sin^2\theta}{c^2 r}\mathrm{d}t\,\mathrm{d}\phi + \left(1+\frac{2G_N M}{c^2 r}\right)(\mathrm{d}r^2 + r^2\mathrm{d}\theta^2 + r^2\sin^2\theta\,\mathrm{d}\phi^2),$$

$$\tag{G.19}$$

其中，已经引入比自旋 $a = J/M$. 这些坐标仍然是迷向的. 如果希望使用类似于伯耶-林奎斯特坐标，需要进行另一次坐标变换，如 9.5 节中所示.

弗里德曼-罗伯逊-沃尔克度规

亚历山大·弗里德曼于 20 世纪 20 年代早期,以及乔治·勒梅特于 20 世纪 20 年代晚期和 30 年代早期,分别独立地首次使用弗里德曼-罗伯逊-沃尔克度规并在假定爱因斯坦方程的前提下研究相对应的宇宙学模型. 在 30 年代中期,霍华德·珀西·罗伯逊与亚瑟·杰佛里·沃尔克严格地证明了弗里德曼-罗伯逊-沃尔克度规是唯一与宇宙学原理相容的几何. 这一陈述独立于引力理论的场方程,而场方程仅仅能够决定标度因子 a(t). 在附录 H 中,我们希望概述弗里德曼-罗伯逊-沃尔克度规的一个可行的推导.

我们希望获得描述空间上均匀且各向同性的时空最一般的度规. 各向同性意味着没有优先的方向,于是,时空看起来应是球对称的,可以按 8.1 节中那样得到(8.5)式中的线元. 然后,可以考虑一个坐标变换来消去非对角的度规系数,得到度规

$$\mathrm{d}s^2 = -f(t, r)c^2\mathrm{d}t^2 + g(t, r)(\mathrm{d}r^2 + r^2\mathrm{d}\theta^2 + r^2\sin^2\theta\mathrm{d}\phi^2). \tag{H.1}$$

不像第 8 章中的球对称时空,这里的时空也是空间上均匀的,即不存在优先的点. 这尤其意味着任何静止观测者的钟应测量得到相同的时间,故 $f = f(t)$,因为它不能依赖于径向坐标 r. 如果 g_{tt} 仅依赖于时间坐标,总是可以考虑变换(这是时间的再定义,被称为**同时性**),

$$\mathrm{d}t \rightarrow \mathrm{d}t' = \sqrt{f}\,\mathrm{d}t, \tag{H.2}$$

并令 $g_{tt} = -1$. 由于各向同性,可以写 $g(t, r) = a^2(t)h(r)$,则线元变为

$$\mathrm{d}s^2 = -c^2\mathrm{d}t^2 + a^2(t)\mathrm{d}l^2, \tag{H.3}$$

其中,$\mathrm{d}l^2$ 由下式给出:

$$\mathrm{d}l^2 = h(r)(\mathrm{d}r^2 + r^2\mathrm{d}\theta^2 + r^2\sin^2\theta\mathrm{d}\phi^2) = h(r)(\mathrm{d}x^2 + \mathrm{d}y^2 + \mathrm{d}z^2). \tag{H.4}$$

利用用于张量微积分的 Mathematica 软件包(见附录 E),3 维度规 g_{ij} 的曲率标量的计算是直接的. 可以发现

$$R = \frac{3h'^2 - h(8h'/r + 4h'')}{2h^3}. \tag{H.5}$$

由于均匀性,R 必须在空间恒定. 施加该条件,函数 h 的解为

$$h(r) = \frac{1}{(1 + kr^2/4)^2}, \tag{H.6}$$

其中,$k = 0, \pm 1$,$R = 6k$,因此 $R > 0$,$R < 0$,与 $R = 0$ 分别对应了 $k = 1$,-1 和 0. 时空的线

元结果是

$$ds^2 = -c^2 dt^2 + a^2(t)\frac{dx^2 + dy^2 + dz^2}{(1+kr^2/4)^2} = -c^2 dt^2 + a^2(t)\frac{dr^2 + r^2 d\theta^2 + r^2\sin^2\theta d\phi^2}{(1+kr^2/4)^2}.$$

$$(\text{H}.7)$$

注意到我们已经得到一个描述空间上均匀且各向同性的时空度规最一般的表达式. 我们总是可以重新标度 r 以使 $k=0,\pm1$,因此, k 的其他值并不代表不同的度规,而就是相同的度规带有一个不同的径向坐标.

利用以下对径向坐标的变换:

$$\tilde{r} = \frac{r}{1+kr^2/4},$$

$$(\text{H}.8)$$

可以得到第 11 章中使用的坐标下的弗里德曼-罗伯逊-沃尔克度规,

$$ds^2 = -c^2 dt^2 + a^2(t)\left[\frac{d\tilde{r}^2}{1-k\tilde{r}^2} + \tilde{r}^2 d\theta^2 + \tilde{r}^2\sin^2\theta d\phi^2\right].$$

$$(\text{H}.9)$$

我们来检验(H.8)式中的变换将(H.7)式中的线元变换为(H.9)式中的线元. 对于 $g_{\theta\theta}$ 和 $g_{\phi\phi}$,容易看到

$$\frac{r^2}{(1+kr^2/4)^2}(d\theta^2 + \sin^2\theta d\phi^2) = \tilde{r}^2(d\theta^2 + \sin^2\theta d\phi^2).$$

$$(\text{H}.10)$$

对于 $g_{\tilde{r}\tilde{r}}$,可以写

$$\begin{aligned} g_{rr} &= \frac{\partial \tilde{r}}{\partial r}\frac{\partial \tilde{r}}{\partial r}g_{\tilde{r}\tilde{r}} = \frac{(1-kr^2/4)}{(1+kr^2/4)^2}\frac{(1-kr^2/4)}{(1+kr^2/4)^2}\frac{1}{1-k\tilde{r}^2} \\ &= \frac{(1-kr^2/4)}{(1+kr^2/4)^2}\frac{(1-kr^2/4)}{(1+kr^2/4)^2}\frac{(1+kr^2/4)^2}{(1+kr^2/4)^2 - kr^2} = \frac{1}{(1+kr^2/4)^2}, \end{aligned}$$

$$(\text{H}.11)$$

于是,可以得到(H.7)式中正确的度规系数.

习题解答建议

I.1 第 1 章习题解答建议

习题 1.1 在笛卡尔坐标 $\{x^i\} = (x, y, z)$ 下,度规张量为 δ_{ij}. 在球坐标 $\{x'^i\} = (r, \theta, \phi)$ 下,度规张量由下式给出:

$$g'_{ij} = \frac{\partial x^m}{\partial x'^i} \frac{\partial x^n}{\partial x'^j} \delta_{mn}. \tag{I.1}$$

对于 $i = j = r$, 有

$$
\begin{aligned}
g_{rr} &= \frac{\partial x^m}{\partial r} \frac{\partial x^n}{\partial r} \delta_{mn} = \frac{\partial x}{\partial r} \frac{\partial x}{\partial r} + \frac{\partial y}{\partial r} \frac{\partial y}{\partial r} + \frac{\partial z}{\partial r} \frac{\partial z}{\partial r} \\
&= \sin^2\theta \cos^2\phi + \sin^2\theta \sin^2\phi + \cos^2\theta = 1.
\end{aligned}
\tag{I.2}
$$

对于 $i = r$ 且 $j = \theta$, 有

$$
\begin{aligned}
g_{r\theta} &= \frac{\partial x^m}{\partial r} \frac{\partial x^n}{\partial \theta} \delta_{mn} = \frac{\partial x}{\partial r} \frac{\partial x}{\partial \theta} + \frac{\partial y}{\partial r} \frac{\partial y}{\partial \theta} + \frac{\partial z}{\partial r} \frac{\partial z}{\partial \theta} \\
&= r\sin\theta\cos\theta\cos^2\phi + r\sin\theta\cos\theta\sin^2\phi - r\sin\theta\cos\theta = 0.
\end{aligned}
\tag{I.3}
$$

对于 $i = r$ 且 $j = \phi$, 有

$$
\begin{aligned}
g_{r\phi} &= \frac{\partial x^m}{\partial r} \frac{\partial x^n}{\partial \phi} \delta_{mn} = \frac{\partial x}{\partial r} \frac{\partial x}{\partial \phi} + \frac{\partial y}{\partial r} \frac{\partial y}{\partial \phi} + \frac{\partial z}{\partial r} \frac{\partial z}{\partial \phi} \\
&= -r\sin^2\theta\cos\phi\sin\phi + r\sin^2\theta\cos\phi\sin\phi = 0.
\end{aligned}
\tag{I.4}
$$

以同样的方法计算度规张量的其余分量,最终可以发现唯一的非零分量为 $g_{rr} = 1$, $g_{\theta\theta} = r^2$, 以及 $g_{\phi\phi} = r^2\sin^2\theta$. 于是,在球坐标系下的线元为

$$\mathrm{d}l^2 = \mathrm{d}r^2 + r^2\mathrm{d}\theta^2 + r^2\sin^2\theta\,\mathrm{d}\phi^2, \tag{I.5}$$

并且已经证明了 (1.14) 式.

习题 1.2 按照习题 1.1 继续. 在球坐标 $\{x^i\} = (r, \theta, \phi)$ 下,度规张量 g_{ij} 由 (1.15) 式给出. 在柱坐标 $\{x'^i\} = (\rho, z, \phi')$ 下,可以由下式计算度规张量:

$$g'_{ij} = \frac{\partial x^m}{\partial x'^i} \frac{\partial x^n}{\partial x'^j} g_{mn}. \tag{I.6}$$

对于 $i=j=\rho$, 有

$$g_{\rho\rho}=\frac{\partial x^m}{\partial \rho}\frac{\partial x^n}{\partial \rho}g_{mn}=\frac{\partial r}{\partial \rho}\frac{\partial r}{\partial \rho}+\frac{\partial \theta}{\partial \rho}\frac{\partial \theta}{\partial \rho}r^2+\frac{\partial \phi}{\partial \rho}\frac{\partial \phi}{\partial \rho}r^2\sin^2\theta$$

$$=\frac{\rho}{\sqrt{\rho^2+z^2}}\frac{\rho}{\sqrt{\rho^2+z^2}}+\frac{z}{\rho^2+z^2}\frac{z}{\rho^2+z^2}(\rho^2+z^2)=1. \tag{I.7}$$

对于 $i=\rho$ 且 $j=z$, 有

$$g_{\rho z}=\frac{\partial x^m}{\partial \rho}\frac{\partial x^n}{\partial z}g_{mn}=\frac{\partial r}{\partial \rho}\frac{\partial r}{\partial z}+\frac{\partial \theta}{\partial \rho}\frac{\partial \theta}{\partial z}r^2+\frac{\partial \phi}{\partial \rho}\frac{\partial \phi}{\partial z}r^2\sin^2\theta$$

$$=\frac{\rho}{\sqrt{\rho^2+z^2}}\frac{z}{\sqrt{\rho^2+z^2}}+\frac{z}{\rho^2+z^2}\frac{-\rho}{\rho^2+z^2}(\rho^2+z^2)=0. \tag{I.8}$$

对于 $i=\rho$ 且 $j=\phi'$, 有

$$g_{\rho\phi'}=\frac{\partial x^m}{\partial \rho}\frac{\partial x^n}{\partial \phi'}g_{mn}=\frac{\partial r}{\partial \rho}\frac{\partial r}{\partial \phi'}+\frac{\partial \theta}{\partial \rho}\frac{\partial \theta}{\partial \phi'}r^2+\frac{\partial \phi}{\partial \rho}\frac{\partial \phi}{\partial \phi'}r^2\sin^2\theta=0. \tag{I.9}$$

以同样的方法计算度规张量的其余分量,最终可以发现唯一的非零分量为 $g_{\rho\rho}=1$, $g_{zz}=1$,以及 $g_{\phi'\phi'}=\rho^2$. 于是,在柱坐标系下的线元为

$$\mathrm{d}l^2=\mathrm{d}\rho^2+\mathrm{d}z^2+\rho^2\mathrm{d}\phi'^2. \tag{I.10}$$

习题 1.3 (1.36)式中变换的逆变换的雅可比行列式为

$$\left\|\frac{\partial x^m}{\partial x'^i}\right\|=\|\delta_i^m\|. \tag{I.11}$$

因此,新度规为 $g'_{ij}=\delta_i^m\delta_j^n\delta_{mn}=\delta_{ij}$.

习题 1.4 从笛卡尔坐标(x, y, z)至笛卡尔坐标(x', y', z')的变换由下式给出:

$$\begin{aligned}x'&=x\cos\theta+y\sin\theta,\\y'&=-x\sin\theta+y\cos\theta,\\z'&=z.\end{aligned} \tag{I.12}$$

其逆变换为

$$\begin{aligned}x&=x'\cos\theta-y'\sin\theta,\\y&=x'\sin\theta+y'\cos\theta,\\z&=z'.\end{aligned} \tag{I.13}$$

按照之前的练习继续,可以找到新的坐标系下的度规:

$$g'_{ij}=\frac{\partial x^m}{\partial x'^i}\frac{\partial x^n}{\partial x'^j}\delta_{mn}=\frac{\partial x}{\partial x'^i}\frac{\partial x}{\partial x'^j}+\frac{\partial y}{\partial x'^i}\frac{\partial y}{\partial x'^j}+\frac{\partial z}{\partial x'^i}\frac{\partial z}{\partial x'^j}. \tag{I.14}$$

对于 $i=j=x'$, 有

$$g_{x'x'}=\cos^2\theta+\sin^2\theta=1. \tag{I.15}$$

对于 $i=x'$ 且 $j=y'$, 有

$$g_{x'y'} = -\cos\theta\sin\theta + \sin\theta\cos\theta = 0. \tag{I.16}$$

对于 $i = x'$ 且 $j = z'$，有

$$g_{x'y'} = 0. \tag{I.17}$$

可以计算所有的度规分量. 其结果为 $g'_{ij} = \delta_{ij}$，欧几里得度规的表达式不变.

习题 1.5 一个自由质点的拉格朗日量为

$$L = \frac{1}{2} m g_{ij} \dot{x}^i \dot{x}^j. \tag{I.18}$$

在柱坐标系下，度规张量为（见习题 1.2）

$$\| g_{ij} \| = \begin{pmatrix} 1 & 0 & 0 \\ 0 & 1 & 0 \\ 0 & 0 & \rho^2 \end{pmatrix}. \tag{I.19}$$

于是，(I.18)式变为

$$L = \frac{1}{2} m (\dot{\rho}^2 + \dot{z}^2 + \rho^2 \dot{\phi}'^2). \tag{I.20}$$

欧拉-拉格朗日方程为

$$\ddot{\rho} - \rho \dot{\phi}'^2 = 0, \quad \ddot{z} = 0, \quad \ddot{\phi}' + \frac{2}{\rho} \dot{\rho} \dot{\phi}' = 0. \tag{I.21}$$

习题 1.6 仅需要将测地线方程

$$\ddot{x}^i + \Gamma^i_{jk} \dot{x}^j \dot{x}^k = 0 \tag{I.22}$$

与(I.21)式相参照. 可直接看到

$$\Gamma^{\rho}_{\phi'\phi'} = -\rho, \quad \Gamma^{\phi'}_{\rho\phi'} = \Gamma^{\phi'}_{\phi'\rho} = \frac{1}{\rho}, \tag{I.23}$$

并且所有其余的克里斯托费尔符号为零.

习题 1.7 这里拉格朗日坐标为 (θ, ϕ). 欧拉-拉格朗日方程为

$$\frac{d}{dt} \frac{\partial L}{\partial \dot{\theta}} - \frac{\partial L}{\partial \theta} = 0, \quad \frac{d}{dt} \frac{\partial L}{\partial \dot{\phi}} - \frac{\partial L}{\partial \phi} = 0. \tag{I.24}$$

可以发现

$$\ddot{\theta} - \sin\theta\cos\theta \dot{\phi}^2 = 0, \quad \ddot{\phi} + 2\cot\theta \dot{\theta}\dot{\phi} = 0. \tag{I.25}$$

习题 1.8 拉格朗日量不显含时间 t，所以能量 E 守恒，

$$E = \frac{\partial L}{\partial \dot{x}} \dot{x} + \frac{\partial L}{\partial \dot{y}} \dot{y} - L = \frac{1}{2} m (\dot{x}^2 + \dot{y}^2) + \frac{1}{2} k (x^2 + y^2). \tag{I.26}$$

欧拉-拉格朗日方程为

$$\ddot{x} + \frac{k}{m} x = 0, \quad \ddot{y} + \frac{k}{m} y = 0. \tag{I.27}$$

习题 1.9 考虑伽利略变换

$$x' = x - vt, \; y' = y, \; z' = z, \; t' = t, \tag{I.28}$$

有

$$\frac{\partial}{\partial x^i} = \frac{\partial x'^m}{\partial x^i} \frac{\partial}{\partial x'^m} = \frac{\partial}{\partial x'^i}, \tag{I.29}$$

因此，$\nabla = \nabla'$. 对于时间坐标的导数，有

$$\frac{\partial}{\partial t} = -v \frac{\partial}{\partial x'} + \frac{\partial}{\partial t'}. \tag{I.30}$$

因为在伽利略相对论中 $c' = c - v$，无关于电场和磁场的变换法则，麦克斯韦第三、第四方程将变为

$$\nabla \times E' = -\frac{1}{c'+v}\left(\frac{\partial}{\partial t'} - v\frac{\partial}{\partial x'}\right) B', \tag{I.31}$$

$$\nabla \times B' = \frac{1}{c'+v}\left(\frac{\partial}{\partial t'} - v\frac{\partial}{\partial x'}\right) E', \tag{I.32}$$

这些方程在伽利略变换下并不会保持不变.

I.2 第 2 章习题解答建议

习题 2.1 笛卡尔坐标 $\{x^i\} = (ct, x, y, z)$ 与球坐标 $\{x'^i\} = (ct', r, \theta, \phi)$ 之间的关系为

$$t = t', \; x = r\sin\theta\cos\phi, \; y = r\sin\theta\sin\phi, \; z = r\cos\theta, \tag{I.33}$$

其逆为

$$t' = t, \; r = \sqrt{x^2 + y^2 + z^2}, \; \theta = \arccos\left(\frac{z}{\sqrt{x^2+y^2+z^2}}\right), \; \phi = \arctan\left(\frac{y}{x}\right). \tag{I.34}$$

作为一个张量，$T^{\mu\nu}$ 按照 (1.30) 式中的规则变换. 由 (2.60) 式中的表达式，可以发现

$$T'^{\mu\nu} = \frac{\partial x'^\mu}{\partial x^\alpha}\frac{\partial x'^\nu}{\partial x^\beta}T^{\alpha\beta} = \frac{1}{c^2}\frac{\partial x'^\mu}{\partial t}\frac{\partial x'^\nu}{\partial t}\varepsilon + \frac{\partial x'^\mu}{\partial x}\frac{\partial x'^\nu}{\partial x}P + \frac{\partial x'^\mu}{\partial y}\frac{\partial x'^\nu}{\partial y}P + \frac{\partial x'^\mu}{\partial z}\frac{\partial x'^\nu}{\partial z}P. \tag{I.35}$$

例如，对于 $\mu = \nu = t'$，有

$$T'^{t't'} = \frac{\partial t'}{\partial t}\frac{\partial t'}{\partial t}\varepsilon = \varepsilon. \tag{I.36}$$

在计算所有分量以后，可以发现理想流体的能量-动量张量在球坐标下且在流体静止系中具有以下形式：

$$\| T'^{\mu\nu} \| = \begin{pmatrix} \varepsilon & 0 & 0 & 0 \\ 0 & P & 0 & 0 \\ 0 & 0 & \dfrac{P}{r^2} & 0 \\ 0 & 0 & 0 & \dfrac{P}{r^2 \sin^2\theta} \end{pmatrix}. \tag{I.37}$$

$T'^{\mu}{}_{\nu}$ 利用 $g_{\mu\alpha}$ 降第二个指标得到

$$T'^{\mu}{}_{\nu} = g_{\nu\rho} T'^{\mu\rho}. \tag{I.38}$$

结果为

$$\| T'^{\mu}{}_{\nu} \| = \begin{pmatrix} -\varepsilon & 0 & 0 & 0 \\ 0 & P & 0 & 0 \\ 0 & 0 & P & 0 \\ 0 & 0 & 0 & P \end{pmatrix}. \tag{I.39}$$

相似地，$T'_{\mu\nu} = g_{\mu\rho} T'^{\rho}{}_{\nu}$，可以得到

$$\| T'_{\mu\nu} \| = \begin{pmatrix} \varepsilon & 0 & 0 & 0 \\ 0 & P & 0 & 0 \\ 0 & 0 & Pr^2 & 0 \\ 0 & 0 & 0 & Pr^2 \sin^2\theta \end{pmatrix}. \tag{I.40}$$

习题 2.2　需要从笛卡尔坐标 $\{x^\mu\}$ 变换至笛卡尔坐标 $\{x'^\mu\}$，其中，

$$\frac{\partial x'^\mu}{\partial x^\alpha} = \Lambda^\mu{}_\alpha, \tag{I.41}$$

而 $\Lambda^\mu{}_\alpha$ 是 (2.28) 式中的变换. 在坐标 $\{x'^\mu\}$ 下的能量-动量张量可由下式计算：

$$T'^{\mu\nu} = \Lambda^\mu{}_\alpha \Lambda^\nu{}_\beta T^{\alpha\beta}. \tag{I.42}$$

例如，对于 $\mu = \nu = t'$，有

$$T^{t't'} = \Lambda^{t'}{}_\alpha \Lambda^{t'}{}_\beta T^{\alpha\beta} = \Lambda^{t'}{}_{t'} \Lambda^{t'}{}_t \varepsilon + \Lambda^{t'}{}_x \Lambda^{t'}{}_x P = \gamma^2(\varepsilon + \beta^2 P). \tag{I.43}$$

其余的分量可利用相同的步骤计算得到.

习题 2.3　连接参考系 (ct, x, y, z) 与 (ct', x', y', z') 的洛伦兹助推为

$$\| \Lambda_1{}^\mu{}_\alpha \| = \begin{pmatrix} \gamma & -\gamma\beta & 0 & 0 \\ -\gamma\beta & \gamma & 0 & 0 \\ 0 & 0 & 1 & 0 \\ 0 & 0 & 0 & 1 \end{pmatrix}, \tag{I.44}$$

其中，$\beta = v/c$，$\gamma = 1/\sqrt{1-\beta^2}$，并且有 $x'^\mu = \Lambda_1{}^\mu{}_\alpha x^\alpha$. 连接参考系 (ct', x', y', z') 与 (ct'', x'', y'', z'') 的洛伦兹助推为

$$\| \Lambda_2{}^{\mu}{}_{\alpha} \| = \begin{pmatrix} \gamma' & -\gamma'\beta' & 0 & 0 \\ -\gamma'\beta' & \gamma' & 0 & 0 \\ 0 & 0 & 1 & 0 \\ 0 & 0 & 0 & 1 \end{pmatrix}, \tag{I.45}$$

其中，$\beta' = v'/c$，$\gamma' = 1/\sqrt{1-\beta'^2}$，并且有 $x''^{\mu} = \Lambda_2{}^{\mu}{}_{\alpha}x'^{\alpha}$. 连接参考系 (ct, x, y, z) 与 (ct'', x'', y'', z'') 的洛伦兹助推可由下式得到：

$$\Lambda_3{}^{\mu}{}_{\alpha} = \Lambda_2{}^{\mu}{}_{\sigma}\Lambda_1{}^{\sigma}{}_{\alpha}. \tag{I.46}$$

习题 2.4 可以表明 (2.28) 式与 (2.29) 式中的矩阵并不对易. 例如，

$$\Lambda_x{}^{\mu}{}_{\sigma}\Lambda_y{}^{\sigma}{}_{\alpha} \neq \Lambda_y{}^{\mu}{}_{\sigma}\Lambda_x{}^{\sigma}{}_{\alpha}. \tag{I.47}$$

习题 2.5 以 Δt 表示地球上的钟测量的时间间隔，以 $\Delta\tau$ 表示在其中某个卫星上的钟测量的相同时间间隔. 仅考虑卫星轨道运动带来的影响，有

$$\Delta t = \frac{\Delta\tau}{\sqrt{1-\beta^2}} \approx \left(1 + \frac{\beta^2}{2}\right)\Delta\tau = (1 + 8.4 \times 10^{-11})\Delta\tau, \tag{I.48}$$

其中，$\beta = v/c = 1.3 \times 10^{-5}$ 是以光速为单位的卫星的速度.

I.3 第 3 章习题解答建议

习题 3.1 遵循 4 维形式. 由 (3.22) 式中的作用量，在球坐标下拉格朗日量为

$$L = -\frac{1}{2}m(c^2\dot{t}^2 - \dot{r}^2 - r^2\dot{\theta}^2 - r^2\sin^2\theta\dot{\phi}^2). \tag{I.49}$$

利用 (3.23) 式来计算共轭动量的分量. 对于 $\mu = t$，有

$$p_t = \frac{\partial L}{\partial \dot{x}^0} = \frac{1}{c}\frac{\partial L}{\partial \dot{t}} = -mc\dot{t}. \tag{I.50}$$

对于 $\mu = r, \theta, \phi$，可以发现

$$p_r = m\dot{r}, \quad p_\theta = mr^2\dot{\theta}, \quad p_\phi = mr^2\sin^2\theta\dot{\phi}. \tag{I.51}$$

4 维动量的分量可通过利用度规张量的逆升 p_μ 的指标得到. 对于 $\mu = t$，有

$$p^t = g^{t\mu}p_\mu = mc\dot{t}. \tag{I.52}$$

相似地，对于空间分量，有

$$p^r = m\dot{r}, \quad p^\theta = m\dot{\theta}, \quad p^\phi = m\dot{\phi}. \tag{I.53}$$

习题 3.2 (I.49) 式中的拉格朗日量不依赖于坐标 t 和 ϕ，因此，有能量 E 和角动量的轴向分量 L_z 守恒，

$$E = -p_t = mc\dot{t}, \quad L_z = p_\phi = mr^2\sin^2\theta\dot{\phi}. \tag{I.54}$$

注意到能量 E 被定义为 $-p_t$. 如果采用符号为 $(+---)$ 的度规（因为它在粒子物理学中的

普遍性),可以将定义能量 $E = p_t$,并且角动量的轴向分量 $L_z = -p_\phi$. 系统还有第三个运动常数,它关联于 4 维速度的范数且遵循(3.24)式.

习题 3.3   在柱坐标下,(I.49)式中的拉格朗日量变为

$$L = -\frac{1}{2}m(c^2\dot{t}^2 - \dot{\rho}^2 - \dot{z}^2 - \rho^2\dot{\phi}^2). \tag{I.55}$$

共轭动量的分量为

$$p_t = -mc\dot{t}, \quad p_\rho = m\dot{\rho}, \quad p_z = m\dot{z}, \quad p_\phi = m\rho^2\dot{\phi}. \tag{I.56}$$

4 维动量的分量利用度规张量的逆升 p_μ 的指标得到

$$p^t = mc\dot{t}, \quad p^\rho = m\dot{\rho}, \quad p^z = m\dot{z}, \quad p^\phi = m\dot{\phi}. \tag{I.57}$$

拉格朗日量不依赖于坐标 t、z 和 ϕ,所以,有能量 $-p_t$、沿 z 轴的动量 $p_z (= p^z)$ 以及角动量的轴向分量 p_ϕ 的守恒.

习题 3.4   假定高能光子在 xy 平面内运动,且 CMB 光子沿 x 轴方向运动. 它们的 4 维动量分别是

$$\| p_\gamma^\mu \| = (p, p\cos\theta, p\sin\theta, 0), \quad \| p_{CMB}^\mu \| = (q, q, 0, 0), \tag{I.58}$$

当

$$-p_i^\mu p_\mu^i \geqslant 4m_e^2c^2 \tag{I.59}$$

时,该反应是能量允许发生的,其中,$p_i^\mu = p_\gamma^\mu + p_{CMB}^\mu$. 可以发现

$$p^2 + q^2 + 2pq - p^2\cos^2\theta - q^2 - 2pq\cos\theta - p^2\sin^2\theta \geqslant 4m_e^2c^2,$$
$$2pq(1 - \cos\theta) \geqslant 4m_e^2c^2. \tag{I.60}$$

CMB 光子的平均能量为 $\langle qc \rangle = 2 \times 10^{-4}$ eV. 忽略(I.60)式中的 $pq\cos\theta$ 项,可以得到高能光子的阈能为 $E_\gamma \sim 10^{15}$ eV.

习题 3.5   铁- 56 的结合能为

$$\begin{aligned}E_B &= (26 \times m_p c^2 + 30 \times m_n c^2 - Mc^2) \\ &= (26 \times 0.938 + 30 \times 0.940 - 52.103)(GeV) = 485(MeV).\end{aligned} \tag{I.61}$$

每个核子的结合能为 $\varepsilon_B = E_B/56 = 8.7(MeV)$.

习题 3.6   欧拉-拉格朗日方程的第一部分为

$$\begin{aligned}&\frac{1}{\sqrt{-g}}\frac{\partial}{\partial x^\sigma}\left[\sqrt{-g}\frac{\partial\mathscr{L}}{\partial(\partial_\sigma\phi)}\right] \\ &= -\frac{1}{\sqrt{-g}}\frac{\partial}{\partial x^\sigma}\left[\sqrt{-g}\frac{\hbar}{2}g^{\mu\nu}\frac{\partial(\partial_\mu\phi)}{\partial(\partial_\sigma\phi)}(\partial_\nu\phi) + \sqrt{-g}\frac{\hbar}{2}g^{\mu\nu}(\partial_\mu\phi)\frac{\partial(\partial_\nu\phi)}{\partial(\partial_\sigma\phi)}\right] \\ &= -\frac{1}{\sqrt{-g}}\frac{\partial}{\partial x^\sigma}\left[\sqrt{-g}\frac{\hbar}{2}g^{\mu\nu}\delta_\mu^\sigma(\partial_\nu\phi) + \sqrt{-g}\frac{\hbar}{2}g^{\mu\nu}(\partial_\mu\phi)\delta_\nu^\sigma\right] \\ &= -\frac{\hbar}{\sqrt{-g}}\frac{\partial}{\partial x^\sigma}\left[\sqrt{-g}g^{\nu\sigma}(\partial_\nu\phi)\right] = -\hbar\Box\phi,\end{aligned} \tag{I.62}$$

其中,已经引入算符□,

$$\Box = \frac{1}{\sqrt{-g}} \frac{\partial}{\partial x^{\mu}} \sqrt{-g} \, g^{\mu\nu} \frac{\partial}{\partial x^{\nu}}.$$ (I.63)

欧拉-拉格朗日方程的第二部分为

$$\frac{\partial \mathscr{L}}{\partial \phi} = -\frac{m^2 c^2}{\hbar} \phi.$$ (I.64)

最后,欧拉-拉格朗日方程可写为如下形式:

$$\left(\Box - \frac{m^2 c^2}{\hbar^2} \right) \phi = 0.$$ (I.65)

这就是克莱因-戈尔登方程.

习题 3.7 问题约化为在笛卡尔坐标和球坐标下写出算符□. 在笛卡尔坐标下,这是平凡的,因为 $g^{\mu\nu} = \mathrm{diag}(-1, 1, 1, 1)$,于是,

$$\Box = \eta^{\mu\nu} \frac{\partial^2}{\partial x^{\mu} \partial x^{\nu}} = -\frac{1}{c^2} \frac{\partial^2}{\partial t^2} + \frac{\partial^2}{\partial x^2} + \frac{\partial^2}{\partial y^2} + \frac{\partial^2}{\partial z^2}.$$ (I.66)

在球坐标下,有 $\sqrt{-g} = r^2 \sin\theta$,于是,

$$\Box = -\frac{1}{c^2} \frac{\partial^2}{\partial t^2} + \frac{\partial^2}{\partial r^2} + \frac{2}{r} \frac{\partial}{\partial r} + \frac{1}{r^2} \frac{\partial^2}{\partial \theta^2} + \frac{\cot\theta}{r^2} \frac{\partial}{\partial \theta} + \frac{1}{r^2 \sin^2\theta} \frac{\partial^2}{\partial \phi^2}.$$ (I.67)

习题 3.8 由(I.62)式可以知道

$$\frac{\partial \mathscr{L}}{\partial (\partial_{\mu}\phi)} = -\hbar g^{\mu\sigma} (\partial_{\sigma}\phi) = -\hbar (\partial^{\mu}\phi).$$ (I.68)

于是,能量-动量张量为

$$T^{\mu}_{\nu} = \hbar (\partial^{\mu}\phi)(\partial_{\nu}\phi) - \delta^{\mu}_{\nu} \left[\frac{\hbar}{2} \eta^{\sigma\rho} (\partial_{\sigma}\phi)(\partial_{\rho}\phi) + \frac{1}{2} \frac{m^2 c^2}{\hbar} \phi^2 \right],$$ (I.69)

或者为

$$T^{\mu\nu} = \hbar (\partial^{\mu}\phi)(\partial_{\nu}\phi) - \frac{\hbar}{2} \eta^{\mu\nu} \left[\eta^{\sigma\rho} (\partial_{\sigma}\phi)(\partial_{\rho}\phi) + \frac{m^2 c^2}{\hbar^2} \phi^2 \right].$$ (I.70)

习题 3.9 在(3.104)式中可以看到 $\eta^{\mu\nu}$ 作为笛卡尔坐标下的度规张量. 如果将 $\eta^{\mu\nu}$ 替换为 $g^{\mu\nu}$,有

$$T^{\mu\nu} = (\varepsilon + P) \frac{U^{\mu} U^{\nu}}{c^2} + P g^{\mu\nu},$$ (I.71)

这就是理想流体在一个一般坐标系下的能量-动量张量. 对于球坐标 $g_{\mu\nu} = \mathrm{diag}(-1, 1, r^2, r^2 \sin^2\theta)$,且在流体静止系有

$$\| T^{\mu\nu} \| = \begin{pmatrix} \varepsilon & 0 & 0 & 0 \\ 0 & P & 0 & 0 \\ 0 & 0 & \dfrac{P}{r^2} & 0 \\ 0 & 0 & 0 & \dfrac{P}{r^2\sin^2\theta} \end{pmatrix}, \quad \| T_{\mu\nu} \| = \begin{pmatrix} \varepsilon & 0 & 0 & 0 \\ 0 & P & 0 & 0 \\ 0 & 0 & Pr^2 & 0 \\ 0 & 0 & 0 & Pr^2\sin^2\theta \end{pmatrix}. \tag{I.72}$$

I.4　第4章习题解答建议

习题 4.1　可以写出

$$F^{\mu\nu}F_{\mu\nu} = F^{\mu t}F_{\mu t} + F^{\mu x}F_{\mu x} + F^{\mu y}F_{\mu y} + F^{\mu z}F_{\mu z}. \tag{I.73}$$

右边第一项为

$$F^{\mu t}F_{\mu t} = -E_x^2 - E_y^2 - E_z^2. \tag{I.74}$$

相似地可以计算得到其余的项:

$$\begin{aligned} F^{\mu x}F_{\mu x} &= -E_x^2 + B_z^2 + B_y^2, \\ F^{\mu y}F_{\mu y} &= -E_y^2 + B_z^2 + B_x^2, \\ F^{\mu z}F_{\mu z} &= -E_z^2 + B_y^2 + B_x^2. \end{aligned} \tag{I.75}$$

于是,可以发现

$$F^{\mu\nu}F_{\mu\nu} = 2(B^2 - E^2), \tag{I.76}$$

其中,已经定义了 $B^2 = B_x^2 + B_y^2 + B_z^2$ 和 $E^2 = E_x^2 + E_y^2 + E_z^2$.

$\varepsilon^{\mu\nu\rho\sigma}F_{\mu\nu}F_{\rho\sigma}$ 可以利用相同的方法计算,结果为

$$\varepsilon^{\mu\nu\rho\sigma}F_{\mu\nu}F_{\rho\sigma} = -8E \cdot B, \tag{I.77}$$

其中, $E \cdot B = E_x B_x + E_y B_y + E_z B_z$.

习题 4.2　写出左边的 i 分量,有

$$[\nabla(V \times W)]^i = \partial^i(V^j W_j) = (\partial^i V^j)W_j + V^j(\partial^i W_j). \tag{I.78}$$

现在来考虑右边第一项的 i 分量为

$$[(W \times \nabla)V]^i = W^j \partial_j V^i. \tag{I.79}$$

第二项与之相似,仅有 V 与 W 互换.第三项的 i 分量为

$$\begin{aligned} [W \times (\nabla \times V)]^i &= \varepsilon^{ijk}W_j(\nabla \times V)_k = \varepsilon^{ijk}W_j\varepsilon_{klm}\partial^l V^m = \varepsilon^{kij}\varepsilon_{klm}W_j\partial^l V^m \\ &= (\delta_l^i\delta_m^j - \delta_m^i\delta_l^j)W_j\partial^l V^m = W_j\partial^i V^j - W_j\partial^j V^i. \end{aligned} \tag{I.80}$$

第四项与第三项相似,仅有 V 与 W 互换.如果将(I.79)式与(I.80)式合并,有

$$[(W \times \nabla)V]^i + [W \times (\nabla \times V)]^i = W_j(\partial^i V^j). \tag{I.81}$$

相似地,有

$$[(V \times \nabla)W]^i + [V \times (\nabla \times W)]^i = V_j(\partial^i W^j), \tag{I.82}$$

(I.81)式与(I.82)式的和给出了(I.78)式.

习题 4.3 在第一个参考系中的法拉第张量为

$$\| F_{\mu\nu} \| = \begin{pmatrix} 0 & -E & 0 & 0 \\ E & 0 & 0 & 0 \\ 0 & 0 & 0 & 0 \\ 0 & 0 & 0 & 0 \end{pmatrix}, \tag{I.83}$$

在第二个参考系中的法拉第张量可由下式计算:

$$F'_{\mu\nu} = \Lambda_\mu^\alpha \Lambda_\nu^\beta F_{\alpha\beta} = \Lambda_\mu^t \Lambda_\nu^x F_{tx} + \Lambda_\mu^x \Lambda_\nu^t F_{xt}, \tag{I.84}$$

其中,

$$\| \Lambda_\nu^\mu \| = \begin{pmatrix} \gamma & -\gamma\beta & 0 & 0 \\ -\gamma\beta & \gamma & 0 & 0 \\ 0 & 0 & 1 & 0 \\ 0 & 0 & 0 & 1 \end{pmatrix}, \tag{I.85}$$

$\beta = v/c$ 且 $\gamma = 1/\sqrt{1-\beta^2}$. 结果为 $F'_{\mu\nu} = F_{\mu\nu}$.

习题 4.4 (I.83)式给出了法拉第张量,所以,唯一的非零元是 $F_{xt} = -F_{tx} = E$, 以及 $F^{tx} = -F^{xt} = E$. 有 $F^{\rho\sigma}F_{\rho\sigma} = -2E^2$. 能量-动量张量为

$$\| T^{\mu\nu} \| = \frac{1}{4\pi} \| F^{\mu\rho}F^\nu_{\ \rho} \| - \frac{1}{16\pi} \| \eta^{\mu\nu} \| F^{\rho\sigma}F_{\rho\sigma} = \frac{E^2}{8\pi} \begin{pmatrix} 1 & 0 & 0 & 0 \\ 0 & -1 & 0 & 0 \\ 0 & 0 & 1 & 0 \\ 0 & 0 & 0 & 1 \end{pmatrix}, \tag{I.86}$$

而它的迹为零, $T^\mu_\mu = E^2/8\pi(-1-1+1+1) = 0$.

I.5 第 5 章习题解答建议

习题 5.1 由(5.50)式有

$$\nabla_\mu A_{\alpha\beta} = \frac{\partial A_{\alpha\beta}}{\partial x^\mu} - \Gamma_{\mu\alpha}^\sigma A_{\sigma\beta} - \Gamma_{\mu\beta}^\sigma A_{\alpha\sigma},$$

$$\nabla_\mu A^{\alpha\beta} = \frac{\partial A^{\alpha\beta}}{\partial x^\mu} + \Gamma_{\mu\sigma}^\alpha A^{\sigma\beta} + \Gamma_{\mu\sigma}^\beta A^{\alpha\sigma},$$

$$\nabla_\mu A^\alpha_{\ \beta} = \frac{\partial A^\alpha_{\ \beta}}{\partial x^\mu} + \Gamma_{\mu\sigma}^\alpha A^\sigma_{\ \beta} - \Gamma_{\mu\beta}^\sigma A^\alpha_{\ \sigma},$$

$$\nabla_\mu A_\alpha^{\ \beta} = \frac{\partial A_\alpha^{\ \beta}}{\partial x^\mu} - \Gamma_{\mu\alpha}^\sigma A_\sigma^{\ \beta} + \Gamma_{\mu\sigma}^\beta A_\alpha^{\ \sigma}.$$

$$\tag{I.87}$$

习题 5.2 可直接在笛卡尔坐标下计算,而度规张量为 $\eta_{\mu\nu} = \text{diag}(-1, 1, 1, 1)$. 在笛卡尔坐标系下,黎曼张量的所有分量都为零,于是,里奇张量的所有分量以及曲率标量也都为

零. 利用张量与标量的变换法则, 可以看到在闵可夫斯基时空中, 黎曼张量与里奇张量的所有分量以及曲率标量都恒等于零.

习题 5.3   利用 (5.76) 式可以写出 $R_{\alpha\mu\beta\nu}$,

$$R_{\alpha\mu\beta\nu} = \frac{1}{2}\left(\frac{\partial^2 g_{\alpha\nu}}{\partial x^\mu \partial x^\beta} + \frac{\partial^2 g_{\mu\beta}}{\partial x^\alpha \partial x^\nu} - \frac{\partial^2 g_{\alpha\beta}}{\partial x^\mu \partial x^\nu} - \frac{\partial^2 g_{\mu\nu}}{\partial x^\alpha \partial x^\beta}\right) + g_{\kappa\lambda}(\Gamma^\lambda_{\mu\beta}\Gamma^\kappa_{\alpha\nu} - \Gamma^\lambda_{\mu\nu}\Gamma^\kappa_{\alpha\beta}).$$

$$(\text{I. 88})$$

里奇张量为

$$R_{\mu\nu} = g^{\alpha\beta}R_{\alpha\mu\beta\nu} = \frac{1}{2}g^{\alpha\beta}\left(\frac{\partial^2 g_{\alpha\nu}}{\partial x^\mu \partial x^\beta} + \frac{\partial^2 g_{\mu\beta}}{\partial x^\alpha \partial x^\nu}\right) - \frac{1}{2}g^{\alpha\beta}\frac{\partial^2 g_{\alpha\beta}}{\partial x^\mu \partial x^\nu}$$

$$- \frac{1}{2}g^{\alpha\beta}\frac{\partial^2 g_{\mu\nu}}{\partial x^\alpha \partial x^\beta} + \frac{1}{2}g^{\alpha\beta}g_{\kappa\lambda}\Gamma^\lambda_{\mu\beta}\Gamma^\kappa_{\alpha\nu} - \frac{1}{2}g^{\alpha\beta}\Gamma^\lambda_{\mu\nu}\Gamma^\kappa_{\alpha\beta},$$

$$(\text{I. 89})$$

对于指标 μ 和 ν 它显然是对称的.

I.6   第 6 章习题解答建议

习题 6.1   由于度规矩阵是对角的, 可以直接找到它的 vierbein. 对于 $\alpha \neq \mu$, $E^\mu_{(\alpha)}$ 将为零; 对于 $\alpha = \mu$, 它将为 $1/\sqrt{|g_{\mu\mu}|}$. 于是, 有

$$E_{(t)} = \left(\frac{1}{\sqrt{f}}, 0, 0, 0\right), \quad E_{(r)} = (0, \sqrt{f}, 0, 0),$$

$$E_{(\theta)} = \left(0, 0, \frac{1}{r}, 0\right), \quad E_{(\phi)} = \left(0, 0, 0, \frac{1}{r\sin\theta}\right).$$

$$(\text{I. 90})$$

习题 6.2   如果观测者具有恒定的空间坐标, 在线元中 $dx^i = 0$, 于是,

$$d\tau^2 = -g_{tt}dt^2 = \left(1 - \frac{r_{\text{Sch}}r}{r^2 + a^2\cos^2\theta}\right)dt^2.$$

$$(\text{I. 91})$$

注意到这要求 $r > r_{\text{sl}} = r_{\text{Sch}}/2 + \sqrt{r_{\text{Sch}}^2/4 - a^2\cos^2\theta}$. 对于 $r < r_{\text{sl}}$, 有 $g_{tt} > 0$, 因此, 一个具有恒定空间坐标的观测者将遵循一个类空轨迹, 而这是不被允许的. $r < r_{\text{sl}}$ 的观测者是被允许的, 但他们必须移动. 本书在 10.3.3 节中讨论这一点.

习题 6.3   对于一个一般的参考系, 仅需要简单地将偏导数 ∂_μ 替换为协变导数 ∇_μ, 其结果是方程显示为 $\nabla_\mu J^\mu = 0$. 注意到 $\partial_\mu J^\mu = 0$ 在平直时空中笛卡尔坐标下的惯性参考系中成立. $\nabla_\mu J^\mu = 0$ 对于任何情况都成立, 包含当没有笛卡尔坐标系时, 或者时空虽是平直的但参考系不是惯性的, 或者时空是弯曲的情况.

在一个一般的参考系中, 有

$$\nabla_\mu J^\mu = \frac{\partial J^\mu}{\partial x^\mu} + \Gamma^\mu_{\mu\nu}J^\nu = 0.$$

$$(\text{I. 92})$$

为了将该表达式在平直时空中球坐标下的惯性参考系中写出, 求出克里斯托费尔符号的值是必要的, 然后将之代入 (I.92) 式. 或者可以利用 (5.64) 式写出

$$\nabla_\mu J^\mu = \frac{1}{r^2 \sin\theta} \frac{\partial}{\partial t}(J^t r^2 \sin\theta) + \frac{1}{r^2 \sin\theta} \frac{\partial}{\partial r}(J^r r^2 \sin\theta)$$

$$+ \frac{1}{r^2 \sin\theta} \frac{\partial}{\partial \theta}(J^\theta r^2 \sin\theta) + \frac{1}{r^2 \sin\theta} \frac{\partial}{\partial \phi}(J^\phi r^2 \sin\theta)$$

$$= \frac{\partial J^t}{\partial t} + \frac{2J^r}{r} + \frac{\partial J^r}{\partial r} + \frac{\partial J^\theta}{\partial \theta} + \cot\theta J^\theta + \frac{\partial J^\phi}{\partial \phi}. \tag{I.93}$$

习题 6.4 在最小限度耦合的情况下,可以应用标准技巧,将偏导数替换为协变导数. 结果为

$$\left(\nabla_\mu \partial^\mu - \frac{m^2 c^2}{\hbar^2}\right)\phi = 0. \tag{I.94}$$

因为 ϕ 是一个标量,注意到有 $\nabla_\mu \partial^\mu$ 而不是 $\nabla_\mu \nabla^\mu$, $\nabla^\mu \phi = \partial^\mu \phi$. 由于 $\partial^\mu \phi$ 是某个向量场的分量,需要协变导数,因此,可以写作 $\nabla_\mu \partial^\mu \phi$. 如果在平直时空中笛卡尔坐标下有表达式

$$\partial_\mu \partial^\mu A^\nu, \tag{I.95}$$

其中, A^ν 是某个向量场,那么,对弯曲时空的延拓将为

$$\nabla_\mu \nabla^\mu A^\nu. \tag{I.96}$$

在非最小限度耦合的情况下,有来自 $\partial \mathscr{L}/\partial \phi$ 的额外项,而场方程变为

$$\left(\nabla_\mu \partial^\mu - \frac{m^2 c^2}{\hbar^2} + \frac{2\xi R}{\hbar}\right)\phi = 0. \tag{I.97}$$

习题 6.5 改变含 $g^{\mu\nu}$ 的项之前的符号,拉格朗日密度显示为

$$\mathscr{L} = \frac{\hbar}{2} g^{\mu\nu}(\partial_\mu \phi)(\partial_\nu \phi) - \frac{1}{2}\frac{m^2 c^2}{\hbar}\phi^2 + \xi R \phi^2. \tag{I.98}$$

克莱因-戈尔登方程变为

$$\left(\nabla_\mu \partial^\mu + \frac{m^2 c^2}{\hbar^2} - \frac{2\xi R}{\hbar}\right)\phi = 0. \tag{I.99}$$

习题 6.6 闵可夫斯基度规 $\eta^{\mu\nu}$ 须被替换为度规张量的一般表达式 $g^{\mu\nu}$. 理想流体的能量-动量张量显示为

$$T^{\mu\nu} = (\varepsilon + P)\frac{U^\mu U^\nu}{c^2} + P g^{\mu\nu}. \tag{I.100}$$

I.7 第 7 章习题解答建议

习题 7.1 由 7.4 节知晓作用量

$$S = -\frac{\hbar}{2c}\int \left[g^{\mu\nu}(\partial_\mu \phi)(\partial_\nu \phi) + \frac{m^2 c^2}{\hbar^2}\phi^2\right]\sqrt{-g}\,\mathrm{d}^4 x, \tag{I.101}$$

引出能量-动量张量

$$T^{\mu\nu} = \hbar(\partial^{\mu}\phi)(\partial^{\nu}\phi) - \frac{\hbar}{2} g^{\mu\nu} \left[g^{\rho\sigma}(\partial_{\rho}\phi)(\partial_{\sigma}\phi) + \frac{m^2 c^2}{\hbar^2}\phi^2 \right]. \tag{I.102}$$

需要求出下式的贡献:

$$S_{R\phi^2} = \frac{1}{c}\int \xi R\phi^2 \sqrt{-g}\, \mathrm{d}^4 x. \tag{I.103}$$

代替(7.38)式,现在有

$$\delta S_{R\phi^2} = \frac{1}{c}\int \xi \phi^2 \left(\frac{1}{2} g^{\mu\nu}R - R^{\mu\nu} \right)\sqrt{-g}\,(\delta g_{\mu\nu})\mathrm{d}^4 x + \frac{1}{c}\int \xi \phi^2 \nabla_{\rho}H^{\rho}\sqrt{-g}\,\mathrm{d}^4 x. \tag{I.104}$$

右边第一项引出爱因斯坦方程的左边,并带有一个有效爱因斯坦常数 $\kappa_{\mathrm{eff}} = 1/(2\xi\phi^2)$. 如今我们无法像在 7.3 节那样忽略右边第二项,并且它对标量场的能量-动量张量有贡献. 在(7.37)式中,H^{ρ} 利用 $\delta\Gamma^{\kappa}_{\mu\nu}$ 写出,现在需要从中提取出 $\delta g_{\mu\nu}$. 经过一些冗长却直接的计算,可以将(I.104)式中右边第二项重塑为(7.42)式,其能量-动量张量

$$T^{\mu\nu}_{R\phi^2} = -2\xi(g^{\mu\nu}\Box - \nabla^{\mu}\partial^{\nu})\phi^2, \tag{I.105}$$

其中,$\Box = \nabla_{\sigma}\partial^{\sigma}$. 最终标量场 ϕ 的能量-动量张量为 $T^{\mu\nu}_{\phi} = T^{\mu\nu} + T^{\mu\nu}_{R\phi^2}$,其中,$T^{\mu\nu}$ 由(I.102)式给出.

习题 7.2　关于引力部分的运动方程是爱因斯坦方程,且它可以通过考虑变分 $g_{\mu\nu} \rightarrow g'_{\mu\nu} = g_{\mu\nu} + \delta g_{\mu\nu}$ 得到. 结果为

$$2\xi\phi^2 \left(R_{\mu\nu} - \frac{1}{2} g_{\mu\nu}R \right) = T^{\phi}_{\mu\nu}, \tag{I.106}$$

其中,$T^{\phi}_{\mu\nu}$ 是习题 7.1 中得到的标量场的能量-动量张量.

关于物质部分的运动方程,可通过考虑 ϕ 与 $\partial_{\mu}\phi$ 的变分得到. 结果为

$$\left(\Box - \frac{m^2 c^2}{\hbar^2} + \frac{2\xi R}{\hbar} \right)\phi = 0, \tag{I.107}$$

其中,$\Box = \nabla_{\mu}\partial^{\mu}$.

习题 7.3　不存在宇宙学常数时,作用量为

$$S = \frac{1}{2\kappa c}\int R\sqrt{-g}\,\mathrm{d}^4 x + S_{\mathrm{m}}. \tag{I.108}$$

当考虑变分 $g_{\mu\nu} \rightarrow g'_{\mu\nu} = g_{\mu\nu} + \delta g_{\mu\nu}$ 时,可以发现

$$\delta S = \frac{1}{2\kappa c}\int \left(\frac{1}{2} g^{\mu\nu}R - R^{\mu\nu} + \kappa T^{\mu\nu} \right)\sqrt{-g}\,(\delta g_{\mu\nu})\mathrm{d}^4 x, \tag{I.109}$$

这引出不含宇宙学常数的爱因斯坦方程.

现在希望包含宇宙学常数 Λ. 变分 $g_{\mu\nu} \rightarrow g'_{\mu\nu} = g_{\mu\nu} + \delta g_{\mu\nu}$ 应引出

$$\delta S = \frac{1}{2\kappa c}\int \left(\frac{1}{2} g^{\mu\nu}R - R^{\mu\nu} - \Lambda g^{\mu\nu} + \kappa T^{\mu\nu} \right)\sqrt{-g}\,(\delta g_{\mu\nu})\mathrm{d}^4 x. \tag{I.110}$$

由(7.29)式可以看到爱因斯坦-希尔伯特作用量应为

$$S'_{EH} = \frac{1}{2\kappa c} \int (R - 2\Lambda) \sqrt{-g}\, \mathrm{d}^4 x. \tag{I.111}$$

I.8 第8章习题解答建议

习题 8.1 将测地线方程写为

$$\frac{\mathrm{d}}{\mathrm{d}\tau}(g_{\mu\nu}\dot{x}^\nu) = \frac{1}{2}\frac{\partial g_{\nu\rho}}{\partial x^\mu}\dot{x}^\nu\dot{x}^\rho, \tag{I.112}$$

其中,点"·"代表对粒子的固有时 τ 的导数. 为简单起见并不失一般性,考虑在赤道平面内的轨道,所以, $\dot{\theta} = \pi/2$ 且 $\dot{\theta} = 0$. 对于圆轨道,有 $\dot{r} = \ddot{r} = 0$,且对于 $\mu = r$,当考虑史瓦西度规时,因为只有对角的度规系数不为零,(I.112)式约化为

$$\frac{\partial g_{tt}}{\partial r}\dot{t}^2 + \frac{\partial g_{\phi\phi}}{\partial r}\dot{\phi}^2 = 0. \tag{I.113}$$

粒子的角速度为

$$\Omega(r) = \frac{\dot{\phi}}{\dot{t}} = \sqrt{-\frac{\partial_r g_{tt}}{\partial_r g_{\phi\phi}}} = \sqrt{\frac{r_S}{2r^3}}. \tag{I.114}$$

由 $\dot{r} = \dot{\theta} = 0$ 时 $g_{\mu\nu}\dot{x}^\mu\dot{x}^\nu = -1$,可以写出

$$g_{tt}\dot{t}^2 + g_{\phi\phi}\dot{\phi}^2 = \dot{t}^2(g_{tt} + \Omega^2 g_{\phi\phi}) = -1 \Rightarrow \dot{t} = \frac{1}{\sqrt{-g_{tt} - \Omega^2 g_{\phi\phi}}} = \sqrt{\frac{2r}{2r - 3r_S}}. \tag{I.115}$$

由于 $\dot{t} = \mathrm{d}t/\mathrm{d}\tau$,粒子的固有时 τ 与坐标时间 t 之间的关系为

$$\Delta t = \Delta\tau\sqrt{\frac{2r}{2r - 3r_S}}. \tag{I.116}$$

注意到对于 $r \to 3r_S/2$,有 $\Delta\tau \to 0$. 如 10.3.1 节所示, $r = 3r_S/2$ 是史瓦西时空的光子轨道. 有质量的粒子可以在极限 $\nu \to c$ 下以光子轨道为轨道,并有洛伦兹因子 $\gamma \to \infty$.

习题 8.2 有质量的粒子可能的轨迹在图 I.1 中以实线箭头表示,而电磁脉冲的轨迹以虚线箭头表示. 注意到有质量的粒子的轨迹起始于类时过去无限,终止于类时未来无限,并且它始终位于粒子的光锥之内(粒子速度低于光速). 电磁脉冲的轨迹是一条 45°的直线,起始于 $t = 0$,并到达零未来无限.

习题 8.3 一个位于区域 I 中的事件、一个位于黑洞(区域 II)中的事件以及一个位于白洞(区域 IV)中的事件的未来光锥分别表示在图 I.2 的上、中、下板块内. 区域 I 中的类时轨迹与零轨迹或者可以落入 $r = 0$ 处的黑洞奇点,或者到达类时未来无限(类时轨迹)和零未来无限(零轨迹). 所有区域 II 中的类时轨迹与零轨迹必然终止于 $r = 0$ 处的黑洞奇点. 区域 IV 中的类时轨迹和零轨迹可以进入区域

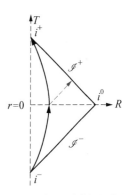

图 I.1 闵可夫斯基时空的彭罗斯图,实线箭头表示有质量的粒子的轨迹,虚线箭头表示电磁脉冲的轨迹.

Ⅰ、区域Ⅱ或者区域Ⅲ.

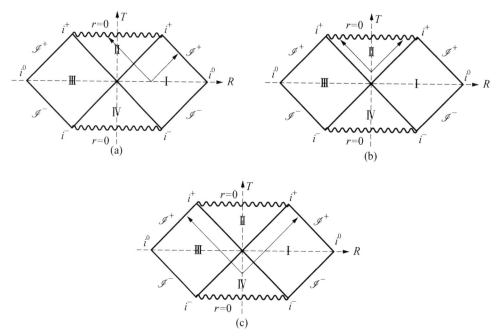

图 I. 2 史瓦西时空. 图(a)展示了一个位于区域Ⅰ中事件的未来光锥, 图(b)展示了一个位于黑洞(区域Ⅱ)中事件的未来光锥, 而图(c)展示了一个位于白洞(区域Ⅳ)中事件的未来光锥.

I.9 第 10 章习题解答建议

习题 10.1 由(10.4)式中的线元, 可以看到赖斯纳-努德斯特伦时空的度规张量为

$$\| g_{\mu\nu} \| = \begin{pmatrix} -f & 0 & 0 & 0 \\ 0 & \dfrac{1}{f} & 0 & 0 \\ 0 & 0 & r^2 & 0 \\ 0 & 0 & 0 & r^2\sin^2\theta \end{pmatrix} \tag{I.117}$$

(使用单位制 $G_N = c = 4\pi\varepsilon_0 = 1$), 其中,

$$f = 1 - \frac{2M}{r} + \frac{Q^2}{r^2}. \tag{I.118}$$

由度规的逆的定义有 $g_{\mu\nu}g^{\nu\rho} = \delta_\mu^\rho$. 由于(I.117)式中的度规矩阵是对角的, 其逆为

$$\| g'^{\mu\nu} \| = \begin{pmatrix} -\dfrac{1}{f} & 0 & 0 & 0 \\ 0 & f & 0 & 0 \\ 0 & 0 & \dfrac{1}{r^2} & 0 \\ 0 & 0 & 0 & \dfrac{1}{r^2 \sin^2\theta} \end{pmatrix}. \tag{I.119}$$

习题 10.2　由(10.6)式中的线元,克尔时空的度规张量为

$$\| g_{\mu\nu} \| = \begin{pmatrix} -\left(1-\dfrac{2Mr}{\Sigma}\right) & 0 & 0 & -\dfrac{2aMr\sin^2\theta}{\Sigma} \\ 0 & \dfrac{\Sigma}{\Delta} & 0 & 0 \\ 0 & 0 & \Sigma & 0 \\ -\dfrac{2aMr\sin^2\theta}{\Sigma} & 0 & 0 & \left(r^2+a^2+\dfrac{2a^2Mr\sin^2\theta}{\Sigma}\right)\sin^2\theta \end{pmatrix}. \tag{I.120}$$

需要找到它的逆矩阵. 对于包含至少一个 r 指标或 θ 指标的度规系数来说,这是直接的,因为仍可以将之作为对角矩阵来处理. 对于度规系数 g_{tt},$g_{t\phi}$,$g_{\phi t}$ 和 $g_{\phi\phi}$,问题约化为寻找一个 2×2 的对称矩阵的逆矩阵. 对于一个一般的 2×2 对称矩阵,

$$A = \begin{pmatrix} a & b \\ b & c \end{pmatrix}, \tag{I.121}$$

其逆矩阵为

$$A^{-1} = \frac{1}{ac-b^2}\begin{pmatrix} c & -b \\ -b & a \end{pmatrix} = \frac{1}{\det|A|}\begin{pmatrix} c & -b \\ -b & a \end{pmatrix}. \tag{I.122}$$

对于伯耶-林奎斯特坐标下克尔时空的度规,可以发现

$$\| g^{\mu\nu} \| = \begin{pmatrix} -\dfrac{(r^2+a^2)^2-a^2\Delta\sin^2\theta}{\Sigma\Delta} & 0 & 0 & -\dfrac{2aMr}{\Sigma\Delta} \\ 0 & \dfrac{\Delta}{\Sigma} & 0 & 0 \\ 0 & 0 & \dfrac{1}{\Sigma} & 0 \\ -\dfrac{2aMr}{\Sigma\Delta} & 0 & 0 & \dfrac{\Delta-a^2\sin^2\theta}{\Sigma\Delta\sin^2\theta} \end{pmatrix}. \tag{I.123}$$

习题 10.3　(10.21)式的左边可被重写为

$$\frac{\mathrm{d}}{\mathrm{d}\tau}(g_{\mu\nu}\dot{x}^\nu) = \frac{\partial g_{\mu\nu}}{\partial x^\rho}\dot{x}^\nu\dot{x}^\rho + g_{\mu\nu}\ddot{x}^\nu = \frac{1}{2}\frac{\partial g_{\mu\nu}}{\partial x^\rho}\dot{x}^\nu\dot{x}^\rho + \frac{1}{2}\frac{\partial g_{\mu\rho}}{\partial x^\nu}\dot{x}^\nu\dot{x}^\rho + g_{\mu\nu}\ddot{x}^\nu, \tag{I.124}$$

于是,(10.21)式变为

$$g_{\mu\nu}\ddot{x}^\nu + \frac{1}{2}\frac{\partial g_{\mu\nu}}{\partial x^\rho}\dot{x}^\nu\dot{x}^\rho + \frac{1}{2}\frac{\partial g_{\mu\rho}}{\partial x^\nu}\dot{x}^\nu\dot{x}^\rho = \frac{1}{2}\frac{\partial g_{\nu\rho}}{\partial x^\mu}\dot{x}^\nu\dot{x}^\rho. \tag{I.125}$$

将右边的项移至左边,乘以 $g^{\sigma\mu}$ 并对重复指标 μ 求和. 可以发现

$$\ddot{x}^{\sigma} + \frac{1}{2}g^{\sigma\mu}\left(\frac{1}{2}\frac{\partial g_{\mu\nu}}{\partial x^{\rho}} + \frac{1}{2}\frac{\partial g_{\rho\mu}}{\partial x^{\nu}} - \frac{\partial g_{\rho\nu}}{\partial x^{\mu}}\right)\dot{x}^{\nu}\dot{x}^{\rho} = \ddot{x}^{\sigma} + \Gamma^{\sigma}_{\nu\rho}\dot{x}^{\nu}\dot{x}^{\rho} = 0, \qquad (\text{I. }126)$$

这就是标准形式的测地线方程.

习题 10.4 将地球模型化为一个匀质的球体. 它的转动惯量为

$$I = \frac{2}{5}MR^{2}, \qquad (\text{I. }127)$$

其中, $M = 6.0 \times 10^{24}$ kg 是地球的质量, 且 $R = 6.4 \times 10^{6}$ m 是地球的半径. 地球的自旋角动量为 $J = I\omega$, 其中, $\omega = 7.3 \times 10^{-5}$ rad/s 是地球的角速度. 地球的自旋参数为

$$a_* = \frac{cJ}{G_{\text{N}}M^{2}} = 897 \gg 1. \qquad (\text{I. }128)$$

注意到 $a_* \gg 1$ 并不意味着坐标系拖曳效应强, 是因为地球的物理半径远大于它的引力半径.

I.10 第 11 章习题解答建议

习题 11.1 如果希望用手计算, 为了得到克里斯托费尔符号, 可以以在弗里德曼-罗伯逊-沃尔克度规中推导测地线方程起始, 然后计算里奇张量和曲率标量, 最后写出爱因斯坦方程的 tt 分量, 其中, 物质由位于静止系的理想流体描述. 可以得到第一弗里德曼方程.

或者可以使用附录 E 中的 RGTC 包. 初始化代码,

```
<<EDCRGTCcode.m
```

定义坐标,

```
Coord = {t, r, θ, φ};
```

定义非零的度规系数,

```
gtt = -1;
grr = a[t]^2/(1 - k r^2);
gpp = a[t]^2 r^2;
gvv = a[t]^2 r^2 Sin[θ]^2;
```

而后是度规,

```
g = {{gtt, 0, 0, 0}, {0, grr, 0, 0}, {0, 0, gpp, 0},
   {0, 0, 0, gvv}};
```

利用以下命令启动代码:

```
RGtensors[g, Coord, {1, 1, 1}]
```

此刻, 要求代码提供爱因斯坦张量 G^t_t 的 tt 分量(因为代码默认计算一个上指标与一个下指标),

```
EUd[[1, 1]]
```

输出结果为

$$-3\frac{\dot{a}^{2} + k}{a^{2}}. \qquad (\text{I. }129)$$

由于已经使用单位制 $c=1$，重新引入光速，

$$-3\frac{\dot{a}^2+kc^2}{a^2c^2}. \tag{I.130}$$

爱因斯坦方程的 tt 分量（带有一个上指标和一个下指标）为

$$-3\frac{\dot{a}^2+kc^2}{a^2c^2}=G^t_t=\frac{8\pi G_{\rm N}}{c^4}T^t_t=-\frac{8\pi G_{\rm N}}{c^4}\rho, \tag{I.131}$$

而后得到第一弗里德曼方程.

习题 11.2 如同习题 11.1，可以用手计算或利用类似 RGTC 包的程序计算. 对于后者，可以利用与习题 11.1 相同的命令，要求代码向我们提供克莱舒曼标量，

```
Kretschmann = Simplify[ Sum[
    Rdddd[[i, j, k, l]] * RUddd[[i, m, n, o]] * gUU[[j, m]]
      * gUU[[k, n]] * gUU[[l, o]],
  {i, 1, 4}, {j, 1, 4}, {k, 1, 4}, {l, 1, 4},
    {m, 1, 4}, {n, 1, 4}, {o, 1, 4} ] ]
```

而曲率标量

```
ScalarCurvature = Simplify[ Sum[ Rdd[[i, j]] * gUU[[i, j]],
                {i, 1, 4}, {j, 1, 4} ] ]
```

重新引入光速 c，可以得到 (11.3) 式与 (11.4) 式.

习题 11.3 考虑物质的能量密度 ρ，或者宇宙学常数 Λ，或者标度因子 a 的值的一个小的变化. 结果是宇宙或者开始永远膨胀（$a\to\infty$），或者再坍缩至一个奇异解（$a=0$）.

习题 11.4 如果包含辐射组分，需要在 (11.62) 式的清单中加入以下能量密度：

$$\rho_{\rm r}=\rho_{\rm r}^0(1+z)^4, \tag{I.132}$$

并且 (11.63) 式变为

$$H^2=H_0^2\left[\Omega_{\rm r}^0(1+z)^4+\Omega_{\rm m}^0(1+z)^3+\Omega_\Lambda^0+\Omega_k^0(1+z)^2\right]. \tag{I.133}$$

现在 $\Omega_k^0=1-\Omega_{\rm r}^0-\Omega_{\rm m}^0-\Omega_\Lambda^0$，且 (11.67) 式变为

$$\tau=\frac{1}{H_0}\int_0^\infty\frac{{\rm d}\tilde{z}}{1+\tilde{z}}\frac{1}{\sqrt{\tilde{z}(2+\tilde{z})(1+\tilde{z})^2\Omega_{\rm r}^0+(1+\Omega_{\rm m}^0\tilde{z})(1+\tilde{z})^2-\tilde{z}(2+\tilde{z})\Omega_\Lambda^0}}. \tag{I.134}$$

考虑我们的宇宙中的状况. 如果忽略辐射的贡献，有 $\Omega_{\rm m}^0=0.31$ 与 $\Omega_\Lambda^0=0.69$，而积分给出数值因子 0.955 3. 如今辐射的贡献为 $\Omega_{\rm r}^0=5\times10^{-5}$. 如果将该贡献考虑在内，(I.134) 式中的积分给出数值因子 0.955 1. 注意到这里忽略了一些在早期为相对论性而后变为非相对论性的物质的可能性.

I.11 第 12 章习题解答建议

习题 12.1 对于 $M=10^6 M_\odot$，最高频率为 $\nu_{\max}\sim 10\ {\rm mHz}$. 对于 $M=10^9 M_\odot$，有 $\nu_{\max}\sim 10\ {\rm nHz}$. 这与图 12.4 中这些对象的期望信号相一致.

I. 12   第 13 章习题解答建议

习题 13.1 为简单起见,使用单位制 $c=\hbar=1$. 视界的表面积为 $A_{\mathrm{H}} \sim r_{\mathrm{g}}^2$,其中,$r_{\mathrm{g}}=G_{\mathrm{N}}M$ 是黑洞的引力半径. 由于黑洞的温度为 $T_{\mathrm{BH}} \sim 1/r_{\mathrm{g}}$,黑洞的亮度为

$$L_{\mathrm{BH}} \sim A_{\mathrm{H}} T_{\mathrm{BH}}^4 \sim \frac{1}{r_{\mathrm{g}}^2} = \frac{1}{G_{\mathrm{N}}^2 M^2}. \tag{I.135}$$

我们写出 $L_{\mathrm{BH}} = \mathrm{d}M/\mathrm{d}t$,而(I.135)式给出

$$G_{\mathrm{N}}^2 M^2 \mathrm{d}M \sim \mathrm{d}t. \tag{I.136}$$

对两边积分,可以得到蒸发时间的粗略估计,

$$\tau_{\mathrm{evap}} = \int \mathrm{d}t \sim \int G_{\mathrm{N}}^2 M^2 \mathrm{d}M = \frac{1}{3} G_{\mathrm{N}}^2 M_0^3, \tag{I.137}$$

其中,M_0 是黑洞的初始质量. 由于 $G_{\mathrm{N}}^2 = T_{\mathrm{Pl}}/M_{\mathrm{Pl}}^3$,有

$$\tau_{\mathrm{evap}} \sim \left(\frac{M_0}{M_{\mathrm{Pl}}}\right)^3 T_{\mathrm{Pl}} \sim 10^{-44} \left(\frac{M_0}{10^{-5}\,\mathrm{g}}\right)^3 (\mathrm{s}). \tag{I.138}$$

对于 $M_0 = M_\odot \sim 10^{33}$ g,可以发现 $\tau_{\mathrm{evap}} \sim 10^{70}$ s,大约为 10^{63} 年,远长于宇宙的年龄(大约为 10^{10} 年). 更精确的计算给出 $\tau_{\mathrm{evap}} \sim 10^{74}$ s.

索引

图书在版编目(CIP)数据

广义相对论导论/[意]卡西莫·斑比著;周孟磊译. —上海:复旦大学出版社,2020.7
(2023.9 重印)
ISBN 978-7-309-15150-3

Ⅰ.①广⋯　Ⅱ.①卡⋯②周⋯　Ⅲ.①广义相对论　Ⅳ.①O412.1

中国版本图书馆 CIP 数据核字(2020)第 122427 号

广义相对论导论
[意]卡西莫·斑比　著
周孟磊　译
责任编辑/梁　玲

复旦大学出版社有限公司出版发行
上海市国权路 579 号　邮编:200433
网址:fupnet@fudanpress.com　http://www.fudanpress.com
门市零售:86-21-65102580　团体订购:86-21-65104505
出版部电话:86-21-65642845
常熟市华顺印刷有限公司

开本 787×1092　1/16　印张 15.5　字数 397 千
2020 年 7 月第 1 版
2023 年 9 月第 1 版第 2 次印刷

ISBN 978-7-309-15150-3/O·693
定价:59.00 元